KB057065

수학하는 뇌

A BRAIN FOR NUMBERS

THE BIOLOGY OF
THE NUMBER INSTINCT

수학을 할 때 뇌에선 무슨 일이 일어날까?

수학하는 뇌

박선진 옮김 ✕ **안드레아스 니더 지음** ✕ 바다출판사

차례

4부   수 상징

5부   발달과 수

6부 아주 특별한 수와 뇌

수가 없는 삶은 상상 불가능하다. 수 없이 어떻게 사물을 세고 시간을 말하며 값을 계산할 것인가? 인류가 과학과 기술로부터 성취한 진보된 문명도 수 없이는 존재하지 않았을 것이다. 수가 매력적인 이유는 그것이 매우 추상적인 생각의 단위를 구성하기 때문이다. 한 집합에 들어 있는 사물의 개수를 셀 때 그 사물의 감각적 외양은 아무 의미가 없다. 세 개의 손가락, 세 번의 외침 그리고 세 번의 손짓은 모두 기수cardinal number, 基數 '3'으로 분류할 수 있다. 또한 수는 연구하기 흥미로운 주제인데, 일단 감각적 입력으로부터 수치를 도출해내기만 하면 이 수치들을 활용해 추상적 원리에 따라 수량 정보를 계산하거나 변환할 수 있기 때문이다. 이것이 산수와 수학이 하는 모든 일이다. 즉 수치 연산은 수 인지의 생물학biology of numerical cognition을 연구할 수 있는 '기회의 창'이다. 궁극적으로, 인간의 언어 능력과 맞먹는 완전한 상징체계인 수론數論 또한 이러한 수치 연산 능력으로부터 태어났다.

수의 이해 및 처리는 행동의 한 형태다. 이러한 행동이 어떻게 그리고 왜 출현했는지의 질문은 생물학적으로 다양한 관점에서, 다양한 수준으로 논의될 수 있다. 이 질문의 중요성을 가장 선명히 부

각시킨 사람은 노벨상 수상자인 니콜라스 틴베르헌Nikolaas Tinbergen
이다. 그는 1963년 〈동물행동학의 목적과 방법에 관하여〉라는 중요
한 논문에서 생물학의 네 가지 서로 다른 유형의 근본적인 문제를
제기했는데 '인과관계' '생존가survival value' '개체 발생ontogeny' 그리
고 '진화'가 그것이다. 수 처리와 관련하여 이러한 문제는 다음 네
가지 질문으로 표현될 수 있다. 수와 연산에 대한 이해는 우리 뇌에
서 어떻게 생겨나게 되었는가? 수 기술을 획득하는 것에는 어떤 효
용이 있는가? 한 개인의 일생 동안 수리 능력numerical competence은
어떻게 발달하는가? 그리고 마지막으로, 지구 생명의 역사에서 수
리 능력은 어떻게 진화했는가? 이 책을 쓰는 목적은 생물학자의 관
점에서 이 네 가지 질문에 답하고 자세히 설명하기 위해서다. 특히
이 책에서는 뇌와 뉴런이 어떻게 수를 처리하는지를 좀 더 중점적
으로 살펴보고자 한다. 이 연구 분야는 지난 20년간 상당한 진전을
이루었으며 그 결과, 수 이해의 근간을 이루는 신경 기반과 그 진화
과정에 대한 새로운 통찰을 얻을 수 있었다.

당연히도 다양한 분과 학문에서 각각 나름의 연구 방법론을 통
해 인간의 수 이해를 연구하려는 시도가 이루어지고 있으며, 서로
다른 그러나 상보적인 설명 수준에서 과학적 지식이 생산되고 있
다. 이 책에서는 이러한 다양한 연구법을 간단히 소개함으로써 각
연구법의 범위와 한계를 인식하고 서로 다른 설명 수준에서 수 이
해 능력을 파악할 수 있도록 할 것이다.

가장 미시적인 수준에서, 이 책은 수학적 기능 및 장애의 유전
학적 토대를 해독하는 데 쌍둥이 연구가 어떤 기여를 했는지 보여
줄 것이다. 뇌의 작동을 이해하기 위해 이 책에서는 단일 뉴런의 전
기적 활성을 기록함으로써 얻어진 수들의 신경학적 코드를 탐구한
다. 주로 실험동물로부터 얻는 이러한 기록은 양전자방출단층촬영

PET 및 자기공명영상기법MRI을 이용한 뇌 영상 스캔에 의해 보완될 수 있다. 특정 뉴런 또는 뇌 영역이 비활성화되면 이들 영역의 인과적 역할에 대해 많은 것을 알 수 있다. 그러한 연구 방식의 일종으로, 화학적 불활성화 기법과 경두개자기자극법TMS은 계산 행동에 영향을 주는 뉴런을 일시적으로 차단하는 방법이다. 뇌 손상이 있는 환자에 대한 신경심리학적 연구도 수 처리와 관련된 뇌 영역의 위치와 작동에 대해 풍부한 통찰력을 전해주었다.

행동 연구를 이용해 성인과 유아는 물론 동물의 마음이 수를 어떻게 표상하는지 조사할 수도 있다. 행동 연구는 크게, 훈련된 개체에게서 나타나는 행동에 대한 연구와 자연발생적인 행동에 대한 연구로 나눌 수 있다. 발달심리학자들은 수와 관련된 경험이 없을 때 우리 마음에서 어떤 일이 일어날 수 있는지 조사하기 위해 주로 신생아와 영아에서 나타나는 자발적인 행동을 탐구한다. 자발적 행동은 야생 동물들이 수의 생태학적 관련성을 학습할 때에도 중요하다. 반면에 훈련 실험에서는 가능한 모든 종류의 수 기술을 확인해보기 위해 통제된 실험실 조건에서 동물의 행동을 조사한다. 앞으로 보게 되겠지만 훈련된 동물을 이용하면 행동 연구에 뇌 연구를 접목시킬 수 있다는 장점이 있다. 동물계 전반에 나타나는 행동에 대한 비교연구는 생물학적 진화 과정 동안 수리 기능이 어떻게 출현하게 되었는지 밝혀줄 것이다. 실제로 수량 처리 능력은 생존에 상당한 이익을 가져다주는 것으로 나타났는데, 애초에 이 같은 행동 형질이 여러 동물 집단에서 생겨나게 된 것도 바로 이런 이유에서다.

지난 수십 년 동안 밝혀진 중요한 사실 중 하나는 우리의 수리 능력이 언어를 사용하는 능력에 기초하는 것이 아니라 우리의 생물학적 조상에게까지 가닿는 깊은 뿌리를 가지고 있다는 것이다.

즉 수 본능number instinct이 어떻게 비상징적 체계에서 태어날 수 있었는지, 그 초라한 시작을 진화와 발달 과정을 통해 추적해볼 수 있다. 수리 능력은 인간에게서 새롭게 출현한 능력이 아니다. 그것은 원시적인 생물학적 전구체로부터 생겨난 것이다. 따라서 우리의 상징적 수리 능력을 이해하기 위해서는 이러한 수 본능의 근본적인 생물학적 메커니즘을 진화적으로 그리고 발달학적으로 이해할 필요가 있다. 수리 능력에 대한 모든 과학 이론은 기계론적이고 기능적인, 즉 생물학적인 설명을 필요로 한다. 이 설명에 대한 탐구가 바로 이 책의 주제다.

1부

개념적 기초

1장 수에 대해 생각하기

수는 발명되었나, 발견되었나?

수는 어디에서 생겨났을까? 아주 간단해 보이는 이 질문은 수리철학의 근본적인 논쟁점 중 하나로, 고대 그리스 때부터 깊이 논의되었다. 그 이후로 이 질문은 여전히 해결되지 않은 채로 남아 있다. 이 주제에 대해서는 이미 방대한 연구가 진행되었지만 이 책에서는 이러한 철학적 토대나 해결 과제에 대해서는 다루지 않을 것이다. 그저 이 문제의 전체적인 '큰 그림'만 살펴보아도 이 책의 개념적 기초를 다루기에 충분하다고 말할 수 있다.

수는 수학과 관련된다. 그것만큼은 상당히 명백해 보인다. 이 책의 목적상 나는 수학에 대해 필립 J. 데이비스Phillip J. Davis와 그의 공동 저자가 내린 다음의 정의("소박하지만 기본적인 이해를 도울 수 있고, 사전에 적합한" 정의)를 따를 것이다.

수학은 수량과 공간의 과학이자, 수량과 공간에 관한 상징체계다.[1]

수량과 공간의 과학을 일반적으로 '산술arithmetic'(그리스어 'arithmos'에서 온 단어로 '수'를 뜻한다)과 '기하학geometry'이라고 한다. 데이비스는 이어서 말하길,

초등학교에서도 가르치는 것처럼, 산술은 다양한 유형의 수와 그 수에 대한 연산 규칙(더하기, 빼기 등)들과 관련된다. 또한 산술은 일상생활에서 이러한 연산이 사용되는 상황에 대해서도 다룬다.

쉽게 말해서, 수학의 주요한 한 갈래인 산술은 수와 관련된다. 이런 맥락에서 이 책은 뇌가 산술 과정, 또는 간단히 말해 수량과 그 수를 포함하는 연산을 어떻게 처리하는지에 대해 이야기한다.

그렇다면 수란 어떤 종류의 실체인가? 먼저 스스로에게 한번 물어보자. 수란 '발견'된 객관적 실재인가, 아니면 우리가 '발명'한 마음의 산물인가? 이 간단한 질문은 수학자들의 마음을 근본부터 괴롭혀왔다. 《신은 수학자인가?》를 쓴 마리오 리비오Mario Livio는 다음과 같이 표현했다.

수학이 발명된 것인지 혹은 발견된 것인지 이해하는 것이 중요하지 않다고 생각된다면 다음 질문을 생각해보자. 신은 발명되었나, 아니면 발견되었나? 이제 '발명'과 '발견' 사이의 엄청난 차이가 느껴지는가? 훨씬 도발적인 질문도 할 수 있다. 신은 자신의 형상대로 인간을 창조했는가, 아니면 인간이 자신의 형상대로 신을 발명했는가?[2]

신과 인간의 관계에 관한 리비오의 비교를 보면 이 질문이 얼마나 논쟁적인 질문인지 알 수 있다. 전체 믿음체계는 이 질문에 대한 답에 달려 있다고도 볼 수 있다. 이 질문에 어떻게 대답하느냐에 따라 수학자들은 크게 두 갈래로 나뉘었고, 각각 서로 극명히 다른 철학적 견해를 채택했다.[3] 첫 번째 견해는 수학적 플라톤주의 또는 수학적 실재론으로, 수와 집합을 포함한 추상적인 수학적 대상은 우리 인간은 물론 우리의 사고와도 독립적으로 존재한다는 관점이다. 수에는 객관적 속성이 있다. 따라서 수는 우리에게 '발견'된 것이다. 마치 우리가 중력 법칙 등의 다른 물리 법칙들을 발견해낸 것처럼 말이다. 영국의 수학자인 고프리 해럴드 하디Godfrey Harold Hardy(1877~1947)는 수학적 실재론의 지지자로서 다음과 같이 썼다.

> 나는 수학적 실재는 저기 우리 밖에 있고, 그것을 발견하고 관찰하는 것이 우리의 능력이라고 생각한다. 우리는 몇 가지 공리를 증명한 뒤 그것이 우리의 '창조물'이라고 과장스럽게 떠벌이지만, 이 공리들은 우리가 관찰한 것에 대한 주석에 불과하다. 플라톤에서부터 시작해 후대의 수많은 저명한 철학자들이 이와 비슷한 관점을 지니고 있었다. 나는 이러한 관점을 가진 사람들에게 자연스러운 이 용어[수학적 실재론]를 사용하고자 한다.[4]

두 번째 견해는 '비플라톤주의' 또는 '반실재론'이라고 불리며, 수학적 플라톤주의에 반대하는 형식주의, 허구주의, 논리주의 등을 포함한 모든 학자들로 구성된다. 이들은 공통적으로 수나 기타 수학적 대상이 실재하는 실체로 존재하지 않으며 우리의 마음으로부터 독립적이지 않다는 견해를 가지고 있다. 즉 이 관점에 따르면 우리는 수를 '발명'했다. 마치 임의의 게임을 발명하는 것처럼 말이다. 미국의 수학자 에드워드 캐스너Edward Kasner(1878~1955)와 제임스 로이 뉴먼James Roy Newman(1907~1966)은 이 견해를 다음과 같이 표현했다.

> 수학은 인간의 작품으로, 오직 사고 법칙이 부과하는 한계에 종속된다. …… 우리는 수학적 진리가 우리 자신의 마음과는 별개의 독립적 존재라는 관념을 극복했다. 그러한 관념이 존재할 수 있다는 것조차도 이상하게 느껴질 정도다.[5]

이 문제의 형이상학적 중요성과 수학계를 대표하는 학자들 사이의 열띤 논쟁에도 불구하고 여기에 대한 명확한 답이 나오려면 갈 길이 멀어 보인다. 심지어 개별 수학자들조차 어느 쪽 견해를 취해야 할지 결정하는 데 애를 먹고 있다. 이 문제에 대해 수학자들은 다소 모순된 태도를 취할 수밖에 없다. 데이비스와 동료들이 쓴 글에서도 이러한 태도를 찾아볼 수 있다.

> 일반적인 현역 수학자들은 평일에는 플라톤주의자지만 일요일에는 형식주의자가 된다. 다시 말해, 이들은 수학자로서 일할 때는 객관적 실재를 다루고 있다고 확신하고 있으며, 그 실재의 속성을 밝히기 위해 애쓴다. 그러나 이 실재에 대해 철학적 논증을 제시해야 할 때가 되면, 그들은 그것을 전혀 믿지 않는 척하는 것이 가장 쉬운 방법이라는 것을 알게 된다.[6]

전문가로서 엄밀한 과학을 추구하는 데 누구보다도 헌신해온 수학자들이 정작 수학적 실재에 대해서는 그토록 애매한 태도를 취하리라고는 누구도 생각하지 못했을 것이다. 그러나 한 가지는 확실하다. 우리의 생존은 우리가 환경과 얼마나 성공적으로 상호작용하는가에 달려 있으며, 결국 우리가 사물의 개수를 포함해 우리를 둘러싼 모든 것들 즉 외부 세계를 얼마나 잘 인식하는가에 의해 결정된다는 것이다. 저기 밖의 물리적 현실을 무시하는 사람은 분명 그 대가를 치르게 될 것이다. 마치 우리 선조들이 악명 높은 검치호랑이의 먹잇감으로 떨어졌던 것처럼 오늘날 우리들도 차에 부딪히거나 다른 끔찍한 사고를 당할 수 있다. 확실히, 우리가 무시해서는 안 될 어떤 종류의 물리적 실재가 저기 밖에 있다. 그리고 그러한 사고를 예방하고 우리 종의 생존을 보장하는 역할을 담당하는 기관이 바로 뇌다. 다시 말해, 뇌는 감각기관과 연결되어 있어 그로부터 입력값을 받아 우리가 사물을 지각할 수 있도록 하고, 뼈와 근육과도 연결되어 있어 여기로 출력값을 보냄으로써 우리가 적절히 반응할 수 있도록 한다.

이 책에서는 수억 년의 생물학적 진화 과정 동안 객관적 실재를 다루어야 했던 뇌의 놀라운 위업을 보여주고자 한다. 비록 순수 수학의 상당 부분이 그저 "무의미한 게임"[7]에 불과할지라도 근본적으로 나는 수가 실재하는 사물과 사건의 한 속성이라고 믿고 있으며, 이는 내 책의 기본 전제이기도 하다. 뇌는 수량 및 산술 연산의 표상을 이용해 외부 세계에 대한 정보를 수집하고 처리함으로써 자신의 운반자가 적대적이고 경쟁적인 세계에서 살아남을 수 있도록 한다.

수는 세계의 객관적 속성이다

수에는 자연수, 유리수, 실수, 복소수 등 여러 가지 종류가 있다. 이 책에서는 자연수에 주로 초점을 맞출 것이다. 플라톤주의자들과 그 반대자들이 수학적 실재 문제에 대해 도저히 합의를 이루지 못했던 것처럼, 수리철학자들 또한 어떤 수가 실제로 존재하는가에 대해 의견을 모으지 못하고 있다. 수는 '단위의 모음',[8] '이름에 불과한 것' 또는 수사數詞,[9] 심적 실체 또는 투사[10] 등 여러 다른 개념들[11]로서 인식될 수 있다. 이러한 해석에는 각각 장점과 문제점이 있다.

그러나 이 책에서는 조금 다른 관점을 취하고자 한다. 바로 수에 대한 '집합 크기set-size' 관점이다. 이 관점은 기수가 집합의 실재적이고 '객관적인 속성'이라는 생각을 사실로 받아들인다. 이는 수에 대한 생물학적 개념에 가장 부합하는 관점이다. 이러한 관점을 내가 고안해낸 것은 아니다. 영국의 철학자이자 경험론자인 존 로크(1632~1704)는 1690년에 이미 저서 《인간오성론》(II.VIII.17),[12]에서 실재적 속성(제1성질)의 목록에 수를 포함시킨 바 있다. 즉 기수는 색깔이나 고통 같은 주관적 속성 혹은 감각과는 달리 관찰자로부터 독립적이다. 예를 들어, 원소 헬륨의 원자핵은 2개의 양성자와 중성자로 구성되는데 여기서 기수 '2'는 이러한 집합의 실재적 속성이다. 이 수는 헬륨에 대한 우리의 사고와는 독립적으로 원소 헬륨이 무엇인지를 결정한다. 마찬가지로 거미나 곤충도 수량을 이용해 구분할 수 있는데, 전자는 다리가 8개인 반면 후자의 경우는 6개다. 우리들 또한 기수에 대해 잘 알고 있는데, 일상에서 그러한 사례들—가족 중 형제자매의 수나 노래의 음절 수 등—을 인식할 수 있기 때문이다. 이 사례들로부터 우리는 다음의 추상적 범주를 추론해낸다. 바로 '개수個數'다.

이처럼 기수를 집합의 실재적·객관적 속성으로 보는 견해에서는 인간과는 독립적인 어떤 외부 세계의 존재를 상정하며('존재론적 실재론'이라고 불리는 철학적 입장이다) 기수 또한 그 일부로 본다. 나 자신은 이것이 참이라고 여긴다. 우리가 살고 있는 물리 세계는 객관적 실재다. 현재 우리가 가진 지식에 따르면 우주는 대략 130억 년 전에 생겨났고 지구의 나이는 50억 살 정도다. 그에 반해 우리 종 '호모 사피엔스'가 이 행성에서 살아온 기간은 대략 30만 년에 지나지 않는다. 즉 우리가 상호작용하는 물리 세계는 우리 인간이 출현하기 훨씬 이전부터 존재해왔으며, 아마 인간이 사라진 이후에도 오랫동안 지속될 것이다. 우주 역사의 시공간적 규모에서 인간의 진화사가 차지하는 정도를 고려한다면, 인간의 실존과 경험에 독립적인 물리적 본성의 존재와 속성을 부정하는 것이 얼마나 불합리한지 알 수 있을 것이다.

물리적 사실은 객관적이며 외부 세계에 대해 실재론을 지지한다. 수도 마찬가지다. 세 개의 원소를 포함하는 집합이 있다면, 이 집합은 내가 주시하고 있든 말든, 혹은 내 생각에 거기 두 개의 원소밖에 없다고 판단하든 관계없이 세 개의 원소를 포함한다. 집합의 크기에 대한 내 주관적 경험은 잘못되거나 착각일 수 있지만, 집합 크기 그 자체는 객관적으로 존재한다.

객관적이고 인지가능한 속성으로서의 기수란 개념은 오스트리아 출신의 수학자이자 철학자로 20세기의 가장 위대한 수학자 중 한 사람이자 아리스토텔레스 이후 가장 중요한 논리학자인 쿠르트 괴델Kurt Gödel(1906~1978)에 의해 유려하게 표현된 바 있다.[13] 괴델은 1931년 형식 공리체계의 내재적 한계를 입증한 두 개의 '불완전성 정리Unvollständigkeitssätze'를 발표함으로써 논리학계에 혁명을 가져왔다. 그의 지적 성과는 수학계의 또 다른 거인, 알베르트 아인슈타인에게 깊은 영향을 끼쳤다. 두 천재는 제2차 세계대전이 끝난 이후 프린스턴대학교 고등과학연구소에서 만나 가까운 친구가 되었다. 일설에 따르면 아인슈타인은 "그저 쿠르트 괴델과 함께 걸으며 집으로 돌아갈 기회를 얻고 싶어서" 연구소에 출근한다고 말했다고 한다. 다음 발췌문은 수학적 대상과 인류 사이의 상호작용에 관한 괴델의 생각을 보여준다.

그러나 공리 그 자체는 참으로 받아들일 수밖에 없다는 사실에서 도 볼 수 있듯이, 집합론의 대상은 비록 감각 경험과는 거리가 멀 지만, 우리는 그것에 대한 지각 같은 것을 가지고 있다. 왜 우리가 이런 종류의 지각, 즉 수학적 직관에 대해 다른 감각 지각만큼 확 신하지 못하는지 이유를 알 수 없다. 우리는 이러한 지각을 통해 물리 이론을 확립할 수 있으며 또한 미래의 감각 지각이 그 이론과 일치하리라고 예측할 수 있다.[14]

우리는 괴델로부터 세 가지 중요한 개념을 확인할 수 있다. 첫째, 그는 집합을 실재하는 대상으로 가정했는데 이는 수학적 실재론을 나타내는 것이다. 둘째, 그는 우리가 수학적 대상에 대한 직관적 이해 즉 수학적 감각을 가지고 있다고 가정한다. 마치 우리에게 감각적 대상의 본성에 대한 직관이 있는 것처럼 말이다. 괴델보다 대략 20년 전에 수학자 토비아스 댄치그Tobias Dantzig(1884~1956)도 이러한 수 본능에 대해 이야기했다. 1930년에 처음 출판한 저서《수: 과학의 언어》에서 댄치그는 이러한 본능을 '수 감각number sense'이라 일컬었다. 댄치그는 그의 책의 핵심 주제인 이 수 감각이 다른 '짐승들'에도 이미 존재한다고 말한다. 댄치그는 수 감각을 셈하기("오직 인간만이 가지는 특질")와 혼동해서는 안 된다고 강조하며 수 감각은 셈 기능의 진화적 전구체라고 말한다. 그는 책 시작 부분에서 다음과 같이 설명한다.

인간은 발달 초기 단계에도 내가 '수 감각'(더 나은 이름은 찾지 못하겠다)이라고 부른 능력을 가지고 있다. 이 능력은 인간으로 하여금 작은 더미에 물건이 하나 없어지거나 혹은 더해졌을 때 그러한 사실에 대한 직접적인 지식 없이도 무언가가 변했다는 것을 알아차릴 수 있도록 한다.[15]

오늘날 수량을 평가하는 직관적 능력이란 개념을 논하면서 프랑스의 수학자이자 신경과학자인 스타니슬라스 드앤Stanislas Dehaene의 작업을 빼놓을 수 없다. 드앤은 파리 근처에 소재한 콜레주 드 프랑스의 실험인지심리학 교수이자 뉴로스핀Neurospin 센터의 이사장으로, 그의 연구는 이 책을 통틀어 계속 언급될 것이다. 1997년 저서《수 감각: 마음은 어떻게 수학을 만들었나》에서 드앤은 그 자신의 연구는 물론 새롭게 부상하는 수 인지 분야로부터 전례 없이 풍부한 경험적 증거를 제시하며 수 감각이란 개념을 입증하고 대중에게 알렸다. 드앤은 책 서문에서 "이 '수 감각'은 동물과 인간에게 수가 무엇을 의미하는지에 대한 직접적인 직관을 제공한다."[16]라고 밝혔다. 즉 드앤에 따르면 인간은, 시간과 공간에 대한 인식과 마찬가지로, 수 또한 자연스럽게 접근할 수 있는 세계의 한 특징으로 인식한다. 우리는 양을 짐작하는 법을 배울 필요가 없다. 수량이 '무엇'인지에 대한 근본적인 이해, 선천적 본능을 가지고 태어나기 때문이다. 수에 대한 이러한 타고난 직관은 인간의 인지를 구축하는 여러 '핵심 지식' 체계 중 하나다.[17] 인간의 수 인지는 개체발생적으로(한 개인의 발달 과정 동안) 그리고 계통발생적으로(인간의 진화사 동안) 이러한 선천적 직관에 기반해 구축된다.

괴델의 글에서 찾을 수 있는 세 번째 심오한 통찰은 그가 지각perception에 대해 언급한 부분에서 나온다. 그는 수학적 직관을 '일종의 지각'이라고 부른다. 오늘날 지각에 대한 연구는 실제로 실험

신경과학에 굳건히 뿌리를 내리고 있다. 우리가 행동 및 뇌에 대해 알아낸 것 중 상당수가 지각에 대한 분석으로부터 나왔다. 괴델은 이러한 점을 지적하며, 따라서 수의 본성에 관한 연구에서 이제 실험과학이 지배적 역할을 하게 될 것이라고 예측했다. 이러한 개념은 진화심리학, 신경생물학 그리고 심리학으로부터 얻은 통찰과 통합되어 수의 생물학을 밝히는 데 기여했다. 이 책의 전반에 걸쳐서도 이러한 개념은 계속 반복적으로 강조될 것이다.

우리는 어떻게 수를 알 수 있을까?

이 책의 앞부분에서 나는 자연계와 기수가 우리와는 독립적으로 존재한다고 주장하며 나 또한 '존재론적 실재론자'임을 고백했다. 그렇다면 우리는 세계와 수에 대해 어떻게 알 수 있을까? 우리는 우리에게 객관적 사실을 경험할 수 있는 능력이 있는 경우에만 세계와 수가 존재한다는 것을 알 수 있다. 객관적 사실을 경험할 수 있는 능력을 상정하는 철학적 입장을 '인식론적 실재론'이라고 한다. 나 또한 이러한 입장을 받아들인다.

우리는 객관적 사실을 알고 있다고 어떻게 확신할 수 있는가? 이 질문은 '인식론' 또는 '지식이론'이라고 불리는 철학 분과에 토대를 두고 있다. 인식론의 근본적인 물음은 "우리는 무엇을 알 수 있는가?"이다. 고대 철학자들은 한곳에 앉아서 생각만으로 인식론을 펼쳤던 반면, 오늘날 주목할 만한 인식론적 작업은 세계와 우리의 관계에 대해 과학이 설명하는 바를 반영해야 한다. 자연과학적 방법의 역할을 강조하는 지식이론은 미국의 철학자 윌라드 V. O. 콰인Willard V. O. Quine(1908~2000)이 명명한 바에 따라 '자연화된 인식론'이라고 불린다.[18] 콰인은 데카르트와 마찬가지로 인식론에 가장 먼저 관여한 과학이 심리학과 지각에 대한 생리학이라고 봤다.

그 후 수년간은 다윈주의적 진화론이 자연화된 인식론의 또 다른 초석이 되었다. 그 결과로 '생물학적 인식론' 또는 '진화론적 인식론'이 등장했다.[19] 진화론적 인식론은 진화론의 관점에서 "우리는 어떻게 알 수 있는가?"라는 질문에 답하고자 한다. 존캐럴대학교의 철학자 폴 톰슨Paul Thomson은 "인식론에서 다윈의 이론은 심리학이나 정보이론, 인지과학보다 훨씬 더 중요할 수도 있다."라고 말하기도 했다.[20] 독일의 철학자 게르하르트 볼머Gerhard Vollmer는 진화론적 인식론의 주요 논제를 다음과 같이 정리했다.

> 사고와 앎은 인간의 뇌가 가진 능력이며, 이러한 뇌는 생물학적 진화를 거쳐 생겨났다. 우리의 인지 구조는 (적어도 부분적으로) 실제 세계에 적합하도록 맞춰져 있는데, 이는 ─ 계통발생적으로 ─ 그것이 실제 세계에 적응하는 과정에 출현했고 또한 ─ 개체발생적으로 ─ 각 개인이 처한 환경에 대처할 수 있어야 했기 때문이다.[21]

생물학자인 조지 게이로드 심슨George Gaylord Simpson(1902~1984)은 좀 더 급진적이고 도발적인 언어로 이러한 견해를 정리했다.

> 자신이 뛰어 올라탄 나무줄기를 현실적으로 인식할 수 없는 원숭이는 곧 죽은 원숭이가 되었다. 이들은 우리 선조가 되지 못했다.[22]

우리의 뛰어난 3차원 시각 능력은 이 능력으로부터 생존의 이점을 얻었던 우리의 수상樹上동물 조상들에게 빚진 것이다. 이후 우리는 이 3차원 시력을 활용해 나뭇가지를 보게 됐을 뿐만 아니라, 우리의 재주 많은 손이 물체를 제대로 잘 조작하는지 감시할 수 있었다.

이와 마찬가지로 우리의 기호 수학 능력은 비기호적 수 본능으로부터 생존에 이점을 얻었던 우리의 영장류 선조에게 빚진 것이다. 심슨의 논리를 수 개념 획득에 적용해보면, 먹이의 수를 실제 그대로 파악할 수 없는 원숭이는 분명 아사했을 것이며 우리의 선조가 되지 못했을 것이다. 한 집합에 들어 있는 원소 수를 평가할 수 있는 능력은 동물에게 언제나 생존 이익을 가져다주었다. 이에 대한 증거는 뒷부분에서 제시할 것이다. 집합의 크기를 실제 그대로 평가할 수 있는 동물은 생존에 더 좋은 기회를 가졌고 따라서 경쟁적인 환경에서 선택될 가능성도 더 높았다. 그 결과 우리는 진화 과정 중 수량을 평가할 수 있는 능력을 획득하게 되었다.

같은 원리가 우리 혈통 내에서 계속 이어졌다. 우리는 1+1=2라고 확신한다. 우리의 선조 호미니드 중 1+1=1 대신 1+1=2라고 믿었던 이들은 생존하고 번식할 수 있었던 반면, 그렇지 않은 호미니드는 진화적으로 성공하지 못했기 때문이다. 기본적인 수학을 이미 알고 있던 호미니드 선조는 그렇지 않았던 호미니드보다 생존 투쟁에 더 적합했을 것이다. 예를 들어, 두 명의 원시인이 있다고 생각해보자. 한 명은 수를 평가할 수 있고 다른 한 명은 그렇지 않다. 이들이 자신의 영역 밖에 있는 빽빽한 숲을 몰래 통과하려 한다고 해보자. 갑자기 몇몇 사람들이 함성을 지르는 소리가 들렸다. 한 사람이 "아, 이 숲의 주민들이 여기 있는 것 같군요. 그런데 몇 명인지는 확실하지 않네요."라고 외쳤다. 다른 사람은 아무 말도 하지 않았다. 그저 재빨리 도망쳤을 뿐이다. 이 두 명의 원시인 중 누가 우리 조상이 될 가능성이 더 높았겠는가?

감각기관과 뇌는 자연계에 대처하면서 적응해왔다. 만일 진화론이 옳다면(무수한 증거들로 볼 때 생물학자 사이에서는 논쟁의 여지가 없는 사실로 여겨지지만) 그리고 우리가 유전가능한 '지식 기관'을 타고났다면, 이 지식 기관은 다른 모든 기관 및 그에 따른 능력과 마찬가지로 진화의 주요 동력 즉 유전적 변이와 자연선택의 힘을 받았을 것이다. 수학의 원리도 마치 본능처럼 건강한 모든 성인의 뇌에 배선된 선천적 기질을 반영한다.[23] 뇌의 진화와 생리학을 이해하는 것이 산수 및 수학의 비밀을 푸는 열쇠가 되는 이유가 바로 이것이다.

2장 수 개념, 표상 및 체계

수의 세 가지 개념

우리는 일상생활에서 수많은 이유로 수를 사용한다. 물건을 세는 것부터 신용카드를 암호화하는 데 이르기까지, 수는 믿을 수 없을 만큼 유연해 그것이 실제든 가상이든 사실상 상상할 수 있는 모든 상황에 적용될 수 있다. 따라서 수의 생물학을 연구하기 전에 먼저 몇 가지 수학 용어를 명확히 정리할 필요가 있다. 다음 인용문은 운동 경기 해설 중 일부로, 수 인지는 여러 가지 수 개념을 망라하고 있음을 잘 보여준다.

> 베어스는 34번 선수가 78야드를 달렸지만 2번의 터치다운으로 무너져 6위로 추락하고 말았습니다.[1]

이 발췌문에서는 서로 다른 세 가지 개념의 수가 숫자에 의해

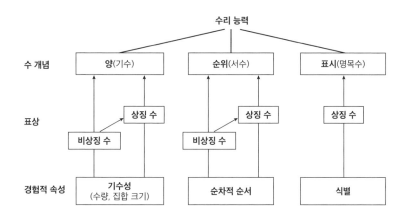

그림 2.1 우리는 세 가지 수 개념 즉 수량, 순위, 표시에 따라 개체의 속성을 표상한다. 경험적 속성인 '기수성'이나 '순차적 순서'는 비상징적(비언어적)으로 표상되는 것은 물론—인간에서만 유일하게— 숫자나 수효 언어를 통해 상징적(언어적)으로 표상될 수도 있다. 화살표로 표시된 것처럼 상징적 표상 은 (부분적으로) 비상징적 표상에서 생겨났다. 명목수는 언어적 식별자에 불과하므로 엄격한 의미에서 의 '수'는 아니다.

표현되고 있다.₂ 첫 번째 개념은 기수다. 기수는 정량적 수를 지칭 하는 것으로, 경험적 속성인 '집합의 원소 수'에 적용된다(그림 2.1). 이 수는 "몇 명?" 또는 "얼마?"와 같은 질문에 관한 것이다. 위 문장 의 "2번의 터치다운" 같은 표현에서 알 수 있듯이 기수는 개별 집합 크기를 지칭하며 또한 "78야드"에서 볼 수 있듯이 연속적인 양이다.

두 번째 개념은 서수ordinal number, 序數다. 서수는 경험적 속성인 '순열에서 한 원소의 순차적 순서' 또는 간단히 말해 순위를 나타내 는 수다(그림 2.1). 예를 들어, 위 문장의 "6위"라는 표현은 서수를 나 타낸다. 이 수는 "어느 것?"이란 질문에 관련된다. 서수는 본질적으 로 기수와 연결되어 있다. 왜냐하면 기수는 그 값에 따라 순서가 정 해지기 때문이다. 3은 2 다음에 오며 그 뒤로 4가 오는 것처럼 말이 다. 다시 말해, 기수는 서수를 포함한다. 따라서 기수는 수 개념의 핵심이며 이 책에서 주로 관심을 가지는 것도 기수다.

세 번째이자 마지막 개념은 명목수nominal number다(그림 2.1). 명목수는 집합 내의 원소를 식별하기 위한 수다. 특정 선수를 '34번'으로 부르는 것처럼 명목수는 적절한 호칭으로 사용된다. 어떤 면에서 명목수는 진정한 수는 아니며 오히려 형용사로 사용되기 때문에 비전형적인 수라고 할 수 있다. 따라서 명목수는 인간이 사용하는 언어에만 한정된다.

이러한 개념 외에도, 수 개념이 나타내는 '경험적 속성'과 이러한 속성의 '표상'을 구분하는 것 또한 마찬가지로 중요하다(그림 2.1). 다음 절에서는 표상이 무엇인지 설명하고 서로 구별될 수 있는 여러 표상을 어떻게 분류할 수 있는지 논의하고자 한다.

수의 심적 표상 및 심적 체계

'표상representation'이란 용어는 이 책 전반에 거쳐 계속 등장할 것이므로 여기서 이 표현이 어떤 의미로 사용되는지 명확히 밝혀둘 필요가 있다. 먼저 심적 표상에서부터 시작해보자. '심적 표상mental representation'을 광범위하게 정의하면 '의미론적 심적 대상'이다. 심적 표상에는 우리의 유의미한 생각과 사고, 지각, 판단 등이 포함되며, 이는 행동의 결과물로 측정될 수 있다. 행동 결과를 측정하는 가장 보편적인 방식은 반응 시간 및 올바른 반응 비율을 측정하는 것이다. 이렇듯 심적 과정은 그 결과물을 측정하는 것이 가능하므로 심적 표상을 도표로 표현하는 것도 가능하다. 예를 들어, 어떤 사람에게 두 숫자 중 어느 숫자가 더 작은지 가능한 한 빨리 알려달라고 하면 그 사람의 반응 시간은 두 수의 양적 차이의 함수에 따라 빨라지거나 혹은 느려질 것이며 이러한 반응 시간 차이는 도표로 나타낼 수 있다. 마찬가지로, 사람들은 두 수의 차이가 매우 클 때는 대부분 옳은 답을 하겠지만 두 수가 1이나 2 정도밖에 차이가 나지 않는다면 종종 실수를 범하곤 한다. 여기서도 올바른 반응 비율을 두 수의 차이의 함수로 도표에 나타낼 수 있다. 이러한 함수들은 심적 표상의 시각적 상들을 구성한다. 이후 동물과 인간의 수 구분 능력에 대해 논의할 때 수 표상에 대한 이러한 시각적 묘사를 이용할 것이다.

수의 심적 표상과 관련해 가장 근본적인 구분은 비상징적 표상과 상징적 표상을 구분하는 것이다. 수의 심적 표상은 비상징적(예: 점의 배열) 혹은 상징적(예: 아라비아 숫자) 자극 형식으로부터 출현했다. 자극 형식은 수가 제시되는 방식을 말한다. 수는 원소의 실제 개수에 대한 지각 내용으로 제시될 수도 있고 또는 상징 기호를 매개로 제시될 수도 있다. 이 책의 2부 및 3부에서는 인간 그리고 인간이 아닌 동물의 뇌와 마음의 비상징적 표상에 대해 다룰 것이다. 반면에 4부 및 5부에서는 인간의 상징적 표상을 중점적으로 논의할 것이다. 각 장에서는 이러한 두 가지 수 형식이 표상되는 방식—그 방식이 형식에 의존하든 형식에 독립적이든 둘 다—에 초점을 맞출 것이다.

비상징적 수 표상은 집합 크기에 대한 유사지각적 표상으로, 점 배열에서 셈을 하지 않고 점의 개수를 추정하는 것과 유사하다. 이러한 비상징적 표상을 나타내기 위해 '유추'란 단어가 사용되기도 한다. 수 영역에서 유추란 어떤 사건 또는 장면에서 확인할 수 있는 항목의 경험적 수치와 표상된 수 사이의 일대일 대응을 말한다.

집합을 이루는 원소의 수, 즉 집합 크기나 수량numerosity은 여러 가지 방식으로 표상될 수 있다. 만일 원소들이 일정 공간에 흩어져 있다면(예: ∴) 그 수는 한눈에 그리고 동시에 평가할 수 있다. 이와 반대로, 원소들이 시간의 연쇄에서 하나씩 등장한다면(예: ●-●

- ●) 그 수는 시간에 따라 순차적으로 평가된다. 동시적 제시 방식과 순차적 제시 방식은 서로 근본적으로 다르다. 이 책에서 다룰 질문 중 하나는 이 두 가지 방식이 뇌에서 동일한 처리 과정에 의해 일어나는지 아닌지의 여부다. 또한 집합의 원소들은 각각 서로 다른 감각에 대응될 수 있다. 예를 들어, 우리는 점을 보거나 소리를 듣거나 피부로 촉감을 느낄 수 있다. 기수 개념은 감각 양상에 관계없이 이들 모든 대상에 적용될 수 있다. 즉 이 책에서는 수 표상이 양식에 의존적인지 혹은 독립적인지에 대해서도 다룰 것이다.

비상징적 수 표상은 동물 진화 측면에서는 물론, 인간의 발달 과정에서도 원시적인 형태의 표상으로 간주될 수 있다. 이러한 유형의 수적 표상은 모든 동물이 가지고 있으며 많은 동물이 이를 이용하기도 한다. 마찬가지로, 우리 인간도 셈을 터득하기 전 4세 무렵까지는 비상징적 수 표상만을 가지며 이를 자유롭게 이용할 수 있다. 만일 아무에게도 셈하기를 배우지 못했거나 상징을 이용한 셈하기를 터득하지 못한 문화권 내에서 살아간다면 비상징적 수 표상은 계속해서 유일한 수 표상으로 남을 것이다. 선주민에 대한 흥미로운 연구에서 이러한 사실이 입증되었다. 산술 능력이 있는 성인 인간의 경우 비상징적 수 표상은 차차 가려져 결국 좀 더 정확한 상징적 수 표상에 의해 대체된다. 그러나 비상징적 수 표상은 수 기호의 표면 아래 여전히 존재하며, 특정 방식을 통해서만 다시 드러날 수 있다.

인지과학자에 따르면 동물과 영아 그리고 성인은 두 개의 서로 분리된 심적 체계를 통해 상징 없이 수를 표상할 수 있다. 바로 '대상 추적 시스템'과 '근사 수치 시스템'이다. 이 두 가지 심적 체계에 대한 증거는 이 책의 2부에서 자세히 논의할 것이다. 객체 파일 시스템이라고도 하는 대상 추적 시스템OTS: Object Tracking System은 원소 개수가 한 개에서 네 개 사이인 작은 크기의 집합에 대해 비의식적이지만 비교적 정확한 방식으로 원소의 개수를 파악할 수 있도록 한다. OTS의 작동은 언어를 익히기 전의 유아가 몇몇 개의 사물을 대했을 때 나타내는 행동 특성으로부터 추론할 수 있다. OTS의 기본 개념은 시각 시스템이 추적하려는 대상에 대해 '지시표'를 배정하거나,[3] 또는 그것을 '파일'에 저장함으로써 그 대상을 추려내는 (또는 특징을 부여하는) 것이다. 각 파일은 정확히 하나의 대상을 저장할 수 있고 모든 파일은 대상을 동시에 또는 병렬로 저장할 수 있는데, 식별해야 할 대상이 한 개에서 네 개로 늘어나도 반응 시간이 거의 증가하지 않는 것은 바로 이런 이유에서다. 또한 이 과정은 개별 대상을 처리하지 않고도 작동한다. 즉 각 대상은 자동적으로 그리고 무의식적으로 저장된다.[4,5] 하지만 시각 시스템에는 이러한 파일이 오직 세 개 또는 네 개만 포함되어 있는 것으로 생각되므로, 최대 네 개의 대상만 저장될 수 있다. 이를 OTS의 '집합 크기 한계'라고 한다. 결과적으로 OTS는 4보다 더 큰 수는 추적할 수 없다. 더 중요한 사실은, OTS는 수 표상에 특화된 체계가 아니란 점이다. 이처럼 제한된 파일 크기 때문에 수는 오직 암묵적으로 또는 무의식적으로만 표상된다.

OTS는 '직산 효과subitizing effect'도 담당하고 있는 것으로 여겨진다. '직산'이란 단어는 라틴어인 subitus('갑자기'라는 뜻)에서 유래했다. 직산 효과는 적은 수의 사물을 판단할 수 있는 쉽고 빠르고 정확한 처리 과정을 말한다.[6] 크기가 큰 집합의 경우에는 원소 수를 세는 데 물체 하나당 대략 200~350밀리초가 걸리지만,[7,8,9] 한 개에서 네 개 사이의 사물은 하나당 대략 40~100밀리초의 반응 시간으로 그 수를 판단할 수 있다. 사물이 추가될 때마다 반응 시간이 조금씩 증가한다는 사실은 집합의 원소 수는 각각의 원소를 병렬 방식으로 처리하는 메커니즘에 따라 거의 한꺼번에 평가된다는 증거로 볼 수 있다. 반면, 네 개를 넘어서는 사물에 대해 반응 시간이 갑자기 증가한다는 사실은 4보다 큰 수에 대해서는 동시적인 비언어적 판단 대신 순차적인 상징적 계산 전략이 작동하는 것으로 해석될 수 있다.

본래 직산 효과는 점들의 집합으로부터 도형 패턴을 인식한 결과로 해석되었다. 예컨대 점 하나는 단일 개체, 두 개는 선, 세 개는 삼각형, 네 개는 사각형으로 인식하는 것이다. 이러한 개념은 7개 또는 8개의 사물에 대해서도 만일 그 사물들이 익숙한 패턴을 나타내고 있다면 그 수를 신속하게 평가할 수 있다는 증거에 의해 뒷받침된다.[10,11,12] 또한 동일한 개수의 사물로 여러 다른 패턴의 도형을 만든 후 시험 참가자들에게 이 패턴들의 유사성을 평가하라고 했을 때, 사물의 개수가 직산 효과 범위를 벗어나는 경우보다(5개 이상의 사물) 범위 내에 있을 때(4개 이하의 사물) 패턴이 더 유사하다고 평가했다.[13] 그러나 모든 점들이 일직선상에 정렬되어 있거나 시험 대상이 단순한 점이 아니라 복잡한 형태의 가정용품일 때도 여전히 직산 효과가 나타났다. 이러한 모순으로 인해 직산 효과를 패턴 인식으로 설명하려는 시도는 상당히 인기를 잃었다. 최근에는 OTS 메커니즘으로 직산 효과를 설명한다.

비상징적 수 판단을 위한 두 번째 심적 체계는 근사 수치 시스템ANS: approximate number system(예전의 '유사 크기 시스템')이다. ANS는 집합의 크기에 제한이 없는 수량 추정 시스템으로, 의식적으로 대상의 수를 표상한다. 하지만 이미 그 이름에서도 나타나듯, ANS는 사물의 수를 부정확하게 또는 대략적으로만 표상할 수 있다. ANS에서는 '수치 거리 효과'와 '수치 크기 효과'라는 두 가지 중요한 행동 특성이 나타난다. 수치 거리 효과numerical distance effect는 수치적으로 더 가까운 수들보다 더 멀리 있는 수들을 더 쉽게 식별하는 효과를 말한다. 예를 들어 5와 6을 식별할 때 오류가 있는 경우, 5와 7은 더 정확히 식별할 수 있고 5와 8은 그보다 훨씬 더 낫다. 이에 반해 수치 크기 효과numerical size effect는 두 수 사이의 거리가 일정할 때 상대적으로 큰 값을 가지는 두 수보다 작은 값을 가지는 두 수치를 더 쉽게 식별하는 현상을 말한다. 예를 들어, 2와 3 그리고 8과 9는 두 경우 모두 수치 사이의 거리가 1이지만 8과 9보다는 2와 3을 식별하는 것이 더 쉽다. 2와 3을 식별하는 것과 비슷한 정도의 효과에 도달하려면 수 사이의 거리를 그 수의 크기에 비례하여 증가시켜야 한다. 이 예에서는 8과 12가 2와 3과 비슷한 정도로 식별된다. 즉 수량을 식별하는 능력은 비율의 함수에 따라 달라지고, 따라서 '비율 의존적'인 것으로 여겨진다.

수치의 식별이 체계적 관계를 따른다는 것은 쉽게 확인할 수 있다. 그러한 체계적 관계를 최초로 발견한 사람은 독일의 의사 에른스트 하인리히 베버Ernst Heinrich Weber(1795~1878)로, 수 판단 대신 무게 감각에서 이러한 사실을 발견했다.[14] 그는 우리가 두 물체의 질량으로부터 감지하는 것은 절대적 중량차가 아니라 중량차의 비율임을 밝혔다. 가령 중량이 100g인 물체가 있을 때, 다른 물체가 이 물체와 중량에서 차이가 나는 것으로 감지되려면 그 물체는 110g 이상이어야 한다. 여기서, 소위 '최소식별차just-noticeable difference'는 10g이다. 하지만 200g인 물체에 대해서는 다른 물체가 중량에서 차이가 나는 것으로 감지되려면 그 물체는 최소 220g이어야 하며, 이때 최소식별차는 20g이다. 베버는 가능한 모든 중량에 대해 이러한 체계적 관계를 수학적으로, 즉 상수를 통해 표현할 수 있음을 깨달았다. 최소식별차 ΔI를 기준중량 I로 나눈 것이 상수 c다. 좀 더 일반화시키면 베버 분율은 $\Delta I/I = c$라고 쓸 수 있다. 위의 사례에서 10g/100g=0.1 및 20g/200g=0.1이므로 상수는 0.1이다. 오늘 날 이 관계를 '베버의 법칙'이라고 부른다. 베버의 법칙은 중량이나 다른 감각 강도의 식별뿐만 아니라 수치 식별에도 적용된다. 예를 들어, 어떤 동물이 전체 사례 중 50%의 확률로 10에서 5를 식별할 수 있다면(ΔI=5; I=10), 이 동물은 20에서 10을 식별하는 것도 가능 하리라고 예측할 수 있다(ΔI=10; I=20). 5/10=0.5 및 10/20=0.5이므 로, 두 경우 모두에서 베버 분율은 0.5로 일정하다. 실제로, 베버의 법칙은 ANS를 대표하는 특징이라고 할 수 있다.[15,16] 비율 효과가 나타나는지의 여부는 실험적으로 ANS와 OTS를 구분할 수 있도록 하는 고유한 특징이다. 이처럼 다양한 범위의 수량에 일정한 베버 분율값이 나타나는 패턴은 인간은 물론 비인간 영장류나 다른 동물 에 대한 연구에서도 관찰할 수 있다. 이는 ANS가 수의 많고 적음을 표상하는 데 사용되는 기본 메커니즘임을 시사한다.[17,18,19]

베버 분율의 정확한 값은 종에 따라 서로 다르며 개체 간에도 어느 정도 차이가 있다. 베버 분율이 작다는 것은 두 수치의 차이가 작을 때도 식별할 수 있음을 나타내는 반면, 베버 분율이 크다면 수 치 식별 능력이 뛰어나지 못함을 나타낸다. 즉 베버 분율은 한 수치 와 다른 수치를 식별하는 능력의 정확성에 대한 객관적 척도다.

일정한 넓이의 영역에 포함된 가시적 대상의 수가 계속해서 늘 어나면 어느 순간 더 이상 각각의 대상을 구분할 수 없는 시점이 오 는데, 이때 이 대상들은 흔히 '결texture'이라고 부르는 것으로 통합 된다. 결-밀도 추정texture-density estimation 또한 수량을 평가하는 세 번째 메커니즘으로 논의되고 있다. 이탈리아 피렌체대학교의 생리 심리학 교수인 데이비드 버David Burr와 동료들은 수많은 새들의 무 리를 볼 때처럼, 시각적 장면의 밀도가 너무 높아지면 결-밀도 추 정이 활성화된다고 말한다.[20] 이때 밀도가 너무 높아서 그 구성요소들을 분할할 수 없으면 이 장면은 요소의 배열보다는 '결'로서 인식된다. 그러나 이것이 집합 내 원소들의 수를 처리하는 과정인지, 아니면 수와는 독립적인 감각 식별 과정인지는 확실하지 않다.

상징적 수 표상은 아라비아 숫자('8')나 수효 단어('여덟') 같은 서로 다른 수 표기 기호들을 이용해 기수를 표현한다는 점에서 비상징적(또는 유추적) 수 표상과 구분될 수 있다. 수 기호는 기수를 지칭하는 기호로, 더 중요하게는 구문론 및 의미론에 의해 구성되는 상징체계의 한 부분이다. 수 기호는 상징체계의 일부로서 산술 규칙에 따라 논리적 방식으로 처리 및 변환된다. 보통 우리는 언어체계를 사용해 수 기호를 표시하므로, 상징적 수 표상은 종종 언어적 수 표상이라고 불리기도 한다. 그러나 이 책에서 강조할 것처럼 언어체계와 수체계는 같지 않으므로, 여기서는 '상징적 수 표상'이란 별개의 용어를 사용하고자 한다.

상징적 수 표상은 아라비아 숫자 '8'이나 수를 뜻하는 단어 '여덟' 등 여러 종류의 수 표기에 기반을 둘 수 있다. 이와 동시에 상징적 수 표상은 다양한 감각 양식에 대응될 수 있다. 즉 우리는 종이에 적힌 숫자를 눈으로 보거나 발화된 수효 단어를 귀로 들을 수 있다. 이들 감각 양식과 수 표기가 어떻게 표상되는지가 이 책에서 다룰 주제 중 하나다.

비상징적 수 표상에서 상징적 수 표상으로의 전환은 인지신경과학 분야의 가장 큰 수수께끼 중 하나다. 비록 격렬한 논쟁이 있긴 했지만, 이 책의 뒷부분에서는 우리의 상징적 수 표상이—계통발생적으로 그리고 개체발생적으로—실제로 비상징적 수 표상을 기반으로 구축되었음을 시사하는 여러 증거들을 제시할 것이다. 비교심리학자들은 동물이 수량 정보를 구별할 수 있음을 보여주었다. 또한 발달심리학자들은 생후 수개월 심지어 며칠밖에 되지 않은 신생아들의 수 인지를 들여다볼 수 있는 획기적인 연구법을 마련했다. 이러한 연구들은 인간의 수리 능력이 완전히 새롭게 출현한 것이 아니라 생물학적 전구체 시스템을 기반으로 생겨났음을 시사한다.[21,22,23] 또한 아이들이 일단 말하기를 깨우치면 곧 셈도 할 수 있게 되는 것을 볼 때, 분명 언어 능력은 수리 능력의 초기 발달에서 중요한 역할을 하는 것으로 보인다. 이에 대해서는 5부에서 발달 과정을 중점적으로 다룰 때 좀 더 자세히 논의할 것이다.

수리 능력의 기반이 무엇이든, 한 가지는 확실하다. 일단 아이들이 이러한 상징 단계에 이르게 되면 수 표상은 정량적으로 변환된 후 엄청난 발전을 거쳐 완전한 그리고 인간만의 고유한 수론의 구성요소가 된다는 것이다. 상징적 수 표상은 우리가 가진 가장 정확한 수량 표상이다. 5는 항상 정확히 5이며, 4 또는 6이 아니다. 수 기호는 조합 기호 체계의 하나로 산술 규칙에 따라 처리 및 변환될 수 있다. 상징적 수 표상은 우리의 과학기술을 구성하는 한 요소다. 수론은 자연언어와 더불어 인간이 가진 또 하나의 상징체계로 간주된다. 수에 대한 이론이 없었다면 우리는 여전히 수렵채집 사회에 살고 있었을 것이다.

요약하자면, '개수'의 경험적 속성은 마음에서 (비상징적 또는 상징적) 심적 표상으로 표현된다. 마음에서 일어나는 모든 일은 분명 신경세포의 작용, 다시 말해 뇌에서 일어나는 관찰가능한 물리적 과정에 의해 일어난다. 따라서 이 책에서는 기수 표상에 어떤 유형들이 있으며 이들이 신경 수준에서 어떻게 반영되는지 알아보고자 한다. '신경 표상'은 정말 흥미롭기 그지없다. 우리의 마음은 신경 표상에 의해 일어나므로 물론 신경 표상이 없다면 심적 표상도 없다. 하지만 신경 표상과 심적 표상은 전혀 다르다. 이 책의 후반부에서 설명하겠지만, 지난 20년 동안 수 표상을 일으키는 신경 메커니즘을 밝히는 연구는 상당히 진전되어 이제는 단일 뉴런의 역할을 밝히는 수준에 도달했다.

2부

수의 진화적 뿌리

3장 동물들도 수를 이해한다

다양한 동물의 출현

우리 인간은 수 기호와 수학적 능력을 가진 것을 무척이나 자랑스러워하지만, 사실 이 모든 능력은 기호 없이 사물의 개수를 셈하는 비상징적 능력으로부터 출발했다. 그러면 이러한 비상징적 능력은 어디서 비롯되었을까? 인간만의 고유한 능력일까? 어쩌면 뇌의 일부로서 동물 선조로부터 유전적으로 물려받은 진화적 가보家寶인 건 아닐까?

그 답을 알아내기 위해서는 시간을 거슬러 우리의 직계 조상들을 조사해야 한다. 그런데 안타깝게도 이는 불가능한 일이다. 그렇지만 우리는 현존하는 동물 종을 연구할 수 있고, 또한 서로 다른 동물 종과 인간 사이의 근연도를 바탕으로 우리의 과거를 거슬러 올라갈 수 있다. 이러한 동물의 진화적 계승과 그에 상응하는 근연도를 바탕으로 동물의 계통을 그린 것을 '생명의 나무(또는 계통수)'

라고 한다. 이 절에서는 지구의 여러 생명 형태들 사이에 나타나는 다양성과 근연도를 설명하기 위해 주요 동물군의 진화 과정에서 일어난 가장 중요한 사건들을 개략적으로 설명할 것이다.

진정한 의미의 '태초'부터 시작해 지구의 역사에서 중요한 몇 가지 사건을 생각해보자., 태양계와 행성 지구의 기원은 대략 46억 년 전으로 거슬러 올라간다. 그 후 얼마 지나지 않아 대략 40억 년 전 최초의 원시 단세포 유기체(미생물)가 나타났다. 박테리아를 닮은, 최초의 생명으로 여겨지는 이 생명 형태를 '가장 최근의 공통조상last universal common ancestor' 즉 LUCA라고 부른다. 명백히 LUCA는 식물, 균류, 동물 그리고 인간 모두를 포함해 이후에 등장한 모든 생물 종의 유일무이한 조상이다. 그 후 25억 년 동안 지구상에 존재하는 생명체는 단세포가 유일했으며 이들은 모두 바다 속에서 살았다. 지구 역사에서도 가장 긴 시간을 차지하는 이 초기 단계 동안 대기 중에는 산소가 거의 없었으므로 생명체가 물 밖에서 생존하기는 실제로 불가능했다.

그러다 대략 25억 년 전 대기 중 산소량이 현재의 약 10퍼센트 수준으로 급증하는 사건이 발생했다. 이른바 '산소 혁명'은 생명체에 엄청난 영향을 미쳤다. 그중에서도 어떤 유기체는 이 풍부한 산소를 이용하여 모든 생명체가 생존하는 데 필요한 화학적 에너지를 훨씬 효율적으로 생산하는 새로운 방법을 개발할 수 있었다. 이 중요한 진화적 사건의 주역은 바로 '시아노박테리아cyanobacteria'다. 시아노박테리아는 태양광의 풍부한 에너지를 이용해 이산화탄소와 물을 당과 산소로 변환하는 생리적 과정인 '광합성'을 발명했다. 광합성은 지구 대기를 이루는 산소를 생산하는 역할을 하며 생명체에게 필요한 모든 유기 화합물과 에너지를 공급한다. 즉 우리 인간과 다른 동물들은 광합성의 산물을 호흡하고 섭취한다. 우리는 전적으로 광합성에 의지해 살고 있는 것이다.

약 15억 년 전까지는 지구상에 오직 단세포 생명만이 존재했다. 그러다 어느 날 몇몇 단세포들이 힘을 합쳐 한데 뭉치기로 결정했고, 그 결과 다수의 전문화된 독립적인 세포로 구성된 단일한 유기체가 형성되었다. 이러한 다세포 생명체의 현존하는 후손들로는 식물, 균류, 동물이 있다. 세포 수준에서의 노동 분업은 다세포 생명체에게 새로운 가능성을 열어주었다.

이러한 다세포성의 출현에도 불구하고 최초의 동물 종인 해면동물은 여전히 원시적이고 단순한 생명 형태를 가지고 있었다. 하지만 대략 6억 년 전, '캄브리아기'라고 불리는 지질학적 시대가 시작되면서 변화가 일어나기 시작했다.₂ 갑자기 엄청나게 다양한 새로운 생명 형태가 나타나, 각양각색의 동물들이 바다를 가득 채우기 시작한 것이다. 동물군과 종의 수도 폭발적으로 증가한 것으로 보이는데, 바로 이런 이유로 이 중요한 진화론적 사건을 '캄브리아기 폭발Cambrian Explosion'이라고 부른다. 절지동물, 연체동물, 척삭동물 등 오늘날 우리가 보는 모든 주요 동물군이 캄브리아기 폭발중에 나타났다. 연구자들은 동물 종에서 이같이 엄청난 규모의 다양화가 일어난 이유에 대해 집중적으로 논의해왔다.₃ 어쩌면 지구의 기온 상승이나 산소 농도 증가 또는 새로운 포식동물의 출현 때문일 수 있다.₄ 새로 진화한 동물 중 일부는 육지를 정복했고 생명의 역사에 또 하나의 이정표를 세웠다. 또한 동물을 먹잇감과 포식자로 나누는 새로운 생활 양식이 나타나면서 새로운 행동 및 인지기술이 필요해졌다. 앞으로 보겠지만 수리 능력 또한 이때 생겨난 기술들 중 하나로, 동물계 전체에서 이러한 능력을 관찰할 수 있는 것도 바로 이런 이유에서다.

대부분의 동물 종은 (여러 형질들 중에서도) 앞쪽 끝과 뒤쪽 끝을 연결하는 축을 가지고 있는데 이러한 동물군은 좌우대칭(양측)동물bilaterian로 분류할 수 있다. 좌우대칭동물은 두 갈래의 주요한 계통으로 분기했다. 한 갈래는 선구동물protostomes로, 배아기의 원시 입이 성체가 되어서도 실제 입으로 계속 유지된다. 다른 갈래는 후구동물deuterostome로, 배 발달 동안 새로운 두 번째 입이 형성된다. 선구동물과 후구동물은 각각 '문phylum'이라고 불리는 거대한 동물군을 이루며, 생명의 나무에서 중요한 가지를 형성한다.

선구동물 중에 절지동물(곤충류, 거미류, 갑각류)은 100만이 넘는 종으로 구성되며 모든 동물 중 가장 큰 문을 형성한다. 모든 절지동물은 분절된 외골격 및 관절지를 가진다. 보통 선구동물의 중추신경계는 뚜렷이 중앙화된 구조라기보다는 분절된 형태에 좀 더 가깝다. 이 책의 뒷부분에서 꿀벌이나 딱정벌레 등 여러 곤충들의 수리 능력에 대해서도 설명할 것이다. 이들은 선구동물에 속하므로 우리와 매우 먼 관계에 있다는 것을 명심하자.

후구동물에는 척삭동물문이 포함되며, 척삭동물에는 척추동물이 포함된다. 이들 척추동물 중에는 인간과 다른 동물들이 있다. 척추동물은 척추 및 상당히 복잡한 신경계를 가지고 있어 생존에 필수적인 두 가지 과제, 즉 먹이를 찾는 일과 먹히는 것을 피하는 일의 효율성을 높일 수 있었다. 최초의 유악척추동물 즉 어류는 관례적으로(하지만 분류학적으로는 부정확한) 어류, 양서류, 파충류, 조류, 포유류로 알려져 있는 여러 다양한 척추동물군(또는 강)으로 갈라졌다.

일반적으로 생물학자들은 생물 종을 구별하기 위해 각각의 종을 라틴어 학명으로 지칭한다. 스웨덴의 박물학자인 칼 폰 린네Carl Linnaeus(1707~1778)는 이명법二名法, binary nomenclature이라고 불리는 현대 생물 명명 체계를 창안했다. 이 체계에 따르면 각각의 종에는 두 부분으로 구성된 학명이 부여된다. 학명의 첫 번째 부분은 그 동물 종이 속한 가장 작은 분류군 즉 속genus을 나타낸다. 두 번째 부분은 속 내에서 그 동물의 종을 표시한다. 예를 들어, 우리 인간의 학명은 '호모 사피엔스Homo sapiens'다. 이것은 인간이 '호모' 속에 속하며(현재 이 속에 속한 다른 모든 종은 멸종했다), 이 속 내에서 '호모 사피엔스' 종에 속한다는 것을 의미한다.

린네는 또한 상위로 갈수록 더 포괄적인 범주를 가지는 체계, 즉 위계적 분류법으로도 유기체를 분류했다. 첫 번째 분류는 이명법에 내재되어 있다. 서로 밀접하게 관련된 것으로 보이는 종은 동일한 속으로 분류된다. 속 이상에서 분류학자들은 위로 갈수록 점진적으로 더 포괄적인 범주를 가지는 분류법을 채택한다. 서로 관련된 속은 같은 과family로 묶이고, 과는 목order으로, 목은 강class으로, 강은 문으로 묶인다. 마지막으로 동물계는 모든 동물 문들로 구성된다. 이러한 생물학적 분류법은 우편번호와 비슷하다고 볼 수 있다. 우리 집은 특정 아파트에 위치하고 있고, 더 넓게는 여러 아파트로 구성된 단지 내에, 더 넓게는 그 아파트 단지를 포괄하는 도시 내에 위치한다.

생물 개체군의 진화사는 '계통수系統樹, phylogenetic tree'('생명의 나무', **그림 3.1** 참조)라는 분기 도표로 표현할 수 있다. 분기 패턴은 분류학자들이 생물 개체군을 더 포괄적인 상위군으로 통합하는 방법을 보여준다. 생물학자들은 생물 종을 진화적 근연도에 따라 분류함으로써 종 또는 종 집단의 진화적 역사, 즉 '계통'을 재구성한다. 유기체들이 서로 많은 특성을 공유하는 이유는 공통조상 때문이다. 서로 다른 다양한 동물 종이 공통조상을 공유한다는 것은 이들 모두가 수백만 년 전 동일한 동물 종으로부터 진화했음을 의미한다. 예를 들어 모든 곤충은 다리가 6개인 조상으로부터 진화했으므로,

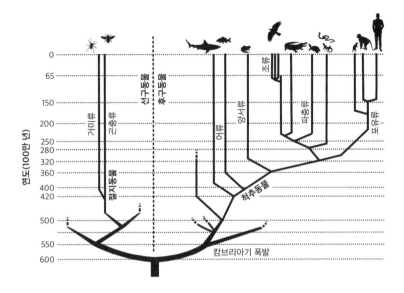

그림 3.1 이 책에서 논의할 동물군을 나타낸 간소화한 생명의 나무. 나무 왼편에는 선구동물을 대표하는 동물인 (절지동물 문의) 곤충류와 거미류를 나타냈다. 선구동물은 약 6억 년 전 나무 오른편의 후구동물로부터 갈라져 나왔다. 나무 오른편은 어류(상어와 잉어), 양서류(개구리), 조류(까마귀), 파충류(악어, 거북이, 도마뱀, 뱀), 포유류(쥐, 원숭이, 인간) 등 5개의 대표적인 척추동물 군을 나타내고 있다.

6개의 다리를 가진 동물이 있다면 그 동물은 곤충이라고 식별할 수 있다. 한 공통조상에서 처음 출현한 이후 모든 후손에게 전해진 이러한 '파생' 형질을 '상동homologous' 형질이라고 부른다. 공통 혈통은 상동 형질을 공유한다. 만일 동물 종들의 공통된 진화사를 밝힐 수 있다면 그로부터 우리는 그 종에 대해 많은 것을 알아낼 수 있을 것이다. 예를 들어, 한 유기체는 가까운 친족과 유전자, 뇌 구조, 심지어는 행동 특질까지 많은 형질을 공유할 가능성이 높다. 수 인지에 대한 연구 또한 계통발생학적 관점으로부터 많은 통찰을 얻을 수 있다. 현존하는 동물 종들에서 우리가 관찰할 수 있는 많은 기능은 원래 그 종에서 새로 진화한 것이 아니라 그 조상에서 진화한 후 현대의 생물 종에게 계승된 것이기 때문이다.

그러나 특정 형질은 그 형질을 보유하고 후손에게 물려준 가장 최근의 공통조상 없이 여러 동물에서 독립적으로 출현하기도 한다. 예를 들어 비행 능력은 곤충, 새, 박쥐에서 독립적으로 발명되었다. 이러한 형질을 '상사analogous' 형질이라고 한다. 상사 형질은 그 동물에게 생존적 이점을 제공하기 때문에 진화한 것으로, '수렴진화'를 통해서 나타나며 그 형질을 가진 동물들 사이의 근연도와는 아무런 상관이 없다. 수리 능력도 서로 다른, 멀리 떨어진 동물 개체군 사이에서 여러 번 출현한 것으로 보인다. 뒷부분에서 좀 더 살펴보겠지만, 이러한 사실은 여러 다양한 동물 개체군이 수리 능력을 확보하는 것이 생존에 얼마나 중요했는지 말해준다.

생물 진화의 메커니즘

무엇이 종 및 종 집단의 진화, 다시 말해 종의 계통발생을 이끌었는가? 진화론은 생물학적 진화를 이끈 메커니즘에 대한 해답을 제공한다. 진화론은 1859년 찰스 다윈(1809~1882)의 역사적인 저작《종의 기원》에서 처음 제시되었다.[5] 진화론은 생물학의 거대 통일 이론으로, 압도적인 양의 과학적 증거에 의해 뒷받침된다. 진화론은 다양한 종의 존재, 계통을 이루는 종들 사이의 근연도, 환경에 대한 적응성 그리고 생물 종에서의 연속적인 진화를 설명한다. 진화론은 인간을 계통발생의 맥락에 위치시킨다. 우리 인간의 뇌와 그것이 우리에게 부여한 놀라운 수리 능력은 종의 진화 역사에서 복잡성의 정점(목적이 아닌!)을 이루고 있다.

본질적으로 세대를 거치면서 생물학적 진화가 일어나는 동안 개체군에는 '유전적 변이'라고 불리는 유전가능한 차이가 축적된다. 그러다 시간이 흐르면 결국, 많은 측면에서 조상과는 다른 후손이 나타나게 된다. 여러 세대를 거치면서 종래의 종과는 다른 체형이나 뇌를 가진 새로운 종이 생겨나는 것이다. 다윈은 이러한 진화 현상을 설명하기 위해 "변형을 동반한 계승descent with modification"이라는 표현을 사용했다. 중요한 것은 개체들 각각은 일생 동안 변화하거나 진화하지 않지만, 개체들의 집합 즉 개체군은 한 세대에서 다음 세대로 시간이 지남에 따라 변화한다는 것이다.

당시 다윈은 유전가능한 정보가 유기체에 어떻게 담겨 있는지 알 수 없었다. 그러나 오늘날 우리는 신체의 각 세포에 그 동물의 전체 설계 계획에 대한 유전자 정보 즉 '게놈genome(유전체)'이 들어 있다는 것을 알고 있다. 각 유기체에서 게놈은 그 유기체가 구체적으로 어떻게 구현되는지, 다시 말해 '유전형genotype'은 그것의 '표현형phenotype'이 어떻게 나타나는지, 즉 그 유기체가 어떤 외양을 가지고 어떻게 작동하며 넓게는 어떻게 행동하는지를 결정한다. 유전형은 마치 알파벳 문자처럼 디옥시리보핵산deoxyribonucleic acid(DNA)이라는 분자에 아데닌adenine(A), 티민thymine(T), 시토신cytosine(C), 구아닌guanine(G)이라는 4개의 분자 염기 서열로 쓰여진다. 이 공통 유전암호는 모든 생명체에서 발견된다. DNA는 공통 유전암호를 기반으로 하는 '유전자'라는 정보 단위를 포함하고 있다. 유전자는 간단히 말해 특정 단백질을 만드는 지침이 들어 있는 DNA 단편이다. 서로 다른 단백질을 만들기 위해서는 서로 다른 유전자가 필요하며, 이렇게 만들어진 단백질은 신체와 그 기관을 만들고 유지하는 데 사용된다. 일반적으로 특정 유전자는 '대립유전자'라고 하는 두 개의 서로 다른 형태를 가지는데, 하나는 어머니로부터 물려받은 것이고 다른 하나는 아버지로부터 받는다. 예를 들어 꽃은 그것의 색깔을 암호화하는 유전자를 가지고 있을 수 있는데, 이 유전자는 각각 흰색이나 붉은색을 암호화하는 두 개의 대립유전자로 이루어진다. 각각의 꽃이 흰색 및 붉은색에 대해 어떤 대립유전자를 가지는지에 따라 그 꽃의 색깔도 달라지게 된다.

여기서 궁금한 점은 유전적 변이, 즉 한 세대에서 다음 세대로 유전가능한 차이를 만들어내는 것은 무엇인가다. 유전적 변이가 일어나는 궁극적인 원인은 유전암호에 돌연변이가 발생해 새로운 대립유전자가 생성되기 때문이다. 일반적으로 이러한 돌연변이는 치명적인 질병이나 유전적 부적합성을 유발하지만 때로는 새로운 기능을 일으키기도 한다.

그러나 변이만으로는 특정 대립유전자나 유전자가 왜 유독 한 개체군에서만 더 빈번하게 나타나는지를 설명하지 못한다. 유전적 변이와 더불어 '자연선택'은 생물학적 진화의 두 번째 핵심 과정이다. 자연선택은 어떤 대립유전자 및 유전자가 다음 세대에 얼마나 자주 전달되는지를 결정한다. 이는 종의 서식 환경 역시 끊임없이 변화하므로 이에 대응하기 위해서는 유전형의 변화를 통한 표현형의 적응이 필요하기 때문이다. 특정 유형의 표현형적 특질(해부학적 특징이나 생리학적 과정 또는 행동)이 그 운반자로 하여금 다른 개체보다 생존에 더 성공적일 수 있도록 기여한다면, 즉 '적응적 가치'가 있다면, 그러한 특질은 선택될 것이며 그 기반이 되는 유전자는 다음 세대에 더 빈번히 등장할 것이다.

자연선택은 적응적 진화를 일으키는 유일한 메커니즘이다. 여기서 중요한 것은, 자연선택은 유전자가 아니라 살아있고 행동하는 개체의 수준에서 작용한다는 것이다. 이는 특별한 의미가 있는 사실이다. 다음 세대로 어떤 형질이 전달되느냐에 관해 현재 우리가 가진 메커니즘은 특히 인지와 행동을 반영하고 있음을 의미하기 때문이다. 인지는 자연선택을 위한 출발점이다. 어떤 인지 능력이 다음 세대에 생존하는 자손의 수를 증가시킨다면 그러한 능력은 다음 세대로 정확히 전달될 수 있다. 예를 들어, 집합의 크기를 식별할 수 있는 동물이 자식을 낳는 데 다른 동물보다 더 성공적이라면(따라서 '적합도'가 더 높다면), 이 인지 능력을 일으키는 유전적 기반이 선택될 것이다. 개체군에서 수리 능력이 유지될 수 있는 것도 바로 이런 방법을 통해서다. 수리 능력의 적응적 가치에 대한 증거는 동물들에게 수가 가지는 효용을 다루는 다음 장에서 좀 더 자세히 제시할 것이다.

새로운 인지 능력의 진화는 겉에서 보면 상당히 목표지향적인 것으로 보일 수도 있다. 하지만 강조하건대 진화론은 비목적론적이다. 진화의 작동에는 목적이 없다. 이 행성에서 수리 능력을 가진 동물 및 인간을 만들어내는 것은 결코 진화의 목적이 아니다. 동물에게 수리 능력이 생긴 이유는 단지 그러한 능력을 통해 세계와 관련된 무언가를 포착하고 그로부터 이점을 얻을 수 있었기 때문이다.

이와 더불어, 진화는 최적화 과정이 아니라 충분화 과정이라는 것을 명심하자. 어떤 유전가능한 특질이 선택되기 위해 필요한 것은 그 특질이 운반자에게 뭔가 이점을 제공할 수 있는지가 전부다. 이 특질이 상상할 수 있는 최고의 특질일 필요는 없으며, 심지어 가장 잘 이용할 수 있는 특질일 필요도 없다. 수 영역에서 정확한 계산 능력은 비인간 동물에서 발견되는 근사적인 수리 능력에 비해 생존에 확실히 더 유리할 것이다. 그러나 최적성이란 인간의 개념일 뿐 진화론적 개념은 아니다. 만일 근사적 추정만으로도 한 동물이 생존하기에 충분하다면 선택되는 것은 바로 그 능력일 것이다.

1장에서 지적한 것처럼 진화론은 또한 우리 인간 및 다른 동물들은 세상에 대해 무엇을 알고 있는가에 대한 인식론적 질문에도 대답하고 있다. 만약 한 동물의 생존이 환경과 얼마나 잘 상호작용하는가에 따라 결정된다면, 자연선택의 과정은 분명 "세상이 어떤 모습인지"에 대해 올바른 정보를 제공하는 두뇌와 마음을 더 선호할 것이다. 진화적 성공이 우리가 실재를 얼마나 제대로 인식하는지와 관련된다는 것은 명백하다. 비록 이러한 인식이 제한적인 것처럼 보일지라도 말이다. 그 능력은 유기체의 삶과 죽음과 직결된다. 이것은 1장에서 설명한 것처럼 진화론적 인식론의 핵심을 이룬다. 기수는 이 세계의 중요한 특징이며 수를 평가하는 능력은 생존율과 적합도를 높이기 때문에 우리 인간과 다른 동물들은 기수를 표상할 수 있게 되었다. 즉 수리 능력은 세상에 대해 무언가 중요한 것을 알아내는 방법으로서 생물학적 진화에 의해 생겨난 능력이다.

동물의 '셈하기'에 관한 고전적 연구

그렇다면 동물은 수를 다룰 수 있을까? 이 질문은 100년 전에 처음 제기되었다. 1904년 독일의 빌헬름 폰 오스텐Wilhelm von Osten은 나중에 '영리한 한스'라고 불리게 된 종마 한스를 훈련시켜 대중들에게 소개했다(그림 3.2). 한스는 베를린 사람들을 깜짝 놀라게 했다. 이 말은 셈을 하고 계산을 할 수 있는 것으로 보였다. 폰 오스텐이 수식을 쓰면, 예컨대 칠판에 '2+3'이라고 쓰면 한스는 발굽을 정확히 다섯 번 구르고는 멈췄다. 한스는 훨씬 더 복잡한 산술 문제도 풀 수 있었다. 그 당시 13명의 저명한 과학자들이 이 묘기에 속임수가 없는지 의심하며 집중적인 조사를 펼쳤지만 아무런 단서도 찾아내지 못했다. 결국 그들은 한스가 정말로 산수를 할 수 있으며 호평을 받을 자격이 충분하다고 인증한 셈이 되어버렸다. 물론 한스는 산수를 할 수 없었다.

그 후 심리학자 오스카 풍스트Oskar Pfungst가 다시 한 번 한스를

그림 3.2 빌헬름 폰 오스텐과 그의 말 영리한 한스(1908년 즈음).

조사했다. 풍스트는 질문을 하는 사람이 폰 오스텐이 아닐 때도 한스가 정확한 답을 한다는 사실을 발견했다. 즉 이것은 폰 오스텐이 사기를 쳤을 가능성을 배제했다. 그러나 더 중요한 것은 한스는 질문자가 정답을 알고 있고 질문자를 볼 수 있을 때에만 정답을 맞혔다는 것이다. 만약 질문자가 정답을 모르거나 한스가 질문자를 볼 수 없다면 한스는 정답을 맞히지 못했다. 풍스트는 한스가 정확한 답에 도달했을 때 질문자가 보이는 비의도적인 신체 신호, 예컨대 자세의 미묘한 변화나 얼굴 표정, 호흡 패턴을 알아차리고 발 구르기를 멈춘 것으로 결론지었다. 풍스트는 다음과 같이 썼다.[6]

> 결국 질문자가 단서를 준 셈이었다. 모든 시각적 신호가 단서였으므로 한스가 주인공으로 등장한 이 연극은 결국 우스꽝스러운 무언극일 뿐이었다.

이 모든 것이 거짓말로 드러난 후 한스와 폰 오스틴은 대중의 관심에서 멀어졌다. 한스는 제1차 세계대전이 한창일 때 군부에 팔렸고, 1916년 이후에는 어떻게 되었는지 아무도 모른다. 하지만 심리학에서 한스는 '영리한 한스 효과'라는 굉장히 중요한 발견으로 이어졌다. 한스는 행동과학자들에게 동물이나 인간을 대상으로 한 행동실험에서 비의도적으로 단서를 제시하는 행동을 배제하는 것이 얼마나 중요한 일인지 일깨워준다. 이후 행동실험의 가장 근본적인 기준은 시험 중에 시험자와 시험 대상자를 분리하는 것이 되었다.

한스가 수학자가 아니었던 것은 분명하지만, 한스의 명예를 위해, 말도 수량을 식별하는 기초적인 능력이 있음을 보여주는 최근 연구들을 소개하고자 한다. 훈련되지 않은 말Equus caballus에게 서로 다른 수의 사과가 든 두 개의 양동이를 주고 하나를 선택하도록 하면 이들은 사과 한 개 대신 두 개가 든 양동이를, 두 개 대신 세 개가 든 양동이를 택한다. 하지만 사과 네 개가 든 양동이와 여섯 개가 든 양동이 사이에서는 선택하는 데 어려움을 겪는다.[7]

'영리한 한스'의 몰락 이후, 동물의 수리 능력에 대한 답을 구하기 위해서는 이 문제에 새롭게 도전할 수 있는 용기 있는 과학자가 필요했다. 독일의 동물학자 오토 퀼러Otto Koehler(1889~1974)가 바로 그 용감한 과학자로, 동물을 집합 속 사물의 개수를 식별하도록 훈련시킬 수 있다는 최초의 확실한 증거를 제공했다.[8] 콘라트 로렌츠Konrad Lorenz, 니콜라스 틴베르헌, 칼 폰 프리슈Karl von Frisch 등 당시 유럽의 동물학자들 대부분은 동물의 선천적인 행동을 연구했던 반면, 퀼러는 조작적 조건 형성을 이용해 동물을 훈련시켜 통제된 과제에서 실험 대상으로 삼을 수 있었다.

퀼러는 조류와 포유류가 수량을 구별할 수 있음을 설득력 있게

그림 3.3 사물의 개수를 맞추는 능력을 시험 중인 오토 쾰러의 갈까마귀. 작은 정사각형은 먹이가 든 병의 뚜껑이다. 갈까마귀가 큰 카드에 그려진 것과 동일한 수의 점이 표시된 뚜껑을 벗기면 그 아래서 먹이를 찾을 수 있다(출처: Koehler, 1941).

입증했다.[9,10] 예를 들어 쾰러는 표본 대응 과제를 이용해 갈까마귀 *Corvus monedula*에게 여러 표본을 동시에 제시했을 때 어떤 표본을 선택하는지 시험했다. 잉크 방울 자국(또는 자갈돌이나 플라스틱 구슬)의 수로 각 표본의 수를 나타냈다. 갈까마귀에게 주어진 과제는 뚜껑이 있는 두 개의 병 중 하나를 열어 그 속에 들어 있는 먹이 보상을 찾는 일이다. 병뚜껑에는 점이 찍혀 있는데, 표본과 같은 수의 점이 찍힌 병에 먹이가 들어 있다(그림 3.3). 쾰러는 이러한 능력을 '동시적 개수 확인' 능력으로 분류하며 그가 '개수에 따른 연속적 행동'이라고 부른 또 다른 유형의 수리 능력과 구별했다. 이 두 번째, 순차적 능력을 시험하기 위해서 쾰러는 아마존앵무*Amazona spp.*가 두 개의 낟알더미로부터 특정 개수의 낟알을 쪼아 먹도록 훈련시켰다. 예를 들어, '5'에 대한 훈련을 받은 앵무새는 첫 번째 작은 더미로부터 세 개의 낟알을 먹고 두 번째 좀 더 큰 더미에서 두 개의 낟알을 더 먹은 뒤 나머지 낟알은 건드리지 않은 채 날아가 버린다.

물론, 쾰러는 한스 이야기의 참혹한 결말에 대해서 알고 있었다. 폰 오스텐 및 영리한 한스의 실수로 판명된 요인, 즉 동물에게 무의식적으로 단서를 주는 것을 피하기 위해 실험자는 실험이 진행되는 동안 동물이 볼 수 없는 곳에 위치하고 있었다. 만일 새가 실수를 범하면 자동 스프링 장치가 작동해 새를 쫓아냈다. 또한 쾰러는 실험 과정을 녹화한 후 실험이 끝난 뒤 꼼꼼하게 분석했다. 가장 주목할 만한 것은, 쾰러가 전이 검사(한 환경에서 배운 동작을 다른 환경에서도 유사하거나 관련 있는 동작으로 수행하는지를 검사하는 일 —옮긴이)를 도입해, 새들의 행동에 대한 피드백을 제거하여 새들이 올바른 답을 학습할 수 없도록 하고, 대신 자신의 개념적 지식으로부터 정답을 이끌어내도록 한 것이다. 이 같은 전이 검사 동안 새들은 새로운 상황에 수 식별 개념을 성공적으로 적용했다.

쾰러 또한 새들이 이 과제를 해결하기 위해 수 이외의 특징을 사용할지도 모른다는 문제점에 대해 잘 알고 있었다. 예를 들어 흰색 바탕의 카드면 위에 같은 크기의 검은색 잉크 자국을 그려넣는다고 할 때, 잉크 자국의 수가 늘어나면 검은색 부분도 함께 늘어난다. 분명 검은색 부분의 면적을 식별함으로써 학습이 이루어질 수도 있으며, 이러한 학습은 수와는 아무런 관련이 없다. 따라서 쾰러는 사물을 동시에 제시하는 시험 동안 병뚜껑에 표시된 잉크 자국의 수와 위치를 신중히 변화시켰다. 연속 과제에서는 사물의 시간적 순서를 변화시켰다. 이러한 통제 실험에도 불구하고 새들의 식별 능력에는 변화가 없었으므로, 새들이 정말로 수치에 근거해 과제를 해결했음을 입증할 수 있었다.

쾰러와 그의 제자들은 수년에 걸쳐 동물에게 수리 능력이 있는지 시험하는 프로젝트를 진행했다. 이들이 시험한 동물은 총 9종으로 비둘기, 사랑앵무, 갈까마귀, 큰까마귀, 회색앵무, 아마존앵무, 까치, 다람쥐, 인간이다. 쾰러의 연구는 이후 비언어적 수리 능력에 대한 모든 연구의 기초가 되었다. 쾰러는 자신이 동물에서 발견한 능력이 셈하기 능력이 아니라 그러한 능력의 조상격이라 할 수 있는 비상징적(또는 비언어적) 능력임을 분명히 했다.

> 새들에게 단어가 없는 한, 이들은 계산을 한 것은 아니다. 새들은 그들이 지각할 수 있고 그에 따른 행동을 보일 수 있는 수들에 이름을 붙일 수 없다. 하지만 분명 새들은 "명명되지 않은 수들에 대해 생각하는 법"을 학습할 수 있다.[11]

쾰러의 선구적인 연구에 이어 지금까지 다양한 동물 종이 가진 수 기술에 대한 연구가 이루어졌다. 여기서는 대부분의 초창기 연구는 건너뛸 것이다. 쾰러 이후의 '동물 셈하기'에 대한 고전적 문헌은 데이비스Davis와 페루스Perusse의 1988년 리뷰 논문[12]에서 찾아볼 수 있다.

동물의 수 인지를 시험하는 방법

동물 계통수에서 수리 능력을 추적하기 전에, 먼저 연구자들이 동물의 수 기술을 연구하기 위해 흔히 이용할 수 있는 기본적인 실험 방법을 소개하고자 한다. 인간을 대상으로 한 행동실험에서는 실험 대상자에게 그들이 무엇을 해야 하는지 알려주기만 하면 된다. 하지만 동물들에게는 분명 이러한 방법을 적용할 수 없다. 우리는 인간과 같은 방식으로 동물들을 지도할 수 없다. 그렇다면 동물은 어떻게 자신이 사물의 개수를 구분해야 한다는 것을 알 수 있을까? 동물뿐만이 아니다. 말을 하지 못하는 유아를 대상으로 한 행동실험에서도 정확히 동일한 문제가 발생한다. 하지만 다행히 언어 없이도 이를 수행할 수 있는 행동 프로토콜이 마련되어 있다. 동물의 수리 능력에 대해 알아보기 위해, 실험 대상자의 구두 보고가 필요하지 않은 두 가지 주요 시험 프로토콜이 수립되었다. 그중 하나는 자발적 선택 시험spontaneous-choice test으로, 나중에 좀 더 자세히 설명하겠지만 신생아와 유아를 대상으로 한 발달심리학 시험에서도 이용될 수 있다. 또 다른 프로토콜은 조작적 조건 형성operant conditioning을 바탕으로 하는 행동 훈련이다. 두 방법 모두 아래와 같은 장점과 한계를 가지고 있다.[13]

자발적 선택 시험은 동물들이 보통 그 자신에게 가치가 있는 것을 선호하는 자연적인 성향을 이용한다. 그런 가치가 있는 자극으로는 예컨대 먹이나 사회적 협력자 등이 있다. 일반적인 자발적 선택 시험은 실험실 또는 실험실 밖 자연 어느 쪽에서든 시행될 수 있으며, 동물에게 각각 서로 다른 수의 가치 관련 자극을 포함하고 있는 두 개의 집합을 제시한다. 이들 실험은 기본적으로 만일 동물이 두 집합에 들어 있는 사물의 양을 구별할 수 있다면 자신에게 더 이로운 집합을 선택할 것이라고 전제한다. 예를 들어, 제시된 집합이 먹잇감으로 구성되어 있는 경우, 동물들은 주로 더 많은 먹이를 선호하므로 두 집합 중 먹이의 양이 더 많은 쪽을 선택할 것으로 예측된다.

자발적 선택 시험의 분명한 장점 중 하나는 동물을 훈련시키는 데 시간을 들이지 않아도 된다는 것이다. 야생에서도 실험할 수 있다는 것 또한 장점이다. 또한 자발적 선택 시험에서는 수리 능력의 생태학적 타당성을 평가할 수 있다. 만일 동물이 실험 환경에서 자신에게 중요한 자극을 자연스럽게 구별할 수 있다면, 서식지에서 유사한 상황에 놓였을 때도 이러한 능력을 적용할 수 있을 것이기 때문이다.

그러나 자발적 선택 시험에는 중대한 단점이 몇 가지 있다. 첫째, 먹이와 같은 가치를 가진 사물을 사용하면 불가피하게 사물의 수와 다른 비수량적이고 연속적인 크기 사이에 교락交絡, confounding 효과가 발생한다. 간단히 말해, 예를 들어 사과 수가 늘어나면 사과 더미의 전체 모양 또한 체계적으로 변화한다. 사과가 많을수록 더 많은 공간(또는 부피)이 필요하며, 개별 사과는 더 빽빽하게 채워질 것이다. 동물이 먹이의 부피나 표면적, 밀도를 통해 집합의 크기를 식별한다면 이는 '더 많은 수의 먹이'가 아니라 그저 '더 많은 먹이'를 고른 것일 뿐이다. 이와 같은 문제 때문에, 일부 연구자들은 비상징적 수 식별이란 그저 공간이나 양 같은 연속적인 양의 식별일 뿐 개수의 식별은 아니라고 주장하기도 한다.[14] 실제로 자발적 선택 시험은 연속적 크기의 문제를 제거하지 못한다. 그러나 이것만으로 수량 식별 능력이 그저 실험의 인공 산물일 뿐이라는 결론을 내리긴 이르다. 앞으로 더 살펴보겠지만, 잘 조절된 자극을 이용한 보완 실험으로 수량 식별 능력의 근거를 충분히 제공할 수 있기 때문이다.

동물에게 내재적 가치를 지니는 대상들을 식별하는 문제에서 두 번째 교락 효과를 일으키는 요인은 보상의 양이다. 계속 사과를 예로 들어보자. 동물에게 적은 수의 사과보다 많은 수의 사과가 더 바람직하다는 것은 쉽게 확인할 수 있다. 동물은 더 많은 사과를 먹으면 더 큰 만족을 얻기 때문이다. 그러나 우리가 알고 싶은 것은 동물이 보상의 크기, 즉 '쾌락 가치'를 식별할 수 있는가가 아니다. 우리가 알고자 하는 것은 동물이 사물의 수를 식별할 수 있는지다.

세 번째 문제는 동물이 집합 중 하나를 선택할 때 왜 그 집합을 선택하는지 그 동기와 관련되어 있다. 이 또한 무시할 수 없는 문제다. 모든 자발적 선택 시험에서는 시험 동물이 무언가를 얻기 위해 두 집합을 비교하려 한다고 전제한다. 그러나 그렇지 않은 경우도 있을 수 있다. 방금 먹이를 먹은 동물은 더 많은 먹이를 얻고자 하는 욕구를 가지지 않는다. 이는 특히 야생에서 문제가 되는데, 동물의 영양 상태에 대해 실험자들이 알 수 없기 때문이다.

마지막으로, 자발적 선택 시험에서는 시험할 수 있는 수리 능력의 종류에 한계가 있다. 훈련을 받지 않은 동물을 대상으로는 오직 아주 간단한 수리 능력, 즉 상대적 수량 판단 능력만 시험가능하다. 상대적 수량 판단이란 집합의 절대적 크기를 평가하는 것이 아니라 다른 집합과 비교하여 그 크기를 평가하는 것을 의미한다. 이는 오로지 '더 많은지' 또는 '더 적은지'만을 판단하는 것으로, 사물의 실제 또는 절대적인 개수를 평가할 필요는 없다. 다시 말해, 상대적 수량 판단은 기수 평가 능력 없이도 가능하다.

앞서 언급한 자발적 선택 시험의 문제점들은 동물을 훈련시킴으로써 피할 수 있다. 동물 훈련은 오토 쾰러도 자신의 고전적 연구에서 적용한 매우 강력한 학습 메커니즘인 조작적 조건 형성을 바탕으로 이루어진다. 조작적 조건 형성은 에드워드 손다이크Edward L. Thorndyke(1874~1949)로부터 시작되었으며, 하버드대학교의 심리학 교수인 B. F. 스키너B. F. Skinner(1904~1990)에 의해 정교화되었다. 여기서 동물들은 시행착오를 통해 특정 자극('식별자discriminandum'라고 한다)이 보상을 받거나 처벌을 피하기 위해 필요한 특정 행동과 연관되어 있다는 것을 학습한다. 예를 들어, 쥐에게 빛이 깜박일 때마다(식별자) 레버를 누르면(반응) 보상을 받도록 함으로써(결과) 쥐를 훈련시킬 수 있다.

조작적 조건 형성에서 보상은 행동 수행을 이끄는 원동력이다.

동물들이 행동을 하도록 이끌기 위해서는 그들에게 동기를 부여할 수 있는 가치 있는 무언가를 제공해야 한다. 일반적으로는 먹이나 물이 보상으로 이용된다. 이것들이 동물에게 가치를 지니기 위해서는 실제 실험에 앞서 실험동물의 물 및 먹이 섭취를 통제할 필요가 있다. 물론, 동물들의 건강 유지를 위해 실험 도중 또는 이후 동물들에게 반드시 충분한 먹이와 물을 제공해야 한다.

훈련 기간 동안 세션당 수백 번의 시험을 수행한 동물들은 통계적으로 안정적인 데이터 집합을 산출한다. 이러한 데이터는 자발적 선택 시험에서는 얻기 불가능한 것이다. 비수량적 자극에 의한 교란 효과를 제거하기 위해서는 실험동물들로 하여금 자연적 대상 대신 컴퓨터 화면에 나타난 임의의 대상(점이나 기하학적 대상)을 식별하도록 해야 한다. 이때 비수량 지표의 균등화 및 통제를 위해 임의적 대상은 컴퓨터 프로그램을 사용해 특별히 설계한다. 임의적 표시 대상의 또 다른 장점은 이 대상들이 본질적으로 동물에게 아무런 가치가 없다는 점이다. 또한 동물들은 정확한 반응에 대해 항상 똑같은 보상을 받으므로 쾌락 보상에 따른 교란 효과도 배제할 수 있다. 마지막으로 이 방법은 실험 전에 동물의 먹이나 물 섭취를 통제할 수 있으므로, 각 세션마다 동물의 동기가 일정하게 유지되도록 통제할 수 있다.

훈련의 중요한 이점은 특정한 과제 설계를 바탕으로 동물이 가진 다양한 수 개념을 조사할 수 있다는 것이다. 자발적 선택 시험에서는 오직 상대적 수량 판단 개념만 시험할 수 있었지만 훈련을 거치면 상대적 수량 판단 능력뿐만 아니라 절대적 수량 판단, 서수 판단, 수 규칙 전환 등의 능력도 측정할 수 있다. 이 책의 뒷부분에서 다룰 예정이지만, 조작적 조건 형성을 이용하면 동물들이 수량과 기호를 연합하도록 훈련하는 것도 가능하다. 이것은 아이들이 아라비아 숫자와 수효 단어를 학습할 때 거치는 것과 똑같은 과정이다.

자발적 선택 시험과 조작적 조건 형성에 의한 훈련은 각각 특정한 이점을 가지며, 따라서 동물의 수 인지를 이해하기 위해서는 두 접근법 모두 필요하다. 내가 보기엔 훈련의 이점이 더 우세해 보인다. 우리 연구팀이 원숭이와 까마귀를 수량을 식별할 수 있도록 훈련시킨 것도 바로 그런 이유에서다. 어떤 학자들은 훈련을 통해 수량 식별 능력을 학습하면 그 과정에 '자연적' 조건에서는 활성화되지 않는 또 다른 인지 능력이 개입될 수 있다고 말한다.[15] 하지만 이 주장에는 논리적 결함이 있다. 그러한 '또 다른 인지 능력'이 수리 능력을 뒷받침한다면 이 능력 또한 수리 능력, 즉 연구자들이 찾고자 하는 바로 그 유형의 능력이다. 훈련을 이용한 접근법은 한 동물이 그들의 수리 능력으로 어떤 과제까지 해결할 수 있는지 그 한계치까지 끌어올린다. 이처럼 동물의 수리 능력의 한계가 어디까지인지 연구하는 일은 매우 중요하다. 동물이 야생 상태에서 보여주는 수리 능력은 그들의 전체 인지 능력 중 일부분일 뿐이기 때문이다.

이런 접근법들의 장단점은 일단 제쳐놓고 순전히 행동 연구 관점에서만 보면, 훈련된 동물을 통한 실험에는 또 다른 분명한 장점이 있다. 그리고 이 장점은 이 책 전체를 통틀어 가장 중요하게 봐야 할 부분이다. 바로 정교한 행동 과제(그리고 그 과제를 수행할 때 동물이 보여주는 성과)와 뇌 연구를 결합할 수 있다는 장점이다. 실험실 실험에서 동물들이 보여주는 통제된 행동은 바로 그 순간의 신경생리학적 기록과 바로 연관될 수 있다. 이는 뇌의 기능을 이해할 수 있는 가장 직접적인 방법이기도 하다. 이러한 이점은 나중에 수 뉴런number neuron에 대해 논의하며 이들 뉴런이 어떻게 수리 능력을 낳는지 설명할 때 다시 살펴볼 것이다. 일단은 먼저 어떤 동물 개체군이 수리 능력을 가지고 있는지부터 알아보자.

수리 능력의 계통발생학

이번 절에서는 계통발생적 유연관계를 바탕으로 최근 수리 능력에 대한 연구에서 주목받고 있는 동물들에 대해 알아보고자 한다. 이 과정에서 나는 두 가지 시험법, 즉 자발적 선택 시험과 행동 훈련 연구를 분리하지 않을 것이다. 그저 어떤 동물군이 시험 대상으로 성공적이었는지만 알면 되기 때문이다. 수 인지 능력이 동물군에 얼마나 널리 퍼져 있는지 알면 깜짝 놀랄 것이다(그림 3.4). 먼저 인간이 속한 척추동물에서부터 시작해보자.

어류　어류는 가장 오래된 척추동물군에 속한다. 어류는 오랫동안 거의 연구되지 않은 채 남아 있었지만, 지난 10년간 어류에게 기초적인 수리 능력이 있음을 보여주는 자료가 쏟아져 나오기 시작했다.[16] 이러한 자료들 대부분은 파도바대학교의 크리스티안 아그리요Christian Agrillo와 안젤로 비사차Angelo Bisazza가 수집한 것이다.

　어류에게는 보통 자발적 선택 시험을 실시하며, 주로 사회적 자극을 사용해 시험한다. 많은 어류가 방어 메커니즘을 갖추고 있지 않으므로 그들이 포식자에게 먹히지 않기 위해 할 수 있는 최선의 방법은 서로들 사이로 숨는 것이다. 한 물고기를 낯선 환경에 놓아두면 이들은 다른 물고기의 무리에 합류하려는 경향이 있다. 같은 종류의 물고기 무리가 두 무리 있다고 할 때 개별 물고기는 스스로를 더 잘 보호하기 위해 더 큰 무리 속에 합류한다.[17] 연구자들은 이러한 무리 선택 행동을 이용해 모기고기*Gambusia holbrooki*, 구피*Poecilia reticulata*, 에인젤피시*Pterophillum scalare*, 소드테일*Xiphophorus elleri* 등 여러 어류 종이 무리의 물고기 수를 대략적으로 식별할 수 있음을 관찰했다. 일반적으로 어류는 물고기 한 마리 대 두 마리, 두 마리 대 세 마리, 세 마리 대 네 마리를 구분할 줄 안다. 근사 수치 시스템을 바탕

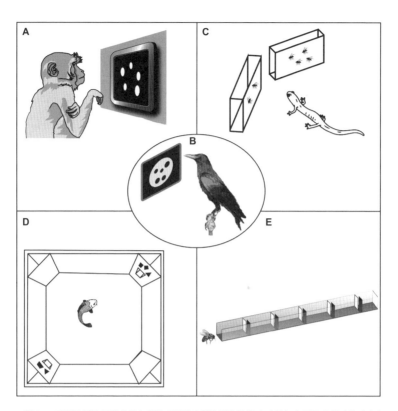

그림 3.4   다양한 동물 종의 수리 능력을 시험하기 위한 실험실 연구. A)원숭이. 컴퓨터 화면에 나타난 점의 개수를 식별하고 기억하면 보상을 받을 수 있다(Nieder et al., 2002). B)까마귀. 컴퓨터 화면에 나타난 점 배열로부터 대상의 개수를 평가하면 먹이를 얻을 수 있다(Ditz and nieder, 2015). C)도롱뇽. 무의식적으로 양이 더 많은 잠재적 먹이를 선택한다(Uller et al., 2003). D)어류. 무리에 재합류하기 위해 도형 2개 대 3개를 식별할 수 있도록 훈련되었다(Agrillo et al., 2011). E)꿀벌. 먹이 공급원에 도달하기 위한 비행 중에 스쳐가는 지형지물의 수를 추정할 수 있다(Dacke 및 Srinivasan, 2008).

으로 한 수량 추정에서 예상되듯이(2장 참조) 식별하려는 수가 커지면 그 수들 사이의 비율도 함께 증가하는데, 물고기들도 큰 수량을 비교할수록 비율이 커져서 5마리 대 9마리, 또는 8마리 대 16마리를 식별할 수 있다.

어류는 시각이 매우 뛰어난 동물로, 보상을 제공함으로써 인공적인 사물들 중에 하나를 선택하도록 훈련시키는 것도 가능하다. 앞에서 설명한 바와 같이, 훈련을 이용한 실험은 동기가 부여된 동물에게 자극을 식별하는 방법을 학습시킬 수 있으며, 또한 이 과정에서 비수량적 요인을 통제할 수 있다는 점에서 상당한 이점이 있다. 아그리요와 동료들은 모기고기가 기하학적 형태의 수를 식별하도록 훈련시켰다.[18] 먼저, 모기고기를 그들이 속한 사회적 무리에서 분리시킨 후 낯선 수조에 풀어놓았다. 물고기는 혼자 있는 것을 좋아하지 않기 때문에 예전 친구들과 다시 만나고 싶어 한다. 그리고 친구들을 만나기 위해서는 서로 맞은편 구석에 있는 두 개의 똑같이 생긴 터널 중 하나를 통과해야 한다. 터널의 입구에는 두 개 또는 세 개의 기하학적 대상이 그려져 있다. 오직 하나의 문, 즉 보상 수량을 보여주는 문을 통과해야 친구들을 만날 수 있다(그림 3.4D). 예를 들어, 세 개의 대상이 표시된 문을 통과하면 사회적 협력자들과 다시 접촉할 수 있지만, 두 개의 대상이 표시된 문은 그렇지 않다. 일정한 훈련을 거치고 나면 모기고기는 수 그 자체에만 근거해 2와 3이라는 수치를 구별할 수 있게 된다. 그 밖의 다른 모든 비수량적 변수들은 통제되었다. 모기고기는 4 대 8과 같이 더 큰 수들도 식별할 수 있었다.[19] 이후 진행된 연구에 따르면 모기고기는 먹이가 보상으로 주어졌을 때도 대상의 수를 식별하는 법을 학습할 수 있었다.[20]

이들 실험이 어류가 시각적으로 수량을 구별할 수 있는지 시험한 것이라면, 좀 더 최근 실험에서는 눈이 보이지 않는 동굴어(지하수나 동굴에 사는 담수어의 총칭 — 옮긴이)의 일종인 프리티시치스 안드루치 *Phreatichthys andruzzii*의 수량 능력을 조사하기도 했다.[21] 이 물고기들은 먹이 보상을 얻기 위해 실험 수조 양쪽에 놓인 두 그룹의 3차원 막대기를 구분하도록 훈련되었다. 연속적 수량을 통제한 자극으로 이 눈먼 물고기들을 훈련시키면 이들은 두 개의 막대기와 네 개의 막대기를 식별할 수 있었다. 눈먼 물고기가 이 자극을 식별하는 데 시각적 입력을 사용하지 않는 것은 분명하지만 그 밖의 어떤 감각을 사용하는지는 확실치 않다.

양서류 시간이 흘러 일부 어류의 지느러미가 사지에 가까운 부속지로 진화하고 몇 가지 중요한 신체 변형이 일어난 후, 대략 3억 6500만 년 전 최초의 사지동물, 양서류가 등장해 육지를 지배하기 시작했다. 양서류는 상대적으로 간소한 행동 목록을 가진 척추동물로, 근본적으로 몇 가지 반사 작용만 가지고 있다. 따라서 양서류는 오직 먹이를 식별하는 자발적 선택 실험을 통해서만 시험돼 왔다.

최초의 연구는 도롱뇽*Plethodoncinereus spp.*을 대상으로 실시되었다.[22] 도롱뇽에게 서로 다른 수의 초파리가 들어 있는 두 개의 투명 상자를 제시했을 때, 도롱뇽은 한 마리 대 두 마리 중에서는 두 마리를, 두 마리 대 세 마리 중에서는 세 마리를 선택할 수 있었지만, 세 마리 대 네 마리 상황에서는 더 큰 집단을 선택하지 못했다(**그림 3.4C**). 이후 도롱뇽의 수량 식별에서 먹잇감의 총 움직임이 어떤 역할을 하는지도 조사되었다.[23] 이때 자극으로 살아있는 귀뚜라미, 살아있는 귀뚜라미의 동영상, 또는 컴퓨터 모니터상의 애니메이션 이미지가 사용되었다. 아무런 통제가 이루어지지 않은 경우, 도롱뇽은 8 대 16을 대조해야 하는 상황에서 더 큰 무리를 식별할 수 있었다. 그러나 자극의 총 움직임이 통제될 때는 무작위로 선택했다. 이러한 결과는 도롱뇽의 먹이 찾기 행동에서 눈여겨봐야 할 특성은 먹잇감의 수가 아니라 움직임임을 시사한다. 마지막으로 작은 개구리(무당개구리*Bombina orientalis*)를 대상으로 작은 먹잇감들을 구별할 수 있는지 그 능력을 조사했다.[24] 이 연구에서는 표면적, 부피, 무게, 이동과 같은 변수를 체계적으로 통제했다. 개구리들은 그 차이가 작을 때(1 대 2, 2 대 3은 가능, 하지만 3 대 4는 불가능)와 클 때(3 대 6, 4 대 8은 가능, 하지만 4 대 6은 불가능) 모두, 연속적 물리 변수들이 통제될 때도 수량 식별 능력을 보여주었다.

파충류 파충류는 약 3억 1000만 년 전에 등장해 진정한 의미로 마른 땅을 정복한 첫 번째 척추동물이다. 좁은 의미에서 파충류는 전형적으로 도마뱀, 뱀, 거북이, 악어로 구성된다. 파충류는 땅 위에서 그들의 신체와 알이 마르지 않도록 하기 위한 몇 가지 전문 기능을 갖추고 있다. 파충류는 예민한 감각을 가진 사나운 사냥꾼이지만 영리하다는 소리는 별로 듣지 못한다. 이에 대한 한 가지 생리적 이유는 아마도 이들의 체온이 주변 환경의 기온에 따라 크게 변동하기 때문인 것으로 보인다. 주변 온도가 낮아지면 파충류는 비활성 상태가 된다. 그러니 지능이 있다고 하더라도 특정 온도에서만 작동된다면 무슨 소용이 있겠는가? 따라서 파충류의 수리 능력에 대해서 조사가 거의 이루어지지 않은 것도 당연하다. 이처럼 파충류에 대해서는 전반적으로 연구가 많이 진전되지 않았지만 한 종류의 파충류는 예외다. 그렇다고 파충류의 위신이 서는 것은 아니다. 왜냐하면 이 연구는 파충류가 수를 셈하는 동물군 연구에서 아주 큰 골칫거리임을 시사하기 때문이다.

이탈리아장지뱀*Podarcis sicula*을 대상으로 표준적인 먹이 자유 선택 시험을 실시해보면 이들 뱀은 먹이의 개수를 구분하지 못함을 알 수 있다.[25] 뱀에게 먹이를 1개 대 4개(비율 0.25), 2개 대 4개(비율 0.5), 2개 대 3개(비율 0.67), 또는 3개 대 4개(0.75)로 제시하면 이들은 어느 쪽 먹이든 동일한 확률로 선택했다. 후속 시험에서는 훈련

된 장지뱀을 이용했으나 결과는 마찬가지로 실망스러웠다.[26]

이러한 결과는 파충류 종이 수 인지 연구에서 진정한 예외임을 시사한다. 어쩌면 이탈리아장지뱀이 파충류 중에서는 특이할 정도로 수리 능력이 열등한 것일 수 있고, 어쩌면 파충류 전반이 수량을 처리하지 못하는 것일 수도 있다. 후자의 설명은 모든 척추동물이 공통조상으로부터 물려받은 핵심 수체계를 공유한다는 생각과 배치되는 것이다. 파충류를 포함한 모든 척추동물의 공통조상은 원시적인 어류와 유사한 생물이다(그림 3.1). 흥미롭게도, 다양한 종의 어류가 수량 시험을 여러 번 통과했다. 물론 어류는 모든 척추동물의 마지막 공통조상이 살던 시기 이후로도 수억 년간 진화했으므로, 어류가 수량을 구분하는 인지 능력을 독립적으로 획득했을 가능성을 배제할 수는 없다. 그렇다면, 이 경우 척추동물의 공통조상은 수를 구별할 수 없었고 어류, 양서류, 조류, 포유류 등 수 시험을 성공적으로 통과한 모든 척추동물 강은 이러한 능력을 독립적으로 획득했다는 의미가 된다. 미래에는 이전과는 다른 실험 계획에 따라 더 많은 파충류를 대상으로 연구가 이루어지길 바란다. 이에 따라 수량을 구분할 수 있는 다른 파충류 종이 발견되면 파충류도 수리능력이 있는 척추동물군에 다시 포함될 것이다.

조류 동물학적으로 엄밀히 말하면 조류도 파충류다(그림 3.1). 새들은 공룡의 직계 후손이며, 모든 현생 조류는 깃털이 있는 공룡으로 간주될 수 있다.[27] 동시에 새들은 아베스Aves라는 별도의 척추동물 강으로 분류될 수 있을 만큼 특별한 여러 가지 형질을 진화시켰다. 이 특별한 형질들 중 깃털, 가벼운 뼈 그리고 모든 척추동물 중 가장 효율적인 폐는 비행 능력과 관련이 있다. 조류는 포유류보다 늦은 시기인 대략 1억 6000만 년 전에 진화했고, 따라서 가장 최근의 척추동물 강이다. 새들은 높은 체온을 내부적으로 일정하게 유지한다. 즉 조류는 온혈동물이다. 이러한 항온성은 새들이 높은 대사율과 활동적인 생활양식을 유지할 수 있도록 한다. 항온성은 비정상적으로 큰 뇌와 정교한 인지 행동과도 관련이 있다. 그러므로 조류가 포유류와 함께 인지 능력이 가장 뛰어난 척추동물에 속하는 것도 우연은 아닐 것이다.

앞에서 설명한 오토 쾰러의 선구적인 연구 이후 새들은 정교한 수량 능력을 보유하고 있는 것으로 알려졌다. 아메리카물닭*Fulica americana*과 갈색머리흑조*Molothrus ater*는 자연서식지에서 둥지 기생충에 대응하기 위해 수량 정보를 이용한다(뒷부분에서 그 적응적 가치에 대해 더 논의할 것이다).[28,29] 뉴질랜드울새*Petroica longipes*[30,31]는 상대적 수량 판단을 통해 먹이를 더 많이 획득하며, 큰부리까마귀*Corvus macrorhynchos*[32]와 갈까마귀*Corvus monedula*[33]도 마찬가지다. 새들에게는 울음소리를 몇 번 내는지도 매우 중요하다. 쇠박새*Poecile atricapillus*(박새의 영문 이름은 그 울음소리를 딴 '치카디chickadee'다―옮긴이)는 그들의 유명한 '치-카-디' 경고음을 이용해 다른 새들에게 포식자의 위험 수준을 알린다. '디' 음을 더 많이 낼수록 더 위험한 포식자라는 의미다.[34] 이러한 행동도 뒷부분에서 더 다룰 예정이다.

회색앵무*Psittacus erithacus*,[35] 비둘기*Columba livia*[36] 및 여러 종의 까마귀[37,38,39] 등이 사물의 절대수에 따라 임의적 자극을 구분하거나 그 크기에 따라 순서대로 정렬할 수 있도록 실험실에서 훈련될 수 있다.[40] 까마귀의 수리 능력과 이에 대응되는 신경 상관물에 대해서도 추후 언급할 것이다.

특히 조사해볼 필요가 있는 조류 중 하나는 바로 닭*Gallus gallus domesticus*으로, 좀 더 정확히 말하면 병아리다. 병아리는 조숙종의 대표적인 예로, 조숙종이란 알에서 부화한 지 몇 시간 만에 일어나 돌아다니며 스스로 먹이를 찾아다닐 수 있는 일부 종들을 말한다. 따라서 연구자들은 병아리가 달걀에서 부화한 직후 행동을 관찰함으로써 이들이 감각 경험이 없는 상태에서 보이는 매우 정교한 행동을 분석할 수 있다. 실제로, 병아리는 부화 후 몇 시간 뒤 부모 각인 filial imprinting 행동을 보여준다. 병아리는 태어나서 처음으로 본, 가장 눈에 띄는, 움직이는 대상을 따라 하는 방법을 재빨리 습득한다. 병아리들이 처음으로 보는 움직이는 대상은 보통 어미 닭이다. 하지만 병아리들은 인간에서 축구공까지 다른 모든 종류의 움직이는 대상을 따르는 모습을 보여준다. 또한 병아리는 포식자로부터 자신을 보호해주고 온기를 나누어줄 수 있는 많은 수의 사회적 협력자(또는 다른 개체)와 가까이 있는 것을 선천적으로 선호한다. 이탈리아 트렌토대학교의 조르고 발로티가라Giorgo Vallortigara와 그의 팀은 이러한 행동을 활용하여 수 인지를 연구했다. 그들은 부화 직후의 병아리들을 여러 종류의 인공적인 각인 대상에 노출시켰다. 이후 자발적 선택 시험을 시행해 그들이 여러 종류의 다양한 사물들 중 무엇을 선택하는지 관찰하면 이들의 수리 능력을 탐구할 수 있다.

일련의 실험에서,[41] 각각 분리된 그룹의 병아리에게 하나, 둘 또는 세 개의 대상을 각인시켰다. 그 후 선택 실험을 실시하면 병아리들은 대개 세 개의 대상을 더 선호했다. 병아리들이 더 큰 수를 선호하는 경향은 각인과 관련되어 있었다. 왜냐하면 어떠한 각인도 없는 상태에서 시험을 받은 그룹의 병아리들은 더 큰 수의 대상에 대한 선호도를 나타내지 않았기 때문이다.

그러나 병아리는 태어나면서부터 이미 기본적인 산술 능력을 갖추고 있는 것으로 보인다.[42] 이 시험에서는 병아리가 더 많은 수의 각인 대상을 선호하는 경향을 이용했다. 먼저, 병아리들을 다섯 개의 동일한 대상과 함께 자라게 했다. 시험이 시작되면 병아리들을 특정 장소 내로 이동을 제한한 후, 서로 다른 수의 각인 대상이 불투명한 막 뒤로 사라지는 것을 보도록 했다. 예컨대 어떤 막 뒤로 는 두 개의 대상이 사라졌고, 다른 막 뒤로는 세 개의 대상이 사라 졌다. 그런 후 병아리들을 자유롭게 풀어놓으면 병아리는 세 개의, 즉 더 많은 대상을 가리고 있는 막 뒤를 검사했다.

이제 실험을 더욱 확대해, 단지 두 개의 막 뒤에 서로 다른 개 수의 대상을 숨기는 것을 넘어 병아리들이 대상들 중 일부가 한 막 에서 다른 막으로 하나씩 전달되는 것을 볼 수 있도록 했다. 이 경 우에도 병아리들은 더 많은 대상이 숨겨져 있는 막을 선택했다. 병 아리들은 일련의 대상이 더해지거나 감해지는 것을 계산해서 어느 막 뒤에 더 많은 수의 각인 대상이 놓여 있는지 추적할 수 있는 것 이다. 조르고 발로티가라가 병아리를 "타고난 수학자"라고 말한 것 도 놀랄 일은 아니다.[43]

포유류　포유류는 조류 및 파충류와 함께 양막류Amniota라는 후 기 사지동물군에 속하는데, 그 이유는 이들은 모두 '양막'이라는 특 수한 배막을 공유하기 때문이다. 첫 포유류는 약 2억 년 전 쥐라기 시대 동안 파충류와 유사한 선조로부터 진화했다(그림 3.1). 포유류 는 새끼를 먹일 모유를 생산하기 위한 유선, 털, 분화된 치아, 중이 中耳 뼈 그리고 6겹의 대뇌피질과 같은 새로운 (유래된) 특성을 공유 한다. 포유류는 조류와 마찬가지로 항온동물로, 이들은 이러한 특 징을 각각 독립적으로 진화시켰다. 큰 뇌와 매우 활동적인 생활양 식을 가지는 점도 조류와 비슷하다.

포유류는 수많은 군으로 나뉘며, 이를 동물학 용어로 '목目, or- der'이라고 한다. 목에는 설치목(쥐나 생쥐와 같은 설치류), 고래하목 (고래나 돌고래 등의 고래류), 식육목(고양이나 개와 같이 고기를 먹는 육

식성의 포유동물), 기제목(말이나 코뿔소와 같이 '홀수 발가락' 또는 '홀수 발굽'을 가지는 포유동물), 장비목(코끼리와 같이 긴 코를 가지는 포유동물) 그리고 영장목이 있다. 인간이 속한 영장목은 350여 개의 서로 다른 종들로 구성되어 있다. 여우원숭이, 갈라고원숭이, 마카크원숭이(잘 알려진 붉은털원숭이 포함), 침팬지 그리고 인간은 모두 마주 보는 엄지손가락 또는 마주 보는 큰 발가락을 가진 영장목 동물이다. 직립보행이 가능했던, 인간과 유사한 우리의 선조, 즉 호미니드와 침팬지의 선조는 대략 600~700만 년 전 마지막 공통조상으로부터 분화되었다. 그리고 우리 종 호모 사피엔스는 대략 30만 년 이전 호미니드의 혈통으로부터 유래되었다.[44,45]

당연하겠지만, 포유동물의 수리 능력은 가장 활발히 연구되어 온 분야다. 이들 연구 중 대부분은 주로 자발적 선택 검사법을 이용한 기초적인 상대적 수량 판단에 대한 것이다. 식육목에 속하는 동물 중에서 검사가 성공적으로 이루어진 동물에는 개[46], 고양이[47], 곰[48], 사자[49], 하이에나[50], 바다사자[51], 아메리카너구리[52]가 있다. 돌고래[53,54]나 고래[55], 말[56], 코끼리[57] 등 다른 목에 속하는 동물에 대해서도 연구가 이루어졌다. 설치류에 대한 초기 연구 중 일부에서는 훈련된 쥐를 대상으로 검사를 진행해 이들의 수리 능력을 입증했다.[58,59]

1958년에 실시된 고전적 연구에서 프랜시스 메크너Francis Mechner[60]는 쥐들이 레버를 일정 횟수만큼 누르도록 훈련시켰다. 여기서 쥐들은 한 레버를 4, 8, 12 또는 16번 누른 다음 보상을 얻기 위해 다른 레버를 눌러야 한다. 메크너는 동일한 수를 목표로 삼아 시험을 수백 번 반복한 후 쥐들이 첫 번째 레버를 누른 횟수를 분포도로 나타냈다. 그 결과, 쥐가 레버를 누른 횟수는 목표가 된 수를 중심으로 종 모양의 분포도를 이루는 것으로 나타났다(그림 3.5). 쥐들은

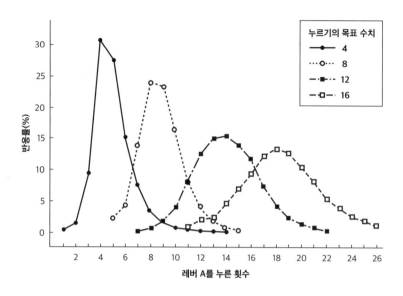

그림 3.5 쥐는 지시된 횟수만큼 레버를 누르는 방법을 학습한다. 쥐들로 이루어진 개체군을 레버 A를 4, 8, 12 또는 16회 누르도록 훈련시킨다. 쥐는 각 목표 수치와 일치하는 횟수만큼 레버를 누르게 되고, 그 결과 목표 수치가 한가운데 오는 종 모양의 성과 곡선이 얻어진다(출처: Mechner, 1958).

정확한 목표 수만큼 레버를 누른 경우가 가장 많았지만(함수의 최고점), 더 적게 누르거나 더 많이 누를 때도 있으며, 이러한 오류는 목표 수치까지의 수치 거리와 함께 차츰 사라지는 체계적 오차를 형성했다. 이것은 앞서 2장에서도 언급한 유명한 수치 거리 효과다. 메크너는 쥐들의 행동을 그래프로 나타냄으로써 특정 비상징적 수의 심적 표상이라고 부를 만한 것을 만들어냈다. 이러한 종 모양 함수는 동물 행동에서 특정 수치가 다른 모든 수치와 어떻게 구별되는지 보여준다.

  설치류 이외에 포유류에 대한 대부분의 연구는 영장목에 집중되었다(그림 3.4A). 영장목을 계통발생학적으로 가장 원시적인 종부터 가장 발달된 종까지 차례대로 순서를 매긴다고 할 때, 가장 기초가 되는 영장류는 마다가스카르의 여우원숭이[61]다. 좁은 의미에서 좀 더 발달된 원숭이로는 남아메리카에서 유래한 다람쥐원숭이[62]와 꼬리감는원숭이[63,64]가 있다. 아프리카에서 유래한 구세계원숭이에는 붉은털원숭이[65,66,67]와 개코원숭이[68]가 있다. 유인원은 비인간 영장류 중 가장 발달된 종으로 오랑우탄[69], 고릴라[70], 침팬지[71,72]의 세 종에 대한 연구가 시행되었다. 물론, 포유류의 수량 능력을 평가하기 위해 조사된 동물 종은 이보다 훨씬 많다. 그러나 위의 내용은 수 연구 영역에서 계통발생학 연구의 범위를 가늠하는 데 필요한 주요 동물학적 군을 보여준다. 원숭이의 행동에 대해서는 이후 동물의 수치 식별 및 수량 감각의 신경생리학적 근거를 논의할 때 더 자세히 검토할 예정이다.

절지동물(곤충 및 거미) 과거의 수 인지 연구는 주로 척추동물에 거의 집중되었지만, 최근 몇 년 동안에는 몇몇 곤충과 거미 종에 대해서도 연구가 이루어졌다. 곤충과 거미는 이들이 동물계의 '외래종'이란 점에서 특히 흥미롭다. 즉 이들은 바깥 껍질을 비롯해 온갖 종류의 기묘한 부속지 등 다른 동물 종과는 매우 다른 특이한 감각 기관을 가지고 있다. 곤충과 개미들이 속한 절지동물 문(즉 관절지가 있는 동물)은 가장 거대한 동물 문이며, 근연도 측면에서 인간 및 다른 척추동물과 상당히 멀리 떨어져 있다.

척추동물과 절지동물의 마지막 공통조상은 최소 6억 년 전에 살았고, 그로부터 얼마 지나지 않아 캄브리아기 폭발이 일어났다 (그림 3.1). 하지만 이 기간은 진화적 관점에서 보면 영원의 시간으로도 간주될 수 있을 만큼 긴 시간이며, 이토록 긴 분리 기간 동안 각 동물 문은 독립적인 신체 기능을 진화시키기에 충분한 기회를 가질 수 있었다. 이들은 모두 좌우대칭동물, 즉 앞쪽과 뒤쪽 끝이 있는 동물이지만, 그것 외에는 사실상 공통점이 그리 많지 않다. 절지동물은 그 설계 구조가 척추동물과 매우 상이하며, 척추동물의 신경계와는 독립적으로 진화된 상대적으로 단순한 신경계를 가졌다. 등 쪽에 중추신경계가 있는 척추동물과 달리 절지동물은 중추신경계가 배 쪽을 향한다. 절지동물은 몸 크기가 작기 때문에 뉴런의 수 또한 적다. 예를 들어 인간의 뇌는 860억 개의 뉴런으로 구성되지만 꿀벌의 뇌가 가진 뉴런은 100만 개가 되지 않는다. 그럼에도 불구하고 벌과 다른 절지동물은 수리 능력을 발달시킬 수 있었다.

절지동물 연구는 우리의 편견과 관련해 또 다른 심리적 이점을 가진다. 원숭이와 유인원을 연구할 때, 우리는 다른 영장류의 기술을 과대해석하거나 의인화할 위험이 상당히 크다. 우리는 다른 영장류들이 우리와 비슷해 보이므로 그들의 마음도 우리의 것과 비슷하게 작동할 것이라고 생각하는 경향이 있다.[73] 그러나 곤충과 거미들은 분명히 우리와는 전혀 달라 보인다. 우리 인간들은 곤충이나 거미들에게서 우리와 비슷한 것을 거의 찾아볼 수 없기 때문에 이들의 '마음'에서 일어나는 일들이 우리 마음속에서 일어나고 있는 것과 동일하다고 자동적으로 가정하지 않는다. 따라서 우리는 절지동물의 행동에 대해서는 다른 동물의 행동보다 훨씬 더 객관적으로 분석할 수 있다.

지금까지, 거미들이 먹이 찾기 중에 본능적으로 수량 신호를 사용한다는 사실이 입증되었다. 단체로 거미 사냥을 하는 거미들 *Portia africana*은 먹이가 될 거미의 둥지 근처에 정착할지 여부를 그 근처에 자신과 같은 거미 종이 얼마나 모여 있는지에 근거해 결정한다. 즉 이들은 동종 거미가 아무도 없거나 둘 또는 세 개의 종이 모여 있을 때보다는 한 종일 때를 더 선호한다.[74] 이 특이한 행동은 수의 효용을 논의하는 다음 장에서 더 자세히 설명할 것이다. 거미-

포식 거미들 외에도 잠복 거미 또한 수량 신호에 의존하는 것으로 보인다. 황금원형그물거미 *Nephila clavipes*는 자신의 거미줄에 먹잇감을 축적한다. 만일 저장해둔 먹잇감이 사라지면 거미는 잃어버린 먹이를 찾아다니는데, 이들의 수색 시간은 사라진 먹잇감의 수량(또한 잃어버린 먹잇감의 양)에 비례하여 증가한다.[75] 이는 거미가 먹이의 수량에 대해 얼마간의 기본적인 기억을 가지고 있음을 시사하는 증거다.

수리 능력에 대한 대부분의 증거는 거미가 아니라 다른 종의 곤충으로부터 나온다. 17년매미 *Magicicada spp.*의 유충들은 그 이름에서도 알 수 있는 것처럼 정확히 17년 뒤 땅 위로 나올 시점을 결정하기 위해 지하에서 그들이 기생하고 수액을 빨아먹을 나무의 계절 주기를 평가한다. 놀랍게도 이 17년이 지나면 각각의 매미 유충들은 그들이 어디에 있든 며칠 사이에 거의 동시에 땅 밖으로 나온다. 실험에 따르면 이들 주기매미는 절대적인 시간의 경과가 아니라 연수를 평가하는 것으로 나타났다.[76]

딱정벌레에 대해서는 화학적인 수치 식별 능력이 입증되었다. 갈색거저리 *Tenebrio molitor*는 양자 선택 상황에서 각기 다른 수의 암컷 딱정벌레들의 냄새가 포함된 꽃다발의 향기를 식별할 수 있다.[77] 막시목 곤충인 개미도 어떤 측면에서 수리 능력을 가진 것으로 보인다. 홍개미 *Formica sp.*는 미로에서 몇 번 돌았는지 추정할 수 있으며 심지어 이 정보를 둥지의 동료 개미들에게 전달할 수도 있는 것으로 보고되었다.[78] 안타깝게도 이러한 실험 설계에서는 홍개미가 정말로 수량 정보를 사용했는지, 아니면 거리 정보를 사용했는지를 구분할 수 없다. 개미들은 이러한 정보를 꽤 정확히 측정할 수 있는 것으로 알려져 있다 사막개미 *Cataglyphes*는 먹이를 찾아 떠났다가 귀환할 때 둥지를 찾기 위해 일종의 '거리 계수' 메커니즘을 사용해 거리를 측정한다.[79] 실험에 따르면, 개미의 다리를 인위적으로 늘리면 (죽마 이용) 개미는 이동 거리를 과대 추정하는 반면 다리 길이를 줄이면(밑부분을 절단) 거리를 과소 추정한다. 그러나 이때 개미들이 다리 위치 센서의 (자기수용감각) 피드백 크기를 통합함으로써 직접 혹은 간접적으로 걸음 수를 측정했는지 여부는 알려지지 않았다.

인지적 관점에서 볼 때 가장 놀라운 곤충은 꿀벌이다. 꿀벌은 근거리 및 원거리로부터 꿀과 꽃가루를 채취한 뒤 이를 벌집으로 가져온다. 벌들은 벌집으로부터의 거리와 이후 되돌아가야 할 거리를 측정하기 위해 그들이 먹이 장소로 가는 길에 지나쳐온 지형지물의 수를 기억하는 것으로 보인다. 1995년 런던 퀸메리대학교의 라르스 치트카Lars Chittka와 칼 가이거Karl Geiger는 일렬로 네 개의 노란색 천막을 세우고 세 번째와 네 번째 천막 사이에 설탕물을 둔 먹이 장소를 만든 뒤 벌들이 이 먹이 장소에서 먹이를 채취할 수 있도록 훈련시켰다.[80] 천막 수와 천막 간 거리를 바꾸면 벌들은 날아온 절대 거리를 비롯해, 비행 중 통과한 지형지물의 수도 추가적으로 사용해 먹이 장소를 찾았다. 2008년 후반에 호주국립대학교의 마리 다케Marie Dacke와 만디암 스리니바산Mandyam Srinivasan은 벌들이 지형지물을 순차적으로 열거할 수 있다는 분명한 증거를 제시했다.[81] 이들은 4m 길이의 터널에 다섯 개의 지형지물을 둔 뒤 그중 한 곳 근처로 벌들이 먹이를 얻으러 오도록 훈련시켰다(그림 3.4E). 벌들은 심지어 지형지물의 외양이 바뀌었을 때도 학습된 순번에 위치한 지형지물 주변에서 먹이를 찾았다. 이처럼 벌들이 가변적인 지형지물의 수를 순차적으로 열거할 수 있음을 보여주는 발견은 이들에게 추상화 능력의 징후가 있음을 보여준다. 근사 수치 표상에서 예측되듯이, 기억해야 할 지형지물의 수가 많아지면 벌들의 행동도 더 부정확해진다. 더 중요한 것은, 벌들의 수리 능력은 4개 정도의 지형지물을 인식하는 데 그친다는 점이다. 이들은 지형지물의 수가 4개를 초과할 경우 과제 수행에 실패했다.

만약 벌들이 순차적인 자극의 수를 평가할 수 있다면, 사물을 한 번 보는 것만으로도 그 수를 판단할 수 있을까? 2009년 독일 뷔르츠부르크대학교의 연구진은 훈련된 벌들이 작업기억 과제를 수행할 수 있는지 살펴보았다.[82] 여기서 벌들은 표시물에 나타난 점의 수를 기억하고 이와 동일한 수량을 맞춰야 했다. 기초 훈련 중 벌들은 Y-모양 미로의 입구에서 특정 개수의 점이 찍혀 있는 카드를 보게 된다. 그들은 미로의 복도를 지나 갈림길에 도달할 때까지 점의 개수를 기억하고 있어야 한다. 갈림길에서 벌들은 입구에서 본 것과 똑같은 수량의 사물이 놓인 갈래를 선택해야만 보상으로 설탕을 받을 수 있다. 훈련 중, 2와 3만 표시되었을 때 벌들은 최대 75%까지 정확히 과제에 성공할 수 있었다. 추상적 평가가 가능한지 확인하기 위해 표시물을 여러 형태로 바꾸어 보았지만 이에 따른 영향은 없었다. 즉 사물의 위치, 색상(파란색에서 노란색까지) 또는 모양(점부터 별 모양까지)을 변경하거나 사물의 테두리 길이 및 누적 면적을 통제했을 때도 벌들은 여전히 과제에 성공할 수 있었다. 그러나 벌들은 네 개 이상의 사물을 식별해야 하는 과제는 실패했고 성공률은 무작위로 선택할 때의 수준으로 떨어졌다. 이러한 한계는 벌들의 순차적 지형지물 열거가 4개로 제한된다는 다케와 스리니바산의 발견과도 부합한다. 두 연구 모두 벌들이 가지는 집합 크기가 약 4개의 원소로 제한됨을 시사하는 듯하다. 그러나 벌들이 더 큰 수량도 평가할 수 있다는 새로운 연구가 진행 중에 있다.

호주 모내시대학교의 스칼렛 하워드Scarlett Howard와 에이드리언 G. 다이어Adrian G. Dyer는 최근 연구에서 꿀벌이 상당히 놀라운 수리 능력을 가지고 있음을 입증했다.[83] 꿀벌은 '초과' 및 '미만'의 규칙에 따라 수량의 순위를 매길 수 있으며, '미만' 규칙으로부터의 추론을 통해 그들의 '심적 숫자선'의 맨 끝에 있는 원소가 하나인 집합 옆에 공집합(원소가 하나도 없는 집합)을 배치할 수 있었다. 이 실험을 위해, 하워드와 그 동료들은 통제된 벌집 주변에서 자유비행하는 꿀벌들을 검사 장비로 유인한 후 벌들을 식별할 수 있도록 색상으로 표시했다. 벌들은 0에서 5까지의 다양한 수의 사물이 나타나 있는 수직 회전 스크린을 보고 그 스크린에 표시된 수를 구별할 수 있을 경우 보상을 받았다. 스크린에 나타나는 수는 체계적으로 변화하도록 통제되었으므로, 벌들이 저차원 시각적 신호가 아니라 실제로 수량을 구별하는지 확인할 수 있도록 했다. 먼저, 벌들은 동시에 표시되는 두 개의 수량 사이에 순위를 매기도록 훈련받았다. 한 무리의 벌은 더 많은 사물이 표시되는 스크린 쪽으로 날아갈 경우, 즉 '초과' 규칙을 따를 경우 보상으로 설탕물을 받았다. 다른 무리의 벌은 '미만' 규칙을 따르도록 훈련시켜, 더 적은 사물이 표시되는 스크린 쪽에 내려앉을 경우에 보상을 받았다. 벌들은 하나에서 네 개 사이의 사물이 제시될 경우, 그것이 익숙한 사물이든 혹은 처음 접하는 사물이든 상관없이 이 과제에 성공할 수 있도록 학습되었다. 놀랍게도, '미만' 규칙을 따르도록 학습된 꿀벌은 간혹 스크린에 아무런 사물도 나타나지 않았을 때(즉 공집합)도 자연스럽게 그쪽에 내려앉았다. 벌들이 공집합을 처리하는 능력은 0이라는 수에 초점을 맞춘 마지막 장에서 더 설명할 예정이다.

꿀벌은 많은 척추동물에 필적할 만한 놀라운 수리 능력을 가지고 있다. 꿀벌은 벌레들의 천재로 평판이 높다. 수를 열거하고 순서를 매기는 것뿐만 아니라 정교한 작업기억을 가지고 있어 이후에 내릴 결정에 대해 숙고할 수 있고[84], '동일성' 및 '차이'와 같은 추상적 개념을 이해하며[85], 다른 벌들은 습득하지 못하는 복잡한 기술을 학습할 수도 있다[86]. 100만 개가 채 되지 못하는 뉴런으로 이 모든 일들을 해내는 것이다. 수만이 아니라 다른 능력을 보더라도, 동물계의 계통수 저편에 있는 이 작은 생명체에게 매료되지 않기 어렵다.

요약하자면, 최소한 가장 초보적인 형태의 수리 능력은 동물계 전반에 걸쳐 찾아볼 수 있다. 일단 파충류는 예외로 두고(과연 그럴까 의심스럽지만) 어류, 양서류, 조류, 포유류 등 모든 척추동물 집단에서 수리 능력이 관찰된다. 이것은 모든 척추동물이 모든 척추동물의 마지막 공통조상으로 여겨지는 원시 유사어류 생명체로부터 상동 형질로서 기본적인 수리 능력을 물려받았다는 것을 시사한다. 어쩌면 마지막 공통조상은 수 기술을 가지고 있지 않았지만, 이후 수억 년에 걸친 수렴진화 과정을 통해 서로 다른 척추동물 군이 각각 독립적으로 수 기술을 획득한 것일 수도 있다. 또한 일부 척추동물 강은 수량 정보를 표상하는 인지 뇌 구조, 특히 종뇌endbrain가 유난히 극적으로 진화했다는 사실에 유의해야 한다. 이 점에 대해서는 이 책의 3부에서 더 자세히 논의할 것이다. 뉴런에서의 수 표상 기능이 뇌의 한 영역에서 다른 영역으로 옮겨갔는지, 수리 능력을 가진 종들이 처음부터 이러한 기능을 위한 뇌 영역을 새로 진화시켰는지 여부는 여전히 미결 문제로 남아 있다.

동물의 수량 식별 능력의 특징

오토 쾰러는 동물이 사물의 개수를 구별할 수 있음을 보여주었지만 그러한 식별 능력의 특징을 구체적으로 기술하지는 않았다. 수 표상에 대한 더 상세한 통찰은 앞서 논의한 프랜시스 메크너의 레버를 누르는 쥐에 대한 고전적 연구[87]에서만 언급되었을 뿐이다(그림 3.5). 이 연구는 레버를 더 많이 누르거나 적게 누름으로써 쥐들이 목표로 하는 수량을 얼마나 잘 구별할 수 있는지 보여주었다. 쥐의 행동은 테스트된 모든 동물 종을 대표하는 것으로 볼 수 있다. 이번 절에서는 동물, 특히 비인간 영장류가 특정 수를 생성할 수 있을 뿐만 아니라, 시각 자료는 물론 청각 자료에서도 다양한 수의 사물의 개수를 식별할 수 있음을 보일 것이다. 이러한 행동은 일부 동물이 수량에 대해 놀라울 만큼 추상적인 이해 능력을 가지고 있음을 보여준다.

'수량'이라는 단어를 들으면 우리는 시각적 사물들로 구성된 하나의 집합을 떠올린다. 따라서 인지 비교에서는 수량 자극으로서 검은색 점과 같은 시각적 대상의 배열을 주로 사용한다. 이러한 제시 방식에서 우리는 자극의 공간적 배열로부터 수량을 한눈에, 지각과 유사한 방식으로 직접 추정할 수 있다.

실제로 컬럼비아대학교의 허버트 S. 테라스Herbert S. Terrace와 당시 박사과정 학생이었던 엘리자베스 M. 브래넌Elizabeth M. Brannon 이 1998년 붉은털원숭이에 대한 선구적 연구에서 사용했던 것도 이러한 유형의 자극이었다.[88,89] 브래넌과 테라스는 서로 다른 수의 대상이 표시되어 있는 컴퓨터 생성 이미지를 원숭이에게 보여줌으로써 원숭이가 9개 정도의 대상을 식별할 수 있음을 명백히 입증했다. 하버드에서 테라스를 지도한 스승이자 유명한 행동주의자인 B. F. 스키너는 동물의 행동은 자극-반응 연합에 그친다고 설명한 바 있지만, 브래넌과 테라스의 실험은 동물의 특정 행동은 단순한 자극-반응 연합 그 이상임을 명확히 보여주었다.

이 실험의 주인공은 로젠크란츠와 맥더프라는 두 마리의 붉은털원숭이다. 브래넌과 테라스는 이들 원숭이에게 터치 인식 영상 스크린(그림 3.6A)을 통해 35개 집합의 그림을 보여줌으로써 수학 퀴즈 훈련을 실시했다. 각 그림에는 삼각형 1개, 바나나 2개, 하트 3개, 사과 4개 등(그림 3.6B), 1개에서 4개까지의 서로 다른 개수의 대상이 표시되어 있었다. 원숭이들이 일련의 고정된 운동 동작으로 그림의 순서를 학습하는 것을 방지하기 위해 각각의 자극은 스크린상에서 무작위적 위치에 나타났다. 그림의 크기, 표면적, 모양, 색 등 수와 무관한 다른 특징도 임의로 변화시켰다. 이러한 특징을 변화시키고 통제하면 원숭이들이 자극을 식별할 때 비수치적인 신호를 이용하지 못하고 오직 개체의 개수만 이용하도록 할 수 있다. 여기서 원숭이는 그림을 터치하여 오름차순으로 배열하는 과제를 수행한다. 예를 들어 원숭이는 한 개의 사각형, 두 개의 나무, 세 개의 타워, 네 개의 꽃을 이 순서대로 배열할 수 있어야 한다. 과제에 성공하면 원숭이는 바나나 향이 나는 사료 알갱이를 보상으로 받았다. 순서를 잘못 맞추면 화면이 몇 초 동안 검게 변한 후 다른 그림들로 새로운 시험이 시작된다.

35개의 서로 다른 훈련 집합을 학습하는 동안 원숭이는 수량을 오름차순으로 배열하는 데 점점 더 능숙해진다(그림 3.6C). 물론, 이들은 특정 그림의 순서를 학습했을 뿐이라고 반박할 수도 있겠다. 두 원숭이는 그림 속 사물의 개수를 순서대로 나열하는 데 필요한 수 규칙을 정말로 이해하고 있을까? 이를 알아내기 위해, 로젠크란츠와 맥더프는 1개에서 4개 사이의 대상이 제시되는 150회의 새로운 시험을 받았고 이때 각각의 시험에서는 고유한 자극 집합이 이용되었다. 실제로, 원숭이들은 새로운 자극에도 수 순서 규칙을 적용할 수 있었다(그림 3.6D).

그런데 원숭이들은 훈련 과정 중에 경험하지 못한 새로운 수량 자극이 주어졌을 때도 이러한 순서 규칙을 적용할 수 있을까? 이를 알아보기 위해 로젠크란츠와 맥더프에게 최대 9개까지의 개체가 그려져 있는 그림이 제시되었다. 다시 한 번 강조하면, 원숭이들이

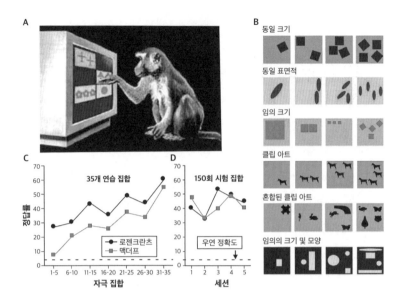

그림 3.6 터치스크린에 표시된 수량을 순서대로 배열하는 원숭이. A)터치스크린에 반응하는 원숭이. B)브래넌과 테라스가 사용한 다양한 유형의 자극 집합들(1998). 동일 크기: 요소의 크기와 모양이 같다. 동일 면적: 요소의 면적 합계가 같다. 임의 크기: 자극에 따라 요소의 크기가 무작위로 달라진다. 클립 아트: 클립 아트 소프트웨어에서 선택된 동일한 비기하학적 요소. 혼합된 클립 아트: 다양한 모양의 클립 아트 요소. 임의의 크기 및 모양: 자극에 따라 요소의 크기 및 모양이 무작위로 달라진다. C)먼저 원숭이는 고정된 집합 또는 자극으로 1개에서 4개까지의 수량을 오름차순으로 배열하는 법을 학습했다. 이 그래프는 35개의 연습 집합 중에서 정답을 맞힌 비율을 나타낸 것이다. 각 세션은 60회의 시험으로 구성되며, 각각의 데이터 포인트는 5회의 세션(300회 시험)에 대한 평균을 나타낸 것이다. D)학습을 마친 후 원숭이들은 즉시 새로운 실험 자극을 순서대로 배열할 수 있었다. 이 그래프는 각 30회의 시험으로 구성된 총 5회의 시험 세션(총 150회의 시험)에서의 정답률을 나타낸 것이다. 이 검사에서 우연 정확도는 4% 미만이다(출처: Brannon and Terrace, 1998).

수행해야 할 과제는 먼저 대상의 개수가 적은 그림을 터치한 후, 그보다 개수가 많은 그림을 차례대로 터치하는 것이었다. 예를 들어, 큰 원 다섯 개가 그려진 그림과 작은 원 일곱 개가 그려진 그림이 제시되는 경우 올바른 순서는 다섯 개 다음 일곱 개다. 로젠크란츠와 맥더프는 그림 속에 표시된 사물의 개수가 이전에 훈련 과정 동안 한 번도 접하지 못했고 그동안 다루었던 수를 훨씬 초과하는 경우에도 이에 정확하게 반응했다. 즉 이들은 새로운 크기의 집합에도 수 순서 규칙을 적용할 수 있었다. 로젠크란츠와 맥더프가 그림을 사물 개수대로 나열하기 위해 수 규칙을 학습한 것이 아니라면 이러한 일을 해낼 수 있을 리가 없었다. 원숭이들은 브래넌과 테라스로부터 가르침을 받지 않고도 수에 대해 일부 이해하고 있는 것이 분명했다.

듀크대학교에 연구실을 마련한 엘리자베스 브래넌은 이후 이 연구를 더욱 확장해 박사과정 학생인 제시카 F. 캔틀런Jessica F. Cantlon과 함께 원숭이의 수량 식별 행동의 특징을 조사했고, 인간을 대상으로 동일한 시각적 수량 배열 과제를 실시해 인간과 원숭이의 능력을 비교했다. 성인 인간과 원숭이에게 두 가지 시각적 배열을 빠르게 비교한 후(점의 개수를 세지 않고) 그 개수가 작은 것부터 차례로 터치해야 하는 과제를 제시했을 때, 이들의 능력은 서로 놀랄 만큼 유사했으며 베버의 법칙으로부터 예상할 수 있는 비율 의존적 경향을 보여주었다. 예컨대, 2개의 점과 32개의 점을 비교하는 것처럼(비율 0.06) 개수들 간의 비율이 낮으면 그 결과는 거의 만점에 가까웠다. 그러나 27개의 점과 32개의 점을 비교하는 경우(비율 0.84), 정답률은 우연에 의한 확률과 비슷했다. 이러한 성과 패턴은 인간과 원숭이가 둘 다 근사 수치 시스템을 이용해 개략적인 방식으로 수를 표상하기 때문이라고 설명할 수 있다.

나는 2000년 MIT의 얼 K. 밀러Earl K. Miller의 연구실에 박사후연구원으로 참여하는 동안 원숭이의 수량 판단에 관여하는 뉴런 상관물을 연구했다. 이러한 연구를 위해서는 먼저 원숭이들이 사물의 개수를 구별할 수 있도록 훈련시켜야 했다. 그러나 우리는 다른 행동 접근법을 택하고 싶었다. 원숭이들을 훈련시켜 두 개 이상의 사물 간의 상대적 수량을 비교할 수 있도록 만드는 대신, 마치 브래넌과 테라스가 그랬던 것처럼 원숭이들이 시각적으로 표시된 점의 절대적 수치를 평가하고 기억할 수 있기를 바랐다. 만약 그렇게 할 수 있다면 우리는 무작위로 선택된 수량의 수 표상을 상세히 분석할 수 있을 것이다.

이러한 목적을 위해 우리는 '지연된 표본 대응 과제delayed matching-to-sample task'로 알려진 특별한 유형의 지연 반응 과제를 수행했다. 그림 3.7A에 이 과제의 시간적 배치를 나타냈다. 우리는 원숭이에게 컴퓨터 모니터에 한 집합의 점이 있는 것을 보여준 후 1초 간격으로 또 다른 집합의 점을 보여줬다. 원숭이들은 시험 시작 시점에 레버를 쥐고 있다가 만약 두 번째 집합이 첫 번째 집합과 동일하면 레버를 풀어야 한다. 우리는 여러 주에 걸쳐 이 훈련을 시행해, 원숭이들이 이 과제에 성공하면 보상으로 사과 주스를 한 모금 받을 수 있다는 것을 습득하도록 했다. 전체 시험 중 임의로 선정된 절반에서는 두 번째 집합과 첫 번째 집합이 서로 다른데, 이 경우 원숭이들은 반응을 보여서는 안 되며, 대신 세 번째 집합이 나올 때까지 기다려야 한다. 세 번째 집합은 항상 첫 번째 집합과 같으며 세 번째 집합을 확인한 후 레버를 풀면 원숭이는 사과 주스를 받을 수 있다. 따라서 원숭이는 시험에 별 주의를 기울이지 않아도 50%의 확률로 보상을 받을 수 있다. 그러나 원숭이들은 사과 주스를 진심으로 원했기 때문에 최선을 다해 올바른 답(일치하는 수량)과 옳지 않은 답(일치하지 않는 수량)을 구별하려 애썼다. 한 차례의 시험을 마칠 때마다 다른 집합의 점들로 새로운 시험이 시작되었다.

앞서 브래넌과 테라스가 그랬던 것과 마찬가지로, 우리들 또한 원숭이들이 배열된 사물의 시각적 형태를 이용해 과제를 해결하지 않도록 각별히 주의할 필요가 있었다. 따라서 각 세션마다 50개의 서로 다른 점 배열로 수량을 제시함으로써 원숭이들이 이들 점의

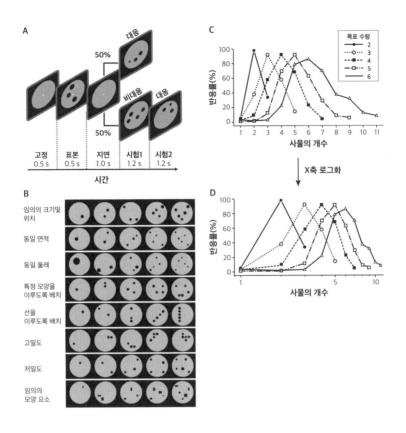

그림 3.7 **원숭이가 컴퓨터 모니터에 순차적으로 표시되는 두 점 집합의 수량이 일치하는지 여부를 결정하도록 하는 전형적인 실험.** a)지연된 표본 대응 과제 배치. 이 그림에서는 수량 3이 표본 자극으로 나타난다. B)니더 등(2002)이 사용한 다양한 유형의 자극 집합 예시. C)원숭이 두 마리의 행동 성과 함수를 평균한 것. 각각의 함수는 원숭이가 제시된 수량이 2에서 6까지의 각각의 목표 수량과 동일하다고 판단할 확률을 나타낸다. 실험 결과, 선형 숫자축에서 한쪽으로 치우친 종 모양 성과 함수가 얻어졌다. D)동일한 행동 성과 함수를 로그변환한 숫자축에 표시하면 대칭적인 종 모양 곡선이 얻어진다(그림 A, B 출처: Nieder et al., 2002; 그림 C, D 출처: Nieder and Miller, 2003).

배열을 학습하지 못하도록 했다. 또한 행동 세션 각각에서는 특정 컴퓨터 소프트웨어로 생성한 새로운 점 배열이 사용되었으며, 원숭이가 시각적 패턴과 대응시켜 과제를 해결하지 않도록 표본과 시험에서 결코 동일한 표시물을 사용하지 않았다. 아울러 총 면적, 점의 총 둘레 또는 점의 전체 밀도나 기하학적 배열 등 수가 아닌 시각적 특징을 통제 시험 동안 일정하게 유지시켰다(그림 3.7B). 이러한 변동 사항 중 어느 것도 원숭이에게 문제를 야기하지 않았다. 이 시험은 원숭이들이 형태가 다양한 시각적 표시물로부터 사물의 개수를 추상화한 후 짧은 지연 시간 동안 해당 정보를 기억에 저장했음을 보여주었다. 원숭이는 그들이 본 점의 수를 추정하기 위해 애썼다. 그리고 수백 번의 컴퓨터 통제 시험과 목표 수치의 무작위 반복을 거친 후, 우리는 원숭이가 어떻게 수량의 기수 값을 구별할 수 있는지 탐구할 수 있었다.

우리는 원숭이의 반응이 각각의 목표 수치를 중심으로 종 모양 곡선을 그린다는 것을 확인했다(그림 3.7C). 이는 메크너가 쥐로 하여금 레버를 누르도록 하여 얻은 결과와 마찬가지로, 비상징적 수치에 대한 원숭이의 심적 표상으로 볼 수 있다(그림 3.5). 그러나 메크너의 접근법과 달리, 우리 연구에서 원숭이들은 다른 모든 수량으로부터 오직 하나의 특정 수량만을 구분하도록 훈련받지 않았다. 다른 모든 수량으로부터 1에서 5까지의 수량을 모두 구분할 수 있도록 훈련받았다. 그리고 원숭이들은 함수의 정점에 있는 올바른 목표 수치를 가장 자주 찾아내는 것으로 나타났다. 그러나 원숭이들은 목표 수치와 정확히 일치하지 않는, 비슷한 값을 가지는 수치에도 반응했다. 그 수와 목표 수치 사이의 수량 차이가 클 경우에만 오류가 점점 더 줄어들었다.

그러나 종 모양의 성과 곡선에는 한 가지 눈에 띄는 특징이 있었다. 선형 숫자축에 나타냈을 때 성과 곡선이 대칭을 이룬다기 보다는 다소 체계적으로 비뚤어져 있다는 점이다(그림 3.7C). 분명, 곡선의 기울기는 목표 수량(즉 각 분포 곡선의 중앙)보다 작은 수량에서보다 큰 수량에서 더 완만해졌다. 이 성과 함수는 최소한 선형 숫자축 상에서는 이상적인 종 모양 곡선, 즉 가우스 함수와 잘 맞지 않았다. 단순 감각의 정도를 구별할 때도 이와 유사한 비대칭 성과 함수가 나타나는 것으로 알려져 있다. 독일의 구스타프 테오도어 페히너Gustav Theodor Fechner(1801~1887)는 베버의 통찰을 더 정교화하여 물리적 크기에 대한 우리의 감각은 물리적 크기 그 자체가 아니라 물리적 크기의 로그변환값에 따라 선형적으로 커진다는 사실을 발견했다.[90] 페히너는 자극 S에 대한 우리의 주관적 감각은 물리적 자극 크기 I의 로그값에 비례한다는 사실을 밝혀냈다. 이러한 상관관계(S=klog(I))는 '페히너의 법칙'으로 알려져 있으며, 어떤 수량이 앞선 수량보다 현저히 크다고 판단할 수 있으려면 두 수치 간의 간격이 매우 크거나 현저한 차이가 있어야 한다는 것을 의미한다. 이것이 사실이라면 성과 곡선은 작은 수량에서는 기울기가 급하고 큰 수량에서는 기울기가 완만한, 한쪽으로 기울어진 모양을 가지게 된다.

우리가 원숭이에서 관찰한 것이 바로 이것이다. 우리는 원숭이에 대해 정확히 동일한 성과 데이터를 가져와 로그변환한 숫자축 위에 나타냈다(그림 3.7D). 그러자 아니나 다를까 근사한 대칭형의 곡선이 얻어졌고 가우스 함수와도 상당히 잘 일치했다.[91] 반응의 로그값이 정규 분포 형태를 보인다는 점에서, 수량 표상은 또한 '로그-정규' 분포라고도 불린다. 추상적 수 표상은 150년도 더 이전에 페히너가 감각 크기에 대해 가정했던 것과 동일한 기본 원리를 공유한다. 비상직적 수에 대한 심적 숫자선은 로그 척도를 따른다. 이러한 깊은 유사성은 뇌에서 감각과 인지의 정도가 부호화될 때도 유사한 전략이 적용된다는 것을 의미한다.

인간은 나열되어 있는 점의 개수를 평가할 때 두 가지 전략을 적용할 수 있다. 먼저, 각각의 점을 하나씩 순차적으로 셀 수 있다.

즉 점들을 개별적으로 세는 것이다. 이 경우 점이 추가될수록 점을 세는 데 걸리는 시간도 늘어난다. 다른 방법은 집합 크기를 한눈에 추정하는 것이다. 이 경우에는 크기가 서로 다른 집합이라도 동일한 시간이 소요된다. 그렇다면 원숭이는 이 문제를 어떻게 해결할까? 흥미롭게도, 원숭이는 더 많은 수량을 식별한다고 해서 더 적은 수량을 식별할 때보다 시간이 더 걸리진 않았다.[92] 그뿐만이 아니라 원숭이는 화면에 나타난 항목을 각각 개별적으로 바라보지 않고 결정을 내렸다. 우리는 시험을 실시하는 동안 적외선 카메라 추적 시스템을 통해 원숭이의 눈 움직임을 모니터링했는데, 원숭이는 각 점 집합의 수량이 일치하는 것을 나타내기 위해 레버를 풀기 전 각 집합에 포함된 점들 중 하나를 향해서만 지속적으로 눈을 움직이는 것을 볼 수 있었다. 두 결과는 모두 원숭이가 수량을 한눈에 평가한다는 점을 시사한다. 이들은 점들을 순차적으로 세지 않고, 모든 개별 점을 동시에 부호화했다. 이는 왜 집합에 포함된 점이 더 많아져도 반응 시간이 더 길어지지 않고 눈 동작도 더 활발해지지 않는지 설명한다.

MIT에서의 초기 실험 중 우리는 원숭이들이 오직 1에서 5까지 작은 수의 집합만 다루도록 했다. 물론, 우리는 원숭이들이 새로운, 훨씬 더 큰 수치도 다룰 수 있는지 확인하고 싶었다. 몇 년 후, 나는 튀빙겐에 실험실을 마련한 후 내 박사과정 학생인 카타리나 메르텐Katharina Merten과 함께 지연된 표본 대응 과제를 더욱 확장했다.[93] 처음에 우리는 새로 맞이한 원숭이에게 1에서 5까지의 수량을 구별하도록 훈련시켰다. 원숭이들이 이 수량을 다루는 데 능숙해진 후, 한 원숭이에게 6, 7, 8의 새로운 수를 제시하는 전이 시험을 실시했다. 이 실험에서는 보상이 무작위로 주어지므로 원숭이는 올바른 답을 학습하지 못할 수도 있다. 즉 원숭이는 자신이 더 적은 수

집합으로부터 학습한 내용으로부터 새로운 수량을 다루는 방법을 유추해내야 했다. 놀랍게도, 원숭이는 이전에 작은 크기의 집합을 다룰 때와 유사한 정확도로 이 새로운 수량들을 계속해서 구별해냈다. 원숭이는 수량이 무엇을 의미하는지 이해했다. 양에 대한 추상적 지식을 추가로 확인해보기 위해, 오직 적은 수량에 대해서만 훈련을 받은 원숭이 두 마리에게 최대 30까지의 수량을 갑작스레(즉 어느 날 갑자기) 제시했다. 이번에도 두 원숭이는 새로운 큰 수량에 대해 자연스럽게 일반화를 적용했다. 이들은 비상징적 수에 대한 개념을 가지고 있었으며, 기수가 무엇을 의미하는지 알고 있었다. 아울러, 우리는 더 넓은 범위의 수에 대해서도 앞서 확인한 것과 정확히 똑같이 로그 척도에서 대칭 곡선을 형성한다는 것을 확인했다. 단지 원숭이만 그런 것이 아니라, 동일한 프로토콜에 따라 시험을 본다면 우리 인간도 그렇다.[94]

언론인들은 종종 "원숭이는 몇까지 셀 수 있나요?"라고 묻곤 한다. 동물의 식별 능력의 한계, 또는 단순히 동물이 바로 인접한 수들을 얼마까지 구별할 수 있는지 묻고자 하는 것이다. 아주 작은 수인 1과 2의 경우, 원숭이의 평균 식별 정확도는 거의 완벽에 가깝다. 그러나 수치가 커지면 정확도는 급속히 감소한다. 우리 실험실에서 원숭이들이 식별할 수 있는 사물의 개수의 상한은 4~5개인 것으로 밝혀졌다. 즉 수치 간 차이가 1인 경우 동물들은 4 대 5와 그 이상을 넘어서면 구분하지 못했다.

하지만 이것이 전부는 아니다. 수치 간 차이가 충분히 크면 동물들도 큰 수량을 식별할 수 있기 때문이다. 이 경우 동물들의 수행 능력은 체계적으로 회복된다. 작은 수와 큰 수에 대한 성과 곡선 모두에서 수치 거리 효과가 나타났다. 또한 목표 수치가 커지면 수치 크기 효과가 나타나 성과 곡선은 더욱 넓어졌다. 분명, 원숭이와 사

람 모두 비상징적 수를 평가할 때 베버의 법칙을 따르는 것으로 보인다.[95]

수량이란 개념을 표현하기 위해서는 매우 상이한 두 가지 방식으로 사물을 제시할 수 있다. 가령 숫자 3을 표현하고자 하면 탁자 위에 사과 세 개를 모두 올려 둘 수도 있고 차례대로 하나씩 보여줄 수도 있다. 첫 번째 사례는 이전 장에서 설명한 동시적 제시이고 두 번째는 순차적 제시다. 두 사례 모두 숫자 '3'을 제시하고 있지만 각 사물이 인식되는 방식은 서로 매우 다르다. 동시적 제시에서는 사물들이 공간적으로 한 곳에 모여 있는 반면, 순차적 제시에서 각 사물은 시간의 경과에 따라 제각각 따로 인지된다. 여기서 순차적 제시가 특히 흥미로운 이유는 실제로 셈하기는 순차적 방식이기 때문이다.

어류, 조류, 포유류 등 다양한 강에 속한 동물 종들은 순차적으로 제시되는 소수의 사물을 셀 수 있다. 앞서 설명했듯이 꿀벌조차도 비행 중에 마주친 몇 개의 지형지물을 기억하고 이를 순차적으로 열거할 수 있었다. 이들 연구 대부분에서 동물은 오직 특정 개수의 순차적 사물만 감지하도록 되어 있다. 예를 들어, 항상 세 번의 불빛에만 반응하는 식이다. 동물들이 서로 다른 절대수의 순차적 사건을 표상할 수 있는지 여부를 시험한 연구는 거의 없었다.

우리는 전기생리학적 기록을 얻기 위해 두 마리의 붉은털원숭이에게 지연된 표본 대응 과제를 훈련시켰다. 이들은 컴퓨터 모니터에 1개부터 4개까지 순차적으로 제시되는 표본에서 점의 개수를 판단한 뒤 잠깐의 지연 시간을 가진 후 제시되는 점 배열에서 점의 개수가 일치하는지 판단해야 했다(그림 7.4A의 행동 프로토콜 참조).[96] 만약 두 집합이 일치하면 레버를 풀어야 하고, 일치하지 않으면 아무 반응도 보여선 안 된다. 우리는 단일 점들을 연속적으로 제시할 때 발생하는 시간 변수로부터 원숭이들이 이 과제를 해결하는 법을 학습할 수도 있다는 점을 잘 알고 있었고, 그래서 이를 피하고자 했다. 예를 들어 각 점이 표시되는 지속 시간과 이러한 시간들 사이의 휴지 간격이 일정하면 4개의 점이 제시되는 데 걸리는 시간은 2개의 점이 제시되는 시간의 2배다. 그렇다고 점의 개수와 관계없이 전체 점이 표시되는 시간을 일정하게 유지하면 그 기간은 점의 수가 많아질수록 체계적으로 감소하므로, 이 또한 원숭이들이 학습할 수 있는 시간적 특성이 된다. 따라서 우리는 표본 점들을 서로 다른 순차적 배치 방식으로 표시하여 특정 시간적 문제를 통제하고자 했다. 이 모든 프로토콜의 유일한 공통점은 표본 항목의 개수였다. 원숭이는 어떤 통제된 표본이 제시될지 예측할 수 없으므로 과제를 해결하기 위해서는 오직 사물의 개수에만 의존해야 했다. 그리고 원숭이들은 실제로 그렇게 했다.

먼저 우리는 원숭이들이 순차적으로 제시되는 점 2개를 순차적으로 제시되는 점 4개와 구분하도록(그리고 그 반대로도) 훈련시켰다. 원숭이들이 그전에 훈련받지 않은 집합에 대해서도 순차적 수 개념을 적용할 수 있는지 알고 싶었기 때문이다. 실제로, 우리가 표본 수량으로 간혹 순차적으로 제시되는 점 3개를 삽입했을 때도 원숭이들은 추가 훈련 없이 곧바로 새로운 순차적 수량에 식별 능력을 적용할 수 있었다. 이는 원숭이가 순차적 수량 개념을 이해할 수 있음을 나타낸다.

이처럼 수를 순차적으로 제시하는 것 외에도, 우리는 원숭이들이―앞 절에서 설명한 것처럼―동시에 제시된 점들의 배열도 구별할 수 있는지 확인했다. 즉 원숭이들은 한 시험에서는 순차적으로 제시되는 점들의 수를 평가한 후 그다음 시험에서는 동시에 제시된 점 배열에서 수를 추론해야 했다. 원숭이들은 아무 문제 없이 이 과제를 수행해냈다. 수행 결과를 보면 두 원숭이는 모두 사물이 순차적으로 제시되었을 때 더 어려워하는 것을 확인할 수 있었다. 그러나 순차적 열거가 인지적으로 더 까다로운 작업이라는 점을 감안하면 충분히 이해가능한 일이다. 순차적 열거를 위해서는 복수의 부호화, 기억 및 단계 갱신 작업을 통합해야 하며 기수적 요소(수의 양)에 서수적 측면(수의 순서)을 적용해야 한다. 순차적 열거는 덧셈의 한 형태로도 간주될 수 있다. 그럼에도 불구하고 이 연구의 결과는 원숭이들이 사물이 순차적으로 제시될 때나 동시에 제시될 때 모두 수량의 표시로 인지한다는 것을 보여주었다.

　추상적인 양적 범주로서 수량은 사물이 시공간적으로 제시되는 방식에 상관없이 표상될 뿐 아니라, 다양한 감각 양상에 걸쳐서도 표상될 것으로 예측된다. 예를 들어, 테이블 위에 놓인 세 개의 맥주캔 또는 세 번 연속으로 울리는 천둥소리는 모두 수량 '3'을 나타내는 사례들이지만 첫 번째 경우는 시각적 요소로 나타나고 두 번째는 음향적 사건으로서 발생한다. 만약 동물이 수 개념을 진정으로 이해한다면, 이들 또한 보고 들은 사물들을 열거할 수 있을 것으로 기대된다. 이 질문에 올바로 답할 수 있으려면 동일한 개체에게 하나 이상의 감각 양상으로 수량이 제시되었을 때 이를 동일한 유형의 자극으로 취급하는지 아니면 다른 유형으로 취급하는지 확인해야 한다. 이 문제를 조사한 연구는 극히 소수에 그치며 모두 원숭이를 대상으로 시행되었지만 그 결과는 상당히 만족스러웠다.

　켈리 조던Kelly Jordan과 엘리자베스 브래넌은 원숭이들의 교차양상cross-modal 수량 판단 능력을 알아보기 위해 붉은털원숭이에게 터치스크린으로 1~9개로 이루어진 일련의 시각적 사물을 보여주거나, 또는 스피커를 통해 음향적 소리를 들려주었다.[97] 표본 제시 후에는 시각 또는 청각적 표본의 수와 동일한 수량을 포함하는 시

각적 배열을 선택해야 했는데, 원숭이들은 이 검사를 제대로 잘 수
행했다. 또한 원숭이들은 서로 다른 감각 양상(청각-시각)의 자극에
대해서도 단일 양상(시각-시각)에 대해서와 마찬가지로 정확히 수
량을 맞추었다. 예를 들어, 원숭이들은 5회 울리는 음향을 들으면
대부분의 경우 5개의 사물을 포함하는 배열을 선택했다. 근사 수치
시스템ANS에서 예측하는 것처럼, 과제 수행 성과는 제시된 대응 수
량과 비대응 수량 사이의 비율에 따라 달라졌다. 원숭이들의 성과
는 시각적 수량 및 청각적 수량 모두에 대해 베버의 법칙을 따랐다.
우리 실험실에서 원숭이의 교차양상 수량 식별을 조사하기 위해 수
행한 전기생리학 시험에서도 비슷한 결과가 보고되었다. 우리는 원
숭이들이 1~4개의 시각적 또는 청각적 사물을 식별하도록 훈련시
켰다.[98] 본 시험에 대해서는 이후 다중양상 수량 판단 능력의 신경
상관물을 설명할 때 다시 논의할 것이다(그림 7.4A 및 7.4B의 행동 프로
토콜을 참조할 것).

　　조던과 브래넌은 한 단계 더 나아가, 시각적 대상과 청각적 대
상이 모두 함께, 교대로 포함되어 있는 표본도 제시했다. 예를 들
어, 원숭이들은 시각적 대상 두 개와 청각적 대상 두 개로 구성된
표본을 수량 '4'에 연결시킬 수 있어야 했다. 첫 번째 150번의 시험
기간 동안 원숭이들은 이미 이러한 이원양상bimodal 표본에 대한 검
사를 우연 이상의 정확도로 수행해냈다. 이는 비인간 영장류가 그
들이 본 시각적 대상의 수와 그들이 들은 청각적 대상의 수를 교차
양상적으로 합산할 수 있음을 보여준다. 원숭이는 비교적 넓은 범
위의 수량에 대해 이러한 능력을 적용할 수 있으며 이때 과제를 해
결하기 위해 ANS를 사용한다는 것을 보여주었다. 비인간 영장류
그리고 아마도 다른 동물 종들 또한 수가 감각적 양상 전반에 걸쳐
대상에 적용되는 개념이라는 것을 이해하고 있는 것으로 보인다.

지금까지 수리 능력에 대한 논의는 보통 영장류를 중심으로 이루어져왔다. 이는 영장류들이 유달리 뛰어난 수리 능력을 지니고 있다는 인상을 줄 수도 있다. 하지만 실제로 이러한 인상은 근본적으로 이들 동물군에 대한 무수히 많은 양의 행동 자료로부터 나온 것이다. 그저 우리는 영장류에 대해 좀 더 많이 알고 있을 뿐이며, 그래서 이 동물들이 특별해 보이는 것뿐이다. 사실 조류도 거의 비슷한 능력을 가지고 있다. 이는 앞에서도 언급했듯이, 포유류와 조류가 마지막 공통조상으로부터 대략 3억 2000만 년 전에 분기해 나왔다는 점을 생각하면 특별히 흥미로운 부분이다(그림 3.1). 그 이후 영장류와 조류는 각각 병렬적으로 진화했다.

브래넌과 테라스가 붉은털원숭이에 대한 획기적 연구를 수행한 이후 몇 년 뒤, 뉴질랜드 오타고대학교 생리학부의 마이클 콜롬보Michael Colombo 교수는 허브 테라스의 연구실 문을 두드리며 그가 붉은털원숭이에게 시행한 것과 동일한 과제를 비둘기에게도 적용해볼 수 있는지 문의했다. 콜롬보는 원숭이가 수를 이해하는 유일한 동물일 것이라고 생각하지 않았다. 따라서 그는 원숭이에게 사용한 자극 집합 및 행동 프로토콜을 그대로 이용해 비둘기를 검사했다.[99] 여기서 한 가지 차이점이 있다면, 비둘기는 손가락으로 화면을 터치하지 못하므로, 그림을 오름차순에 따라 부리로 찍도록 훈련되었다. 그리고 물론 비둘기들도 수년 전 마카크원숭이 로젠크란츠와 맥더프가 그랬던 것처럼 새로운 수량이 등장하는 과제도 성공적으로 해결할 수 있었다. 콜롬보는 이외에도 다른 연구들을 수행하여 조류의 인지 능력이 결코 포유류에 뒤지지 않는다는 이론을 뒷받침했다.

특히 정교한 지능으로 유명한 한 무리의 조류가 있는데, 바로 까마귀과 새들이다. 까마귀의 인지적 유연성은 진보된 비인간 영장류와 많은 면에서 비견할 만하다. 그토록 뛰어난 지능에서도 알 수 있듯이, 까마귀는 비슷한 크기의 다른 새들에 비해 특별히 더 큰, 놀랄 만큼 많은 수의 뉴런으로 빽빽하게 채워져 있는 종뇌를 가졌다.

앞에서 언급한 오토 쾰러의 선구적 연구를 위시해, 까마귀들은 조건화 실험에서 절대적 수치를 판단할 수 있는 것으로 나타났다. 1개에서 4개까지 제한된 집합의 수량을 식별할 수 있도록 훈련된 뿔까마귀Corvus cornix는 5~8개의 새로운 개수의 자극 집합도 성공적으로 식별할 수 있었다. 이는 이 개체군의 새들이 수의 개념을 이해하고 있음을 입증한다.[100] 다른 군의 까마귀들 또한 사전 훈련 없이 먹이의 상대적 양을 자연스럽게 구분할 수 있는 것으로 나타났다.[101,102,103]

절대적 수량 표상 또한 비인간 영장류에게만 나타나는 능력은 아니다. 나는 우리 실험실의 박사과정 학생인 헬렌 M. 디츠Helen M. Ditz와 함께 예전에 원숭이에게 시행한 것과 정확히 같은 지연된 수량 대응 과제를 수행하도록 까마귀를 훈련시켰다. 까마귀들은 1개에서 30개 사이의 대상에 대해 수량을 맞추는 과제를 수행해야 했다.[104,105] 훈련이 끝난 후, 까마귀들은 시험 이미지들 중에서 표본과 동일한 개수의 점이 포함된 이미지를 부리로 찍을 수 있었다(그림 3.8). 항상 그렇듯, 이번에도 우리는 비수치적 변수들을 통제했다. 까마귀들은 비록 원숭이에 비해서는 정확도가 떨어지지만 절대적 개수 또한 구분할 수 있었다. 까마귀는 원숭이와 거의 동일한 성과 함수를 보였으며 수치 거리 및 크기 효과도 나타냈다. 또한 원숭이나 인간에서 확인된 것과 마찬가지로 로그축에 그 성과를 표시할 수 있었다. 까마귀의 비상징적 수치 판단에서도 베버의 법칙 및 페히너의 법칙을 분명히 확인할 수 있었다. 아마도 다른 동물 종들 대부분이 비슷한 능력을 보여줄 것으로 예상된다. 최소한 우리가 상

그림 3.8 송장까마귀(*Corvus corone*). 까마귀과 새는 컴퓨터 화면에 나타난 점의 개수를 인식하고 구별할 수 있다(사진: Andreas Nieder).

징적 셈하기를 하지 않는 한, 이것은 우리 인간이 동물들과 공유하는 근본적인 유사점이다.

인간을 포함한 여러 동물 종들의 비상징적 수치 식별에 관한 이러한 모든 행동적 특성은 이러한 행동이 수행될 때 어떤 체계가 작동하는지에 대한 해답을 줄 수 있다. 이러한 식별 능력은 집합 크기가 제한된, 비율에 의존하지 않는 대상 추적 시스템OTS에 기반하는가, 아니면 비율 의존적이며 베버의 법칙을 따르는 근사 수치 시스템ANS에 기반하는가, 아니면 둘 다에 기반하는가? 비수치적 변수를 통제한 자극을 이용해 동물을 자세히 조사해보면 이들의 수량 식별 능력에서는 베버의 법칙을 따르는 ANS의 고전적인 특성인 수치 거리(또는 수치 비율) 효과가 나타남을 알 수 있다. 적은 수량 및 큰 수량에 대해 조사했을 때 영장류와 같은 포유류[106,107,108]는 물론, 조류[109,110]와 어류에서도 ANS가 배타적으로 작동하는 것이 반복적으로 입증되었다. 자발적 선택 과제에서만 드물게 OTS가 보조하는 것으로 확인되었다(포유류[111,112], 조류[113], 어류[114]). 그러나 앞서 요약한 방법론적 문제들로 인해, 자발적 선택 과제가 작동 시스템을 찾는 데 적합한 방식인가에 대해서는 의문의 여지가 있다. 또한 큰 수량을 식별하는 데 실패했다고 해서 이것이 ANS의 부재를 증명하는 증거가 되는 것은 아니다. 초기 연구에 따르면, 특정 종들은 OTS의 도움을 받아 오직 적은 수량만 구별할 수 있는 것으로 보고되곤 했다. 그러나 이 부분을 좀 더 자세히 조사한 후속 연구에 따르면 큰 수의 구분은 ANS의 작동과 일치하는 것으로 나타났다.

4개 정도의 사물로 제한된 집합 크기와 더불어 작은 수량을 식별하는 데 비율 의존적 경향이 나타나지 않는 점은 종종 OTS를 지지하는 근거로 간주되었다. 그러나 일부 연구자들은 서로 다른 비율 의존성이 반드시 두 개의 분리된 시스템의 존재를 함축하는 것은 아니라고 주장했다.[115,116] 예를 들어, 럿거스대학교의 찰스 랜섬 갤리스텔Charles Ransom Gallistel과 로첼 겔먼Rochel Gelman이[117] 지적하기를, 큰 수의 표상은 작은 수보다 변동성이 더 크다. 그 결과, 가장 가까운 수치들의 표상은 큰 수치 범위 내에서만 서로 겹칠 수 있으며 이 경우에만 비율 효과가 나타난다. 물론, 작은 수의 경우는 인지가능한 기하학적 패턴으로 표상될 수 있다. 예컨대 하나의 사물은 점으로, 두 개는 선으로, 세 개는 삼각형으로, 네 개는 사각형으로 보일 수 있다.[118] 게다가 OTS에 의해 채워진 암묵적 대상 파일이 어떻게 명시적 수 표상으로 바뀌는지도 불분명하다. 종합하면, 우리가 동물들로부터 수집한 근거들은 결국 우리가 우리의 동물 조상으로부터 진화적으로 아주 오래된 비언어 체계로서 단일한 열거 시스템, 즉 ANS를 물려받았음을 뒷받침한다

4장 동물들이 수리 능력을 발전시킨 이유

수리 능력이 주는 두 가지 혜택

우리 인류가 얼마나 많은 상황에서 수량 정보를 이용하는지 생각해 보자. 아마 수가 없는 삶은 상상하기도 어려울 것이다. 그런데 우리 의 선조들, 즉 호모 사피엔스 이전의 조상들도 수리 능력으로부터 이익을 얻었을까? 다시 말해, 애당초 동물들은 왜 수를 처리하기 시작했을까? 이 질문은 동물 개체 수준을 비롯해 종의 전체 개체 군 수준에 대해 수리 능력이 어떤 혜택을 가져다주었는지 묻는 것 이다. 수리 능력은 개체에게 유익할 때만(또는 적어도 해를 끼치지 않 는 한) 세대에 걸쳐 개체군 내에서 유지될 수 있으며, 때로는 규모가 큰 동물 분류군에서 수백만 년에 걸쳐 보존될 수 있었을 것이다.

앞 절에서 진화론을 이야기할 때 간략히 설명한 것처럼, 생물 학적 관점에서 유익한 형질이란 그 운반체가 생존하고 번식할 수 있도록 돕는 형질을 말한다. 개체는 성공적인 짝짓기를 통해 그다음 세대에게 자신의 유전자를 직접 물려줄 수 있을 만큼 충분히 오래 살아남아야 한다. 이러한 요건을 충족한 동물은 '개체 적합도'가 높다고 말한다. 물론 이 과정이 그렇게 간단하지만은 않다. 개체는 또한 근친이 번식하도록 도움으로써 간접적으로 자신의 적합도를 높일 수도 있다. 근친들끼리는 서로 동일한 유전자를 상당 부분 공유하기 때문이다. 이러한 점을 반영한 것이 근본적 유형의 적합도인 '포괄 적합도'다.

그러면 동물은 어떻게 전반적인 적합도를 끌어올려 이런 점에서 승자가 될 수 있을까? 간단히 말하면, 끊임없이 변화하는 환경에 대항하여 진화적 경쟁에서 성공할 수 있도록 하는 유전적 형질을 물려받는 것이다. 이들 어려움을 잘 이겨낸 동물들은 그들이 속한 환경에 그럭저럭 잘 적응하게 된다. 따라서 이러한 필요에 부응하는 유익한 유전 형질들은 '적응적 가치'가 있다고 말한다.

한 가지 명심할 것이 있다. 유전형은 어떤 기능을 이용할 수 있는지 결정하는 것뿐이며, 평생에 걸쳐 자연의 엄격한 심판을 받는 것은 바로 표현형이란 점이다. 선택압이 가해지는 대상은 표현형이며, 유익한 형질이 유전자를 통해 다음 세대로 전달되기 위한 시험을 견뎌야 하는 것도 표현형 수준에서다.

이러한 목적을 달성해 생존하고 유전자를 남기기 위해서는 두 가지 유형의 행동이 필요하다.

첫째, 개체가 성체가 되어 재생산이 가능해질 때까지 살아남기 위해 필요한 행동이다. 어떤 종들은 번식에 성공한 이후에도 태어난 자손들이 충분히 오래 살아남을 수 있도록 돌보는 기간까지 계속 생존해야 한다. 즉 각 개체는 먹을 것을 찾고 자신이 먹잇감이 되는 것을 피하고, 혼란한 세상을 헤쳐나갈 자신만의 방식을 마련하고 매일의 일상에서 친구들로부터 도움을 받을 수 있어야 한다. 이 장의 다음 절에서는 수량 인지가 이러한 목적에 어떤 기여를 하는지 설명할 것이다. 동물들이 생태 환경에서 생존하는 방법을 조사한 연구들에 따르면 수를 표상하는 능력은 동물들이 먹이 공급원을 발견하고 먹이를 사냥하며 포식자를 피하고 서식지를 찾고 사회적 상호작용을 지속하는 능력을 향상시킨다.

아울러, 번식하는 동안 적절한 유전자를 물려줄 기회를 직접적으로 증가시키기 위해서는 또 다른 종류의 능력이 필요하다. 동물들은 짝짓기를 위해 항상 경쟁한다. 심지어 짝을 찾아 번식에 성공했을 때도 그렇게 태어난 자손이 다른 경쟁자의 자손과의 경쟁에서 승리할 수 있도록 도와야 한다는 새로운 난관에 봉착한다. 이 장의 마지막 절에서는 수용적인 짝을 독점하는 일에서부터 난자의 수정 확률을 증가시키는 일 그리고 마지막으로는 자손의 생존 확률을 끌어올리는 일까지, 이러한 노력에서 수리 능력이 핵심적인 역할을 한다는 것을 설명할 것이다.

수리 능력은 생존을 돕는다

쿼럼 감지 이 행성에 수를 이용할 줄 아는 동물이 진화하기도 이전에, 지구상에서 가장 오래된 생물체인 단세포 미생물 박테리아들 또한 양적 정보를 이용했다. 박테리아는 주변 환경으로부터 얻은 양분을 소비하는 방식으로 생을 영위한다. 대체로 이들은 몸 크기를 키운 후 분할함으로써 개체 수를 늘린다. 그런데 최근 미생물학자들은 박테리아들 또한 사회생활을 하며 다른 박테리아의 존재 또는 부재를 감지할 수 있음을 발견했다. 다시 말해, 박테리아는 다른 박테리아의 수를 감지할 수 있다.

비브리오 피셔리 *Vibrio fischeri*라는 해양 박테리아의 예를 살펴보

자. 이 박테리아는 특이한 형질을 지니고 있는데, 반딧불이가 빛을 내는 것과 유사한 방식의 '생체 발광'이라는 과정을 통해 빛을 만들어내는 것이다. 그런데 이들 박테리아의 농도가 낮은 수용액에서는, 즉 박테리아가 서로 외따로 떨어져 있을 때는 이들은 빛을 만들어내지 않는다. 그러나 박테리아의 수가 특정 수치를 넘어서면 이들은 모두 동시에 빛을 발하기 시작한다. 즉 이 박테리아들은 자신이 혼자 있을 때와 다른 박테리아와 함께 있을 때를 구분할 수 있다. 이들은 묘연의 방법으로 세포 수를 서로에게 알려야 했을 것이고, 바로 이때 사용되는 것이 화학적 언어다. 이 박테리아들은 소통 분자를 분비하는데, 물속에서 이러한 분자의 농도는 세포 수에 비례하여 증가한다. 그리하여 분자 농도가 특정 수준에 이르면 박테리아들은 주변에 다른 박테리아가 얼마나 많은지 알게 되고 다 같이 빛을 내기 시작한다. 이 농도를 '쿼럼quorum'이라고 하며, 이러한 행동을 '쿼럼 감지quorum sensing'라고 한다.₁ 박테리아들이 신호 분자를 배출한 뒤 이러한 분자 수를 집계한 후 그 수가 특정 임계값(쿼럼)에 도달하면 모든 박테리아가 이에 반응하는 것이다. 쿼럼 감지는 비브리오 피셔리만의 특이한 행동은 아니다. 모든 박테리아가 신호 분자를 통한 간접적 방식으로서 이런 종류의 쿼럼 감지를 이용하여 그들의 세포 수를 서로에게 알린다.

쿼럼 감지는 박테리아에만 한정되지 않는다. 다른 동물들도 서로 어울리는 데 이런 방식을 사용한다. 예를 들어, 가시방패개미 *Myrmecina nipponica*는 쿼럼을 감지할 경우 그들의 군락을 새로운 장소로 이동하기로 결정한다.₂ 또한 개미들은 이러한 합의를 통한 의사 결정 방식을 통해 새로 옮기기로 한 장소에 특정한 수의 개미가 존재하는 경우에만 그 장소로 새끼들을 옮기기 시작한다. 바로 그러한 상황에서만 군락 전체를 옮기기에 안전하다고 판단하는 것이다.

쿼럼 임계값은 군락의 크기가 커짐에 따라 증가한다. 다시 말해, 군락이 크면 쿼럼에 도달하기 위해서 새로운 장소에 더 많은 개체가 있어야 하는 것이다. 그렇다고 쿼럼 임계값이 군락에 비례하여 증가하는 것은 아니다. 군락이 계속 커져도 쿼럼 임계값은 아주 약간만 더 커질 뿐이다. 비록 어느 정도의 비율 의존성을 보이긴 하지만, 개미들의 식별 능력이 베버의 법칙을 완전히 따르는 것은 아니다. 물론, 자유롭게 풀어둔 개미 군락에서 개미들의 의사결정 과정에 개입될 수 있는 비수치적 요소들을 통제하기란 사실상 불가능하다는 것을 명심해야 한다.

방향 찾기 지형지물을 열거하는 능력은 동물이 생존하기 위한 매일의 목표를 달성하는 데 중요한 역할을 할 수 있다. 예를 들어 꿀벌들은 벌집으로부터 먹이 공급원까지의 거리를 측정하기 위해 지형지물을 이용한다. 앞에서도 언급한 라르스 치트카와 칼 가이거의 초기 시험에서 벌들은 일렬로 늘어선 네 개의 천막 중 세 번째와 네 번째 천막 사이에 놓인 먹이 장소에서 설탕물을 수집하도록 훈련되었다.[3] 이때 연구자들은 천막의 수와 천막 간 거리를 변화시켜 벌들이 상충하는 거리 정보들, 즉 절대적 비행 거리와 지나친 지형지물의 개수를 절충한 수행 패턴을 보이도록 했다. 비록 지형지물의 개수만으로 꿀벌들이 거리를 어떻게 측정하는지 완전히 설명할 수는 없지만, 그럼에도 불구하고 여기서 수량은 중요한 요인으로 작용했다.

마리 다케와 만디암 스리니바산[4]은 비행 터널을 이용해 세심하게 철저히 통제된 시험을 설계하여 벌들이 지형지물을 순차적으로 열거할 수 있다는 분명한 증거를 제시했다. 벌들은 지형지물로서 다섯 줄의 노란색 줄무늬가 터널 벽면에 고루 그려져 있는 4미터 길이의 터널에서 채집 활동을 하도록 훈련되었다(그림 3.4E). 각각의 코호트에 속한 벌들은 1번 줄무늬부터 5번 줄무늬까지 서로 다른 지형지물에 마련되어 있는 먹이 장소를 찾아가도록 훈련되었다. 훈련 과정 동안 지형지물 간의 거리를 변화시킴으로써 벌들이 보상을 받을 수 있는 지형물의 위치를 찾을 때 거리 정보에 의존하지 못하도록 했다. 벌들이 이 과제에 숙달되고 나면, 이제 아무런 보상이 없는 새로운 터널에 벌들을 놓아두고 시험을 시작했다. 그러면 벌들은 학습된 지형물 근처를 수색했다. 다시 말해, 훈련 중 첫 번째 지형물에 먹이 장소가 있었던 벌들은 주로 1번 지형물 부근을 수색했고 두 번째 지형물에 먹이 장소가 있었던 벌들은 주로 2번 지형물 부근을 맴도는 식이었다. 훈련을 받은 벌들은 지형물이 서로 가깝게 붙어 있거나 멀리 떨어져 있거나 또는 불규칙하게 분포되는 등 공간 배치가 변화되었을 때도 올바른 지형지물을 찾아갔다. 지형지물을 기존의 노란색 줄무늬 대신 원반 모양으로 바꾸거나 칸막이를 여러 겹 설치해 이 칸막이 사이를 통과해 날아가야 할 때도 벌들은 올바른 성과를 냈다. 이처럼 벌들은 가변적인 지형지물의 번호를 순차적으로 열거함으로써 이들에게 추상화 능력의 징후가 있음을 보여준다. 벌들에게 수치 평가는 벌집과 꿀 공급원 사이를 오가는 경로를 찾는 데 매우 필수적인 능력이다.

먹이 선택 수 인지는 동물들이 더 효율적인 먹이 찾기 전략을 마련하는 데 도움이 된다. 최적 섭식 이론[5]에 따르면 동물들은 두 가지 이상의 먹이 사이에서 선택권이 있는 경우 에너지 획득량이 더 높은 먹이를 선택함으로써 혜택을 얻을 수 있다. 먹잇감의 개수가 많으면 많을수록 그 수가 적을 때보다 더 많은 영양분을 얻을 수 있다는 것 또한 분명하다. 먹이는 자연적 인센티브로서, 먹이를 이용하면 양서류처럼 인지 발달 수준이 낮아 복잡한 수량 식별 과제를 훈련시키기 어려운 척추동물을 대상으로도 시험을 진행할 수 있다. 배가 고픈 동물을 대상으로 과제를 시행하면 이들은 먹잇감의 양이 더 많은 곳으로 자연스럽게 접근할 것으로 예측된다. 그리고 실제로 양서류들은 그렇게 했다. 붉은등도롱뇽*Plethodon cinereus*에게 서로 다른 수의 파리가 들어 있는 두 개의 투명 시험관을 보여준 후 하나를 선택하도록 만들면(그림 3.4C) 도롱뇽들은 파리가 더 많이 들어 있는 시험관으로 다가가 주둥이를 들이민다.[6] 도롱뇽들은 한 마리 대신 두 마리, 두 마리 대신 세 마리의 파리를 선택했지만 세 마리 대 네 마리 그리고 네 마리 대 여섯 마리 상황에서는 더 많은 쪽을 고르지 못했다. 그러나 이후에 진행된 연구에 따르면 도롱뇽들은 가령 16마리 대 8마리의 귀뚜라미처럼 훨씬 더 큰 수량은 식별할 수 있는 것으로 나타났다.[7] 그저 비교 집합 간에 수량의 비가 충분히 크면 되는 것이었다. 이와 비슷하게, 개구리*Bombina orientalis*[8]를 대상으로 자유 선택 시험을 실시했을 때 이들은 더 많은 거저리 유충을 선호했으며 먹이가 한 마리 대 두 마리, 두 마리 대 세 마리, 세 마리 대 여섯 마리 그리고 네 마리 대 여덟 마리가 있을 때 더 큰 수량을 구별할 수 있었다.

　　대부분의 경우에 '다다익선'이란 원칙이 잘 들어맞았지만 때로는 그 반대 전략이 더 유용한 경우도 있었다. 등줄쥐*Apodemus agrarius*는 살아있는 개미를 좋아하지만, 개미들은 위협을 받으면 생쥐를 깨물 수 있으므로 꽤 위험한 먹잇감이다. 등줄쥐를 서로 수가 다른 두 개의 개미 개체군과 함께 시험장에 풀어 놓으면 생쥐들은 놀랍게도 더 적은 개미 쪽으로 간다.[9] 예를 들어 개미가 5마리 대 15마리, 5마리 대 30마리 그리고 10마리 대 30마리가 있으면 생쥐들은 항상 더 적은 수의 개미군 쪽을 선택하는 것이다. 아마도 생쥐들은 개미에게 물리는 것을 피해 좀 더 편안하게 먹이를 쫓기 위해서 더 적은 수의 개미군 쪽으로 향하는 것으로 보인다.

먹잇감은 동물의 자연적 수치 능력을 검사할 때 가장 흔히 이용되는 자극이다. 이러한 자극을 이용해 울새, 까마귀, 코요테, 개, 코끼리, 서로 다른 종의 원숭이와 유인원 등 수많은 동물 종이 먹잇감의 수를 식별할 수 있다는 것을 확인했다. 앞에서도 언급했듯이, 먹잇감을 이용한 시험에서는 비수치적 변수, 예컨대 먹잇감의 부피, 먹잇감이 분포하고 있는 전체 공간의 넓이 또는 쾌락 가치 등을 통제하기가 특히 어렵다. 따라서 시험 동물이 먹잇감의 수가 아니라 어쩌면 다른 변수에 주의를 기울일 가능성을 결코 배제하기 어렵다. 그럼에도 많은 연구에 따르면 야생의 동물들은 먹잇감의 수에 민감한 것으로 나타났으며, 결국 이는 먹이 채집에서 좋은 성과를 거두려면 수리 능력이 특히 중요하다는 사실을 시사한다.

먹잇감 사냥 왕거미포획거미araneophagic spider로도 알려진, 거미-포식 거미들 개체군에서는 수적 단서가 매우 중요한 역할을 한다. 케냐의 포르티아 아프리카나*Portia africana*(이후 포르티아라고 부르겠다)도 거미-포식 거미 중 하나다. 작은 포르티아 유충은 오에코비우스 암보셸리*Oecobius Amboseli*(이후 오에코비드oecobiid라고 부르겠다)를 잡아먹을 때 특히 정교한 포식 전략을 취한다. 오에코비드는 바위와 나무 둥치 그리고 건물 벽에 텐트처럼 생긴 거미줄 둥지를 짓는 작은 거미 종이다.[10] 포르티아는 집단 포식을 학습할 때 특히 오에코비드를 그 희생물로 삼곤 한다. 포식 활동은 일반적으로 포르티아 두 마리가 오에코비드의 둥지 곁에 서로 나란히 자리잡은 뒤, 한 마리가 오에코비드를 붙잡으면 다른 한 마리가 그 곁에서 같이 먹는 방식으로 진행된다. 포르티아는 먹잇감이 될 거미 둥지 근처에 이미 자리잡고 있는 동종 거미의 수에 근거하여 그 둥지 주변에 자리잡을지를 결정한다. 이때 포르티아는 주변에 거미가 아예 없거나 둘 또는 세 마리가 있는 경우보다는 한 마리만 있는 경우를 선호한다. 포르티아가 사냥을 할 때 더 큰 무리를 짓기보다 쌍으로 사냥하는 것을 선호하는 까닭은 더 큰 무리에는 무임승차한 식객의 수도 그만큼 늘어날 수 있기 때문이다. 사냥에 가담하는 구성원이 많으면 이에 협력하지 않는 구성원도 늘어나기 마련이다. 따라서 큰 무리는 작은 무리보다 먹잇감을 사냥하는 데 더 불리하다.

　　늑대가 큰사슴elk 또는 들소bison을 붙잡을 가능성은 수렵 집단의 크기에 따라 달라진다. 최소한 옐로스톤국립공원의 야생 늑대를 대상으로 한 연구 결과에 따르면 그렇다. 늑대는 큰사슴이나 들소처럼 커다란 먹잇감을 사냥하곤 하는데, 이러한 대형 먹이들은 늑대를 차고 머리로 들이받고 발로 밟아 죽일 수도 있다. 따라서 한발 물러나 다른 늑대가 죽도록 내버려두는 데는 큰 보상이 따른다. 수렵 집단이 크면 특히 더 그렇다. 이에 따라 늑대들은 서로 다른 먹잇감에 대해 각각 최적화된 집단 크기를 가진다.[11] 예컨대 큰사슴의 경우는 2~6마리로 구성된 사냥 집단에서 성공률이 가장 높다(그림 4.1). 반면 사냥하기 가장 힘든 먹잇감인 들소의 경우는 9마리에서 13마리의 늑대가 사냥에 나서야 성공률을 가장 높일 수 있다. 따라서 늑대들은 사냥하는 동안 특정 수량까지는 그 수가 많을수록 유리하며, 이 수는 먹잇감이 얼마나 거친지에 달려 있다.

　　포식자 피하기　다소 방어 능력이 부족한 동물들은 사회적 협력자들끼리 큰 무리를 이루고 그 속에서 피난처를 찾고자 한다. 큰 무리를 이루면 각각의 개체는 먹잇감으로 전락할 확률이 감소한다. 예컨대 많은 어류는 반포식자 전략으로 주로 무리짓기를 취한다.

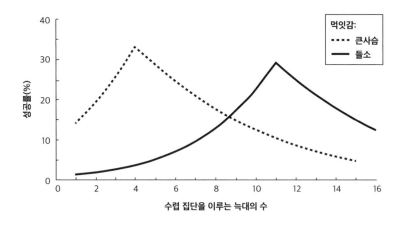

그림 4.1 늑대 무리의 크기는 서로 다른 먹잇감을 사냥하기에 최적화되어 있다. 이 그래프는 늑대-큰사슴 및 늑대-들소 수백 쌍에 대한 모집단 평균 적합치다(출처: MacNulty et al., 2014).

무리가 크면 클수록 물고기들에게는 더 좋은 피난처가 된다. 실제로 물고기를 낯설고 위험할 수도 있는 환경에 놓아두면 각각의 물고기는 다른 동종 물고기들과 함께 행동하려 한다. 두 개의 무리가 주어지면 이들은 일반적으로 더 큰 무리에 들어가려 한다.[12,13,14] 이는 물고기들이 더 작은 무리와 더 큰 무리를 구별할 수 있음을 의미한다. 즉 이러한 상황에서 동종의 수를 비교할 수 있는 능력은 생과 사의 문제와 직결될 수 있다.

생물학자들은 이러한 행동에 최소 세 가지 장점이 있음을 밝혔다. 첫째, 무리에 속한 개체의 수가 늘어나면 각각의 물고기들은 잡힐 위험을 줄일 수 있다. 이러한 현상을 '희석 효과'라고 부른다.[15] 둘째, 무리가 크면 포식자는 그중 한 마리만 골라내기 어려워하며, 이러한 현상은 '혼동 효과'로 알려져 있다.[16] 마지막으로 많은 개체가 뭉치면 포식자를 탐지할 가능성도 더 높아지며, 이를 '많은 눈 효과'라고 부른다.[17] 확실히, 더 큰 무리 속으로 숨는 일에는 부정할 수 없는 이점이 있다.

　큰 무리로 숨는 것만이 수리 능력이 활용되는 유일한 반포식 전략은 아니다. 유럽의 쇠박새 *Poecile atricapilla*는 포식자의 존재와 위험성을 알릴 고유한 방법을 찾아냈다.[18] 다른 많은 동물들처럼 쇠박새 또한 매와 같은 잠재적 포식자를 발견하면 경고음을 내 다른 쇠박새들에게 위험을 알린다. 이 작은 노래하는 새들은 움직이지 않는 포식자를 보면 그들의 영문 이름과 같은 '치-카-디'라는 소리를 내어 경고한다. 이 경고음에서 '디'음을 내는 횟수는 포식자의 위험 수준을 나타냈다. 예컨대 '디'음을 두 번만 내면('치-카-디-디') 포식자가 상대적으로 덜 위험한 북방올빼미임을 나타낸다. 북방올빼미는 삼림 지대에서 민첩한 작은 새들을 몰래 사냥하거나 쫓기엔 덩치가 너무 크기 때문에 쇠박새에게 심각한 위협이 되지 않는다. 반면, 참새올빼미는 나무 사이를 이리저리 날아다니는 데 아무 문제가 없으므로 쇠박새들에겐 가장 위험한 포식자들이다. 따라서 쇠박새가 참새올빼미를 마주치면 '디'음을 내는 횟수도 늘어난다('치-카-디-디-디-디'). 여기서 소리의 횟수가 반포식 전략에서 중요한 역할을 한다는 것을 알 수 있다.

　사회적 영역 보호　무리 짓기와 무리 크기는 개체 혼자서 자원을 보호할 수 없는 경우에도 매우 중요하다. 따라서 많은 동물이 자신의 영역을 표시하고 침입자들로부터 영역을 지키기 위해 사회적 집단을 이룬다. 영역을 지킨다는 것은 보통 경쟁 집단들 사이에 자칫 치명적일 수 있는 충돌이 발생할 수 있음을 의미한다. 따라서 자기 집단에 속한 구성원의 수를 경쟁 집단과 비교해 평가할 수 있는 능력은 분명 적응적 가치를 가진다. '다다익선'이란 원리는 사회적 영역 방어에 특히 잘 적용된다. 이 원리는 피해를 입을 수도 있는 위험을 감수하고 공격을 벌일 것인지 아니면 물러나 영역을 잃을 것인지 결정해야 하는 상황에서 현명한 판단을 이끄는 토대가 된다.

야생의 포유류 종 일부를 조사한 결과, 그러한 상황에서는 일반적으로 수적 우세에 의해 싸움의 결과가 좌지우지되는 것으로 확인되었다. 서식스대학교의 캐런 매컴Karen McComb과 동료들은 선구적 연구에서[19] 세렝게티국립공원의 암사자Panthera leo가 침입자와 마주쳤을 때 보이는 자연적인 행동을 조사했다. 연구자들은 야생 동물들이 스피커를 통해 재생되는 소리에도 마치 다른 동물이 실제로 거기 존재하는 것처럼 반응한다는 사실을 이용했다. 만일 외부의 사자가 위협을 가하는 것과 같은 소리를 들려주면 암사자들은 적의 목소리가 흘러나오는 스피커를 향해 공격적인 태도로 다가간다. 이 음향 재생 연구에서 연구자들은 적대적 침입을 모방하기 위해 낯선 암사자의 포효를 들려줬다. 이때 연구자들은 시험 대상에게 두 가지 소리를 들려주었다. 하나는 암사자 한 마리가 포효하는 소리였고 다른 하나는 암사자 세 마리가 함께 포효하는 소리였다. 공격자가 몇 마리인지 그리고 방어자는 몇 마리인지가 방어자의 전략에 어떤 영향을 미칠지 확인하고 싶었던 것이다. 흥미롭게도, 암사자는 자기 혼자만 있을 때는 침입자가 한 마리든 세 마리든 스피커로 다가가기를 매우 주저했다. 반면 암사자 세 마리가 함께 있을 경우, 침입자 한 마리의 포효 소리가 날 때는 아무 두려움 없이 스피커로 다가갔다. 그러나 침입자 세 마리가 함께 포효할 때는 그렇지 않았다. 분명 상대가 세 마리면 싸움을 벌였을 때 물리거나 다칠 위험을 피할 수 없을 것이다. 침입자 세 마리의 소리가 들리면 암사자들은 자신의 무리가 다섯 마리 이상일 때만 스피커로 다가갔다. 암사자는 무리 수가 침입자들보다 더 많은 경우에만 이들을 향해 공격할 듯 달려든 것이다. 이는 암사자들이 양적 정보를 처리할 수 있음을 분명히 보여준다.

동물계에서 우리와 가장 가까운 친척, 침팬지 *Pan troglodytes*도 매우 유사한 행동 양식을 보여준다. 침팬지는 20마리에서 150마리의 개체가 함께 무리를 짓고 산다. 수컷들은 집단의 영역을 지키며 때로는 이웃 집단의 구성원들을 살해한다. 침팬지들이 벌이는 집단 간 싸움에는 여러 마리의 전투원이 한 마리의 희생자만 집중적으로 공격하는 '패거리 공격'과 여러 마리가 편을 갈라 싸우는 '전투'가 모두 포함된다. 영장류학자들은 이러한 공격적 행동이 희생자 무리의 힘을 약화시켜 향후 전투에서 공격자가 승리할 가능성을 높인다고 말한다. 이를 통해 공격자들은 영역을 확장하고 더 많은 먹이와 암컷을 확보하는 동시에 이웃 집단의 위험도 경감시킬 수 있는 것이다. 패거리 공격은 끔찍하게 들리지만 쉽게 납득할 수 있는 상황으로, 공격자 중 일부가 희생자를 꼼짝 못 하게 붙들고 있는 동안 다른 공격자가 희생자를 때리고 물거나 상처를 입힌다. 수 인지란 관점에서는 여러 마리가 맞붙는 '전투'가 훨씬 더 흥미롭다. 이 경우에는 각 무리에서 서로 맞붙는 개체들의 수가 매우 중요하기 때문이다.

하버드대학교의 마이클 윌슨Michael Wilson과 동료들은 앞서 암사자들에게 사용한 것과 비슷한 음향 재생 방식을 침팬지에게 적용해보았다.[20] 각 시험 동안 연구자들은 스피커를 통해 한 마리의 낯선 수컷 침팬지의 소리를 들려주었다. 이 소리는 침팬지들로부터 협력적 반응을 이끌어냈는데, 그러한 반응의 속성은 무리 내 수컷 성체의 수에 따라 달라졌다. 셋 이상의 수컷으로 이루어진 무리는 함께 힘찬 함성을 내지르며 스피커를 향해 다가갔다. 그러나 수컷의 수가 그보다 적을 경우엔 보통 조용히 남아 있었고, 스피커를 향해 다가가는 횟수도 더 적었으며 다가갈 때도 매우 천천히 움직였다. 침팬지들은 마치 군사전략가들처럼 행동했다. 이들은 본능적으로 군대가 적군의 상대적인 전력을 계산할 때 사용하는 방정식, 구체적으로는 란체스터F. W. Lanchester의 '제곱 법칙' 전투 모델에서 내려진 예측을 따랐다.[21] 이 모델에 따르면 여러 마리가 서로 맞붙는 전투 상황에서 침팬지들은 자신의 무리의 수가 상대편보다 최소 1.5배 많은 경우에만 전투에 승산이 있다고 예측한다. 그리고 야생 침팬지들은 실제로 이렇게 한다. 수컷이 한 마리뿐인 무리는 아군이 합류하기 전까지는 한 마리의 소리만 들리는 스피커로 다가가지 않는다. 수컷이 두 마리인 무리는 7번 중 4번의 경우에 스피커로 다가갔다.

자연상태의 점박이하이에나Crocuta crocuta에 대해서도 유사한 음향 재생 기법을 이용해 이들이 적대적 방문객들의 수를 어떻게 평가하는지 확인해보았다.[22] 하이에나 또한 사자나 침팬지와 마찬가지로 사회적 무리를 이루고 살며 그 구성원의 수는 최대 90마리에 이른다. 이들은 자신들의 영역을 협동적으로 그리고 맹렬히 보호한다. 이들에게 음향 재생 실험을 실시하여 스피커를 통해 미지의 침입자가 내는 소리를 들려주었을 때, 하이에나는 침입자들의 수가 한 마리, 두 마리 그리고 세 마리로 늘어날수록 경계 수준을 높이며 반응하는 것으로 나타났다. 또한 하이에나는 자신들의 수가 침입자들보다 더 많을 때 기꺼이 위험을 감수하며 스피커로 다가갔다. 즉 이들은 수치 비교에 근거하여 사회적 경쟁에 나설지 결정한다. 그리고 이때 하이에나는 자신들의 무리 수가 상대편의 수보다 많을 때만 사회적 경쟁에 나선다. 이 동물들이 겁쟁이라서가 아니다. 오히려, 이처럼 계산된 행동은 무리 구성원들의 생명을 구하기 위한 것이다.

수리 능력은 번식을 돕는다

짝짓기   생물학적 견지에서, '살아남기'는 목적을 위한 수단이며 이
때 그 목적이란 바로 유전자를 전달하는 것이다. 갈색거저리_Tenebrio
molitor_는 많은 수컷이 많은 암컷과 짝짓기를 하며 이때 수컷 간에 매
우 치열한 경쟁이 벌어진다. 따라서 수컷은 자신의 짝짓기 기회를
극대화하기 위해 항상 더 많은 암컷을 만나려 한다. 수컷이 암컷 상
대를 만나기 위해서는 최대 네 마리까지의 서로 다른 암컷의 냄새
로 이루어진 냄새 더미를 식별할 수 있어야 한다.[23] 심지어 수컷은
짝짓기 후에도 일정 시간 암컷 상대를 보호해 상대가 다른 수컷을
만나 교미 행위를 하지 못하도록 한다. 수컷은 짝짓기 전에 더 많
은 경쟁 상대를 만날수록 더 오랫동안 암컷을 짝짓기로부터 보호
한다.[24] 이러한 행동이 생식에서 중요한 역할을 한다는 것은 분명하
며, 따라서 적응적 가치도 높다. 수량 추정 능력이 수컷의 성적 경
쟁력을 끌어올리는 것이다. 이는 결국 진화 과정 동안 더 정교한 수
량 추정 인지 능력을 발달시키도록 이끄는 원동력이 되었다.

교미에만 성공하면 그만이지 않을까 생각하는 사람도 있을 것
이다. 하지만 몇몇 동물은 교미만으로는 어림도 없다. 알을 수정시
키는 단계까지 가야만 진정한 결실을 맺을 수 있기 때문이다. 일단
수컷이 상대와 교미에 성공해 자신의 역할을 완수하고 나면, 이제
는 정자가 난자를 수정시키기 위한 경쟁을 이어간다. 생물학적 견
지에서 생식은 무엇보다 중요하므로 정자들의 경쟁은 행동 수준에
서 여러 적응적 변이를 일으킨다. 척추동물은 물론 곤충에서 정액
의 양과 조성은 수컷이 경쟁 수준을 가늠하는 능력에 따라 달라진
다.[25] 예를 들어, 의갈목_Cordylochernes scorpioide_에서는 수컷 여러 마리가
한 마리의 암컷과 교미하는 일이 흔히 일어난다.[26] 분명 처음 교미
한 수컷이 암컷의 난자를 수정시킬 확률이 가장 높을 것이며, 이후

에 교미한 수컷일수록 아빠가 될 가능성은 점점 줄어들 것이다. 그러나 정자의 생산을 위해서는 많은 비용이 들어가므로, 정자를 어느 암컷에게 배분할지는 난자를 수정시킬 가능성을 고려해서 저울질되어야 한다. 따라서 수컷은 냄새를 통해 암컷과 교미한 수컷 경쟁자들이 몇 마리인지 가늠하며, 다른 수컷의 후각 단서가 0마리에서 3마리로 증가함에 따라 정자의 할당량을 점진적으로 줄인다. 이처럼 수컷이 후각 단서의 양을 토대로 경쟁자의 수를 평가할 수 있는 것을 볼 때, 정자 경쟁을 거치는 동안 자동적이고 비인지적인 방식으로 처리된 수량이 좀 더 인지적인 처리를 거친 이산 수량discrete quantity으로 전환되었음을 알 수 있다.

탁란　알을 낳고 새끼를 키우기 위해서는 매우 큰 노력이 든다. 따라서 일부 조류 종은 어버이가 되는 부담을 덜고 다른 종들이 그 일을 대신하도록 하기 위한 온갖 종류의 속임수를 고안해냈다. '탁란Brood parasitism'도 그러한 속임수로서, 이 새들은 마치 기생충처럼 다른 새의 둥지에 알을 낳음으로써 숙주가 자신의 알을 품고 부화시키는 모든 힘든 일을 하도록 한다. 물론 새들은 숙주가 되는 일을 그리 달가워하지 않으며 가능한 모든 수단을 써서 이를 피하려 한다. 잠재적 숙주가 취할 수 있는 보호 전략 중 하나는 수량 단서를 이용하는 것이다.

물새의 일종인 아메리카물닭Fulica americana이 그러한 예를 보여준다. 다른 조류 종의 둥지에 알을 낳는 것으로 유명한 뻐꾸기와는 달리, 물닭은 자신과 동종의 새들을 노린다. 암컷 물닭은 자신의 이웃 둥지에 몰래 알을 낳은 후 이 이웃이 속아 넘어가 자신의 병아리들을 키워주길 바란다. 물론 이웃들은 자신이 이용당하는 것을 피하고자 한다. 물닭의 자연적 습성에 관한 한 연구에 따르면 숙주가 될 위험이 있는 물닭들은 자신이 낳은 알을 열거할 수 있으며, 이를 통해 기생란을 거부할 수 있다.[27] 일반적으로 물닭은 한 번에 평균적인 수의 알을 품으며, 그 후 이를 초과하는 알이 생기면 쫓아낸다. 즉 물닭은 자신이 낳은 알의 수를 평가하고 다른 알은 제외할 수 있는 것으로 보인다.

북아메리카산 명금류의 일종인 갈색머리흑조는 훨씬 더 정교한 탁란 행동을 한다. 이 조류 종의 암컷 또한 여러 숙주 종의 둥지에 알을 낳는다. 숙주는 상모솔새처럼 작은 새부터 들종다리 같은 대형 조류까지 다양하다. 갈색머리흑조는 자신의 새끼들이 밝은 미래를 맞이할 수 있도록 영리하게 행동해야 한다. 갈색머리흑조의 알은 품기 시작한 후 정확히 12일 뒤에 부화한다. 11일만 품고 있으면 병아리는 부화하지 못하고 소실되고 만다. 따라서 갈색머리흑조는 알을 11일에서 16일 사이, 평균적으로 12일 동안 품는 새를 숙주로 삼는다. 숙주 새는 보통 하루에 알을 하나씩 낳는다. 그러다 숙주가 둥지에 알을 더 낳지 않고 하루가 흐르면 숙주는 이제 알을 품기 시작한다. 바로 이 순간부터 알에서 병아리가 발달하기 시작하며, 갈색머리흑조의 초읽기도 시작된다. 갈색머리흑조 암컷은 적합한 숙주를 찾는 것뿐만 아니라 숙주가 알을 낳는 시간도 정확히 맞춰야 한다. 갈색머리흑조가 숙주의 둥지에 너무 빨리 알을 낳으면 숙주가 그 알을 발견해 파괴할 위험이 있다. 반대로, 너무 늦게 알을 낳으면 갈색머리흑조의 병아리가 부화하기 전에 숙주가 알 품기를 끝마칠 수도 있다. 펜실베이니아대학교의 데이비드 J. 화이트David J. White와 그레이스 프리드브라운Grace Freed-Brown이 실시한 놀라운 실험에 따르면, 갈색머리흑조 암컷은 탁란과 숙주의 알 품기 기간을 맞추기 위해 숙주의 알을 세심히 관찰한다.[28] 숙주의 둥지를 처음 발견한 이후 알의 수가 계속해서 늘어나는지 지켜보는 것이다. 만일 알이 계속 늘어나고 있다면 이는 숙주가 아직 알을 낳는 과정 중이며 알 품기를 시작하지 않았다는 의미다. 아울러 갈색머리흑조는 처음 발견한 이후 매일 알이 정확히 하나씩 더 늘어나는 둥지를 찾는다. 예를 들어, 갈색머리흑조 암컷은 둥지를 발견한 첫날 그 둥지에 숙주의 알이 하나가 있었다면 셋째 날에는 숙주의 알이 세 개가 있어야만 그 둥지에 자신의 알을 탁란한다. 만일 둥지에 놓인 알의 개수가 마지막으로 지나친 날로부터 경과한 일수보다 적다면 이는 알 품기가 이미 시작되었다는 뜻이므로 그 둥지에는 알을 맡겨봐야 무의미하다. 암컷 갈색머리흑조의 탁란은 상당한 인지 능력을 요구한다. 숙주의 둥지를 여러 날에 거쳐 찾아가야 하고, 매번 방문할 때마다 알의 개수를 기억하고 지난번 방문 이후로 현재까지 알의 개수가 얼마나 늘었는지 평가해야 하며, 지나온 날들의 일수를 평가한 후 이러한 수치들을 비교해 그 둥지에 알을 낳을지 말지 결정해야 하기 때문이다.

이것이 다가 아니다. 갈색머리흑조 어미는 다소 사악한 강화 전략을 구사한다. 이들은 자신이 알을 낳은 둥지를 계속해서 주시하며, 자신의 알을 보호하기 위해 마치 마피아 깡패처럼 행동한다.[29] 갈색머리흑조는 자기 알이 파괴되거나 숙주의 둥지에서 제거된 것을 발견하면 숙주의 알을 파괴하고 구멍을 내거나 둥지 밖으로 밀어내 땅에 떨어뜨림으로써 복수한다. 숙주 새들이 갈색머리흑조 새끼들을 받아들이지 않으면 큰 대가를 치러야 하는 것이다. 따라서 적응적 관점에서 볼 때 숙주 새들은 수양 자식을 기르는 모든 노고를 감수하는 편이 더 나을 수도 있다.

갈색머리흑조는 생물 종이 자신의 유전자를 후세에 남기도록 하기 위해 진화가 이들을 얼마나 몰아붙일 수 있는지 보여주는 놀라운 사례다. 기존의 선택압은 그것이 주변 환경에 의해 부과된 것

120

이든 혹은 다른 동물에 의한 것이든 관계없이, 특정 유전자에 의해 야기된 적응 형질이 개체군 내에서 유지되거나 증가하도록 만든다. 이러한 악전고투를 이겨내고 생존하고 번식하는 데 수량 평가 능력이 도움이 된다면, 동물들은 틀림없이 이 능력을 받아들이고 의존하게 될 것이다. 이는 수리 능력이 왜 그토록 동물계에 만연해 있는지를 설명한다. 수리 능력은 아마도 모든 동물의 공통조상이 이 능력이 유용하다고 발견해 후손들에게 물려주었거나, 또는 동물계의 계통수에서 여러 가지가 뻗어 나오던 중 새로 생겨남으로써 진화되었을 것이다. 그 진화적 기원과는 관계없이, 한 가지는 확신할 수 있다. 바로 수리 능력은 적응적 형질이 분명하다는 것이다.

5장 우리는 수 감각을 타고난다

갓난아기에게도 수리 능력이 있다

우리가 물건을 셀 때 사용하는, 문화적으로 전수받은 수 기호들, 예컨대 수효 단어나 아라비아 숫자가 없었다면 우리 삶은 어떠했을까? 수량에 대해 어떻게 말할 수 있었을까? 만일 그렇다면 수량을 어떤 식으로 표현했을까? 이 흥미로운 질문에 답함으로써 우리는 뇌에서 일어나는 양적 평가와 관련된 성질을 비롯해 우리가 물려받은 생물학적 유산에 대해 많은 것을 밝혀낼 수 있다.

수에 대한 무지라는 흥미로운 상태는 신생아와 유아에게서 잘 나타난다. 우리의 뇌는 생애 첫해 동안 상징을 이해할 수 있을 만큼 성숙해진다. 이러한 초기 단계 동안 뇌가 해야 할 최우선 과제는 호흡, 수유, 체온 조절과 같은 생체 기능을 수행하고 신체를 유지하는 것이다. 즉 이러한 기능들은 태어나자마자 또는 태어난 직후에 뇌가 배타적으로 수행해야 할 것들이다. 그에 비하면 우리의 다른 근사한 인지 기능들은 생애에서 조금 늦게 발달해도 된다. 그러나 출생 직후 인간의 마음은 빈 서판이 아니며, 이는 수량에 대해서도 마찬가지다.

발달심리학자들은 인간의 발달 과정에서 개념 능력의 기원을 이해하고자 했다. 이들은 전 생애에 걸쳐 특정 형질과 능력이 어떻게 발달하는지 이해하기 위해 갓 태어난 신생아들을 탄생 직후부터 한 살이 될 때까지 연구했다. 그런데 여기 한 가지 문제가 있다. 유아들이 수량을 구별할 수 있는지에 대해 어떻게 말할 수 있는가? 유아들은 아직 말을 하지 못한다. 이 아기들은 자신이 몇 개의 사물을 보고 있는지 어떻게 보고할 수 있을까? 비인간 동물들 또한 말을 못 하긴 마찬가지지만, 최소한 동물들은 더 많은 먹이를 갈구함으로써 어떤 집합이 먹이를 더 많이 포함하고 있는지 우리에게 알려줄 수 있었다. 반면에 갓 태어난 아기들은 기어다니지도 못한다. 하지만 발달심리학자들은 이 문제를 해결할 방법도 찾아내고야 말았다. 이들은 집합 크기의 차이를 나타내는 방식으로 아기들이 집합을 응시하는 시간에 의존했다. 응시 시간은 초시계로 측정할 수 있으니, 기어다니기는커녕 똑바로 앉지도 못하는 아기들이지만 이들로부터 정량적 자료를 수집하는 것이 가능하다.

유아들이 수량을 구별할 수 있는지 검사하는 표준 프로토콜 중 하나로 '습관화 절차habituation protocol'가 있다. 아기들은 부모의 무릎이나 의자에 앉아 인형극을 보거나 또는 일련의 장면이 제시되는 컴퓨터 화면을 본다. 실험 설정은 아기의 연령에 따라 달라진다. 감시 카메라를 설치해 아기들을 모니터링하여, 이후 해당 시험을 처음 접하는, 편향되지 않은 평가자들이 아기들이 화면을 얼마나 오래 주시하는지 분석하도록 한다. 습관화 절차는 동일한 수의 사물을 포함하는 장면이 반복적으로 나타나면 아기들은 따분함을 느낀다는 연구 결과를 토대로 한다. 아기들은 어떤 장면이 익숙해지면 (즉 습관화되면) 그러한 장면은 덜 보는 경향이 있으며 이에 따라 응시 시간도 감소한다. 그러나 새로운 장면을 보여주면 아기들의 관심이 높아지고 좀 더 민감해지며 따라서 응시 시간도 증가한다. 따라서 만일 아기들이 화면에 표시되는 사물의 수가 서로 다르다고 식별할 수 있다면, 화면에서 습관화 과정 동안 보아온 것과 다른 수량이 제시될 경우 아기들은 화면을 더 오랫동안 주시할 것으로 생각할 수 있다. 또한 이 모든 행동은 저절로 일어나며 어떠한 훈련도 필요로 하지 않는다.

1980년 펜실베이니아대학교의 프렌티스 스타키Prentice Starkey 와 로버트 G. 쿠퍼Robert G. Cooper는 생후 5개월에서 6개월인 신생아를 대상으로 습관화 절차를 이용한 최초의 영향력 있는 연구를 수행했다.₁ 아기들이 두 개 혹은 세 개의 점이 일렬로 배열된 시각적 표시에 익숙해지도록 습관화 과정을 실시했다. 이때 아기들이 점들이 이루는 선의 길이에는 주목하지 않도록 점 사이의 간격을 변화시켰다. 아기들이 두 개 또는 세 개의 점에 익숙해지고 나면 또 다른 시험에서는 반대로 세 개와 두 개의 점을 보여줬다. 두 개의 점에 익숙한 신생아들은 화면에 세 개의 점이 나타나면 그 화면을 유의한 수준으로 더 오래 바라보았다. 그 반대도 마찬가지였다. 이는 신생아들이 2와 3이라는 두 개의 수를 구분할 수 있음을 시사한다.

5개월밖에 안 된 아기들이 일렬로 배열된 시각적 점의 수를 감지할 수 있다면, 어쩌면 그보다 더 어린 아기들도 가능할지 모른다. 따라서 연구자들은 대상 아기의 연령을 점점 더 낮춰가며 시험을 진행했다. 그런데 어쩌면 더 어린 아기들이 단지 수량만 식별할 수 있는 것이 아니라 서로 다른 감각 양상으로 제시된 수량을 추상적으로 구분할 수도 있지 않을까?

하버드대학교의 베로니크 이자드Veronique Izard, 엘리자베스 S. 스펠크Elizabeth S. Spelke 그리고 아를렛 스테리Arlette Streri가 이 도전을 받아들여 태어난 지 고작 50시간밖에 되지 않은 아기들을 대상으로 시험을 진행했다.[2] 교차양상 수량을 연구하기 위해 이들은 시각적으로 배열된 점의 개수와 순차적으로 재생되는 음향 횟수를 결합했다. 신생아들은 자신이 태어난 산부인과 병원에서 바로 검사를 받았다. 아기들을 모니터 앞 유아석에 앉히고 주변을 스피커로 에워쌌다. 친숙화 단계 동안, 화면에는 아무것도 표지되지 않고 스피커를 통해 2분간 음향이 재생된다(그림 5.1). 한 실험에서는 전체 시험 횟수의 절반 동안 신생아에게 12회 순차적으로 반복되는 음향을 들려주어 청각적 수량 '12'에 익숙해지도록 하고 나머지 절반 동안은 신생아에게 4회 반복 음향을 들려주어 청각적 수량 '4'에 익숙해지도록 했다. 이때 음향을 충분히 길게 들려주어 전체 길이가 12회 들려주었을 때와 동일하도록 했다. 청각적 순서에 익숙해지면 시험 화면에 네 개의 시각적 수량이 나타난다. 청각 자극은 배경음으로 계속 들려준다. 화면에는 4개의 사물과 12개의 사물이 교대로 (즉 4-12-4-12-…) 등장한다. 각 사물의 크기는 동일하며 배열 전체의 밀도도 동일하다. 그 결과, 4회의 청각 자극에 익숙해진 신생아들은 화면에 네 개의 사물이 표시될 때 이를 유의한 수준으로 더 오래 바라보는 것으로 나타났다. 반대로, 12회의 청각 자극에 익숙해지면 신생아들은 화면에 12개의 사물이 표시될 때 이를 더 오래 바라보았다. 이 결과는 갓 태어난 아기들이 시각적 대상의 개수와 청각적 음향의 횟수가 일치하는지 인지할 수 있음을 나타낸다. 놀랍게도, 아기들은 감각적 양상을 초월하여 수량을 추상화할 수 있을 뿐 아니라, 순차적으로 제시되든 동시에 제시되든 형식에 관계없이 수량을 추상화할 수도 있는 것이다.

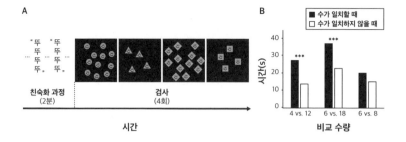

그림 5.1 신생아들도 추상적 수를 인식한다. A)행동 프로토콜. 초기 친숙화 과정 중 신생아들에게 고정된 음절 수(여기서는 4개)를 포함하는 청각적 배열을 들려주었으며, 이후에는 동일하거나 서로 다른 수(여기서는 4개 또는 12개)의 사물을 보여주며 시험을 실시했다. B)신생아들은 친숙화 과정 중에 들은 청각적 배열과 동일한 수의 사물을 포함하는(즉 수가 일치하는) 화면을 일관되게 더 오래 바라보았다. 식별해야 할 두 수의 비율이 3:1(4 대 12 및 6 대 18)로 매우 클 때도 마찬가지였다. 하지만 두 수의 비율이 2:1(4 대 8)로 줄어들면 그렇지 않았다. 별표(*) 표시는 일치하는 수와 일치하지 않는 수 사이에 통계적으로 유의한 차이가 있음을 나타낸다(출처: Izard et al., 2009).

후속 실험에서 이자드와 동료들은 신생아들이 4 대 12만이 아니라 6 대 18도 식별할 수 있음을 보였다. 다시 말해, 신생아들은 최소한 비교하는 두 수의 수량 차이가 충분히 크면 다른 수량도 일반화할 수 있다. 그러나 큰 수를 추정할 때 예측할 수 있듯이, 신생아들은 4와 8을 식별하는 데는 실패했다. 그럼에도 갓 태어난 아기들도 나이가 많은 어린이나 어른들처럼 비율 의존적 수량 처리 능력이 있다는 것은 알 수 있다. 즉 태어난 지 50시간 된 신생아를 대상으로 한 이 연구의 핵심 발견은 우리가 수량을 처리하는 뉴런 기계를 가지고 태어난 것처럼 보인다는 것이다.

이후 신생아를 대상으로 비슷한 시험이 여러 차례 실시되었다. 현재는 영아들도 생후 5개월쯤 되면 1:2 비율로 차이가 나는 두 수(예컨대 16 대 32, 8 대 16, 4 대 8)를 식별할 수 있는 것으로 알려져 있다. 이때 아기들에게 수량은 점의 배열,[3,4] 연속적 음향[5] 또는 연속적 동작[6]으로 제시되었다. 이러한 발견은 동물을 대상으로 한 연구에서 빈번히 등장했던 근사 수치 시스템ANS 및 베버의 법칙을 통해 완전히 해명할 수 있다.

아기가 자라면 또 다른 효과가 출현한다. 영아와 어린이는 나이가 들수록 수량을 식별하는 능력도 더 정교해진다. 갓 태어난 신생아는 1:3 비율의 두 수(4 대 12)만 식별할 수 있을 뿐 1:2 비율의 두 수(4 대 8)는 식별하지 못한다. 그러다 생후 6개월이 되면 이제 1:2 비율의 두 수(가령 8 대 16)를 비교할 수 있지만 아직 2:3 비율은 식별하지 못한다.[7] 생후 10개월이 되면 2:3 비율을 식별할 수 있지만 4:5 비율은 무리다.[8] 이후 아동기를 거치는 동안 수량 식별 능력은 계속해서 개선된다. 6세 아동은 5:6 비율을 구별할 수 있고 어른이 되면 심지어 9:10 비율도 구별할 수 있다.[9] 수량 식별 능력이 왜 이렇게 향상되는지는 대답하기 어렵다. 그것은 어쩌면 단순히 뇌의 성숙 과정일 수도 있고, 혹은 수를 학습하고 경험하면서 개선된 것일 수도 있고, 혹은 이 둘의 조합일 수도 있다.

동물에게는 없는 대상 추적 시스템

앞에서 소개한 여러 연구에서 나타나는 수량 식별 능력의 비율 의존성은 베버의 법칙의 한 특성이며, 비인간 동물에게서 흔히 발견되는 근사 수치 시스템ANS의 특성이다. 하지만 많은 발달심리학자들은 더 작은 수량에 맞춰진 또 다른 수 표상의 원천이 있다고 제안하며, 이 시스템을 대상 추적 시스템OTS이라고 부른다.[10,11] 이렇게 가정하는 이유는 더 작은 수량에 대한 실험 결과가 더 큰 수량에 대해 관찰된 결과와 현저히 다른 경우가 종종 있기 때문이다.

앞서 소개한 프렌티스 스타키와 로버트 G. 쿠퍼가 이러한 차이점을 처음으로 보고했다.[12] 이들은 습관화 절차를 이용해 5~6개월령 유아들이 두 개의 점을 세 개의 점과 식별할 수 있고, 또 그 반대로도 가능하다는 것을 밝혔다. 그러나 두 번째 실험에서 이 연령대의 아기들은 4개와 6개의 점은 구별하지 못하는 것으로 나타났다. 이 경우에도 두 수의 비율은 여전히 2:3인 점에 주목하라. ANS의 베버의 법칙에 따르면 영아들이 이 일에 실패할 이유가 없다. 그럼에도 아기들은 4와 6을 구별하지 못했다.

후속 실험에서는 서로 다른 수량의 과자를 숨겨두고 10~12개월령 영아들에게 둘 중 하나를 고르도록 했다.[13] 영아들은 시험자가 과자를 차례로 숨기는 것을 관찰한다. 예컨대 바구니의 왼쪽에 크래커를 한 조각만 놓아두고 오른쪽에는 두 조각을 놓아둔다. 동일한 크기의 크래커를 1개 대 2개, 그리고 2개 대 3개를 숨겨두고 아이들에게 선택하도록 하면 아이들은 자연스럽게 더 큰 수량을 선택한다. 그러나 3개 대 4개, 2개 대 4개, 3개 대 6개, 심지어 1개 대 4개 중에서 선택하도록 하면 두 수량 간의 비율이 현저히 높음에도 불구하고 영아들은 무작위로 선택했다. 놀랍게도, 영아들의 수행 성과는 ANS에 대한 베버의 법칙에서 예측되는 대로 수량 간 비율에 의존하지 않고, 제시된 3개 이하의 절대 수량에 의존했다. 이를 OTS의 '집합 크기 특징'이라고 한다. 또 다른 시험 절차를 이용한 다른 연구에서도 영아들의 정량화 능력은 3 또는 4 이하의 작은 수에 그치는 것으로 나타났다.[14]

영아를 대상으로 한 자발적 선택 연구는 OTS의 존재를 지지하는 가장 강력한 증거를 제시했다. 그러나 이 시스템이 편재해 있는지 혹은 실제로 전혀 별개의 시스템인지는 여전히 논쟁 중이다. 이러한 논쟁이 일어난 한 가지 이유는 영아에게 실시한 자발적 선택 검사를 동물에 맞도록 변형하여 실시했을 때, 특히 훈련된 동물에 대해서는 그러한 결과를 거의 볼 수 없었기 때문이다. 또한 OTS

에는 개념적 문제도 있다. 그중 가장 해결하기 어려운 문제는 대상 추적틀에서 어떻게 기수가 파생될 수 있는지다. OTS는 사물을 저장할 뿐 그것을 열거하지는 않는다. 웨스턴온타리오대학교의 제넌 필리신Zenon Pylyshyn은 특정 사물을 포함하는 집합의 수량을 판단하는 과정은 두 가지 상이한 진행 단계로 구성된다고 제안했다.[15] (시각적) 장면 속 대상을 병렬적으로 도출하는 개별화 단계와 개별 사물의 수량을 판단하기 위한 (순차적) 열거 단계가 그것이다. 그러나 이 설명에 따르면 첫째, 개별화 단계(대상 추적)는 그저 처리-전 단계일 뿐 기수에 대한 접근이 일어나지 않으며 따라서 수량 정보를 평가하는 시스템으로 보기 어렵다. 이는 대상 추적과 관련된 신경 기반에 대해 뇌 영상이 여전히 결정적 증거로 간주되지 못하는 한 가지 이유일 것이다.[16,17] 또한 이러한 병렬적 대상 개별화 효과는 동시에 표시되는 사물 배열에만 적용된다. 사물이 하나씩 순차적으로 열거될 경우 직산 효과는 사라진다. 마지막으로, 대상 포인터가 오직 시각적 영역에만 존재한다면, 적은 횟수의 소리 또는 촉각은 어떻게 표상될 수 있겠는가?

만약 OTS가 보편적 메커니즘이라 해도 훈련된 동물들에서는 OTS를 관찰할 수 없다. 반면에 훈련된 동물을 대상으로 한 연구에서 모든 결과는 ANS와 일치했다. 또한 영아들은 원래는 세 개나 네 개의 사물을 평가하는 것에 그칠 것으로 생각되었지만 후속 연구에서는 더 큰 수량을 평가하는 데 성공했다. 개념적 관점에서 볼 때, 왜 인간에게는 큰 수량과 작은 수량을 모두 처리할 수 있는 ANS 외에도 오직 작은 수량만 처리하는 여분의 두 번째 시스템이 더 필요한지 이해하기 어렵다. OTS 옹호자들은 OTS가 ANS보다 작은 크기의 집합을 더 정확히 표상한다고 말하곤 한다. 그러나 영아들이 보여준 원래의 성과 데이터는 완벽함과는 거리가 멀다. 마지막으로,

위에서도 지적했듯이 OTS 단독으로는 기수를 명확히 표상할 수 없다. 이러한 모든 문제들로 인해 OTS는 뜨거운 논란의 대상이 되었으며 심지어 발달심리학자들 사이에서도 의문을 불러일으키고 있다.[18]

선주민은 숫자 없이 어떻게 수를 셀까?

신생아와 영아에 대한 연구는 셈하기에 무지한 상태를 보여주는 첫 번째 사례다. 그러나 셈하기가 우리 머릿속에 자리잡지 않은 또 다른 상태를 생각해볼 수 있다. 가령 수효 언어를 전혀 갖추지 못한 문명에서 태어난다면 어떨까? 주위에 숫자를 가르쳐주는 사람이 아무도 없다면 기호를 이용한 계산에 대해서도 결코 알지 못할 것이다. 흥미롭게도, 그러한 문명이 여전히 존속하고 있다. 이 문화권 사람들은 지금도 수렵채집 사회를 이루며 살아가고 있다. 일반적으로 이들은 학교에 가지 않거나 오직 짧은 기간 동안만 수학한다. 이러한 문화권 사람들의 수리 능력에 대한 인류학자들의 연구는 완전히 성숙한 성인의 뇌가 말로 전해지거나 문자로 표현된 수 기호 없이 수량을 어떻게 처리하는지에 관해 많은 것을 알려줄 수 있다.

　2004년 컬럼비아대학교의 피터 고든Peter Gordon은 브라질 아마조나스주의 선주민인 피라항족에 대해 보고했다.[19] 피라항족의 수 체계는 극도로 간소하여 하나("오이hói"), 둘("오잇hoí") 그리고 여럿("바아지소baágiso" 또는 "아이바지aibaagi")에 해당되는 수효 언어만 있다. 이들은 셋보다 큰 수량은 거의 식별하지 못한다. 고든은 다양한 수량 과제 시험을 이용해 피라항족에 대해 연구했다. 예를 들어, 고든은 시험 참가자들에게 배열된 AA 배터리를 보여준 후 참가자에게 주어진 배터리로 자신의 테이블 위에 똑같은 배열을 만들어보도록 했다. 이 작업의 난이도를 좀 더 높여, 배열된 각 배터리에 대해 선을 하나씩 그리도록 요청하기도 했다. 피라항인들은 하나 또는 두 개의 배터리에 대해서는 작업을 정확히 수행했지만 배터리가 세 개에서 10개로 늘어나면 그만큼 정답률도 체계적으로 저하되었다. 특히 목표 수치를 외워야 할 때 더 어려워했다. 그러나 큰 수에 대한 결과가 무작위적이지는 않았다. 목표 수치가 커지면 피라항인들이 대답한 값의 평균도 정답과 대략 유사한 정도로 증가했다. 또한 베버의 법칙과 일관되게 목표 수치가 커지면 응답 범위도 더 넓어졌다.[20]

브라질 아마존 우림에서 고립되어 살아가는 문두루쿠 선주민 부족에게서도 비슷한 발견이 보고되었다. 문두루쿠족은 겨우 몇 개의 수효 단어만 가지고 있으며, 수효를 지시하기 위해서라기보다는 추정치로서 이 단어들을 사용한다. 프랑스의 언어학자 피에르 피카 Pierre Pica는 거의 20년 동안 문두루쿠족을 정기적으로 방문했다.

처음에 피카는 문두루쿠인에게 노트북 화면으로 개수를 변화시키며 점을 보여준 후 그들의 언어로 이 점들을 세어보라고 했다.[21] 문두루쿠족 언어로 1, 2, 3, 4, 5는 각각 "푹" "셉셉" "에바푹" "에바딥딥" "푹 포그비"다. 따라서 화면에 점이 하나만 나타나면 문두루쿠인은 "푹"이라고 말한다. 두 개의 점이 나타나면 "셉셉"이라고 말한다. 그러나 점이 2개를 넘어가면 응답의 정확도가 감소하기 시작한다(그림 5.2). 점이 3개일 때 "에바푹"이라고 답하는 경우는 전체의 80%에 불과하다. 4개의 점에 대해 "에바딥딥"이라고 답하는 경우는 70%다. 점이 5개 나타났을 때 "푹 포그비"라고 말하는 경우는 전체의 30%에 불과하며 15%는 4에 해당하는 용어인 "에바딥딥"이라고 답한다. 다시 말해, 2를 초과하는 수량에 대해 문두루쿠족의 수효 단어들은 그저 추정치에 불과했다. 지칭하는 단어가 있는 수량이 몇 개 되지 않음에도 불구하고 각 단어에 대응되는 수

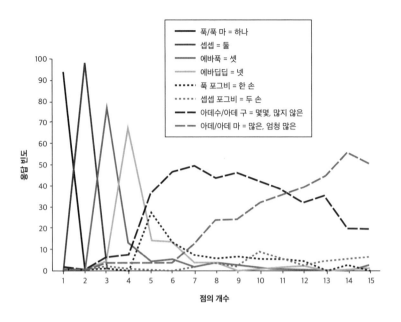

그림 5.2 아마존 문두루쿠족의 모호한 수 명칭 체계. 시험 대상자들에게 한 개에서 15개의 점으로 구성된 집합을 무작위 순서로 보여준 후 각 수량을 뭐라고 부르는지 물어보았다. 이 그래프는 x축에 표시된 수량에 대해 그것이 어떤 단어로 불리는지 그 비율을 나타낸 것이다(그림 출처: Pica et al., 2004).

량은 넓은 범위를 보이는 것이다. 문두루쿠족은 수를 셀 때 "하나" "둘" "두셋" "서넛" "네다섯"으로 센다고 말할 수도 있겠다. 사물의 개수가 다섯 개를 초과하면 문두루쿠인은 이를 '몇몇'을 뜻하는 "아데수" 또는 '많음'에 해당하는 "아데"라고 불렀다. 이것이 끝이다. 일부 언어학자는 심지어 1에서 5까지에 해당하는 이 단어들이 수효 단어가 맞는지도 의심스러워한다. 어쩌면 이 단어는 마치 형용사처럼 집합의 어떤 속성을 설명하는 것인지도 모른다. 그런데 흥미롭게도 문두루쿠족은 이런 기초적인 셈하기 능력만으로도 집합 크기에 대해 대략적인 계산을 수행할 수 있다. 이러한 계산에 대해서는 10장에서 추후 논의할 것이다.

서구 사회에서도 셈하기 기호를 포기하고 오직 ANS에만 의존하도록 하면 정확히 같은 수행 결과가 나타난다. 시험 대상자들이 집합 크기를 셈하는 대신 추정하도록 만들기란 말은 쉬우나 수행하기는 어렵다. 우리는 셈하기에 매우 숙달되어 있고 유례없는 정밀도로 수를 셈할 수 있어서, 실험을 위해 이 능력을 잠깐 꺼두고 싶어도 단순히 그렇게 할 수 없다. 뭔가 매우 기발한 방법이 필요하다. 셈하기를 방지하는 한 가지 방법은 셈하지 못할 만큼 극히 짧은 순간 동안만 대상을 제시하는 것이다. 이는 인간이 각각의 추가 요소를 세는 데 약 200밀리초가 소요된다는 사실을 활용한 것이다. 우리는 이를 확인해보기 위해 과학 수업을 듣는 학생들에게 30개가 넘는 점들을 오직 500밀리초 동안만 보여주었다.[22] 이런 상황에서 인간은 마치 수를 세는 법을 한 번도 배우지 않은 피라항족이 그랬던 것처럼, ANS만 사용하여 목표 수치의 대략적인 추정치만 제시한다.

셈하기를 피하기 위한 두 번째 방법은 상징체계를 비수치적 언어 과제로 가득 채우는 것이다. 우리는 한 번에 하나의 상징 과제만 수행할 수 있다. 따라서 상징체계가 이미 작동 중에 있다면 그것은 다른 상징 항목은 표상하지 못할 것이다.[23,24] 성인을 대상으로 제한한 실험에서는 시험 대상자들에게 특정 횟수만큼 버튼을 누르게 하고 버튼을 누를 때마다 "더the"라고 말하도록 해 특정 수치를 비상징적으로 열거하게 했다. 분명 우리는 상징을 위한 자리가 이미 다른 단어, 예컨대 정관사 '더the'로 채워져 있으면 얼마까지 셌는지 따라가지 못한다. 이런 상황에서는 다시 ANS가 활약하기 시작한다. 또한 인간은 시각적 및 청각적 자극 집합 내에서만큼이나 집합 간에도, 또는 동시적 및 순차적 집합 내에서만큼이나 집합 간에도 수를 추정하는 데 동등하게 능숙하다.[25] 관심을 기울인다면 우리는 옛 ANS를 불러낼 수 있다. 그것은 항상 우리 머릿속에 있었고 사라진 적은 한 번도 없었다. 그저 숨어 있었을 뿐이다.

우리는 원래 로그 척도로 수를 인지한다

피에르 피카는 2004년 첫 번째 연구가 출판되고 몇 년이 흐른 뒤 문두루쿠족을 다시 방문해 이들의 수에 대한 공간적 이해를 조사했다.[26] 문두루쿠족은 직선상에 수를 펼쳐놓는다고 할 때 머릿속으로 어떤 그림을 그릴까? 가령 서구인들은 자, 접이식 미터 자 또는 그래프를 떠올린다.

피카는 문두루쿠족에게 아무런 표시도 없는 선분을 보여주며 검사를 실시했다(그림 5.3A). 선의 양끝에는 점으로 이루어진 두 집합이 그려져 있다. 왼편의 집합에는 점이 하나 있고 오른편 집합에는 10개가 있다. 그다음, 각 시험 대상자에게 1개에서 10개 사이의 무작위 개수의 점으로 구성된 세 번째 집합을 보여준다. 그러면 대상자들은 세 번째 점 집합이 선분 위에서 어디쯤 위치하는지 가리켜야 했다. 연구자는 이 위치를 기록했다. 피카는 여러 상이한 크기의 점 집합을 보여주며 이 과정을 반복함으로써 문두루쿠족이 1과 10 사이에 수들을 어떻게 배치하는지 탐구했다. 비교를 위해 그는 미국인 성인들에게도 정확히 동일한 검사를 수행했다.

두 대상군 사이에는 놀랄 만한 차이가 나타났다(그림 5.3B). 미국인들은 수를 선 위에 동일한 간격으로 배치했다. 예를 들어 다섯 개의 점 집합은 선분의 정가운데 놓았다. 이런 식으로 숫자가 선분 위에 고르게 분산된 척도를 선형 척도라고 말한다. 미터자에 사용되는 숫자 배열이 이러한 선형 척도다. 반면에 문두루쿠족은 상이한 패턴을 보였다. 이들은 다섯 개의 점 집합을 오른쪽 끝점에 더 가깝

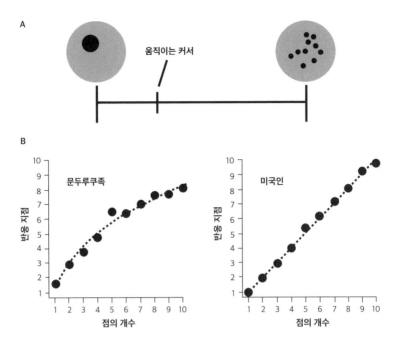

그림 5.3 아마존 토착 문명과 서구 문명에서 수의 공간상 맵핑. A)시험 참가자는 커서를 움직여 한쪽 끝에는 1개, 다른 쪽 끝에는 10개의 점이 그려져 있는 선분 위에 서로 다른 개수의 점으로 이루어진 집합이 어디에 위치하는지 표시해야 했다. B)문두루쿠족 참가자(왼쪽)는 수를 로그 척도로 맵핑한 반면, 미국인 참가자(오른쪽)는 선형 척도로 맵핑했다(그림 출처: Dehaene et al., 2008).

게, 서구인들은 6이 위치한다고 예상하는 지점에 위치시켰다. 문두루쿠족은 수 사이의 간격이 처음에는 큰 값으로 시작해 수가 커짐에 따라 점점 작아진다고 생각했다. 수의 값이 커질수록 공간상에서의 위치가 서로 가까워질 경우 이 수들은 로그 척도를 따른다. 페히너의 법칙은 아마존 우림에서도 통하는 것이다.

이는 우리가 원래 수량을 로그 척도로 나타낸다는 강력한 증거다. 어쩌면 이것이 문화적 영향이 없을 때 우리 뇌가 수를 처리하는 방법일지 모른다. 물론, 어른들은 언제나 일종의 문화적 유산을 지

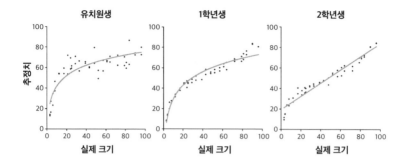

그림 5.4 어린이에서의 수의 공간 맵핑 발달. 유치원생, 초등학교 1학년 및 2학년 아이들에게 한쪽 끝은 0, 다른 쪽 끝은 100인 선분 위에 서로 다른 수(아라비아 숫자)가 어디에 위치하는지 표시하도록 했다. 추정치 패턴은 유치원생에서는 로그 척도로 나타났으며 1학년생에서는 로그 척도와 선형 척도의 혼재, 그리고 마침내 2학년생에서는 초기 선형 패턴으로 나타났다(그림 출처: Siegler and Booth, 2004).

닌 채 살아간다. 따라서 로그적 표상은 문두루쿠족에게만 특이적으로 나타나는 것일 뿐 인간 전반의 특성은 아닐지도 모른다. 하지만 서구 문명에서 자라난 어린이들에 대한 연구를 근거로 이러한 반론은 기각될 수 있다. 이러한 연구에 따르면 수의 로그적 맵핑은 아마존 선주민들에게만 나타나는 특징이 아니다. 우리 모두는 태어날 때 이런 방식으로 수를 인지한다.

2004년 카네기멜런대학교의 로버트 지글러Robert Siegler와 줄리 부스Julie Booth는 서로 다른 어린이 집단을 대상으로 비슷한 유형의 수직선 실험을 수행했다.27 먼저, 연구자들은 유치원생(평균 연령 5.8세)에 대해 이 실험을 수행하고 그다음으로 초등학교 1학년(6.9세), 마지막으로 2학년(7.8세)에 대해 실험을 수행했다. 그 결과, 우리가 셈하기에 친숙해진다 해도 우리의 수 본능은 그리 빨리 변화하지 않는 것으로 나타났다(그림 5.4). 아직 정식 수학 교육을 받지 않은 유치원생들은 수를 로그 척도로 맵핑했다. 초등학교에 들어간

후 1년이 흐르고 아이들이 수효 단어와 기호에 대해 접하게 된 이후에도 곡선은 여전히 로그 척도를 따른다. 하지만 그 추정치는 점차 정확해진다. 그리고 초등학교 2학년이 되면 마침내 큰 수들이 선형 척도에서 예측된 것처럼 직선상에서 고른 분포를 보이기 시작한다. 분명 선형 척도는 문명이 우리 머릿속에 집어넣은 것으로 보인다. 정확한 수는 우리의 로그적 직관과는 상반되는 선형틀을 가진다. 로그 척도는 동물에게서도 관찰되며, 수 기호의 도입으로 선형 척도가 필요해지기 이전에 비언어적 수량을 표상하기 위한 진화적 기본 설정인 것으로 보인다. 앞으로 살펴보겠지만, 심적 숫자선의 원초적인 척도로서 로그는 동물과 인간의 뇌 속 깊은 곳에 각인되어 있다.

3부

뇌와 수량

6장 　뇌의 어디에서 수량을 인지하는가?

대뇌피질의 설계도

우리의 경험과 생각 그리고 행동은 신경세포 즉 뉴런을 바탕으로
한 뇌의 작동에 따라 결정된다. 즉 뇌는 우리 존재의 모든 것을 결
정한다. 최근 밴더빌트대학교의 브라질 태생 신경해부학자 수사나
에르큐라노-아우셀Suzana Herculano-Houzel이 계산한 세포 수에 따르
면 성인 남성의 뇌는 평균 1.5킬로그램에 대략 860억 개의 뉴런으
로 이루어져 있다(교세포glia cell의 수도 이와 비슷하다).[1] 이 모든 뉴런
들은 최대 1000개까지의 다른 뉴런들과 연결되어 있어, 결과적으로
뇌에는 약 86조 개의 엄청나게 많은 수의 연결이 생성된다.

　　뉴런이 수량 정보를 어떻게 처리하는지 알아보기 전에, 먼저
수학적 기능은 뇌의 어느 영역에 자리잡고 있는지 알아볼 필요가
있다. 이를 위해서는 뇌의 기초 해부학에 대한 전반적인 지식이 필
요하다. 일반적으로 새로운 영역을 탐험할 때는 지도만큼 유용한

것도 없다. 사무실 빌딩과 마찬가지로 뇌 또한 특정 영역에 서로 다른 부서들이 자리잡고 있다. 어떤 영역은 감각기관으로부터 정보를 받고, 어떤 영역은 이렇게 받은 정보를 평가하고 저장하며, 또 다른 영역은 움직임을 일으키도록 명령을 내린다. 이들 영역이 어떻게 기능하고 상호작용하는지 이해하기 위해서는 이들 영역이 뇌의 어디에 위치하고 있고 다른 영역들과 어떻게 연결되어 있는지 알아야 한다.

다행히도 신경학자들이 이미 신경계의 구조를 연구하여 뇌의 표면을 해부학적으로 구분한 지도로 나타냈다. 우리 신체의 다른 장기들과 마찬가지로 뇌 또한 성장하고 발달한다. 발달 과정 중초기에 출현하는 구조들은 이후 뇌의 주요 해부학적 부위를 이루는 기틀이 된다. 우리가 처음 생겨났을 때 즉 배아기에 신경계는 그저 액체로 채워진 대롱에 불과했다. 이러한 신경관의 벽은 뉴런으로 이루어져 있으며 수개월의 임신 기간 동안 증식하면서 각각의 최종 목적지로 이동한다. 발달 후기 단계에서 신경관의 앞쪽 끝 즉 전방부 벽이 불룩하게 부풀어 올라 다섯 개의 기포 즉 소낭vesicle을 형성한다. 이들은 일렬로 늘어선 진주처럼 순차적으로 정렬된다. 뇌의 모든 부위는 이 다섯 개의 소낭으로부터 출현하며, 이러한 소낭은 인간뿐 아니라 모든 척추동물이 공유한다. 가장 앞쪽 부분에는 종뇌telencephalon(대뇌cerebrum라고도 부른다)가 자리잡으며, 중앙선을 따라 왼쪽 반구와 오른쪽 반구로 분할된다. 그다음으로는 간뇌diencephalon(시상 및 시상하부가 여기 속한다), 중뇌mesencephalon, 후뇌metencephalon(소뇌cerebellum 및 뇌교pons를 포함한다)가 자리하며, 마지막으로 수뇌myelencephalon(연수)가 자리잡으며 그 뒤에는 신경관을 연상시키는 기다란 척수가 이어진다.

이 책에서는 특히 종뇌를 중점적으로 다룰 것이다(그림 6.1). 종

뇌의 껍질, 즉 대뇌겉질pallium로부터 대뇌피질cerebral cortex(또는 신피질neocortex)이 출현한다. 이 영역은 영장류 뇌에서 최고 단계의 통합 센터로서, "우리가 누군지"를 결정한다. 이후에 더 설명하겠지만, 대뇌피질은 또한 우리가 수와 수학을 처리하는 방식도 결정한다.

대형 영장류 종에서는 진화 과정 동안 종뇌가 풍선처럼 부풀어 오르는 것을 막기 위해 이 껍질 부분이 여러 겹으로 접힌다. 그 결과 우리 뇌는 심하게 주름진 구조를 가지게 되었다. 골 부분은 구溝 또는 고랑sulci(단수형은 sulcus), 그중에서도 특히 깊은 구는 열裂, fissures이라고 불린다. 피질 표면의 많은 부분이 이들 구에 숨겨져 있다는 사실을 기억할 필요가 있다. 중심구(또는 중심고랑)central sulcus는 뇌에서 가장 중요한 고랑 중 하나이자 핵심 표식으로서, 위(등쪽)에서 아래(배쪽)로 이어지는 측면 반구의 가운데에 자리잡은 깊은 틈이다(그림 6.1). 수리 기능을 위해서는 두정간구intraparietal sulcus(IPS)라는 또 다른 고랑이 매우 중요한 역할을 한다. 반면, 겉표면의 융기 부분은 회回 또는 이랑gyri(단수형은 gyrus)이라고 불린다. 예를 들어, 중심구 앞쪽의 융기 부분은 중심전회(또는 중심앞이랑) precentral gyrus라고 불린다. 이 부분은 수의隨意 운동 명령을 내려 팔다리 움직임을 일으키는 일차운동피질을 구성한다.

수많은 위대한 과학자들이 대뇌피질에 대해서 이제껏 알려지지 않았던 사실을 하나씩 밝히고 그 지도를 만들어왔다. 초창기 주요 질문 중 하나는 보고 듣고 말하고 움직이는 등의 구체적인 기능이 뇌 전체에 걸쳐 전체론적으로 처리되는지 아니면 이 기능을 전담하는 대뇌피질 영역에서 국소적으로 처리되는지였다. 19세기 말부터 20세기 초까지 서로 다른 기능은 대뇌피질의 서로 다른 영역에 국소화된다는 사실이 점차 받아들여졌다. 이러한 통찰을 이끄는 데 가장 큰 기여를 한 연구는 뇌 손상을 겪은 후 특정 심적 기능을

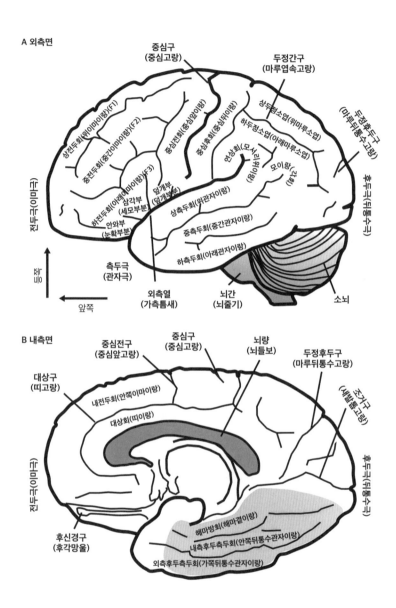

그림 6.1   주요 해부학적 부위를 표시한 인간 뇌 표면 도식. A)뇌의 외측면 흰색 부분이 대뇌피질이다. B)뇌의 내측면(뇌간 및 소뇌 제외).

잃은 환자들에 대한 것이었다. 연구자들은 이 환자들이 사망한 후 그들의 뇌를 검시하여 뇌 손상을 입은 부위를 밝혀냄으로써 손실된 기능이 어떤 부위에서 연원하는지 추적할 수 있었다.

심지어 언어와 같은 가장 복잡한 심적 기능조차 대뇌피질의 전문화된 영역에 존재한다는 발견은 뇌에 대한 최초의 그리고 아마도 가장 중요한 통찰이었다. 1861년 프랑스의 해부학자 폴 브로카Paul Broca(1824~1880)는 르보르뉴 씨를 진찰했다. 르보르뉴는 수년간 병을 앓는 동안 말하는 능력을 잃고 오직 '탄'으로 들리는 단어만 중얼거릴 수 있을 뿐이었다. 르보르뉴는 브로카를 소개받은 지 6일이 지난 후 사망했고 그의 뇌는 검사를 위해 따로 절제되었다. 현존하는 그의 뇌 사진을 보면 왼쪽 전두엽 아래(하단) 부분, 거의 관자놀이 높이쯤에 큰 손상이 있는 것을 확인할 수 있다. 이 사례 연구를 통해 브로카를 비롯해 과학계 전반은 언어 기능이 제한된 뇌 영역에 존재하며, 대체로 특정 피질 부위에 국소화된다는 사실을 확신하게 되었다.2 그 이후, 하전두엽에 위치하는 이 핵심 언어 영역은 '브로카 영역'으로 알려졌다. 후속 연구에서는 대뇌피질에서 감각이 조직화될 때 뇌 손상이 어떠한 인과적 역할을 하는지가 부각되었다.

인간에서 뇌 손상은 임의의 부위에서 발생하므로 초창기 일부 과학자는 특정 뇌조직의 손상이 행동에 어떤 효과를 미치는지 연구하는 데 동물을 사용하기도 했다. 또한 동물의 뇌의 각 부위에 전기자극을 가하고 이것이 어떠한 행동으로 이어지는지 관찰함으로써 특히 운동 출력과 같은 특정 기능과 관련된 뇌 부위를 밝히기도 했다. 폴 브로카의 보고 이후 9년 뒤, 독일의 의사 에두아르트 히치그Eduard Hitzig(1838~1907)와 구스타프 테오도르 프리치Gustav Theodor Fritsch(1838~1927)는 개의 피질 운동 영역을 발견했다. 이 또한 뇌과

학 역사상 가장 중요한 실험적 발견으로 간주될 수 있을 것이다.[3]

히치그와 프리치는 서로 구별되는 피질 부위 표면에 낮은 수준의 전기자극을 가함으로써 연구를 수행했다. 이들은 다음과 같이 결론내렸다.

> 아마도 모든 심리 기능은(최소한, 일부 심리 기능은 분명) 그것이 뇌에서 생겨나고 처리되기 위해서는 피질의 제한된 중추 영역을 필요로 한다.[4]

이후 영국의 생리학자 데이비드 페리어David Ferrier(1843~1928)는 히치그와 프리치의 운동피질 실험을 입증하고 원숭이 뇌에 대한 더 상세한 지도를 그렸다. 1876년 출판된 페리에의 저서《뇌의 기능 The Functions of the Brain》[5]은 '현대적' 뇌수술의 지평을 열었다. 이제 신경외과의사들은 뇌 기능 지도를 지침으로 이용할 수 있게 되었으며, 그에 보답하듯 신경외과 치료 분야에서 신경과학에 새로운 통찰을 제시하는 연구가 쏟아져 나왔다. 피질 국소화에서의 이러한 진전은 20세기 초 독일의 신경학자 코르비니안 브로드만Korbinian Brodmann(1868~1918)이 만든 해부학적 뇌 지도에 의해 보완되었다. 브로드만은 인간의 대뇌피질의 모든 영역에서 신경세포의 배열을 꼼꼼히 검사하여 도합 52개의 구별된 피질 영역을 규명했다.[6] 이처럼 상세한 지도가 마련되면서 서로 다른 개체로부터 동일한 피질 영역을 식별하는 것이 가능해졌다.

그 후 몇 년간 이어진 연구로 언어, 운동, 감각 영역은 상당히 잘 규명되었지만, 대뇌피질의 나머지 절반은 그 기능이 여전히 밝혀지지 않은 채 남아 있었다. 좀 더 고차원 뇌기능을 담당하는 이 뇌 영역을 이른바 '연합영역'이라고 한다. 여기서 "고차원 뇌기능"

이란 의식이나 수학 능력과 같이 우리의 가장 소중한 심적 기능과 이를 뒷받침하는 인지 기능들, 예컨대 작업기억, 주의, 의사결정 기능 등을 느슨하게 일컫는 용어다.

그러다 1874년 에두아르트 히치그는 실험동물이 전두연합영역이 손상된 후 지적 능력이 감퇴하는 현상을 발견했다.[7] 그는 전두연합피질이 추상적 사고를 일으킨다고 결론내렸고, 이러한 결론은 현재까지도 유지되고 있다. 거의 비슷한 시기에 데이비드 페리어는 원숭이와 개를 대상으로 실험을 진행해 전전두 '침묵' 영역이 억제 기능 및 주의와 관련된다는 것을 발견했다.[8] 그로부터 얼마 지나지 않아, 전두엽을 주로 연구해온 이탈리아의 신경학자 레오나르도 비앙키Leonardo Bianchi(1848~1927)는 지각 및 행동을 동반한 "감정적 상태"의 변화 또한 확인했다. 그는 실험동물의 전전두피질prefrontal cortex(PFC)에 생긴 병변이 동물의 "심리 기조"를 변화시킨다는 결론에 도달했다.[9] 히치그, 페리어, 비앙키의 이론은 그 후 몇 년간 상당한 실험과 임상시험을 통해 입증되었다.

그러나 해부학 연구를 바탕으로 연합영역을 밝히는 데 가장 독보적인 기여를 한 과학자는 독일의 신경해부학자이자 정신의학자인 파울 에밀 플레히지히Paul Emil Flechsig(1847~1929)다. 플레히지히는 사산된 후기 태아와 사망한 신생아의 뇌를 검사함으로써 뇌의 성숙 과정을 조사했다. 고차원 피질 영역은 발달 과정상 가장 늦게 발달하며, 플레히지히는 이 영역을 "연합중추association center"라고 불렀다.[10,11] 감각기관으로부터 들어오는 감각 입력값 또는 근육으로 내보내는 운동 출력 섬유 대신, 피질 영역들 사이를 연결하는 수많은 연합 섬유(또는 연결 섬유)를 포함하고 있기 때문이다. 플레히지히의 통찰은 그 후 수십 년 동안 상당한 지지를 얻었다.[12]

플레히지히는 이러한 연합중추를 (1)두정-측두-후두 연합피질(후부 대형 연합중추), (2)측두-사지 연합피질(중간 연합중추), (3) 전전두 연합피질(앞쪽 연합중추)로 더 자세히 세분했다.[13] 플레히지히는 고차원 뇌기능에서 이들 영역이 중요한 역할을 한다는 것을 인식하고 "정신중추geistige Zentren"라고 부르기도 했다.[14] 수리 능력 또한 의심할 여지 없이 고차원 뇌기능이므로, 이후 수리 능력의 신경 기반을 탐색하는 과정에서 이들 피질연합영역은 계속 반복해서 언급될 것이다.

이윽고 플레히지히는 자신의 발견에 어떠한 진화적 및 계통발생적 함의가 있는지 깨달았다. 영장류목 내에서 더 발달된 영장류일수록 연합영역도 더 컸다. 진화 과정 동안 인간 뇌의 연합영역은 엄청나게 거대해졌으며, 마카크원숭이와 비교했을 때 불균형적일 만큼 컸다.[15] 최근 비교 연구에서 데이비드 반에센David Van Essen 연구팀이 훌륭하게 설명했듯이, 두정엽, 측두엽, 전두엽에서 이들 영역은 거의 32배나 증가했다. 반에센 연구팀은 또한 인간의 전전두피질PFC은 불균형적으로 커서 침팬지에 비해 1.2배 더 크며 마카크원숭이에 비해서는 1.9배 더 크다는 것을 확인했다.[16] 우리 인간이 동물계에서 지적 특권을 누릴 기회를 가질 수 있었던 것은 주로 우리 뇌의 연합영역이 엄청나게 확장되어 이로부터 인지 능력이 생겨났기 때문이다.

이러한 진화적 변화에도 불구하고 마카크원숭이의 뇌에서도 주요 해부학적 부위를 찾아볼 수 있다. 비록 인간 뇌에 비하면 상당히 간소한 형태지만 말이다(그림 6.2). 다음 장에서 수에 반응하는 뉴런에 대해 논의할 때 원숭이 뇌의 구조를 다시 살펴볼 것이다. 특히 두정간구IPS 내부 영역과 외측 PFC가 자주 언급될 것이다.

뇌 손상 환자들과 실험동물들(무엇보다도 붉은털원숭이)로부터 얻은 통찰을 통해 오늘날에는 대뇌피질에서 각 영역이 어떤 인지

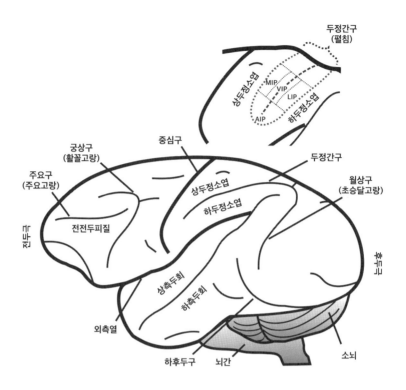

그림 6.2 주요 해부학적 부위를 표시한 원숭이 뇌의 외측 표면 도식. A)원숭이의 뇌는 인간 뇌를 간소화한 형태와 비슷하다. 오른쪽 상단의 그림에 두정간구를 펼쳐 그 내부의 외측(LIP), 복측(VIP), 전측(AIP), 내측 두정내 영역(MIP)을 나타냈다.

기능에 대응되는지 지도화할 수 있게 되었다. 대뇌피질은 측면에서 보면 후두엽, 측두엽, 두정엽, 전두엽의 각기 구분되는 네 개의 엽 lobe으로 구획화할 수 있다.[17] 후두엽occipital lobe은 대뇌의 후극에 위치하며 시력을 전담한다.

후두엽 앞쪽에 위치한 두정엽parietal lobe은 중심구까지 뻗어 있다. 두정엽 앞부분은 중심후회(중심뒤이랑)postcentral gyrus로 구성되며 체성감각 즉 촉각, 통증, 체온 및 사지의 위치(자기수용감각proprioception) 같은 온몸으로 느끼는 감각에 관여한다. 중심후회와 후두엽 사이에 위치한 후부두정피질posterior parietal cortex(PPC)은 전형적인 연합영역으로, 모든 감각기관으로부터 오는 감각신호를 통합하고 이러한 정보를 전운동피질 및 운동피질 영역으로 전송한다. PPC 내에는 IPS가 있다. IPS는 두드러지게 눈에 띄는 해부학적 영역으로서, 상두정소엽superior parietal lobule과 하두정소엽inferior parietal lobule을 나누는 경계다. 마카크원숭이의 IPS는 그것의 조직학적 형태, 해부학적 연결 및 생리학적 특성에 따라 여러 개의 하부 영역(즉 외측, 내측, 복측, 전측 두정내 영역)으로 나누어진다. 이 책 및 당면한 주제와 관련하여, IPS(특히 복측 두정내[VIP] 영역)는 수 처리에서 중요한 역할을 하는 영역으로, 이에 대한 자세한 사항은 뒤에서 좀 더 자세히 살펴볼 것이다. 더불어, 상징적 수 표상과 계산에는 연상회(모서리위이랑)supramarginal gyrus와 각회(모이랑)angular gyrus가 관여한다.

뇌에서 큰 용적을 차지하는 측두엽temporal lobe은 가운데 나 있는 실비우스열Sylvian fissure로 분리된다. 측두엽은 후측으로는 후두엽과, 배측으로는 두정엽과 접한다. 측두엽은 크게 두 부분으로 나눌 수 있는데, 첫 번째 부분은 측면에서 보이는 배외측dorsolateral 영역이다. 이 영역은 실비우스열 부근의 청각 기능을 보조하기도 하지만 그보다 주된 역할은 두정측두접합부의 언어 기능을 비롯해 여러 감각계와 관련된 인지 기능을 보조하는 것이다. 이후 수 표상에 대해 살펴볼 때 이 측두엽 영역을 다시 논할 것이다. 두 번째 부분은 내측 측두엽mediotemporal lobe(MTL)으로, 측두엽 안쪽 및 최하단 부분으로 구성된다. 여기에는 해마방회(또는 해마곁이랑)parahip-pocampal gyrus, 내후각피질entorhinal cortex, 해마hippocampus 및 편도체amygdala가 포함된다. 이 모든 MTL 영역은 다중양상 영역으로 감정, 정서, 의욕, 장기기억 등 다양한 기능을 지원한다. 나중에 확인하겠지만, MTL은 인간 뇌에서 수를 표상하는 뉴런에는 거의 관여하지 않는 유일한 영역이다.

마지막으로, 중심구의 앞쪽이자 외측열lateral fissure의 등쪽에 위치하는 피질이 바로 전두엽frontal lobe이다. 전두엽은 일차운동피질primary motor cortex(BA4), 전운동피질premotor cortex(BA6) 및 PFC라는, 해부학적으로 그리고 기능적으로도 서로 뚜렷이 구분되는 세 개의 영역으로 구성된다. 후연(뒤모서리posterior border)의 일차운동피질은 중심전회에 위치하고 있으며, 신체 각 부위의 수의운동을 관장한다. 외측면의 전운동피질은 일차운동피질 앞쪽에 자리잡고 있다. 이 영역은 대부분의 입력값을 PPC 및 PFC로부터 받는다.[18] 그 이름에서도 알 수 있듯이, 전운동피질은 주로 운동피질로 출력값을 전달해 수의운동에 영향을 미친다.

전두엽에서 가장 큰 영역을 차지하는 동시에 가장 흥미로운 부분은 PFC다. 이 영역은 수 표상과 산술에서도 매우 중요한 역할을 한다. PFC는 전운동피질 바로 앞에 자리잡고 있다. 이 영역의 해부학적 정의는 다소 막연한 편으로, 특정 핵 즉 시상의 내배측핵으로부터 신경섬유를 받는 피질로 정의된다. PFC는 두정엽과 측두엽의 다른 연합피질뿐만 아니라, 그 밖의 수많은 뇌 영역과 놀랄 만큼 많이 연결되어 있다. PFC는 결과적으로 외측 PFC(l-PFC), 두개골 눈구멍orbitae 바로 위에 있는 안와 PFC(orbital PFC) 및 내측 PFC(medial PFC)의 세 부분으로 나눌 수 있다.

전두엽 복측의 안와 PFC는 측두연합피질과 편도체 및 시상하부로부터 입력값을 받으며, 감정 처리에 관한 가장 고차원의 통합 중추로 간주된다. 내측 PFC에는 PFC 안쪽 및 전대상 피질이 포함된다. 이 영역은 변연계를 통해 처리되는 감정을 비롯해 장기기억과 관련된 수많은 연결을 가진다. 내측 PFC는 전대상회, 편도체, 섬, 상측두구 및 측두두정접합부와 함께 "사회적 뇌"라고 불린다.[19]

이 영역들이 우리가 다른 사람들과 상호작용할 수 있도록 하기 때문이다. 마지막으로 큰 부피를 차지하는 영역인 l-PFC는 인지 제어의 핵심 영역으로, 이 책에서 수 처리를 논의하는 동안 자주 언급될 것이다. l-PFC는 두 대뇌반구를 가르는 대뇌종렬과 아래의 외측열 사이에 넓게 퍼져 있다. 이 영역은 처리된 다중양상 정보를 입력값으로 받으며, 또한 이 영역에서 과거로부터의 기억과 미래의 행동이 결합되므로 "과거와 미래가 만나는 곳"으로 묘사되기도 한다.[20] 또한 l-PFC는 작업기억—가까운 미래에 대해 제한된 양의 정보를 기억하고 조작하는 능력—에 가장 중요한 영역으로도 간주된다.[21] 전반적으로 l-PFC는 체내 및 외부 정보를 통합한 후 이를 과거의 경험과 현재의 필요에 비추어 평가하고 종종 아주 먼 미래의 목표를 달성하기 위한 수단을 결정하는 뇌의 중앙 운영자로 간주할 수 있다.[22]

앞에서도 언급했듯이, 측두엽, 두정엽 및 전두엽의 전형적인 연합피질은 시각, 청각, 촉각 등 모든 감각에 대한 고도 처리된 정보를 받는다. 이 정보들은 일차감각피질(일차 시각, 청각, 체감각 피질)로부터 계층적 처리 단계를 거쳐 연합피질로 이어지는 해부학적 경로를 통해 이동한다(그림 6.3). 영장류의 뇌에서 일차 감각 영역으로부터 나온 정보는 병렬로 작동하는 두 개의 경로를 통해 처리된다. 두정 경로를 거치는 경로와 측두연합피질을 거치는 경로가 그것이다. 두정 경로 및 측두 경로를 거친 정보는 모두 최종적으로 전전두연합피질에 모인다. 모든 연합피질, 특히 PFC는 외부 세계에 대한 다중양상 표상을 생성할 수 있다. 이는 보기와 듣기 같이 서로 다른 감각 양상을 가로질러 형성되는 수 표상을 논의할 때 특히 더 중요하다. 결과적으로 연합피질은 주로 전두엽에 있는 전운동피질 및 운동피질로 정보를 투사하여 행동을 일으킨다. 즉 연합영역은

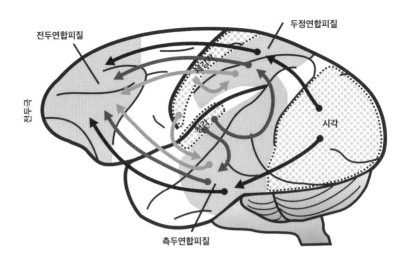

전두극

전두연합피질

두정연합피질

시각

측두연합피질

그림 6.3   영장류 뇌에서 일차감각피질로부터 연합피질까지 감각 정보가 전달되는 경로. 영장류 뇌에서 시각, 청각, 체감각(촉각) 피질 등의 일차 감각 영역(점면으로 표시된 부분)으로부터 나온 정보는 두정 및 측두 연합피질 경로를 통해 병렬적으로 처리되어 전전두연합피질로 보내진다(연합피질 부분은 연한 회색으로 표시). 비인간 영장류에서 발견되는 이러한 감각 경로는 인간의 뇌에서도 동일하게 확인할 수 있다.

감각 입력과 운동 출력의 중간 단계에서 작동한다. 행동을 일으키기 이전에 대상에 대한 우리의 '사고' 능력을 감각 정보와 통합하는 것이다.

뇌 손상 후 수량 감각을 상실한 환자들

지금까지, 인간 뇌의 특정 능력들은 대뇌피질에 그것을 전담하는 (그러나 물론 상호 연결되어 있는) 영역을 가지고 있음을 살펴보았다. 이제 우리가 질문해보아야 할 것은, 대뇌피질에 수리 능력을 처리하는 특별한 자리가 마련되어 있는가 하는 것이다. 역사적으로, 수학 능력의 신경학적 기반에 대해 최초의 통찰은 뇌 손상 환자에 대한 사례 연구로부터 나왔다. 20세기가 시작될 무렵 신경학자들은 뇌 손상으로 인해 특별히 계산 능력과 산술 능력만 저하되는 기이한 결손이 발생할 수 있다는 사실을 발견했다. 환자들에서 나타나는 이러한 후천적 효과를 연구해보면 뇌에서 수리 능력이 자리잡은 곳이 어딘지 밝혀낼 수 있다.

일반적으로 뇌 손상은 여러 요인으로 인해 발생할 수 있다. 예를 들어 뇌졸중은 뇌 손상, 좀 더 정확히 말하면 뇌혈관 손상을 일으키는 여러 요인 중 하나다. 뇌로 들어가는 혈류는 신경세포에 산소와 영양분을 공급한다. 따라서 대뇌동맥이 차단되거나 파열됨에 따라 혈액 공급에 장애가 생기면 뉴런은 산소 부족으로 사멸할 수도 있다. 그리고 성인의 중추신경계에 있는 뉴런은 다시 자라지 않으므로 한번 손상을 입은 조직은 영구 손실된다. 때때로 인근의 뇌 영역이 손실된 영역에서 담당하던 기능을 넘겨받기도 한다. 하지만 그러기 위해서는 시간이 걸린다. 뇌 손상의 두 번째 이유는 신경변성Neurodegenerative 질환이다. 이 질환의 특징은 뉴런의 지속적인 사멸(또는 진행성 퇴행)이다. 알츠하이머병, 파킨슨병, 헌팅턴병이 모두 이러한 질환의 일종이다.

뇌 손상은 특정 인지 기능의 장소와 구획에 대해 매우 직접적인 단서를 줄 수 있다. 만일 특정 영역의 뉴런이 사멸한 후 특정 행동에 장애가 발생했다면 이 뇌 영역은 이 행동을 일으키는 데 관여한다고 볼 수 있는 것이다. 즉 뇌와 마음 사이에 상당히 인과적인 관계가 형성된다. 물론, 상당히 넓은 범위에 걸쳐 손상을 입고 복수의 기능에 장애가 생기는 경우도 많다. 때로는 손상 범위가 여러 피질엽에 걸쳐 발생하기도 한다. 이런 경우, 단 한 명의 신경질환 환자의 행동에만 근거해서는 특정 기능을 담당하는 영역을 정확히 식별하기 어렵다. 또한 환자마다 병변의 위치와 범위가 다르다는 점도 정상인의 뇌에서 특정 기능을 담당하는 뇌 영역을 찾기 어렵게 만든다. 단일 사례에 근거해 잘못된 결론을 내리는 것을 피하기 위해 환자 모집단에 대한 더 많은 연구들이 발표되고 있다. 환자 모집단에 대해 연구를 시행할 경우 개별 환자의 병변 위치를 한 장의 도표에 중첩시켜 나타냄으로써 같은 질환을 앓는 환자들이 공통적으로 병변을 입은 영역을 찾아낼 수 있다.[23]

20세기 초에 이미 수를 다루는 데 어려움을 겪는 환자의 사례가 보고된 바 있다. 1908년 독일의 신경학자 막스 레반도프스키Max Lewandowsky와 에른스트 슈타델만Ernst Stadelmann[24]은 뇌의 왼쪽 뒷부분(아마도 두정엽) 대뇌피질에 손상을 입은 뒤 계산 능력에 장애가 생긴 27세 남성에 대해 처음으로 보고했다. 특히 이 환자는 언어 기능에는 아무 문제가 없었음에도 산술 기호를 인식하는 데 어려워했고 계산을 수행하지 못했다. 그 후 독일의 신경학자 게오르그 페리츠Georg Peritz는 제1차 세계대전 후 되돌아온 병사들 중 전쟁터에서 머리 뒤쪽에 총상을 입은 병사들을 조사했다. 그의 연구에 따르면 뇌의 좌반구 뒤쪽의 두뇌 중추에 계산을 위한 "제한된 영역"이 있는 것으로 나타났다. 그는 두정측두접합부의 각회가 바로 이 영역이라고 밝혔다.[25]

스웨덴의 신경학자 살로몬 에베르하르트 헨셴Salomon Eberhard Henschen은 앞서 이루어진 초기 발견들을 입증하고 뇌에서 이들 제한된 영역은 계산의 이해와 수행에 특정 역할을 한다고 제안했다.[26] 그는 이전 문헌들에 나타난 수많은 사례를 검토하고 본인의 환자들도 자체적으로 조사함으로써, 언어나 음악에 필요한 신경 기반과는 구별되는, 산술 작업을 위한 해부학적 신경 기반이 따로 있다고 제안했다. 그러나 헨셴은 계산 능력이 뇌의 특정 부위 한 곳에 집중된다고 생각하지 않았다. 계산 능력은 감각 기능과 운동 기능을 모두 필요로 한다고 여겼다. 그는 감각 계산 중추로 (좌)각회(그보다 앞서 페리츠가 제안한 장소다)와 두정열intraparietal fissure(현재는 IPS라고 불린다)을 지목했다. 그가 운동 계산 중추로 지목한 부위는 하전두회(또는 아래이마이랑inferior frontal gyrus)로도 알려진, 전두엽의 세 번째 이랑에 위치한다. 이곳에 생긴 병변이 연속적 셈하기 능력과 숫자를 사용하는 능력에 영향을 미쳤기 때문이다. 1925년 헨셴은 또한 '계산불능증acalculia'이라는 용어를 고안했다.[27] 현재 이 용어는 일종의 뇌 손상으로 인해 간단한 수학 과제를 수행하는 데 어려움을 겪는 후천적 장애를 묘사하는 데 널리 사용되고 있다. 1948년 독일의 신경학자이자 정신의학자인 쿠르트 골드슈타인Kurt Goldstein은 이러한 기존의 발견들을 입증한 후, 계산불능증은 일반적으로 두정후두 영역의 병변으로부터 비롯되며 때로는 전두엽에 발생한 병변에 의해서도 일어날 수 있다고 제안했다.[28] 그 후 몇 년 뒤 후부두정피질 및 전두피질의 역할이 추가로 입증되었다. 이에 대해서는 뒤의 장들에서 더 살펴볼 것이다.

당연하게도, 이러한 모든 초기 연구들은 일차적으로 우리의 수학 상징 시스템의 한 부분인 인간만의 고유한 산술 능력에 대한 것이다. 이에 대해서는 뒤에서 다시 다루겠지만, 일단 지금은 좀 더 근본적인 질문에 대해 답할 필요가 있다. 기초 수량 능력은 뇌의 어느 곳에 위치하는가? 수량은 수 기호에 의해 표상되는 것이 아니라, 비상징적 크기로서 표상되며 이에 따라 수리 능력의 토대로 작용하게 된다. 이 질문에 답하기 위한 연구는 비교적 최근에 와서야 일부 이루어졌다. 그리고 이 모든 연구는 수량 추정의 핵심 영역으로 PPC의 표면을 지목했다.

2003년, 왼쪽 두정엽에 국소 병변이 보고된 후 수량 추정이 매우 느려진 환자에 대한 사례 연구가 시작되었다.[29] 이 환자는 또한

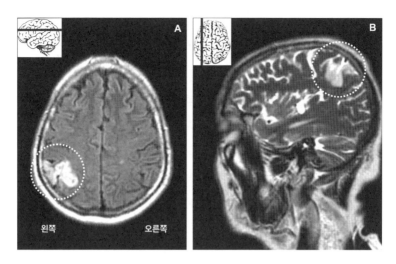

그림 6.4　왼쪽 두정간구에 제한된 손상을 입은 후 기초 수량 처리에서 장애가 발생했다. 계산불능 환자의 뇌의 수평면(A) 및 시상면(B) MRI 단면도. 왼쪽 상단에 삽입된 그림은 뇌의 수평면 및 시상면을 나타낸 것이다. 밝게 나타낸 영역(동그라미로 표시한 부분)은 왼쪽 두정간구에 경색이 일어났음을 보여준다(그림 출처: Ashkenazi et al., 2008).

점 배열과 아라비아 숫자를 직산하는 데 장애를 보였으며 수량 비교 과제도 제대로 수행하지 못했다. 또 다른 환자도 비상징적 수를 추정하는 데 비슷한 곤란을 겪었다. 그는 왼쪽 IPS에 제한된 뇌혈관 손상을 입은 후 수리 능력이 상실되었다(그림 6.4). 이 환자는 하나에서 9개 사이의 점 배열의 기초 수량을 처리하는 데 어려움을 보였다.[30] 좀 더 정확히 말하면, 점의 개수를 비교하고 세는 데 상당히 오랜 시간이 걸렸다. 이 두 연구는 모두 IPS가 뇌의 수량 처리 시스템에서 핵심 영역임을 시사한다.

　　이 뇌 영역은 신경변성 질환을 겪는 환자들에서의 비상징적 수량 처리에도 영향을 주는 것으로 나타났다. 치매의 한 증후군인 후부피질위축posterior cortical atrophy 진단을 받은 한 환자는 두정엽에서 퇴행이 나타났다.[31] 이 환자는 점을 세는 것을 포함해 모든 과제를 어려워했을 뿐만 아니라, 마음속으로 수를 양분하는 과제의 수행에도 곤란을 겪었다. 심적으로 수를 이등분하기 위해서는 예컨대, 6은 3과 9의 중앙 지점이라는 것을 인식하는 것처럼, 두 수 사이의 중앙에 위치한 수를 판단할 수 있어야 한다. 수량을 짐작하고 추정하는 능력 또한 손상되었다. 게다가 수량 비교 과제에서 수치 거리 효과가 더 커진 것으로 나타났는데, 이는 수치의 표상이 정밀하지 않음을 시사한다. 대뇌피질과 IPS에 영향을 주는 또 다른 유형의 신경변성 질환인 피질기저증후군을 겪는 환자들에게서도 수량 능력의 결함이 보고되었다.[32] 피질기저증후군 환자는 표적 수량(예: 3개의 점) 또는 수(아라비아 숫자)가 두 수치 사이(예컨대 1과 5 사이)에 위치하는지 판단하는 데 어려워했고, 건강한 노령자와 비교했을 때 이를 판단하는 데 세 배나 더 오랜 시간이 걸렸다.

수량을 처리하는 뇌 영역을 찾아내는 방법

뇌 손상은 뇌의 기능에 근본적이며 예측 불가능한, 돌이킬 수 없는 변화를 일으킨다. 그러나 다행스럽게도 뇌에는 일반적으로 가소성이 있어서 병변 주변의 신경 영역들이 상실된 기능을 일부 보완하기도 한다. 신경과학적 관점에서 보면 이는 특정 뇌 영역의 손상으로 인해 환자의 행동이 변화했다고 해서 이 영역이 정상적인 뇌에서도 같은 기능을 담당한다고 보장할 수 없음을 의미한다. 따라서 신경과학자들은 수십 년 동안 건강한 사람의 뇌에서 각 기능이 위치한 장소를 비침습적으로 탐구할 수 있는 방법을 찾기 위해 노력해왔다. 그리고 20세기 말이 되어 마침내 그러한 "기능적 영상"을 얻을 수 있는 방법이 마련되었다. 양전자방출단층촬영술positron emission tomography(PET) 및 기능적자기공명영상촬영술functional magnetic resonance imaging(fMRI) 등의 기법이 도입됨에 따라 온전한 인간 뇌에서 수량을 처리하는 피질 영역을 탐구할 수 있는 길도 열렸다. 오늘날 기능적 영상촬영술은 인간 뇌에서의 수 처리를 연구하는 데 없어서는 안 될 기법이 되었다.

　　PET를 이용해 살아있는, 계산 중인 뇌를 처음으로 촬영한 것은 1985년으로 거슬러 올라간다. 그해 코펜하겐대학교의 페르 로란Per Roland과 라르스 프리베르Lars Friberg는 〈사고에 의해 활성화되는 피질 영역의 국소화〉라는 제목의 중요한 논문을 발표했다.[33] 이 연구에 포함된 과제 중 하나가 바로 심적 계산 과제였다. 인간 시험 대상자들은 숫자 50부터 시작해 모든 중간 결과값에서 계속해서 3을 빼라는 지시를 받았다. 이 과제는 PET 진단 장치에 가만히 누워 말을 하지 않는 상태에서 진행되었다. 참가자들은 아무 말도 해서는 안 되며 움직여서도 안 되었다. 그동안 PET는 참가자들의 뇌에서 국소적 뇌 혈류량을 측정했다. 뇌로 향하는 혈류에 경미한 방사성이 포함된(그러나 무해한) 동위원소가 주입되었다. 과제를 진행하는 동안 피질 내 특정 영역의 뉴런이 활성화되면 이 뉴런들은 더 많은 산소와 당을 필요로 한다. 이들 성분은 모두 혈류를 통해 전달된다. 따라서 이들 뇌 영역에 연결되는 혈관에서의 뇌혈류량의 증가는 이들 영역에서 신경 활성이 증가했다는 표시로 간주될 수 있다. 방사성 동위원소는 혈류를 따라 이동하므로, 대사필요량이 더 높은 즉 더 많은 혈류가 흐르는 뇌 영역은 더 높은 방사능을 띨 것이다. 다시 말해, 어떤 뇌 영역에서 고수준 방사능이 나타나는지 관찰함으로써 신경 활성을 간접적으로 측정할 수 있다. 이러한 목적을 위해 시험 참가자는 방사능 검출기 안쪽에 머리를 놓고 심적 계산 과제를 수행한다. 그러면 과제를 수행하는 동안 유달리 방사능 수준이 높은 피질 표면의 반점들을 발견할 수 있다. 물론 이 방법으로는 혈류량의 신속한 변화는 측정하지 못한다. 시험 중 얻어진 결과는 기본적으로 특정 기간 동안의 신경 활성의 스냅숏이라고 볼 수 있다.

로란과 프리베르는 시험 대상자에 대한 심적 계산 과제 중 혈류량의 일관된 증가를 발견했다. 그중에서도 전두엽의 상전두회 및 하전두회가 가장 활성화되었다. 또한 각회로 이어지는 하두정소엽의 일부 영역에서도 혈류량 증가가 확인되었다. 물론, 이들이 그린 지도는 당시의 기술적 한계로 인해 정밀도가 낮은 편이었다. 하나 더 유의해야 할 것은, 반복된 심적 뺄셈 과정에는 단순히 수 표상뿐만 아니라 작업기억이나 과제 전략과 같은 좀 더 일반적인 과정도 관여한다는 사실이다. 그럼에도 불구하고 이 연구는 수치 인식에서의 새로운 영역을 밝히는 봉화 역할을 했다.

사실 PET는 기능적 MRI의 등장 이후 기초 연구에 사용되기엔 다소 시대에 뒤떨어진 기법이 되었다. 일례로, PET를 사용한 연구는 비용이 많이 드는 편이다. 더불어, 방사성 물질을 몸에 넣는 것을 좋아하는 사람도 그리 많지 않다. 그러나 PET는 특정 임상 상황에서는 fMRI보다 더 우수한 성능을 보이므로, 여전히 비침습적 영상기법으로서 독보적인 지위를 유지하고 있다.

fMRI는 현재 가장 인기 있는 영상기법이다. 이 기법은 1990년대 초 오가와 세이지小川誠二[34]와 케네스 쿵Kenneth Kwong[35]에 의해 개발되었다. PET와 마찬가지로 fMRI도 활성 뉴런 주변에서 산소와 당분을 공급하는 혈관에서의 혈류량 차이를 측정한다. 그러나 측정된 신호의 유형은 서로 차이가 있다. 방사성을 이용하는 PET와는 달리, fMRI는 신체 내 원자의 자성 거동을 이용한다.

기능적 MRI는 특히 헤모글로빈이라고 불리는 필수 분자에 포함된 원자의 자기적 거동을 이용한다. 헤모글로빈은 뇌의 뉴런으로 산소를 운반하는 적혈구 세포에서 필수적인 요소다. 헤모글로빈이 산소로 차 있을 때 즉 '산소화'되었을 때의 자기적 거동은 산소가 고갈되었을 때 즉 '탈산소화'되었을 때와 상당히 다르다. 일반적으로 신경이 활성화되면 혈중산소량도 증가하므로 이러한 차이를 이용해 뇌 활성을 간접적으로 검출할 수 있다. 이러한 형태의 MRI 신호는 혈중산소량 의존blood-oxygen–level dependent(BOLD) 신호로 알려져 있으며, fMRI에서 이용하는 것도 바로 이것이다.

어떤 뇌 영역이 특정 자극(예컨대 그림 또는 소리 등)에 대해 반응한다면, 이 영역의 BOLD 신호는 자극이 켜짐에 따라 증가하고 자극이 끊어지면 감소할 것으로 예상할 수 있다. 그러나 혈류 반응은 신경 활성화보다 몇 초 지연되기 때문에, BOLD 신호에서 나타나는 이러한 변화는 시간이 지남에 따라 흐려진다. 뇌에서의 fMRI 활성은 해당 영역의 BOLD 신호의 시간 경로가 예상된 시간 경로와 얼마나 밀접하게 일치하는지로 정의된다. 이 단계는 상당한 양의 통계적 처리를 요한다.[36]

뇌 그리고 그 혈관은 항상 활동하고 있으므로 단순히 과제를 진행하는 동안 fMRI 신호를 기록하는 것만으로는 그리 많은 정보를 얻지 못한다. 테스트가 진행되는 상황에서 fMRI 활성화 결과는 특정 자극 요소가 없다는 단 하나의 조건만 다른 대조 조건과 비교되어야 한다. 예를 들어, 불특정 소리가 아니라 발화에만 구체적으로 반응하는 뇌 영역이 있는지 알고자 한다면, 발화 소리를 자극으로 가했을 때의 BOLD 신호를 수집한 후 여기서 자극으로 발화가 아닌 소리를 가했을 때의 신호를 제외해야 한다. 그 결과 특정 영역에 활성화된 신호가 남아 있다면 이 영역은 발화를 처리하는 데 전문화된 영역일 것으로 추측할 수 있다. 실험 결과 도출된 fMRI 데이터의 질이 대조 조건이 적절한가에 크게 의존한다는 것은 두말할 필요도 없다.

    fMRI는 그 강력한 이점으로 인해 신경과학에서 가장 인기 있는 중요한 기법으로 자리를 굳히게 되었다. fMRI는 온전한 두개골을 비침습적으로 투과할 수 있다. 뇌에 접근하는 데 어떠한 외과적 수술도 필요하지 않은 것이다. 또한 PET와는 달리 정맥에 방사성 물질을 주입할 필요도 없다. fMRI는 뇌파전위기록술electroenceph-alography(EEG)이나 PET 등의 다른 비침습적 기법에 비해 상대적으로 더 좁은 영역에서 뇌 활성화를 측정할 수 있으므로 비교적 더 정밀한 활성화 지도를 제공할 수 있다. 보통의 fMRI는 활성화 영역이 수제곱밀리미터에 불과하며, 현재 가장 성능이 뛰어난 기기는 그보다 더 좁은 영역을 측정할 수도 있다. 요즘은 거의 모든 대학이 fMRI 진단 장치를 몇 대씩 보유하고 있고, 데이터 분석에서 가장 핵심이 되는 부분은 정교한 소프트웨어 패키지에 맡기면 되므로 fMRI는 실험자들이 비교적 편하게 사용할 수 있는 기기가 되었다. 최소한, 그런 것처럼 보인다.

    이 모든 장점에도 불구하고, fMRI에서 측정되는 것은 뉴런의 전기 활성이 아니라 그저 혈류량일 뿐이란 점에 유의할 필요가 있다. 이 점은 아무리 강조해도 지나치지 않다. fMRI를 이용한 뇌 영상촬영은 열감지카메라로 얼굴을 관찰하는 것에 비견할 수 있다. 얼굴에 나타난 붉은 열점을 통해 근육이 움직이고 열이 생성되는 곳을 간접적으로 알 수 있는 것과 마찬가지로, fMRI 신호 또한 뇌에서 많은 양의 뉴런이 모종의 이유로 활성화된 영역을 알려줄 뿐 이러한 영역에서 정보가 어떻게 전달되는지는 알려주지 않는다. 또한 fMRI 신호는 각각 기능적으로 전문화된 수천 개의 뉴런에서 발화된 신호를 주어진 뇌용적에 맞춰 평균한 것이라는 사실도 주지해야 한다. 그뿐만이 아니라, fMRI 측정으로 인해 혈류량이 변화하고 혈액 조직이 혈관계의 혈류량을 증가 또는 감소시키는 데는 수초가 걸리므로, 이러한 변화를 검출하는 데 시간적 정밀도는 비교적 낮은 편이다. 이러한 한계가 있음에도 불구하고, 이제 기능적 영상촬영 없는 인지신경과학은 상상도 하기 어렵다는 점만은 분명하다.

몇몇 fMRI 영상촬영 연구 결과, 집합 내 시각적 대상의 개수를 표상하는 데 PPC가 중요한 역할을 하는 것으로 확인되었다. 마누엘라 피아차Manuela Piazza와 스타니슬라스 드앤은 fMRI를 이용해 건강한 성인 시험 대상자에게서 시각적 수량 표상의 위치를 찾아내고 그 특성을 밝히기 위한 연구를 수행했다.[37] 여기서 이들은 'fMRI 적응fMRI adaptation'이라고 불리는 특별한 기법을 사용했다. 그 이름에서도 알 수 있듯이, 이 기법은 동일한 자극을 여러 번 반복함으로써 적응 과정을 거친 BOLD 활성을 이용한다. fMRI 적응 기법의 메커니즘은 뉴런에 대해 알려진 사실을 바탕으로 한다. 원숭이의 단일 뉴런들이 반복적으로 제시되는 동일한 자극에 적응한다. 그리고 특정 그림에 맞춰 조율된 뉴런들은 선호하는 자극이 반복적으로 제시되면 그때마다 활성이 점진적으로 감소한다. 이러한 효과를 습관화 또는 적응이라고 한다.[38] 피아차와 드앤은 목표 수량이 반복적으로 제시되었을 때 수량에 민감한 것으로 추정되는 뉴런의 습관화 작용에 따라 뇌에서 BOLD 신호의 적응이 일어나는 곳을 찾기 위해 이러한 효과를 이용할 수 있을 것으로 생각했다(그림 6.5A).

이러한 fMRI 적응 실험에서 참가자들은 MRI 판독기 안에 누워 그저 점 몇 개를 바라보기만 하면 되었다. 의식적으로 수를 처리할 필요가 없으므로 fMRI 활성화를 일으키는 불필요한 심적 반응의 영향을 완화할 수 있었다. 처음에는 모니터에 하나의 고정된 수량만 시각적으로 표시된다. 뇌의 어딘가에 이 수량에 반응할 것으로 추정되는 뉴런이 자리잡고 있다면 이들 뉴런은 이 수량이 반복해서 제시되면 습관화(즉 방출량이 감소)될 것이다. 이와 반대로, 제시된 수량이 아닌 다른 수량에 적응된 뉴런들은 아무런 영향도 받지 않을 것이다. 이러한 습관화로 인해 fMRI 반응이 감소한 이후, 간혹 기존에 보여주지 않았던 변칙적인 수량을 제시하면 동일한 뇌영역에서 fMRI 반응이 되살아날 것이다. 이때 fMRI 반응이 활성화되는 정도는 습관화된 수량과 변칙적 수량 사이의 수치 거리에 반비례한다. 실제로, 연구자들은 참가자에게 동일한 수의 점을 반복적으로 제시한 후 다른 개수의 점을 제시했을 때 IPS의 동일한 뇌영역에서 BOLD 신호가 완전히 되살아나는 것을 측정할 수 있었다. 뇌 전체를 검사했을 때 수량에 대한 습관화가 일어난 유일한 영역은 IPS의 수평면 구역이었다. 인간 뇌의 IPS에 있는 여러 뉴런 개체군이 정말로 점 집합의 개수에 반응하는 것이다. 대조 실험 결과 fMRI 반응을 회복시키는 것은 점의 모양 같은 것이 아니라 점의 개수임이 분명히 확인되었다.

몇 년 뒤, 나는 내 박사후과정 연구원인 시몬 야코프Simon Jacob 와 함께 건강한 자원자를 대상으로 완전히 똑같은 fMRI 적응 실험을 반복했고, 피아차와 드앤이 발견한 것과 마찬가지로 IPS에서 BOLD 활성화를 확인했다.[39] 그러나 우리는 IPS뿐만 아니라 외측 PFC에서도 수량에 민감한 BOLD 활성을 검출했다(그림 6.5B). 이후 연구들에서 fMRI 적응 시험 동안 유사한 전전두 활성이 보고되었다.[40] 이는 우리 뇌가 수량을 인식할 때마다 IPS(가장 두드러진 활성을 보이는 영역이다)[41,42,43] 및 상두정소엽[44] 영역 등 후부두정피질 영역뿐만 아니라 PFC의 일부 영역도 자동적으로 활성화됨을 시사한다.

물론 PPC는 수량 식별 과제에서 그저 수동적으로 수량을 읽어들여 암호화하는 것만이 아니라, 그것을 능동적으로 처리하기도 한다. 이블린 에게르Evelyn Eger와 안드레아스 클라인슈미트Andreas

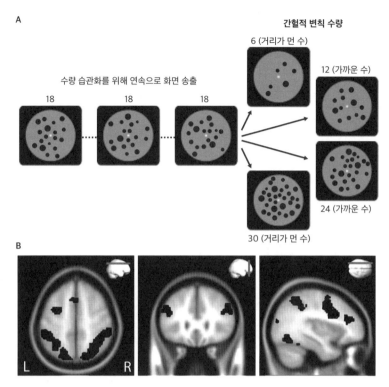

그림 6.5 인간 뇌에서 수량에 대한 기능적 MRI 영상. A)근사 수치 적응을 위한 실험 설계. 인간 참가자에게 18개의 점이 표시된 화면을 빠르게 흘려보내 이들 점 집합에 수동적으로 노출되는 동안 참가자의 뇌를 스캔했다. 점의 개수는 참가자가 모르는 사이에 이따금 변경된다. B)수치 변화에 반응하여 수량을 처리하는 뇌 영역. 검은색 영역은 fMRI 적응 과정 동안 적응된 수치에 가까운 수를 자극으로 제시했을 때보다 수치 간 거리가 먼 수를 제시했을 때 더 강하게 반응하는 피질 영역을 나타낸다. 위의 그림은 각각 수평(왼쪽 그림), 전면(중간), 시상(오른쪽) 절단면으로, 절단 위치는 각 패널의 오른쪽 상단 뇌그림에 선으로 표시했다. 양측 두정간구 및 중심전 영역과 전전두 영역을 비롯해 전대상피질 및 하측두피질에서도 활성화가 관찰되었다(출처: Jacob and Nieder, 2009).

Kleinschmidt는 판독기 안에 누워 있는 참가자들에게 지연된 표본 대응 과제를 수행하도록 주문했다.[45] 화면에 표시된 수량을 보고 잠깐의 지연 기간 동안 그 수량을 기억하고 있다가 이후 화면에 다른 대상이 표시되면 그 대상의 개수가 앞서 본 수량과 같은지 다른지 판단하는 것이다. 그 후 연구자들은 '서포트 벡터 머신Support Vector

Machine'이라는 통계 분류 프로그램을 이용해 이 컴퓨터 프로그램이 참가자가 특정 수치를 보고 기억할 때 두정엽의 BOLD 활성화 패턴에서 나타난 체계적 변화를 분석하도록 훈련시켰다. 예를 들어, 이 컴퓨터 프로그램은 시험 참가자가 4개의 점을 보면 뇌의 피질 표면에 8개의 점을 보았을 때와는 상이한 특정 패턴의 BOLD 활성화가 일어난다는 사실을 학습할 수 있다. 그 후 연구자들은 시험 참가자에게 새로운 시험을 실시했다. 그러자 컴퓨터 프로그램은 양쪽 두정간구에서 나타나는 이러한 특정 활성화 패턴으로부터 학습한 내용을 바탕으로 놀랍게도 시험 참가자가 본 수치가 무엇인지 해독할 수 있었다. 이 연구는 또한 인간 PPC에서의 수 표상이 차등적 속성을 가진다는 증거를 제시했다. 특히 인간 뇌에서 원숭이의 외측두정내LIP 영역에 해당되는 것으로 생각되는 영역의 경우, 분류 정확도는 수치 간 거리가 멀수록 더 높아졌다.[46]

우리의 마음속에서 수량은 작은 수에서 큰 수로 정렬되어 '심적 숫자선'을 이룬다. 우리 뇌에도 이러한 심적 숫자선에 실제로 대응되는 무언가가 있을까? 예컨대 인접한 뇌 영역이 인접한 집합 크기를 표상한다면, 결국 수량에 대한 뇌 지도를 만들 수도 있지 않을까? 수량의 배열이 그러한 지도 같은 형태를 가질 것이라고 추측하는 것도 무리는 아니다. 아무튼, 외부 자극의 질서정연한 배열은 보통 뇌에도 그대로 반영되며, 따라서 외부 세계에 대한 자극의 공간적 배열을 뇌표면에 그대로 지도화할 수 있다. 예를 들어, 우리가 신체 표면에서 느끼는 촉감은 중심전회에 지형적으로 지도화된다. 이때 인접한 피질 영역은 인접한 신체 부위를 표상한다. 손가락 표상 옆에 손바닥 표상이 있고 그 옆에 팔목, 그 옆엔 팔뚝이 표상되는 식이다. 전체 신체 표면은 정연한 지형적 지도로서 중심후회의 표면에 표상된다. 그렇다면 수에도 동일한 논리가 적용되지 않을 이유가 있을까?

네덜란드의 세르주 뒤물랭Serge Dumoulin과 벤 하비Ben Harvey는 높은 공간 분해능으로 BOLD 신호를 측정하는 고자장 fMRI를 이용해 수량 지도를 그리고자 했다.[47] 이들은 성인 시험 대상자들에게 점의 개수가 변화하는 점 패턴을 보여주면서 뇌를 스캔했다. 점의 개수는 시간에 따라 한 개에서 일곱 개까지 증가한 뒤 감소했다. 그 결과 연구자들은 작은 수량에 반응하는 활성화 부위가 상두정소엽에 지형적으로 정렬된다는 사실을 발견했다. 이전에도 상두정소엽은 수량에 관여하는 것으로 알려져 있었지만,[48] 본 연구를 통해 비로소 이 영역에서 수치의 정연한 배열이 확인된 것이다. 활성화 부위의 패턴은 점 집합의 정확한 시각적 배열과는 무관하게 오직 점의 개수에만 대응되는 수량 지도를 나타냈다. 즉 1에 대응되는 활성화 부위 바로 옆에 2에 대응되는 활성화 부위가 나타나고, 이렇게 계속 이어지는 식이었다. fMRI 활성화 패턴은 연속적으로 정렬된 '수량 지형'을 나타냈으며, 이때 작은 수는 상두정소엽의 내측에, 큰 수는 외측면에 표상되었다. 이 지도에서 특정 수량에 대응되는 피질 영역의 양은 서로 동일하지 않았다. 작은 수에 대해 더 넓은 피질 표면적이 할당되었으며, 수가 증가할수록 이에 대응되는 피질 면적도 줄어들었다. 흥미롭게도, 수 기호 또는 매우 큰 비상징 수량에 대한 공간 배열은 관찰되지 않았다.

지금까지 언급한 fMRI 연구는 모두 수량 자극으로 점 배열을 사용했다. 사물을 점 배열로 동시에 표시하는 것은 물론 수량을 제시하는 여러 방법 중 하나에 불과하다. 우리는 또한 매일의 일상에서 시간에 따라 하나씩 순차적으로 제시되는 사물을 셈할 수도 있다. 즉 이 두 가지 방법은 모두 한 집합의 항목을 표시하기 위한 추상적 수량 제시의 사례들이다. 이들 두 가지 수량 제시 방법은 뇌에서 상이한 영역에 암호화되어 있을까? 아니면 수량이 동시에 제시되든 순차적으로 제시되든 관계없이, 수량 처리에 관여하는 영역은 동일할까? 만일 후자가 옳다는 증거가 나온다면, 이는 뇌가 수량을 추상적으로 암호화한다는 이론을 뒷받침할 것이다. 이 질문에 답하기 위해서는 동일한 시험 대상자에 대해 두 가지 제시 방법에서 뇌가 어떻게 활성화되는지 비교해야 한다.

벨기에 루뱅대학교의 발레리 도르말Valerie Dormal과 마우로 페센티Mauro Pesenti[49]는 fMRI를 이용해 시험 참가자에게 선형으로 나열된 점 배열을 제시했을 때(동시적 수량 제시) 또는 점을 하나씩 순차적으로 비추었을 때(순차적 수량 제시) 수량 처리에 관여하는 영역을 규명했다. 앞서 소개한 연구들을 통해 예측할 수 있듯이, 동시에 제시된 수량을 처리할 때는 양쪽 IPS(및 하측두회)의 여러 영역이 활성화되었다. 그러나 수량을 순차적으로 제시하면 이와 다른 활성화 패턴이 얻어졌다. 즉 순차적 수량을 처리하는 동안에는 우반구 IPS 및 하전두회에서만 활성화가 나타났다. 이러한 발견은 동시에 제시된 수량과 순차적으로 제시된 수량은 서로 다른 피질 연결망에 의해 처리되며, 따라서 뇌는 이들 두 수량을 동일한 방식으로 인지하지 않음을 시사한다. 그러나 이들 피질 연결망은 공간적으로 서로 완전히 분리되어 있지 않으며 일부 중첩된다는 사실에 주의해야 한다. 특히 우반구 IPS와 전두회로 뻗어 있는 우반구 중심전회는 두 방식 모두에 관여한다. 중심전회(운동피질을 주관하여 신체 움직임을 일으킨다)가 여기에 관여한다는 것은 다소 예상 밖의 일이다. 중심전회는 아마도 수량의 크기를 가늠하기 위해 손이나 손가락을 사용하는 데 관여하는 것으로 보인다. 이는 또한 왜 어떤 연구에서는 시험 참가자들에게 감각 항목을 순차적으로 열거하거나 또는 대상의 움직임을 세도록 했을 때 가장 일관된 활성을 보이는 영역이 외측 전운동피질인지도 설명한다.[50] 그 이유야 무엇이든, IPS와 오른쪽 하전두회는 공간적 또는 시간적 측면과는 독립적으로 추상적 수 표상을 주관하는 것으로 보인다.

최근 사우다미니 다말라Saudamini Damarla와 마르셀 쥐스트Marcel Just는 교차양상적 수 표상의 탐구라는 좀 더 야심 찬 목표에 도전했다.[51] 이들은 시험 대상자에게 단일한 감각 양상의 특정 수량을 순차적으로 제시했을 때 관찰된 fMRI 활성화 패턴으로 동일한 시험 대상자에게 다른 감각 양상으로 제시된 수량을 예측할 수 있을지, 즉 서로 다른 감각 양상에 의한 fMRI 활성화 패턴이 서로 유사한지 알아보고자 했다. 그들은 한 개, 세 개, 다섯 개의 수량을 순차적인 시각 점 배열 또는 순차적인 청각 소리로 번갈아 제시했다. 연구자들은 BOLD 신호를 측정한 후, 앞서 언급한 이블린 에게르와 안드레아스 클라인슈미트가 사용한 것과 유사한 통계 분류 프로그램을 훈련시켰다. 다말라와 동료들은 이 프로그램을 이용해 한 감각 양상(청각)으로 제시된 수량에 의해 야기된 뇌 활성 패턴으로부터 다른 감각 양상(시각)으로 제시된 수량의 신경 표상을 식별할 수 있는지 조사했다. 실제로 분류 프로그램은 청각적 소리의 횟수에 의해 야기된 신경 패턴을 학습하고 난 뒤 이를 토대로 이후 시각적으로 제시된 점의 개수를 식별할 수 있었으며 그 반대도 가능했다. 수량 구분을 지원하는 뇌 영역은 양측 전두엽 및 두정엽에 속한다. 이들 영역에는 하두정소엽과 상두정소엽, 두정간구 및 두정엽의 중심후 영역이 포함된다. 전두엽에서는 양측 중심전 영역, 상전두 영역 및 하전두 영역이 교차양상 수량 분류에 관여한다. 흥미롭게도, 여러 감각 양상에 걸쳐 공통적으로 나타나는 표상은 주로 전두엽과 두정엽의 오른쪽 측면에 치우쳐 있다. 또한 두정엽에서 수량을 표상하는 신경 패턴은 모든 참가자에서 동일하게 나타났다. 이 연구는 순차적 수량이 시각 및 청각 양상 모두에 걸쳐 안정적인 신경 표상을 형성함을 보여주었다. 이로 인해 수량 표상에서 후부두정피질 및 전전두피질의 중요성이 다시 한 번 확인되었다.

7장   수 뉴런

뉴런이 전달하는 신경 신호를 측정하는 방법

외부 세계에 위치한 대상의 개수는 곧 물리적 자극이라고 말할 수 있다. 이러한 자극을 받는 것과, 이 자극이 뇌에 '표상'되거나 '암호화'되는 것은 전혀 별개의 문제다. 이것은 뉴런이 하는 일이다. 우리 인간의 뇌를 구성하는 대략 860억 개의 뉴런은 그 각각이 생물학적 처리기로서 정보를 받아들이고 평가하고 전달한다. 이 과정을 "신경 신호화neuronal signaling"라고 한다. 이때 뉴런이 사용하는 '언어(또는 부호)'는 미세한 전기자극이다.

   뉴런의 몸체 즉 '세포체soma'는 뉴런에서 정보 처리가 일어나는 핵심 부위다(그림 7.1). 세포체는 '가지돌기dendrite'(그리스어로 '나무'를 뜻한다)라고 불리는 수많은 가지체를 통해 다른 뉴런으로부터 정보를 받는다. 이에 반해 축색돌기axon는 세포체로부터 이웃한 뉴런 또는 근육과 같은 다른 효과 기관으로 전기 신호를 전달한다. 한

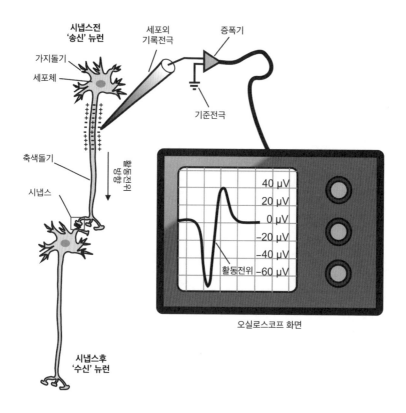

시냅스전
'송신' 뉴런

가지돌기

세포체

세포외
기록전극

증폭기

기준전극

축색돌기

활동전위
방향

시냅스

40 μV
20 μV
0 μV
−20 μV
−40 μV
활동전위 −60 μV

오실로스코프 화면

시냅스후
'수신' 뉴런

그림 7.1 미소전극을 이용한 단일 뉴런으로부터의 전기자극 기록. 왼쪽 상단 그림은 시냅스전 뉴런을
간략히 나타낸 것이다. 시냅스전 뉴런에서 생성된 전기적 자극 즉 활동전위는 축색돌기를 따라 신경 말
단으로 전달된다. 축색돌기에서 활동전위가 생성되면 막 부위는 잠시 탈분극된다(막의 안쪽이 더 많은
양전하를 띤다). 막 부위에서 활동전위가 흐르기 전과 후의 전위차를 휴지전위라고 한다. 이때 뉴런 내
에는 더 큰 음전하가 형성된다. 이러한 흥분성은 시냅스를 따라 시냅스후 뉴런으로 전달된다. 오른쪽
그림은 시냅스전 뉴런으로부터의 세포외 기록을 도식화한 것이다. 활동전위는 기록전극침을 통해 기
록되어 증폭 및 필터링되며, 이러한 자극의 시간에 따른 전압 변화가 오실로스코프에 표시된다. 활동전
위는 뉴런 외부에서 기록되므로, 뉴런으로 나트륨 양이온이 유입됨에 따라 전압 진폭이 편향되면 기록
이 시작된다.

뉴런의 축색돌기 말단과 그에 인접한 뉴런의 가지돌기 또는 세포
체 사이의 아주 작은 간극 또는 이음부를 '시냅스synapse'라고 부른
다. 시냅스는 뉴런들 사이의 소통 통로를 일컫는 말이다. 여기서 이

러한 소통은 근본적으로 서로 다른 두 가지 방식, 즉 전기적 방식과 화학적 방식에 의해 일어난다. 먼저 전기적 시냅스에서 전류는 뉴런 내 액('세포질cytoplasam'이라고 부른다)을 연결하는 가느다란 튜브 모양의 막을 통해 한 뉴런에서 다른 뉴런으로 흐른다. 반면, 화학적 시냅스에서는 그러한 다리가 존재하지 않는다. 대신 '신경전달물질neurotransmitter'이라고 불리는 전령 물질이 (시냅스전) 뉴런의 신경 말단에서 방출되어 작은 시냅스틈을 건넌 뒤 인근의 (시냅스후) 뉴런에 도달한다. 신경전달물질은 이웃 세포의 수용기에 결합한 후 그 세포의 흥분성을 변화시킨다. 오늘날에는 10여 종 이상의 화학 물질이 신경전달물질로 작용하는 것으로 확인되었다. 각각의 상이한 신경전달물질은 두 가지 완전히 구분되는 방식으로 시냅스후 뉴런에 영향을 미친다. 즉 뉴런을 흥분시키거나 또는 억제시키거나, 둘 중 하나다. 뇌는 수백 또는 수천 개의 입력 뉴런으로부터 이러한 상반되는 신호를 받고 또한 이들 흥분성 및 억제성 정보를 통합함으로써 무수한 정보를 산출해낼 수 있다.

'활동전위action potential'(또는 스파이크 전위)는 뉴런 막에 위치한 정교한 기계가 뉴런으로 유입되는 흥분 신호 및 억제 신호를 계산한 후 그에 따라 얻어진 전기적 활성을 하나 또는 여러 개의 전기자극으로 변환시킨 것이다. 활동전위는 막에서의 전위차―즉 막 전위는 휴지기 동안 그 내부가 음전하를 띤다―가 일시적으로 역전될 때 생성된다. 이러한 자극 각각은 약 0.1볼트의 크기를 가지며 대략 1000분의 1초 동안 지속된다. 단일 자극은 지극히 짧은 시간 동안만 지속되므로, 뉴런은 1초에 수십 개의, 때로는 수백 개의 활동전위를 생성할 수 있다. 뉴런 하나가 초당 생성하는 활동전위가 더 많을수록 그 뉴런은 더 정교한 정보를 신호화할 수 있다. 이러한 활동전위는 초속 수백 미터의 속도로 축색돌기를 따라 이동하여 신경말단에 도달한 후 시냅스를 통해 인접 뉴런으로 전달된다. 이런 방식으로 뉴런은 전기회로와 연결망을 형성한다. 그리고 바로 이러한 연결망이 우리의 마음과 정신을 모두 표상한다.

그렇다면 지름이 50마이크로미터(0.05밀리미터)밖에 되지 않는 이 조그만 뉴런에서 일어나는 신경 신호화 과정을 어떻게 모니터링할 수 있을까? 이는 단일 세포(또는 단일 뉴런) 기록법을 통해 달성할 수 있다. 신경생리학자들은 이 방법을 이용해 살아있는 뇌의 뉴런에서 전기적 활성을 직접 관찰할 수 있다. 마이클 가자니가Michael Gazzaniga와 그 동료들은 인지신경과학 교과서를 쓰면서 이 기법에 찬사를 보냈다.

신경생리학에서—아마도 신경과학 전체에서—가장 중요한 기술적 진보는 실험동물에서 단일 뉴런의 활성을 기록하는 기법의 개발이라고 할 수 있다. 이 기법으로 인해 신경 활성에 대한 이해에는 비약적인 발전이 일어났다.[1]

나 또한 신경생리학자로서 이러한 찬사에 대해 공감하는 바다. 결국 뉴런은 인식과 사고 그리고 행동을 구성하는 기본 원자라고 할 수 있다. 마음을 이해하기 위해서는 그리고 궁극적으로 마음의 병을 이해하기 위해서는, 수를 포함해 우리가 경험하는 그 모든 것의 토대인 뉴런의 전기적 활성을 이해하는 것이 필수불가결하다. 이러한 단일 뉴런—신경계를 이루는 개별 요소—의 반응 특성은 전기생리학적 기록을 통해 측정할 수 있다. 영국의 저명한 신경생리학자 호레이스 바실 발로Horace Basil Barlow도 말한 적 있듯이, "뉴런은 행동이 어떻게 생성되는지에 대한 합리적인 설명을 도출하는 데 여전히 중요한 기능 단위다."[2]

단일 세포에서 전기적 활동전위를 측정하고 기록하기 위해서는 머리카락만큼 가는 미소전극을 실험동물의 머릿속에 삽입해야 한다. 전극은 그 끝부분만 전기적 도체이므로 전극 끝부분이 뉴런 근처에 가닿으면 뉴런 막에서의 전기적 활성의 변화를 탐지할 수 있다. 우리의 최종 목표는 전기적 활성이 어떻게 행동과 인지를 일으키는지 이해하는 것이므로, 이때 가장 최선의, 가장 직접적인 접근법은 실험동물이 특정 과제(대체로 컴퓨터로 통제된다)를 수행하면서 통제된 행동을 일으키는 동안 뉴런 활성을 기록하는 것이다. 우리는 동물의 행동과 바로 그때 발생하는 신경 반응을 비교함으로써 특정 뉴런이 어떻게 수리 능력과 같은 인지 기능을 표상하는지 추론할 수 있다. 뇌에는 통증 수용기가 없으며 모든 고통스러운 수술은 전신 마취 상태에서 진행되므로 실험동물로부터 신경 기록은 쉽게 얻을 수 있다. 그러나 척추동물에 대해 실험을 진행하기 위해서는 유효한 허가증이 반드시 있어야 하며, 그러한 허가증을 받기 전에 독립적인 검토 위원회로부터 계획된 실험에 대한 세부사항과 윤리적 평가를 필수적으로 검토받아야 한다.

2장에서 나는 '심적 표상'을 순전히 행동적 개념으로만 한정했다. 그러나 단일 세포 기록의 근본적인 목표는 감각 자극, 심적 상태 또는 운동 출력의 '신경학적 표상'을 측정하는 것이다. 여기서 '신경학적 표상'은 내용과 기능을 가지는 신경학적 신호로 정의할 수 있다.[3] 이를 좀 더 자세히 풀어서 설명해보자.

신경학적 신호의 내용은 수신된 신호가 제공하는 정보 또는 메시지다. 이는 전형적으로 동물에게 특정 자극을 가했을 때 또는 동물이 특정 과제(암기 또는 의사결정)를 수행할 때 뉴런에서 나타나는 반응의 변화를 통해 측정할 수 있다. 수량 인지를 예로 들어보면, 가장 먼저 질문해야 할 사항 중 하나는 실험동물에게 서로 다른 개수의 점을 제시했을 때 뉴런의 자극 반응속도(초당 활동전위 발생 수)가 변화하는지다. 서로 다른 자극을 한 번에 하나씩 제시하면 개별 뉴런의 반응을 특정 자극과 짝지을 수 있다. 만일 뉴런이 오직 특정한 자극에만 반응하고 다른 자극에는 반응하지 않으면 이 뉴런은 이 자극에 선택적 활성을 가진다고 말할 수 있다. 단일 뉴런은 놀랄 만큼 구체적인 특정 자극에 반응하도록 암호화되어 있을 수 있다. 예를 들어 측두엽에 있는 일부 뉴런들은 오직 얼굴에만 배타적으로 반응한다.₄ 앞으로 확인하겠지만, 수의 영역에서도 이러한 종류의 정교한 뉴런이 작동하고 있다. 그러나 이처럼 특정 기능에 전문화된 뉴런이라고 해서 혼자서 모든 일을 하는 것은 아님을 유의해야 한다. 이들 세포 또한 뉴런의 연결망에 속해 있으며, 때때로 이러한 연결망은 뇌 영역 전체에 걸쳐 퍼져 있을 때도 있다.

　　신경 신호의 내용을 그래프로 나타내기 위한 한 가지 방법은 뉴런의 자극-반응(또는 입력-출력 행동) 함수를 조율곡선tuning curve의 형식으로 그려보는 것이다. 보통, 각기 다른 범위의 자극값을 X축으로 하여 흥분율을 나타낸다. 예를 들어, 수에 대한 뉴런의 선택성을 나타낸 조율곡선에서는 작은 수부터 큰 수까지 제시된 수 범위에 대해 뉴런에서 발생하는 초당 활동전위 횟수를 표시한다. 이러한 그래프는 나중에 더 살펴볼 것이다.

　　"신경학적 표상"의 정의를 이루는 두 번째 부분인 신경 신호의 기능을 살펴보자. 신경 신호의 기능이란 동물의 인식, 행동 및 내적 인지 상태가 무엇을 위한 것인지 그 목적을 말한다. 신경 신호의 기능 또한 조율곡선을 통해 알아낼 수 있다. 예를 들어, 동물이 수를 올바로 판단할 때와 틀리게 판단할 때 수에 대한 조율곡선이 예측 가능한 방식으로 서로 다르게 나타난다면, 이는 해당 뉴런의 신경 신호가 이 동물의 수 인식과 관련된다는 것을 시사한다. 뒤에서 설명할 특정한 방법을 이용해 실험적으로 뉴런의 신경 신호를 변화시키거나 교란함으로써 동물의 수 인식에 예측된 변화를 일으킬 수도 있다. 이것은 신경 신호를 이해하는 특히 멋지고 효과적인 방법이다. 신경 신호의 기능적 관련성을 시험하기 위한 이들 방법 또한 뒤에서 더 자세히 살펴볼 것이다.

원숭이의 뇌에서 수 뉴런을 발견하다

새천년에 접어들 무렵, 원숭이가 수를 고속 처리할 수 있다는 증거가 무수히 쏟아져 나왔다. 물론 원숭이가 수를 다룰 줄 안다면 그것은 원숭이의 뇌에 그런 능력이 있기 때문이지 그밖에 다른 가능성은 없다. 논리적으로, 이다음 단계는 뇌의 작동이 어떻게 수를 다루는 능력으로 이어졌는지 알아내는 것으로 보였다. 마침 나는 MIT의 얼 밀러의 실험실에서 이 프로젝트를 함께할 기회를 얻었다. 그 후 몇 년 동안 밀러는 내가 알아야 할 모든 것을 가르쳐주었고 한 단계씩 나아갈 때마다 나를 지원해주었다.

　우리는 원숭이가 점의 개수를 생각하는 동안 원숭이의 뇌에서 각각의 뉴런에 어떠한 일이 일어나는지 알아보기 위해 원숭이가 능동적으로 수를 확인한 후 이들을 식별하도록 했다. 이를 위해, 우리는 원숭이들에게 앞에서도 언급한 지연된 표본 대응 과제(**그림 3.7A**)를 훈련시키기로 결정했다. 우리는 원숭이에게 컴퓨터 모니터로 점 집합을 보여준 후 1초 간격으로 또 다른 점 집합을 보여줬다. 원숭이들은 만약 두 번째 집합이 첫 번째 집합과 동일하면 쥐고 있던 레버를 풀어야 하며, 이 과제에 성공하면 보상으로 주스를 받을 수 있다는 것을 습득하게 되었다. 전체 시험 중 임의로 선정된 절반에서는 두 번째 집합과 첫 번째 집합이 서로 다른데, 이 경우 원숭이들은 반응을 보여서는 안 되며, 대신 세 번째 집합이 나올 때까지 기다려야 한다. 세 번째 집합은 항상 첫 번째 집합과 같으며 세 번째 집합을 확인한 후 레버를 풀면 원숭이는 보상을 받을 수 있다. 한 차례의 시험을 마칠 때마다 다른 집합의 점들로 새로운 시험이 시작되었다. 앞에서도 설명했듯이, 우리는 원숭이들이 다른 시각적인 특성은 이용하지 않고 오직 점의 개수에만 의존해 과제를 해결하도록 모든 종류의 대조 시험을 실시했다. 특정 시험 동안 통제된 이미지를 제시하고 올바른 반응에 보상하고 이후 시험의 각 단계마다 뉴런의 활동전위를 기록하는 등 모든 과정은 적절한 컴퓨터 프로그램을 이용해 수행되었다. 이렇게 수백 차례 시험을 수행한 후, 우리는 원숭이들에게 어떻게 수량을 구분하는지는 물론, 이들 뇌의 뉴런들이 수량을 어떻게 표상하는지도 알아낼 수 있었다.

우리는 원숭이들이 표본의 수량을 인식한 후 잠시 이를 머릿속으로 외우고 있는 동안, 즉 표본 자극이 제시된 후 시험 자극이 제시되기까지 1초간의 작업기억 기간 동안 원숭이의 뇌에서 무슨 일이 일어나는지 알아내려 했다. 따라서 우리는 원숭이의 배외측 PFC에 접근하기 위해 외과적 수술을 실시하여 주요 구principal sulcus 주변의 신경조직(그림 6.2)에 수마이크로미터 지름의 미소전극을 삽입했다.

실험 결과, 원숭이가 수를 보고 외우는 동안 특정 뉴런이 크게 활성화되는 것을 확인했다.[5] 좀 더 면밀히 검사한 결과, 일부 뉴런은 분명 시험 당시 원숭이가 외우려고 하는 수가 무엇인지에 따라 서로 다른 자극 속도로 반응했다. 놀랍게도, 이들 뉴런 각각은 특별히 선호하는 수가 있었고 이러한 선호하는 수가 제시되면 활동전위를 마구 방출했다. 즉 이들 뉴런은 특정 수치가 나타났음을 알렸다. 이들이 바로 수량-선택적 뉴런, 또는 줄여서 '수 뉴런'인 것이다!

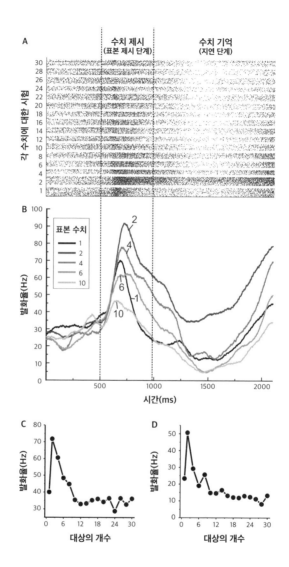

그림 7.2 원숭이의 뇌에서 수를 표상하는 단일 뉴런. A)원숭이가 점 배열에 대해 지연된 표본 대응 과제를 수행하는 동안 단일 세포 활성을 기록한 후 점-래스터 히스토그램으로 나타냈다. 각 시험 동안 뉴런이 방출하는 활동전위는 작은 점으로 묘사된다. B)(A)의 뉴런이 보여주는 신경 활성을 스파이크-밀도 히스토그램으로 나타냈다. 명확한 구별을 위해 일부 수치만 선택하여 표시했다. 표본으로 제시된 수에 따라 그래프선의 음영을 달리하여 표시했다. C)표본 제시 단계의 활성으로부터 이 뉴런의 수량 조율 곡선이 계산된다. D)작업기억이 일어나는 동안에도 동일한 뉴런에서 조율이 일어난다(출처: Nieder, 2016).

스피커 너머로 뉴런들이 활동전위를 방출하는 소리에 귀를 기울여 보면 이러한 신경 활동이 어떻게 원숭이가 수량을 체험하도록 만드는지 들어볼 수 있다. 그것은 마치 모닥불의 열기에 마른 장작이 탁탁거리며 갈라지는 소리처럼 들렸다. 지금도 나는 뉴런이 전위를 방출하는 소리를 들을 때마다 전율한다. 이 소리는 내가 왜 처음에 단일 세포 생리학을 연구하기로 마음먹었는지 일깨워준다. 뉴런의 소리는 우리의 마음이 작동하는 바로 그 순간 일어나는 일을 가장 가깝게 들려준다.

그림 7.2는 PFC에 있는 그러한 수 뉴런 하나가 수량 2가 제시되었을 때 보여주는 반응을 나타낸 것이다. 실험이 진행되는 동안 이 뉴런이 보여준 반응을 여러 가지의 서로 다른 방식으로 나타냈다(그림 7.2). 이른바 점-래스터 히스토그램(그림 7.2A)에서 가로선들은 각각의 단일 시험 결과를 나타낸다. 각 시험 동안 뉴런이 방출하는 활동전위는 작은 점으로 묘사된다. 1을 포함해 30까지의 모든 짝수에 대해 시험을 실시했으며, 각 수치에 대해 시험을 여러 차례 반복했다. 숫자들이 제시되기 전 고정 기간인 처음 500밀리초 동안 원숭이들은 빈 화면을 바라본다(그림 3.7A의 과제 배치를 참조할 것). 그동안 뉴런에서 방출되는 활동전위는 임의적이며 무작위적이다. 그후 500밀리초에서 1000밀리초 동안 서로 다른 수의 대상이 제시된다. 그러면 뉴런은 제시된 수에 따라 좀 더 강한 활동전위를 방출하기 시작하고, 이에 따라 히스토그램의 점 패턴도 빽빽해진다(그림 7.2A). 뉴런의 활성 증가는 자극이 제시된 이후 150밀리초 정도 지연된다. 이는 눈으로 들어온 정보가 시각 경로를 따라 PFC에서 일련의 뉴런에 도달하기까지 걸리는 시간이다. 점-래스터 히스토그램의 유난히 짙은 부분에서 알 수 있듯이, 숫자 2를 선호하는 뉴런들이 가장 많은 활동전위를 방출한다. 2에서 멀리 떨어진 수일수록

발화율은 점진적으로 감소하여 신경 조율이 일어난다. 지연 단계 동안 화면에서 표본 수가 사라진 후에도 숫자 2를 선호하는 뉴런은 계속해서 2에 대해 선택적으로 더 높은 발화율을 보인다. 이 뉴런은 숫자 2에 대한 작업기억의 신경 상관물인 것이다. 이 뉴런의 신경 활성을 그림 7.2B에 스파이크-밀도 히스토그램으로 나타냈다. 이 그래프는 시험 중 발생한 순간 평균 발화율을 보여주는 것으로, 이러한 활성은 위의 점-래스터 히스토그램 및 일련의 시험의 시간축과 일시적으로 상관관계를 가진다. 이 뉴런은 숫자 2에 대해 가장 큰 흥분성을 보여주며, 숫자가 2에서 멀어지면 뉴런의 흥분도도 점차 감소한다.

그다음으로 수량의 신경 표상을 시각화하기 위해, 각 수량에 대해 표본 제시 단계 동안 관찰된 평균 발화율을 이용하여 이 뉴런의 수량 조율곡선을 얻었다(그림 7.2C). 이 곡선에서도 명백히 확인할 수 있듯이, 원숭이에게 수들을 보여줄 때 숫자 2에 대한 반응이 가장 강하며 그로부터 점점 멀어질수록 발화율도 점진적으로 감소한다. 이에 따라 조율곡선은 종 모양을 가지게 된다. 마지막으로, 원숭이가 수를 암기하고 있는 동안인 지연 단계 동안 신경 반응을 관찰하여 조율곡선을 그렸다(그림 7.2D). 분명, 이 뉴런들은 원숭이가 수를 암기하는 동안에도 이전 단계와 정확히 동일한 조율곡선을 보여준다. 이 뉴런은 숫자 2를 볼 때만이 아니라 작업기억을 통해 그것을 기억하는 동안에도 숫자 2를 신호화하는 것이다.

수 뉴런은 예상대로 점들의 정확한 배치와는 전혀 무관하게 작동했다. 즉 점이 크든 작든, 빽빽하게 채워지든 헐겁든, 모든 경우에 뉴런은 가장 선호하는 수에 대해 가장 높은 활동전위를 방출했다. 수 뉴런에게 점 집합의 겉모습은 아무 상관이 없었으며 오직 개수만이 중요했다. 물론 모든 각각의 뉴런이 수량 정보에 상관하는

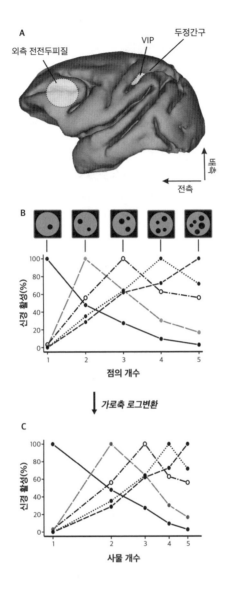

그림 7.3 원숭이 뇌의 수 뉴런. A)마카크원숭이 뇌의 외측 단면. 연한 회색으로 나타낸 부분이 전전두피질 및 두정간구의 복측 두내 영역으로서, 수 뉴런을 높은 비율로 포함하고 있다. B)한 개에서 다섯 개까지의 사물에 선택적으로 반응하는 수 뉴런의 상대적 활성 수준. 작은 수에 반응하는 뉴런일수록 그 정밀도가 더 높다(즉 곡선이 더 뾰족함). C)가로축을 로그변환하면 조율곡선이 대칭이 되는 것을 확인할 수 있다(출처: Nieder, 2016).

것은 아니다. 하지만 대략 30% 정도의 상당한 비율의 뉴런이 수 뉴런인 것으로 드러났다.

PFC는 피질 서열 중에서도 최상위 계층에서 작동하며 PPC 및 전측두피질로부터 고도로 처리된 시각 정보를 받으므로(그림 6.3), 수가 두정엽과 측두엽의 상류 뇌 영역에서 이미 표상되었을 것으로 유추할 수 있다. PPC는 시각적 광경의 공간 배치를 처리하는, 이른바 '어디' 경로의 말단 영역으로 여겨진다. 반면 전측 하측두피질은 '무엇' 경로의 종점으로서, 대상의 신원 정보를 암호화한다(그림 6.3). 이들 영역 중 어딘가에서 시각적 수량이 표상될 수도 있다. 또한 인간 뇌에 대한 기존 연구에 따르면 수량 처리의 핵심 영역으로 후부두정엽이 지목된다.

이에 따라 우리는 원숭이의 PPC, 좀 더 구체적으로 말하면 상두정소엽 및 하두정소엽을 비롯해 IPS의 여러 영역에서 뉴런의 활성을 기록했다.[6] 뿐만 아니라, 측두엽의 전측두피질에서도 뉴런 활성을 기록했다. 이들 모든 영역 중에서도 IPS 바닥 깊은 곳에 자리 잡고 있는 복측 두정내 영역, 즉 VIP 영역(그림 6.2)에서의 활성이 특히 두드러졌다. VIP에서 수량선택적 뉴런의 비율은 최대 20%로 두정엽 내에서 가장 높았다. 시각적 수량에 대한 조율에서 VIP 영역이 가지는 중요성은 최근 일본의 무시아케 하지메虫明元 연구팀의 단일 세포 기록을 통해서도 확인되었다.[7] 두정엽 또는 측두엽의 다른 영역에서는 수 뉴런이 그리 흔하게 발견되지 않았으며 우연히 발견될 정도의 빈도였다. 따라서 우리의 연구 결과에 따라 시각적 수량에 대한 핵심 뇌 영역은 전두엽의 외측 PFC 및 PPC의 IPS 내 VIP 영역, 두 곳으로 밝혀졌다(그림 7.3A).

영장류의 뇌에서도 이들 두 영역이 상당 비율로 수 뉴런을 포함하고 있다면 이들 영역은 더 포괄적인 수 네트워크의 한 부분일 가능성이 있다. PFC에서 수량선택적 뉴런에 대해 기록한 결과를 VIP의 것과 비교해보면 VIP의 뉴런은 수량이 표시되었을 때 대략 50밀리초 정도 더 빨리 반응한다. 시각 처리 계층에서 더 이른 곳에 있는 뉴런일수록 당연히 유입된 자극 정보에 더 빨리 반응할 것이므로, 이러한 발견은 IPS가 뇌에서 수량이 추출되는 첫 번째 장소임을 시사한다. 또한 IPS와 PFC는 상호 연결되어 있으며 서로 '대화'하므로[8,9] 정보는 IPS에서 PFC로 전달되는 것으로 보인다. PFC에는 수량에 대한 선택도가 높은 뉴런이 더 많이 분포하고 있으며, 특히 후속 작업기억 단계 동안 수량을 표상함으로써 이후 행동을 제어할 수 있도록 한다. 물론 수량선택적 뉴런만 배타적으로 수량 정보를 암호화하고 있을 이유는 없다. 원숭이에 대한 단일 세포 기록으로부터 얻은 증거에 따르면 단일 뉴런은 다양한 정보를 부호화할 수 있으며, 따라서 또 다른 기능을 암호화하는 뉴런 앙상블의 한 부분을 이룰 수도 있는 것으로 보인다.

신경과학 컨퍼런스에서 우리가 측정한 단일 세포 결과를 발표했을 때 일부 청중들은 수 표상에 VIP도 관여한다는 사실에 놀라기도 했다. PFC가 범주에서 개념까지 모든 종류의 추상적 처리에 관여한다는 것은 익히 알려져 있던 사실이지만 VIP는 그렇지 않았다. VIP의 뉴런들은 일반적으로 시각-공간 처리 또는 주의에 관여하는 것으로 알려져 있으며 추상적 범주화에 관여하는 일은 극히 드물었다. 왜 VIP가 뇌에서 수량을 표상하기에 이상적인 장소인지 몇 가지 이유를 생각해볼 수 있다. 첫째, 수는 감각 양상에 의존하지 않는 추상적 개념이다. 따라서 뇌에서 수를 표상하기에 가장 이상적인 장소는 시각, 청각, 촉각 등 모든 주요 감각계로부터 입력값을 받는 곳이어야 할 것이다. VIP는 두정엽의 다른 영역들과는 달리 다중양상 연합영역이므로[10] 수를 표상하기에 가장 적합한 곳이라고 할 수 있다. 둘째, 사물의 개수는 서로 본질적으로 다른 두 가지 방법, 즉 공간적으로 또는 시간에 걸쳐 순차적으로 제시될 수 있다. 뇌에서 PPC 영역은 공간 감각 정보도 처리하지만,[11] 시간적 정보도 처리한다.[12,13] 이러한 점에서도 후부두정엽은 수를 처리하기에 이상적인 장소다. 셋째, 수량은 특별한 유형의 크기이며, PPC는 사물의 치수 또는 시간 간격 등 여러 유형의 추상적 크기를 암호화하는 것으로 알려져 있다.[14] 따라서 PPC는 흔히 시간이나 공간, 수 등을 포함한 크기 일반을 처리하는 장소로 여겨졌다. 런던 유니버시티 칼리지의 인간뇌연구소 교수인 빈센트 월시Vincent Walsh는 자신의 크기 이론에서 이러한 생각을 증명 및 요약한 바 있다.[15,16] 마지막으로, 수 처리 능력은 외부 감각 자극의 개수뿐만 아니라 이들을 세는 데 필요한 움직임까지도 아우르는 능력이다. PPC는 전운동과 관련된 특질도 가지고 있으므로 움직임을 표상할 수 있다. 아이들이 수를 세는 법을 배울 때 손가락으로 셈을 하는 모습을 흔히 볼 수 있다. 이러한 손가락 셈하기에도 두정엽 일부가 관여한다.[17] 이 모든 근거를 바탕으로 할 때 VIP 영역은 수를 표상하기에 이상적인 영역으로 볼 수 있다.

우리가 PFC의 뉴런이 어떻게 시각적 수량을 표상하는지에 대한 연구논문을 발표한 그해, 일본 센다이의 도호쿠대학교의 단지 준丹治順이 이끄는 연구팀은 손동작으로 수를 추적하도록 훈련된 원숭이에게서 발견한 뉴런을 보고했다.[18] 단지 준과 동료들은 원숭이가 한 가지 유형("밀기")에 대한 다섯 가지 팔동작과 다른 유형("돌기")에 대한 다섯 가지 팔동작을 번갈아 하도록 훈련시켰다. 이들은 상두정소엽SPL의 특정 부위에서 뉴런의 활성을 기록하여 동작의 특정 횟수를 선호하는 뉴런을 발견했다. 이 뉴런들은 마치 우리가 다른 두정엽 부위에서 발견한 점의 특정 개수에 반응하는 뉴런들과 비슷하게, 동작의 특정 횟수에 대략 반응하도록 맞춰져 있었다.

센다이 연구팀과 우리 MIT 연구팀의 연구를 통해 수량 인식을 이해하기 위한 새로운 길이 열렸지만, 사실 수 뉴런이 보고된 것은 이번이 처음은 아니다. 수 뉴런을 최초로 보고한 논문은 1970년으로 거슬러 올라가며, 살아 움직이는 원숭이가 아니라 마취된 고양이가 사용되었다. 리처드 F. 톰슨Richard F. Thompson과 그 동료들[19]은 의식이 없는 고양이에게 일련의 시각 또는 청각 자극을 제시하고 이때 연합피질의 반응을 기록했다. 이들은 자극의 양상이나 빈도와는 무관하게 연쇄적으로 특정 횟수의 자극에만 주로 반응하는 몇몇 뉴런을 발견했다. 검사한 뉴런 500개 중 오직 5개만 이러한 수량선택적 활성을 나타냈다. 그러나 반응한 뉴런이 오직 1%밖에 되지 않으므로 이는 통계적 검정 기법의 명세상 우연에 의한 것으로 볼 수도 있다. 그럼에도 불구하고 이 연구는 신경학적 수 처리 과정을 해명하려는 선구적 시도로 여겨진다.

수는 뉴런에 어떻게 코딩되는가?

영장류의 뇌에서도 수 뉴런을 발견할 수 있었으므로, 이제 이러한 뉴런이 신경 신호를 토대로 얼마나 정밀하게 수를 표상하는지 물어볼 차례다. 다시 말해, 수는 어떻게 부호화되어 있는가? 수 뉴런은 각각 개별적으로 선호하는 수에 맞춰져 있다. 정확히 말해, '3'을 신호화하는 뉴런은 '3'을 제시했을 때 가장 높은 발화율을 보이지만 '2'나 '4'에도 일부 반응한다. 그러나 '1'이나 '5'에는 거의 반응하지 않는다. 이는 수 뉴런의 한 가지 중요한 특성을 보여준다. 뉴런의 반응은 상대적으로 정밀도가 높지 않으며 부정확하다. 뉴런이 선호하는 수만이 아니라 그에 인접하는 수도 반응을 이끌어낼 수 있기 때문이다(그림 7.3B). 그러나 이로 인해 행동과 근사 수치 시스템ANS 간에는 중요한 연결이 생긴다. 앞에서도 살펴보았듯이 ANS 또한 마찬가지로 부정확하고 근사적이다.

선호하는 수량 지점에서 최고점을 가지는 종 모양의 조율곡선 을 따르는 수량의 암호화를 "표지된 선 부호labeled-line code"라고 부 른다. 마치 살아있는 전화선처럼, 특정 수 뉴런이 활성화될 때마다 이 수에 대한 선이 열려 원숭이에게 어떤 수가 제시되었는지 알려 줄 수 있다. 수가 제시되면 오직 하나의 뉴런만 발화하는 것이 아니 라 수많은 뉴런이 동시에 활성화되는 것이 명백하다. 제시된 수가 무엇인지 결정하고자 할 때 원숭이의 뇌는 뉴런 다발에서 나오는 활성을 평가해야 한다. 이를 위해 원숭이의 뇌는 뉴런들 각각이 어 떤 수를 말하고 있는지 모두 들어본다. 민주주의 선거가 그러하듯, 각각의 뉴런이 던지는 표는 전부 결과에 반영된다.

그러나 안타깝게도 뉴런들의 투표는 정확히 집계되지 않을 때 도 있어 잘못된 수 판단으로 이어지기도 한다. 특히 인접한 수에 대 해 판단해야 할 때 더욱 그렇다. 이러한 판단 실수가 생기는 한 가 지 이유는 종 모양 조율곡선에서도 볼 수 있듯이 뉴런은 수량을 대 략적으로만 표상하기 때문이다. 신경 발화율이 각 시험마다 조금씩 변동하는 것도 영향을 준다. 예컨대, 원숭이에게 세 개의 점을 제 시하면 보통은 3을 선호하는 뉴런이 가장 크게 활성화된다. 그러나 2와 4를 선호하는 뉴런도 정도는 약하지만 마찬가지로 활성화된다. 때로는 그중 어떤 뉴런이 가장 큰 활성을 방출하는지 분명하지 않 을 때도 있다. 그 결과 원숭이는 결국 인접한 수들을 서로 혼동하게 된다. 이는 우리가 원숭이들에게 집합 크기를 추정하도록 했을 때 관찰한 사실과 정확히 일치하며, 수치 거리 효과는 이것 때문이다.

뿐만 아니라 수치 크기 효과도 설명할 수 있다.[20] 다시 말해, 종 모양 조율곡선의 폭은 수량의 크기에 따라 체계적으로 증가한다. 그 결과 원숭이가 이웃한 수를 혼동할 확률 또한 수가 커짐에 따라 증가한다. 수치 거리 효과와 수치 크기 효과 모두 베버의 법칙의 특성으로, 이제 우리는 수 뉴런의 반응을 토대로 이들을 설명할 수 있다 (그림 7.3B).

그뿐만이 아니다. 수 뉴런은 또 다른 정신물리학적 현상인 페히너의 법칙 또한 설명한다. 이 법칙에 따르면 수량에 대한 감각은 수 크기의 로그 척도로 증가한다. 앞에서도 지적했듯이, 원숭이의 행동수행 함수는 선형 척도보다는 로그 척도에서 더 잘 설명된다.[21] 우리는 신경 조율곡선에서도 정확히 동일한 상관관계를 발견했다 (그림 7.3C). 조율함수는 가로축을 로그로 나타냈을 때 더 대칭적인 종 모양 곡선을 보였으며,[22, 23] 이는 수 뉴런이 페히너의 법칙을 따른다는 것을 입증한다.

로그 암호화 체계는 단지 페히너의 법칙을 잘 따르는 것뿐만이 아니라 두 가지 생리학적 이점을 추가로 가진다. 첫째, 수 뉴런은 로그 단위로 암호화됨으로써 모든 수에 대해 서로 동일한 조율폭을 가지게 된다. 이러한 효과를 '규모 불변성scale invariance'이라고 한다. 둘째, 신경 반응의 변동폭이 그 뉴런이 선호하는 수와 무관해질 수 있도록 한다. 이러한 이점으로 인해 정보 암호화 신경 모델에서는 대칭적 종 모양(가우스 분포) 조율함수가 광범위하게 사용된다. 대칭 함수는 비대칭 함수에 비해 계산에서 이점이 있을 뿐만 아니라 그것의 분석해 또한 수학적으로 쉽게 도출될 수 있기 때문이다.[24]

의심할 바 없이, 조율된 수 뉴런의 발화율은 수량 정보가 뇌에서 어떻게 처리되고 전달되는지 알려주는 중요한 단서다. 그러나 이것이 정보의 유일한 원천은 아닌 것 같다. 활동전위의 시간 패턴—수량이 제시될 때 각 수량이 시간에 따라 어떻게 분포되어 있는지—또한 집합 크기에 대한 정보를 제공할 것으로 생각되는데, 여기에는 몇 가지 이유가 있다.[25] 뉴런 발화의 시간적 구조를 바탕으로 수량 정보가 어떻게 전달되는지는 아직 명확히 밝혀지지 않았으며 추후 더 조사해볼 필요가 있다.

원숭이 뇌에서 조율된 수 뉴런이 발견된 것에서 아이디어를 얻어, 인지신경과학자들은 기능적 영상기법을 이용한 간접적인 방법으로 인간의 뇌에서 수의 신경 암호화를 탐구하기 시작했다. 앞 장에서 피아차와 드앤이 수행한 fMRI 적응 기법에 대해 언급한 바 있다.[26] 하지만 이들의 연구는 여기서 끝이 아니었다. 피아차와 드앤은 단순히 뇌에서 BOLD 신호가 적응했다가 다시 회복되는 영역을 측정하는 것을 넘어 이 영역의 흥미로운 세부사항들도 밝혀냈다. 16이란 자극에 대해 습관화 시험을 수행하면서 이들은 변칙적인 수량으로 32만 제시한 것이 아니라 다른 수량들도 제시했다. 이를 통해 피아차와 드앤은 BOLD 신호가 표적 수량에 관한 수량함수로서 어떻게 회복되는지 체계적으로 조사할 수 있었다. 그 결과, 이들은 비인간 영장류의 뇌에서 수 뉴런의 조율과 유사한 효과를 발견했다. 제시된 수와 16 간의 수치 거리가 증가함에 따라 IPS에서의 BOLD 신호 회복 또한 역전된 종 모양 조율곡선을 그리며 체계적으로 증가하는 것이다. 이는 조율된 수 뉴런이 비단 원숭이의 뇌에만 존재하는 것이 아니라 인간의 뇌에도 존재할지 모른다는 것을 암시하는 첫 번째 단서였다.

몇 년 뒤, 박사후과정 연구원 시몬 야코프와 나는 이 fMRI 적응 실험을 반복하여[27] 비단 IPS뿐만 아니라, 앞서 우리들이 실시한 원숭이에 대한 단일 세포 기록 실험 결과와 동일하게, 외측 PFC에서도 수량에 대한 fMRI 적응 현상이 나타남을 확인했다. 특히

BOLD 회복 특성은 가로축을 로그변환했을 때 훨씬 더 분명히 확인할 수 있었다. 이 또한 원숭이 뉴런에서 일어나는 척도 조정 효과를 반영한다. fMRI 적응 실험은 인간의 뇌에 베버의 법칙 및 페히너의 법칙을 따르는 수 뉴런이 존재할 수도 있다는 가설을 간접적으로 뒷받침한다.

뉴런이 수에 맞춰 조율되는 현상은 성인 인간의 뇌에서만 나타나는 고유한 특징이라고 생각하는 사람이 있을지도 모르겠다. 그러나 전혀 그렇지 않다. 로체스터대학교의 제시카 캔틀런 연구팀[28]은 최근 fMRI 적응 실험을 통해 서너 살밖에 되지 않은 어린아이들의 IPS에서도 점 집합의 개수에 대해 성인과 동일한 신경 조율 현상이 일어나는 것을 확인하였다. 이는 우리가 수 기호를 이용해 셈하기를 배우기 전에도 우리 뇌가 비상징적 수량을 고속으로 처리할 수 있음을 확인시켜준다는 점에서 매우 중요한 발견이다. 이러한 비상징적 표상은 이후의 삶에서 획득하게 될 훨씬 정교한 상징 표상의 토대를 마련한다.

우리가 원숭이를 대상으로 시행한 단일 세포 기록 시험과 비교할 때, 인간 어린이와 성인을 대상으로 한 fMRI 적응 실험은 인간과 원숭이의 수 뉴런이 서로 상당히 유사함을 보여준다. 이들 영장류 종의 핵심 수체계에서 IPS와 PFC가 필수적인 역할을 한다는 사실을 고려할 때, 우리가 원숭이의 뇌에서 실제로 본 것은 인간의 고유한 상징적 수리 능력의 생물학적 전구체일지도 모른다.

수 판단에는 수 뉴런이 필요하다

신경 조율이 수량 식별에 대한 행동적 특징과 일치한다는 결과는 원숭이의 수량 판단 등의 행동에 수 뉴런이 사용될 수 있음을 보여주는 증거다. 하지만 이는 여전히 간접적인 증거에 불과하다. 원숭이가 수를 처리하는 데 수 뉴런을 이용한다는 가설을 직접적으로 입증하기 위해서는 세 가지 접근법을 생각해볼 수 있다.

앞서 확인된 문제들을 피하기 위한 첫 번째 방법은 원숭이가 잘못된 판단을 내렸을 때 수 뉴런의 반응을 탐구하는 것이다. 위에서도 지적했듯이, 선호하는 수량이 제시되었을 때 가장 높은 활동 전위를 보이는 수 뉴런은 원숭이가 올바른 판단을 내릴 수 있도록 신호를 보낸다. 이것이 사실이라면, 이러한 뉴런들이 자신이 선호하는 수가 제시되었을 때 최대 발화율을 보이도록 암호화되지 않았을 경우 원숭이는 수량을 식별하는 데 어려움을 겪을 것이다. 이러한 시나리오에 따르면, 원숭이에서 수량 판단 오류는 해당 수량을 선호하는 수 뉴런의 반응 감소와 함께 일어날 것으로 예측할 수 있다. 예를 들어, 원숭이가 수량 3을 식별하는 데 오류를 저질렀다면 수량 3에 맞춰진 뉴런은 올바른 답을 했을 때보다 더 낮은 활성을 보일 것이다. 이것은 지난 수년 동안 여러 다른 원숭이의 뇌 영역에서 확인된 바와 정확히 일치한다.[29] 원숭이가 판단 실수를 저지르면 선호하는 수량에 대한 신경 활성은 올바른 답을 했을 때에 비해 유의하게 감소했다. 다시 말해, 뉴런이 수량을 올바로 암호화하고 있지 않다면 원숭이는 더 쉽게 실수를 저지르는 경향이 있다.

계산기법의 일종인 이른바 "해독 접근법decoding approach"은 오늘날 신경과학에서 행동적 관련성을 알아내기 위해 상당히 널리 사용되고 있다. 이 기법의 배경이 되는 근본 원리는, 원숭이에게 수를 제시하며 신경 신호를 기록할 때, 이 신경 신호에 어떤 의미가 있다면 진짜 뇌를 흉내 낸 컴퓨터는 원숭이에게 무슨 수가 제시되었는지 예측할 수 있어야 한다는 것이다. 이러한 예측을 검증해보기 위해서는 다량의 뉴런에 대한 신경 신호를 기록하는 것과 동시에 통계적 분류도 실시해야 한다. 처음 훈련 단계 동안 원숭이에게 제시된 목표 수량은 이러한 통계 분류기에도 통보된다. 이를 통해 분류기는 어떤 수가 신경 방출을 일으키는지 학습할 수 있다. 분류기가 이러한 관계를 학습하고 나면 동일한 실험 구성으로 기록을 새로 시작한다. 단, 이번에는 원숭이에게 제시된 수에 대해서 분류기에게 어떠한 정보도 주지 않는다. 그렇다면 이제 분류기는 그동안 학습한 것을 바탕으로 신경 자극으로부터 올바른 수를 예측해야만 한다. 과연 가능한 일일까?

실제로 내 박사과정 학생인 오아나 투두스치우크Oana Tudusciuc 와 나는 이러한 유형의 훈련된 분류기가 오로지 수 뉴런 기록만을 이용해 원숭이에게 제시된 수량을 정확히 예측할 수 있다는 것을 확인했다.[30] 흥미롭게도, 원숭이가 판단을 잘못 내린 경우에 수집된 기록을 바탕으로 분류기를 검사해보면 이제 분류기는 원숭이에게 제시된 수량을 예측하지 못했다. 이는 원숭이가 제시된 수를 충분히 정확히 판단할 수 있다면 분류기 또한 신경 신호를 이용하여 수를 정확하게 분류할 수 있음을 시사한다.

그러나 수량 판단에 수 뉴런이 필요하다는 것을 보여주기 위한 가장 직접적인 방식은 이러한 수 뉴런을 잠시 비활성화시킨 뒤에 이것이 원숭이의 행동에 어떠한 영향을 주는지 관찰하는 것이다. 분명, 이러한 뉴런들을 일시적으로 비활성화시키면 원숭이들은 수 판단에서 오류를 범하기 시작했다. 2010년 단지 준과 동료들은 두 정엽의 수 뉴런을 비활성화했을 때 수량 판단에 미치는 영향에 대한 명확한 증거를 제시했다.[31] 이들은 이전에 특정 수를 선호하도록 조율된 뉴런들이 발견된 뇌 영역을 비활성화시켰을 때 원숭이들의 수를 셈하는 손동작에 어떠한 행동 변화가 나타나는지 보고했다.

여기서 연구자들은 조사하고자 하는 뇌 조직을 제거함으로써 영구적인 병변을 일으키는 대신, 이들 영역을 일시적으로 비활성화시킨 후 다시 되돌리는 획기적인 방법을 도입했다. 이들은 '아마니타 무스카리아*Amanita muscaria*(광대버섯)'라는 버섯이 생성하는 '무시몰muscimol'이라는 화합물을 이용했다. 무시몰은 뇌에서 억제 시냅스를 활성화시켜 추상세포와 같은 흥분성 뉴런을 비활성화시키는 흥미로운 특징을 가지고 있다. 따라서 주사기를 이용해 무시몰을 국소 주입하면 해당 피질 영역 전체를 비활성화시킬 수 있다. 그 후 무시몰이 비활성화되기까지 대략 30분 동안 이 영역은 그동안 표상하던 모든 기능을 상실한다.

단지 준과 동료들이 무시몰을 투여하기 전, 원숭이들은 이전에 배웠던 다섯 가지 손동작을 정확하고 완벽하게 수행할 수 있었다. 그러나 상두정소엽의 5번 영역에 무시몰이 스며들면 이제 원숭이는 상당히 많은 실수를 저지르게 된다. 대부분의 경우, 원숭이들은 손동작을 생략하고 네 번째 또는 심지어 세 번째 손동작에서 멈췄다. 그 밖의 경우에는 손동작을 너무 많이 해서 여섯 번 이상 손동작을 하기도 했다. 이러한 오류들은 일반적 운동 처리 기능의 상실 때문이 아니다. 대조 실험에서 원숭이들은 여러 다른 행동들 중 올바른 행동을 선택해 적절한 손동작을 했다. 비활성화는 손동작의 횟수에 구체적인 오류를 일으켰다. 실험 절차 중 주입 단계를 통제하기 위해 사와무라와 단지는 대조군에게 아무런 약물도 포함하지 않은 식염수를 주입했다. 이들 대조군 원숭이들은 과제를 원활히 수행했으므로, 5번 영역의 국소적 비활성화가 원숭이의 수량 판단에 문제를 일으켰다는 것을 확인할 수 있었다. 종합하면, 이들 실험은 수량 정보를 바탕으로 행동을 선택할 때 두정엽의 수 뉴런들이 중요한 역할을 한다는 것을 분명히 보여준다.

수 뉴런은 다양한 표상 유형과 양상을 암호화한다

2004년 나는 튀빙겐대학교에서 조교수에 해당하는 직책을 제안받은 후 얼 밀러의 실험실을 떠나 다시 독일로 돌아왔다. 당시 나는 전두엽과 두정엽, 측두엽의 여러 영역에서 뉴런의 활동을 기록하고 있었으나, 이때 수량 자극으로는 오직 점 배열만 이용했다. 당시 해결되지 않았던 문제 중 하나는 수 뉴런은 수량의 제시 방식이나 감각 양상과는 무관하게 오직 수량만을 암호화하는지의 여부였다. 다시 말해, 수 뉴런이 실제로 얼마나 추상적인지 탐구할 차례였다.

뉴런이 두 가지 유형의 제시 방식에 대해 어떻게 반응하는지 비교하기 위해서는 일단 원숭이들이 동시적 수량 식별 및 순차적 수량 식별 과제를 수행할 수 있어야 한다. 따라서 내가 실험실을 마련한 후 처음으로 진행했던 과제는 두 마리의 원숭이들이 잘 확립된 지연된 표본 대응 과제를 수행할 수 있도록 훈련시키는 것이었다. 하지만 이번에는 표본 자극으로서 점 배열만이 아니라 점 순차열도 이용했다(그림 7.4A). 점 배열에 대한 통제 시험은 이전 연구를 토대로 이미 시행된 바 있다. 하지만 점 순차열에 대해서는 차례로 제시되는 대상의 개수가 늘어남에 따라 공변할 수 있는 시간적 요인을 배제하기 위해 추가 통제 시험을 실시해야 했다. 예를 들어 점을 제시하고 그다음 점이 나타나기까지 걸리는 시간을 일정하게 유지한다면 4개의 점을 제시하는 데 걸리는 시간은 2개의 점에 비해 두 배 더 길어진다. 이 경우, 원숭이는 제시된 점의 개수 대신 그것이 제시되는 기간을 통해 수량을 식별하도록 학습될 수도 있다. 우리는 원숭이들이 과제를 해결하는 데 시간적 요인을 이용하지 못하도록 해야 했다. 이에 따라, 우리는 원숭이들에게 표본이 제시되는 총 지속 시간, 각 대상이 나타났다가 사라지는 시간, 총 시각적 강도, 대상 순차열의 규칙성(리듬)이 통제된 표본 자극을 번갈아 제시

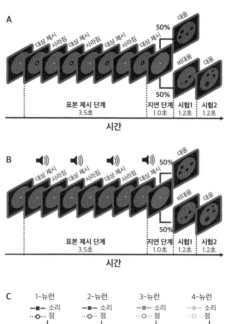

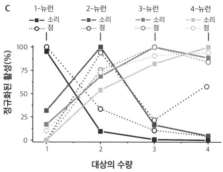

그림 7.4 전전두피질의 수 뉴런은 점의 개수 및 소리의 횟수를 표상한다. A)시간에 따라 순차적으로 대상을 제시했을 때 이러한 대상의 수량이 뉴런에 어떻게 암호화되어 있는지 평가하기 위해 연속적 시각 열거 프로토콜이 사용되었다. 원숭이들은 대상을 하나씩 셈하여 표본 제시 단계에서 제시된 수량과 시험 화면에 표시된 대상의 수량이 서로 같으면(50% 확률) 반응을 보이고, 같지 않으면 반응을 보류해야 했다. 1에서 4까지의 표본 수량이 차례차례 무작위로 제시되었으며, 각 점 표본이 제시되는 사이에는 빈 화면이 나타나 표본들 사이를 구분했다. B)수 뉴런이 여러 감각 양상에 걸쳐 일반화되어 있는지 알아보기 위해 원숭이에게 서로 다른 횟수의 소리를 들려주고(스피커 모양의 아이콘으로 표시함) 이를 시험 화면에 나타난 시각적 대상의 개수와 맞춰보도록 했다. 순차적 청각 열거 과제는 본 세션의 순차적 시각 프로토콜과 번갈아 제시되었다. C)이 프로토콜을 이용해 시각 및 청각으로 제시된 수량 모두에 대해 단일 뉴런의 신경학적 반응을 검사할 수 있었다. 여기서는 예시로 수량 1, 2, 3, 4를 선호하는 초감각적 전전두 뉴런의 조율곡선을 나타냈다.

했다. 이때 원숭이들의 성과를 조사한 결과, 실제로 원숭이들은 다른 모든 제시 방식과는 무관하게 오직 대상의 개수만을 이용해 수를 평가한다는 것을 확인할 수 있었다. 아울러, 이전 시험에서도 확인된 것처럼, 원숭이들은 점 배열이 동시에 제시되는 시험에서도 수량을 능숙하게 구별해냈다. 이제, 이렇게 두 가지 방식으로 수량을 제시했을 때 뉴런들이 무슨 소리를 낼지 들어볼 준비가 다 되었다.

나는 내 박사과정 학생인 일카 디에스터Ilka Diester와 오아나 투두스치우크와 함께 원숭이들이 지연된 표본 대응 과제를 수행하는 동안 IPS의 VIP 영역에서 단일 세포 활성을 기록했다. 이때 표본 수량은 하나씩 차례로 나타나는 단일 점 또는 복수의 점 패턴으로 제시되었다.[32] 첫 번째 좋은 소식은, 복수의 점 패턴에서 앞서 설명한 것과 같은 특정 수량에 선택적인 뉴런을 발견할 수 있었다는 것이다. 기쁘게도, 우리는 VIP 뉴런의 대략 25%가 순차적으로 제시되는 수량도 암호화하고 있음을 확인할 수 있었다. 신경학적 선택성을 좀 더 자세히 분석하고 비교해본 결과, 우리는 표본 제시 기간 동안 수량을 신호화하는 뉴런은 표본이 동시에 제시되었을 때와 순차적으로 제시되었을 때 서로 다르다는 것을 발견했다. 순차적으로 제시된 대상의 수량을 암호화는 뉴런은 복수의 대상을 한 번에 제시했을 때의 수량에는 반응하지 않았고, 그 반대도 마찬가지였다. 두 가지 감각 양상으로 제시된 수량의 암호화는 명백히 서로 구분되는 뉴런들의 집합에 의해 표상되었다.

하지만 이것이 전부는 아니다. 표본 제시 기간 동안 개수를 셈하는 과정이 완료되면 실험동물들은 이 집합의 개수에 대한 정보를 모두 가지게 된다. 일단 셈하기가 완료되면 그다음 이어지는 지연 단계 동안 원숭이들은 이 정보들을 암기하고 있어야 한다. 그리고 이때 세 번째 뉴런 집합이 등장한다. 이 뉴런 집합은 순차적 프로토콜과 동시적 프로토콜 모두에서 수량을 부호화한다. 실제로 작업기억 지연 단계 동안 VIP 세포의 대략 20%가 두 유형의 수량 제시 방법 모두에서 활성화된다.

　이러한 신경학적 발견은 두 가지 서로 다른 신경학적 메커니즘의 근거가 될 수 있다. 처음 점들이 실제로 제시되는 암호화 단계에서 점이 동시에 제시될 때와 순차적으로 제시될 때의 처리 과정은 서로 분리되어 일어난다. 그러나 이 초기 단계가 완료되고 나면 이전에 서로 분리되어 있던 수량 정보는 그것이 어떤 방식으로 제시되었는가에 관계없이 수량을 추상적으로 표상하는 수 뉴런으로 수렴된다. 이는 시각적 수량의 초기 표상과 이러한 수량의 암기가 서로 다른 뉴런 집합에 의해 수행된다는 것을 의미한다. 다시 말해, 수량 감각의 등록은 제시 방식에 특이적인 반면, 이에 따라 유도된 집합 크기 정보를 유지하는 작업은 추상적인 작업으로서 제시 방식에 의존하지 않는다.

　지금까지 뉴런이 어떻게 시각적 수량을 표상하는지 알아보았다. 그러나 수는 모든 유형의 감각적 경험에 적용될 수 있는 추상적 개념이다. 세 차례의 섬광 또는 세 번의 외침 소리는 모두 '3'의 사례다. 수 표상은 그 추상적인 본성을 고려할 때 감각 양상에 무관해야 한다. 다시 말해 수 표상의 암호화는 '초감각적'으로 일어나야 한다. 그러나 뇌에서 이러한 작업은 결코 만만한 일이 아니다. 감각 정보는 각각 그 정보에 특이적인 기관과 뇌 영역에서 처리된다. 빛 에너지는 눈과 하류 시각피질을 통해 처리되는 반면, 소리는 귀를 통해 수신된 후 청각피질에서 처리된다. 수량을 추상적으로 그리고 감각에 독립적으로 표상하기 위해서는 이러한 분리된 감각 경로에 있는 정보들을 통합할 필요가 있다.

　뉴런이 감각 양상과는 무관하게 대상의 수량을 암호화하는지 더 명확히 확인하기 위한 유일한 방법은 원숭이들에게 서로 다른 감각 양상으로 수량을 제시하고 이를 식별하도록 한 후 동일한 뉴런에서 활성을 기록하는 것이다. 운 좋게도 우리가 훈련시킨 원숭이들은 지연된 표본 대응 과제에서 순차적으로 제시되는 시각적 점들의 수를 셀 수 있었다(그림 7.4A). 이제 우리가 해야 할 것은 이 원숭이들이 시각적 순열뿐만 아니라 소리의 횟수도 평가할 수 있도록 훈련시키는 일이었다(그림 7.4B). 한 시험에서 우리는 표본 수량을 시각적 점으로 제시했고 그다음 시험에서는 '펑' 하고 터지는 소리로 제시했다. 원숭이들은 이 과제를 학습했고 한 시험에서 시각적으로 제시된 수량을 다음 시험에서는 청각적 수량으로 전환했다. 원숭이들이 이 과제에 능숙해진 후 우리는 원숭이의 뇌를 기록하기 시작했다. 단, 이번에는 전두엽의 PFC와 IPS의 VIP를 동시에 기록했다.[33] 이러한 방식은 상당히 유익한 것으로 드러났다. 이들 뇌 영역 간에 흥미로운 차이점이 나타났기 때문이다. 첫 번째 흥미로운 발견은 양쪽 뇌 영역 모두에서 뉴런들은 수량이 청각적 펄스로 제시되든 시각적 대상으로 제시되든, 혹은 두 방식 모두로 제시되든 상관없이 그 수량에 맞춰 조율된다는 것이다. 이는 전두연합영역 및 두정연합영역의 뉴런들이 실제로 시각적 수량 정보와 청각적 수량 정보를 모두 받을 수 있음을 의미한다.

그러나 시각적 점이나 소리의 순차적 제시에 모두 반응했다고 해서 이러한 뇌 영역에서 초감각적 부호화가 일어난다는 것을 의미하지는 않는다. 이는 또한 뇌 영역 간의 중요한 차이점인 것으로 드러났다. 우리의 두 번째 발견은 오직 PFC의 수 뉴런만 여러 감각 양상에 걸친 추상적 수량에 반응한다는 것이다. VIP의 뉴런들은 이러한 수량에 반응하지 않았다. 즉 초감각적 부호화가 일어나기 위해서는 뉴런들은 다음 두 가지 조건을 충족해야 한다. 첫째, 이 뉴런들은 수량이 시각적으로 제시되었을 때와 청각적으로 제시되었을 때 모두 반응해야 한다. 둘째, 이들 뉴런 각각은 두 감각 양상 모두에 대해 동일한 수량을 선호하도록 조율돼 있어야 한다. VIP에서는 두 조건을 충족하는 뉴런이 극히 일부에 불과했고 그러한 경우에도 오직 수량 '1'에 대해서만 충족했다. 시각적 자극과 청각적 자극 모두에 반응하는 VIP의 뉴런은 일반적으로 각 자극에 대해 서로 다른 수량을 선호하도록 맞춰져 있었다. 이에 반해 PFC의 뉴런들은 훨씬 더 추상적으로 반응했다. 실제로 이 뉴런들은 시험된 네 개의 수량에 대해 초감각적으로 부호화되어 있었다. 그림 7.4C는 네 가지 PFC 뉴런이 각각 1, 2, 3, 4의 수량을 초감각적으로 선호하도록 조율돼 있음을 보여준다. 시각적 사물의 개수 및 소리의 횟수에 대한 조율곡선은 해당 뉴런에 대해 서로 동일했다. 이로써 진정한 의미에서 추상적으로 감각에 의존하지 않고 수량을 표상하는 단일 뉴런을 발견한 것이다!

　인간을 대상으로 한 fMRI 실험에서도 초감각적 부호화에 대한 간접적 증거를 얻을 수 있었다. 수량을 추정하는 동안 오른쪽 전두두정 신경망에서 양상에 독립적인 BOLD 활성화가 관찰되었다.[34] 이 실험에서는 또한 시각적 및 청각적 대상을 구두로 세는 동안에도 유사한 신경망이 활성화되는 것이 관찰되었다. 이때는 전두두정 신경망뿐만 아니라 전전두, 두정 및 전운동 영역에서도 활성화가 관찰되었다. IPS 또한 추상적, 초감각적 방식으로 수 기호를 암호화하는 것으로 보인다. 프랑스 뉴로스핀에 있는 프랑스보건의료연구소의 이블린 에게르와 안드레아스 클라인슈미트는 시험 대상자들에게 시각적 순서열 또는 소리 흐름을 제시하여 수, 문자 또는 색상을 인식하도록 요청한 후 fMRI 시험을 실시했다.[35] 연구자들은 선택 반응 및 이와 관련된 인지 상태(주의 등)가 서로 교락되

는 것을 막기 위해 비非표적 수치(인식하도록 요청하지 않은 수)를 제
시했을 때의 fMRI 결과를 분석하고 이를 비표적 문자 또는 색상을
제시했을 때와 비교했다. IPS는 시각적 자극 및 청각적 자극 모두에
서 수에 대해 더 높은 활성화를 보이는 유일한 영역이었다. 이런 결
과를 볼 때, IPS에서의 수량 활성화는 자동적(과제독립적)이고 양상
독립적(시각적 및 청각적)이며 표기독립적(숫자의 구두 또는 문자 제
시)이다.

　　이론상, 수량이 반드시 초감각적으로 부호화되어야 할 이유는
없다. 하지만 여기에는 계산적 이점이 있는 것으로 보인다. 즉 수
뉴런이 감각을 초월하여 반응할 수 있게 되면 숫자나 수효 언어 같
은 수량의 상징 표상을 학습할 때 시각적 형상과 청각적 소리를 더
손쉽게 연결시킬 수 있다. 수 처리 모델 또한 이러한 수 표상을 기
반으로 형성된다. 예를 들어, 스타니슬라스 드앤과 로랑 코언Laurent
Cohen이 제시한 유명한 '3중 부호 모델triple-code model'(그림 10.5 참조)
은 수 인지 과정에서 처음에는 저차원 단계의 양상–특이적 분석이
관여하고 그 후 고차원 처리 단계가 이어지면서 이러한 표상이 추
상적 수준에 도달한다고 상정한다.[36] 초감각적 수 뉴런은 그러한 양
상독립적 표상의 신경생리학적인 기초를 구성할 수 있다.

수 뉴런은 수렴진화의 산물이다

앞에서도 살펴보았듯이, 그 수준에서 차이가 있긴 하지만 수리 능
력은 곤충부터 물고기, 새, 포유동물까지 동물계 전반에 널리 퍼져
있다. 이들 동물 집단 중 일부는 수억 년 전에 마지막 공통조상으로
부터 갈라져 나왔다는 것을 생각하면 놀라운 일이다. 각각의 동물
집단은 그 이후 병렬적으로 진화했다. 이러한 평행 진화가 일어나

는 동안 각 동물의 기관은 급격한 변화를 겪었고, 특히 종뇌는 가장 두드러진 변화가 일어난 기관으로서 극도로 분화되었다. 뇌의 유형이 그토록 다양함에도 불구하고 어떻게 동물계에서 수리 능력이 그토록 널리 퍼질 수 있었을까?

진화적 관점에서 볼 때, 이 질문에 답하기 위해서는 (선구동물인) 곤충과 (후구동물인) 영장류의 신경 메커니즘을 비교하는 것이 가장 유용할 것이다. 아무튼 그들의 마지막 공통조상은 6억 년보다 훨씬 더 이전으로 거슬러 올라가기 때문이다. 안타깝게도 곤충의 수리 능력에 대한 신경생리학적 기반은 아직 제대로 밝혀지지 않았으므로 이러한 비교는 불가능하다. 그러나 서로 오래전에 갈라져나온 동물군들 중에 현재 비교가 가능한 동물군이 있다. 바로 조류와 영장류다. 이들의 파충류와 유사한 마지막 공통조상은 3억 2000만 년 전에 살았으므로 이들의 뇌 설계에는 근본적인 차이가 있으리라고 예상할 수 있다.[37,38] 실제로 조류와 영장류의 종뇌에는 현저한 차이가 존재한다. 이 영역은 원시 파충류의 뇌에서는 그리 중요한 부분이 아니었으나 조류와 포유류에 와서는 지능과 관련해 가장 지배적인 핵심 영역이 되었다.

뇌가 수와 같은 추상적 대상을 처리하기 위해서는 무엇이 필요했을까? 일단, 운동 명령을 계획하기 전에 시간, 공간, 감각에 걸쳐 감각 정보를 통합할 수 있는 고차원 뇌 영역이 필요했을 것이다. 영장류는 두정엽과 전두엽의 6겹 신피질에 정교한 신경회로를 갖추고 있어 이 조건을 충족시킨다. 이러한 오래된 연합영역은 모든 감각 양상으로부터 고도로 처리된 정보를 받아 전운동 영역으로 전달한다(그림 6.3 참조). 앞에서도 보았듯이, 수량 정보를 전담하여 처리하는 수 신경망 또한 두정 및 전두 연합피질에 존재한다(그림 7.3).[39]

이에 반해 조류는 독립적으로 진화한 종뇌 구조를 가진다. 대

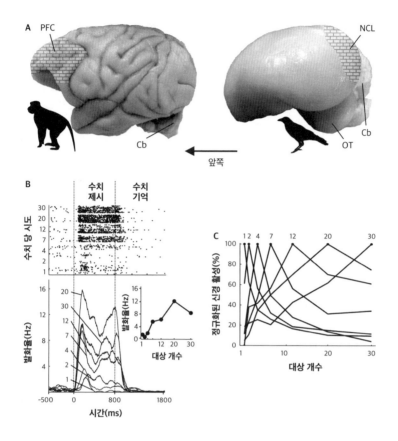

그림 7.5 까마귀와 원숭이의 종뇌에서 수렴진화한 수에 반응하는 뉴런. A)마카크원숭이와 까마귀의 뇌. 왼쪽: 마카크원숭이 뇌의 외측면. 강조 표시한 부분이 전전두피질(PFC)이다. 오른쪽: 까마귀 뇌의 외측면. 니도팔리움 코도라테랄(NCL)은 종뇌에 위치하고 있다. Cb: 소뇌, OT: 시각개(optic tectum). B)까마귀의 니도팔리움 코도라테랄은 수에 조율된 뉴런을 포함하고 있다. 위쪽 도표는 여러 개의 대상을 반복하여 제시했을 때 단일 뉴런의 발화를 점-래스터 히스토그램으로 나타낸 것이다. 아래쪽 도표는 뉴런의 활성을 스파이크-밀도 히스토그램으로 나타낸 것이다. 그 오른쪽에 작게 삽입된 도표는 수량 20을 선호하는 뉴런의 수량 조율곡선을 표시한 것이다. C)1개에서 30개까지의 사물에 선택적으로 반응하는 수 뉴런의 상대적 활성 수준. 큰 수에 맞춰진 뉴런일수록 정밀도가 감소하는 것(즉 곡선 폭이 넓어짐)을 확인할 수 있다(출처: Ditz and Nieder, 2016).

략 3억 2000만 년 전 조류와 포유류가 마지막 공통조상으로부터 갈라져 나온 후(그림 3.1), 조류는 지능의 중추 영역이 될 종뇌의 여러 영역을 확장했다. 특히 까마귀과 명금류(까마귀, 어치, 큰까마귀)의 뇌는 동일한 무게의 영장류의 뇌에 비해 뉴런을 두 배나 많이 포함하고 있다.[40] 포유류와 조류 모두 종뇌의 대부분은 개체발생적 외피 즉 대뇌겉질에서 비롯된 것이며, 따라서 공통조상으로부터 비롯된 것이다.[41,42] 그러나 까마귀의 종뇌는 전반적으로 상당히 다른 구조를 지니며 '수렴진화convergent evolution'의 결과로 생겨난 것이다.[43,44] 수렴진화란 서로 다른 계통의 종에서 비슷한 형질 및 기능이 독립적으로 진화한 것을 말한다. 예를 들어 새의 날개와 곤충의 날개는 서로 독립적으로 진화한 것으로, 서로 다른 구조를 토대로 형성되었지만(조류의 날개는 앞다리가 변화한 것이지만 곤충의 날개는 흉부의 체벽이 변화한 것이다) 둘 다 비행 기능을 수행하는 데 사용된다. 조류와 포유류의 종뇌 또한 수렴진화의 산물로서, 각기 구별되는 구조를 가지지만 둘 다 지능적 행동을 일으킨다.

PFC와 함께 6겹 신피질은 영장류에서 고차원 인지를 담당하는 영역이지만 조류나 그밖의 모든 비포유류 척추동물에게는 이러한 영역이 없다(그림 7.5A). 조류의 종뇌는 여러 겹의 구조를 가지는 대신 핵조직화된 회로를 가진다. 이들은 종뇌겉질telencephalic pallium의 각기 다른 부분에서 유래한 것이다.[45,46,47] 이른바 '배측 뇌실 이랑dorsal ventricular ridge'은 석형류(예: 파충류 및 조류)에서 연합 회로를 일으키는 종뇌겉질의 핵심 부위 중 하나다. 배측 뇌실 이랑에서 유래된 영역들 중 특히 통합 영역을 '니도팔리움nidopallium'이라고 부르며, 여기에는 니도팔리움 코도라터랄nidopallium caudolaterale(NCL) 영역(그림 7.5A) 또한 포함된다. NCL은 조류에서 고차원 인지를 담당하는 영역으로, 기능적으로 포유류의 PFC에 대응되는 것으로 여겨진다.[48,49] PFC가 그렇듯, NCL도 모든 감각기관으로부터 온 고도로 처리된 감각 정보를 통합한 후 전운동피질로 전달하고, 신경조절

물질인 도파민에 의해 조절되며, 정서 및 기억과 관련된 영역과 상호작용한다. 최근, 까마귀가 행동할 때 단일 세포 활성을 기록함으로써 NCL과 PFC의 유사성이 확인되었다.[50] 간단히 말해, 영장류와 까마귀류의 수리 능력은 연합 종뇌 영역에서 각각 독립적으로 진화한 결과로서, 수렴진화의 가장 흥미로운 사례 중 하나로 보인다.

이제 원숭이와 까마귀에서 수량이 어떻게 표상되는지 살펴보자. 병렬적으로 진화하는 두 생물 종은 공통된 행동 문제에 대해 서로 다른 신경생리학적 해법으로 대응하기도 한다. 이러한 평행 진화의 결과로 두 생물 종은 서로 다른 생리학적 특성을 얻게 되는데, 조류와 포유류의 소리 정위Sound localization 능력이 바로 그러한 예다. 소리 정위 능력은 소리 출처의 위치를 파악하는 능력으로, 양쪽 귀에 도달해서 상동 청각 뇌간핵에 전달되는 소리의 시간차로부터 거리를 계산하는 방법은 조류와 포유류 사이에 근본적인 차이가 있다.[51] 진화 과정 동안 같은 문제(소리 위치 파악)에 대해 서로 다른 해법으로 대응한 것이다. 그렇다면 수 표상에서도 이러한 과정이 일어나진 않았을까?

우리 실험실에서는 진화적 궤적을 추적하는 데 도움을 줄 수 있는 이러한 비교 신경생물학적 질문들에 답하고자 했다. 이를 위해서 우리는 원숭이뿐만 아니라 까마귀를 대상으로도 행동학적 및 신경생리학적 실험을 수행했다. 조류의 뇌 어느 부위에서, 무엇을 바탕으로 신경 부호 수량이 표상되는지 알아보기 위해 나는 박사과정 학생인 헬렌 M. 디츠와 함께 까마귀에게 지연된 표본 대응 과제를 훈련시켜 통제된 화면에 제시되는 시각적 대상의 개수를 식별할 수 있도록 했다.[52] 동시에 이들의 NCL에서 단일 세포 활성을 기록했다.[53] 그 결과로부터 얻은 행동학적 및 신경학적 데이터는 앞에서 설명한 영장류 뇌로부터 얻은 데이터와 상당히 인상적인 대응 관계를 가지는 것으로 나타났다. 첫째, 까마귀의 NCL 뉴런은 각각 선호하는 수량들로 조율돼 있었으며, 오류 시험을 분석한 결과 NCL 수 뉴런의 신경 방출이 까마귀의 과제 수행 성공률과 상관관계가 있는 것으로 나타났다(그림 7.5B). 둘째, NCL 뉴런은 수에 근사적으로 맞춰져 있으며 베버의 법칙에 따라 수치 거리 효과 및 크기 효과의 특징을 보였다(그림 7.5C). 마지막으로 행동학적 및 신경학적 조율함수 모두 로그 척도에서 가장 잘 설명되었다. 이는 정신물리학적 법칙인 베버의 법칙과 페히너의 법칙에서 예측된 것과 같이, 수량 정보가 비선형적으로 압축 부호화되었음을 입증한다. 이 모든 특징에서 우리는 영장류에 대한 연구 결과들을 떠올릴 수 있다.

　　해당 연구 결과를 바탕으로 우리는 까마귀와 영장류가 서로 상당히 다른 방식으로 조직화된 종뇌를 가졌음에도 불구하고 정확히 동일한 방식으로 수를 부호화한다고 결론내렸다. 이는 이러한 방식의 수량 정보 부호화가 두 생물 종이 처한 공통된 계산 문제에 대응하기 위한 우수한 해법을 제공하므로 수렴진화에 따라 진화했음을 시사한다. 이 연구 결과는 비교 접근법이 진화적으로 안정적인 신경세포 메커니즘과 부호들을 해독하는 데 필수적이라는 것을 잘 보여준다. 비교 접근법은 비단 수리 능력에 대해서만이 아니라 모든 신경생물학적 질문에 답하는 데 사용될 수 있을 것이다.

인간 뇌에도 수 뉴런이 존재한다

우리는 거의 20년에 걸쳐 비인간 영장류의 신피질에서 수 뉴런을 찾고자 전념했다. 우리 인간의 뇌에도 수 뉴런이 있음은 영상촬영 연구들에서 시사되었다. 그러나 최후의 증거, 즉 인간 뇌에서의 수 뉴런 활성전위 기록은 아직 아무도 제시하지 못했다. 이는 인간의 뇌에서 단일 세포를 기록하는 연구가 극히 드물고 예외적이기 때문이다. 이따금 뇌질환 치료 중 뇌 속 뉴런으로부터 기록을 얻을 수 있는 특별한 기회가 생기기도 한다. 특히 뇌전증 치료를 위한 외과적 수술 중 이러한 기회가 생길 수 있다. 이 경우 외과적 제거 수술을 시행하기 전에 이상이 있는 뇌 영역의 위치를 찾기 위한 수술 절차의 일환으로 두개 내 전극을 삽입할 수 있다. 물론, 실험 과제 중 단일 세포 기록은 언제나 치료적 개입의 부산물로서 간주되어야 하며 환자의 동의를 얻은 후에만 수행되어야 한다.

나는 운 좋게도 본대학교 뇌전증학부의 인지 및 임상 신경물리학과 교수 플로리안 모르만Florian Mormann과 협력할 기회를 얻었다. 그는 인간 뇌에서 수 뉴런을 탐구하기 위해 공동 연구를 수행하고 싶다는 내 요청을 기꺼이 수락했다. 내 박사과정 학생 에스더 쿠터 Esther Kutter와 함께, 우리는 마침내 인간 뇌의 수 뉴런에 대한 이 끈질긴 질문에 답할 수 있게 되었다. 플로리안 모르만은 정기적으로 독일 본에 있는 대학병원에서 쇠약성 및 약물난치성 뇌전증 치료를 받는 환자에게 전극을 이식하고 있었다(그림 7.6). 전극을 삽입한 후 환자가 휴식을 취하는 며칠 동안 전극을 통해 환자의 신경 활성을 모니터링한다. 이 절차는 뇌전증 발작을 일으키는 뇌조직을 명확하게 식별하기 위해 필요하다. 연속 기록을 통해 뇌전증 활성이 일어나는 장소를 정확히 찾아내면, 이후 두 번째 수술을 실시하여 신경외과의사가 이 병리학적 조직을(그리고 전극도 물론) 제거할 수 있다. 환자는 이 두 번째 수술을 기다리는 동안 과학 연구에 참여할 수 있다.

이러한 치료를 받은 환자 9명이 서면 동의서를 작성하고 우리의 수 시험에 참여했다.54 이들은 해마, 해마옆피질, 내후각피질 및 편도체를 포함하는 내측 측두엽MTL 영역에 장기 심부 전극이 삽입

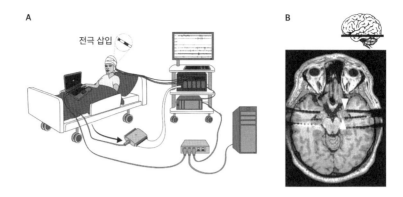

그림 7.6 뇌질환의 치료 중 인간의 뇌에서 단일 세포 활성 기록을 얻을 수 있는 특별한 기회를 얻을 수도 있다. A)전극을 삽입한 이후 환자는 며칠간 휴식을 취한다. 이 기간 동안 환자는 휴대용 컴퓨터를 이용해 과제를 수행한다. 이때 뇌 속에 삽입된 전극을 통해 이들의 신경 활성을 모니터링할 수 있다. 수집된 뉴런 신호는 컴퓨터에서 수집한 행동 수행 정보와 함께 처리되어, 기록 PC에 연결되어 있는 데이터 수집 시스템으로 전송된다. 모든 데이터를 저장한 후 분석한다(출처: Knieling et al., 2017를 수정함). B)측두엽의 표적 영역에 삽입된 심부 전극을 보여주는 자기공명영상(수평단면). 이미지 상단은 눈 주변 얼굴 영역이다. 흰색 화살표의 머리 부분은 임상 전극(지름 1.25mm)으로부터 돌출되어 나온 미소전극의 끝부분을 가리킨다. 임상 전극은 MRI 아티팩트로 인해 확대된 것으로 보인다(자기공명영상은 플로리안 모르만의 허가를 받아 게재했다).

되었다. 앞에서 개괄했듯이, 영장류의 핵심 수 시스템은 두정피질 및 전전두피질의 일부 영역에 존재하므로 뉴런 활성을 기록하려면 마땅히 이 영역을 선택해야 할 것이다. 그러나 전극은 순전히 의료상의 이유로 측두엽에 삽입되었으므로 현재로선 다른 영역을 측정하기란 불가능하다. 그럼에도 불구하고 MTL은 더 넓은 피질 수 연결망의 일부를 이루므로 여전히 수 표상을 연구하기에 적합한 영역으로 간주할 수 있다.[55] 또한 MTL은 전두엽 수 연결망에 직접 상호연결되는 고도 연합영역으로 구성된다.[56] 가장 중요한 점은, 인간에 대한 기능적 영상촬영 연구 결과 해마 시스템이 특히 아동기 동안 셈하기 학습 및 산술 기술 습득에 관여하는 것으로 나타났다는 점이다.[57,58,59] 이 정도면 MTL에서 수 뉴런을 발견하는 것도 가능할지

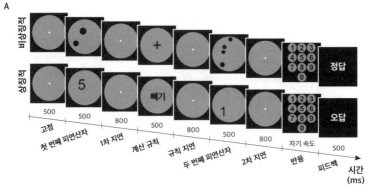

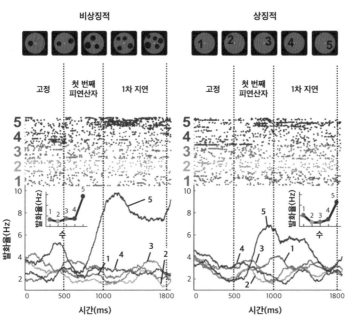

그림 7.7 인간 뇌의 수 뉴런. A)환자들은 컴퓨터 화면을 보며 간단한 순차적 덧셈 및 뺄셈 과제를 수행한다. 시험 중 임의로 절반에서는 비상징적 수량인 점 배열을 제시했다(위). 나머지 절반은 상징적 수 표상으로서 아라비아 숫자를 제시했다(아래). B)참가자들이 계산을 수행할 때 측두엽의 뉴런 중 일부가 활성을 보였다. 이 활성은 첫 번째 피연산자에 따라서만 변화했다. 동일한 단일 뉴런에서 수량(비상징적 수, 왼쪽) 및 아라비아 숫자(상징적 수, 오른쪽)에 대한 반응을 점-래스터 히스토그램(상단)과 스파이크-밀도 히스토그램(하단)으로 나타냈다. 본 사례에서 이 특정 뉴런은 비상징적 수 및 상징적 수 모두에 대해 수량 5에 조율돼 있었다(출처: Kutter et al., 2018).

모른다. 그것이 정말 존재한다면 말이다.

환자들은 전극이 삽입된 채 침대에 앉아 컴퓨터 화면을 보며 간단한 순차적 덧셈 및 뺄셈 과제를 수행했다(그림 7.7A). 이러한 계산 과제를 선택한 이유는 참가자들이 제시된 수를 능동적으로 처리하도록 하기 위해서다. 연산에 포함된 수치는 1에서 5까지의 범위였다. 시험 중 임의로 수치의 절반은 무작위로 배열된 점들의 개수(수량)로서 비상징적으로 제시되었다. 나머지 절반은 상징적 수 표상으로서 아라비아 숫자가 제시되었다. 항상 그렇듯, 저차원 시각적 특징을 통제하기 위해 표준 및 대조 표시 장치를 통해 상징적 수와 비상징적 수를 제시했다. 이 장에서는 비상징적 점 배열 제시 실험에 더 초점을 맞추어 우리의 실험 결과를 설명하고자 한다.

우리는 참가자들이 계산 과제를 수행하는 동안 내측 측두엽의 단일 뉴런 수백 개의 활성을 기록했다.[60] 우리의 일차적 관심은 계산이 수행되기 전 표본 제시 기간 및 1차 지연 기간 동안 인간의 뉴런이 어떻게 수량값을 표상하는지 알아보는 것이었다. 그 결과, 실제로 우리는 대상의 개수에 반응하는 뉴런을 찾아냈다. 이는 우리가 비인간 영장류에 대한 기록을 바탕으로 예측했던 모든 가설을 입증하는 것이었다. 점 배열이 표시되었을 때 무작위로 선정된 뉴런 중 16%나 되는 뉴런이 점 배열의 배치와는 무관하게 점의 개수에 반응했다. 또한 각각의 선정된 세포들은 특정 수량을 선호하도록 조율되어 있었다(그림 7.7B). 이것은 앞서 우리가 원숭이와 까마귀에서 확인한 근사 수치 부호화 시스템과 정확히 일치하는 것이었다. 동일한 부호화 시스템이 우리 인간의 뇌에도 존재하는 것이다!

해마옆피질parahippocampal cortex(PHC)은 뉴런의 29%가 점의 개수에 선택성을 보임으로써, 검사한 네 곳의 MTL 영역 중 수 뉴런의 비율이 가장 높은 것으로 나타났다. 이는 어쩌면 우연이 아닐지도 모른다. PHC는 측두엽, 두정엽 및 전두엽을 연결하는 거대한 신경망의 일부로서, 많은 인지 처리 과정과 관련되어 있다.[61,62,63,64] 흥미롭게도, PHC는 두정소엽을 포함한 연합영역과 두드러진 연결을 가지고 있다.[65] 따라서 우리는 수량에 대한 표상은 어쩌면 PHC(또는 MTL의 다른 영역) 안에서 발원한 것이 아니라 두정-전두 핵심 수 시스템과 해부학적으로 연결된 다른 영역에서 처리된 후 PHC에 반영된 것일지도 모른다고 생각했다.

물론 우리가 하고자 했던 일은 신경 반응으로 인간의 수량 판단을 설명할 수 있는지 확인하는 일이었다. 따라서 우리는 통계 분류기를 훈련시키고 검사함으로써 앞서 언급했던 해독 분석을 수행했다. 그 결과 MTL 영역의 뉴런은 1에서 5까지의 수량을 신뢰성 있게 해독하고 예측할 수 있는 것으로 나타났다. 이것은 수 뉴런의 모집단뿐만 아니라, 반응 선택성과는 상관없이 기록된 뉴런의 전체 모집단에 대해서도 해당되었다. 여기에 더해 인간에게서도 비상징적 수량 비교에서 다소 큰 수치 거리 효과가 나타났으며, 이 또한 종 모양 조율곡선을 이용해 설명 가능하다.[66] 이러한 발견은 이들 뉴런이 수 표상과 생리학적 상관관계에 있음을 입증한다.

우리의 실험 결과는 인간 뇌의 뉴런에 비상징적 수량이 암호화되어 있음을 최초로 입증했다. 이 데이터들은 인간의 고차원 수리 능력이 생물학적으로 수립된 메커니즘에서 발원했음을 보여준다. 본 과제에서 상징적 수량이 MTL 뉴런에 의해 어떻게 표상되었는지에 대해서는 이 책의 뒷부분에서 다시 다룰 것이다.

수 뉴런은 학습된 것이 아니라 타고난 것이다

오랫동안 수 뉴런은 집합 크기를 식별하도록 훈련시킨 원숭이들을 대상으로 연구되어왔다. 동물을 훈련시키기 위해서는 보통 수개월이 소요되며, 이 과정에서 뇌의 연결 상태가 변화할 수도 있다. 그렇다면 수 뉴런은 이미 존재하는, 선천적 능력이라기보다는 고강도 훈련에 따른 부산물에 불과할 수도 있지 않을까? 이미 잘 알려져 있듯이, 연합피질 영역의 신경 반응은 학습에 의해 크게 변화될 수도 있다.[67,68]

이에 따라, 나는 박사과정 학생 푸자 비스와나탄Pooja Viswanathan과 수 뉴런이 원래 자연적으로 주어지는 것인지, 다시 말해 수량을 식별하는 훈련을 받지 않은 원숭이도 수 뉴런을 가지고 있는지 탐구해보기로 했다.[69] 이를 검사하기 위해서 물론 원숭이에게 서로 다른 수량을 제시해야 하지만, 이때 우리는 원숭이가 화면에 표시된 점의 개수에 신경을 쓰지 않기를 바랐다. 따라서 우리는 두 마리의 새로운 원숭이에게 서로 다른 색상의 점을 하나에서 다섯 개까지 제시하며 일반적인 지연된 표본 대응 과제를 시키되, 이때 오직 점의 색상만을 식별하도록 훈련시켰다. 원숭이에게 색상 구별은 쉬운 과제였다. 때때로 우리는 색상을 제거하고 오직 검은색 점만 제시하기도 했는데, 그러면 원숭이들은 완전히 혼란에 빠졌다. 여태까지는 화면에 표시된 점의 개수는 전혀 고려하지 않았기 때문이다.

그런 다음, 우리는 수에 대해 무지한 이 원숭이들의 뇌 영역 중 이전에 훈련된 원숭이에 대한 시험 중 수 뉴런이 높은 비율로 발견된 뇌 영역, 즉 VIP와 PFC에서 단일 세포 활성을 기록했다. 놀랍게도, 우리는 이 두 영역 모두에서 무작위로 추출한 뉴런의 대략 10%가 수에 선택적으로 반응하는 것을 확인했다. 이 원숭이들은 수를 판단하도록 훈련을 받지 않았는데도 말이다. 앞서 수를 식별하도록 훈련받은 원숭이들과 마찬가지로, 수에 무지한 원숭이들의 수 뉴런도 선호하는 수량에 자연적으로 조율된 것이다. 이에 따라 우리는 수 뉴런은 영장류 뇌의 선천적인 한 부분이라고 결론내릴 수 있었다.

우리는 또한 수량이 VIP에서 먼저 다시 암호화되는 것을 확인했는데, 이는 수치 정보가 두정피질에서 자동적으로 추출된 이후에 전두엽으로 전달됨을 의미한다. 실제로 이들 수량에 무지한 원숭이들에게 능동적으로 시각적 수량을 식별하도록 재훈련시키면 그 결과로 PFC 및 VIP 뉴런에서 대조적인 신경학적 효과가 나타나는 것을 관찰할 수 있었다.[70] 수량을 식별하는 동안 PFC의 뉴런은 좀 더 높은 반응성과 선택성을 보여준 반면, VIP의 뉴런에서는 이러한 효과가 관찰되지 않았다. 이는 과제를 수행하는 동안 필요한 경우 PFC의 뉴런이 좀 더 많이 관여하는 반면 VIP 뉴런은 행동 관련성과 관계없이 시각적 자극으로서 수량을 계속 암호화한다는 것을 시사한다. 비인간 영장류에 대한 이러한 발견에 덧붙여 영상촬영 근거 또한 성인 인간의 뇌에서 수량 추출이 자동적이고 직접적으로 일어남을 보여준다.[71,72]

하지만 이것으로 끝이 아니다. 수 뉴런은 영장류의 대뇌피질뿐만이 아니라 이와는 다르게 조직화된 까마귀의 종뇌에도 선천적으로 자리잡고 있다. 내 박사과정 학생 리산 바게너Lysann Wagener는 수에 무지한 까마귀의 NCL에서 단일 세포 활성을 기록했고,[73] 이때도 NCL 뉴런의 일부가 대상의 개수에 조율되며 자동적으로 수량에 반응하는 것을 확인할 수 있었다. 이 경우에도 까마귀는 한 번도 수량을 평가하는 훈련을 받은 적이 없었다. 이는 서로 다른 척추동물군의 각기 구별되는 종뇌가 선천적으로 수량-선택적 신경 반응을 보인다는 것을 보여준다.

결과적으로, 이러한 연구들은 뇌가 수를 추출할 수 있는 능력을 타고났음을 시사한다. 이는 내가 1장에서 잠시 언급한 '수 본능'이란 개념과 매우 유사하다. 즉 우리와 다른 동물들은 수량이 무엇인지 직관적으로 이해한다. 그렇지 않다면 어떻게 신생아나 갓 부화한 병아리들이 그토록 어릴 때부터 수량을 식별할 수 있겠는가? 사실, 인간이 수를 표상하는 법을 배우지 않고도 이해할 수 있음을 보여주는 증거는 매우 많다. 마치 우리는 원래부터 타고나길 머릿속에 계산기를 가지고 있는 것처럼 보인다.

그러나 '수 본능'이란 말은 또 다른 의미를 함축하고 있다. 즉 수는 지각과 비슷한 방식으로 감지된다는 것이다. 마치 시각계가 움직이는 사물의 방향을 직접 감지하고 청각계가 소리의 주파수를 감지하는 것처럼 말이다. 이탈리아 피렌체대학교 생리심리학 교수인 데이비드 C. 버는 정신물리학 실험을 수행함으로써 수의 이 같은 지각과 유사한 특성에 대해 강력한 증거를 제시했다. 버의 연구팀은 2008년 제안 논문인 〈수의 시각적 감지 The visual sense of number〉를 시작으로,[74] 수 직관의 정신물리학적 특성을 밝히는 일련의 영향력 있는 논문을 발표했다. 이들은 또한 다른 감각 지각과 마찬가지로 시각적 수량 평가에도 적응 현상이 나타남을 보여줬다. 밀도가 높거나 희박한 점 구름을 일정 기간 동안(대략 30초) 관찰한 후, 또 다른 점 구름을 보게 되면 이 점 구름의 겉보기 수량은 상당히 변화한다. 좀 더 정확히 말해, 더 높은 수량에 적응되고 난 이후에는 집합의 크기를 과소평가했다.[75] 예를 들어, 400개의 점에 적응한 시험 대상자는 후속 화면에서 100개의 점이 표시되었을 때 이를 30개 정도로 추정했다. 이처럼 짧은 기간 동안의 적응만으로도 겉보기 수량에 큰 변화가 일어나는 원인은 fMRI를 이용해 IPS 영역을 확인함으로써 추적해볼 수 있다.[76] 이러한 적응 효과는 대상을 순차적으로 제시하거나 여러 감각 양상에 걸쳐 제시할 때에도, 공간적 배열과 시간적 순서를 초월하여 나타난다.[77] 심지어 행동에 대한 적응 또한 수 인식에 영향을 미쳤다. 버와 동료들은 시험 대상자에게 손가락으로 빠르게 또는 느리게 허공을 톡톡 두드리게 한 후 불빛의 명멸 횟수 또는 점 배열의 수량을 판단하도록 했다. 놀랍게도 허공을 느리게 두드리는 데 적응된 경우에는 수량을 과대평가한 반면 빠른 두드림에 적응된 경우에는 수량을 과소평가했다.[78] 이러한 결과는 수가 뭔가 특별한 감각으로 인식되는 형질임을 의미할까? 하지만 이러한 가정은 틀린 것으로 나타났다. 첫째, 수는 볼 수 있거나 들을 수 있거나 그밖에 감지될 수 있는 모든 대상에 적용되는 추상적 범주로 구성된다. 좀 더 풀어 설명하자면, 내가 연필 세 자루를 보고 3회의 전화음 소리를 들었다고 해보자. 감각의 차원에서 보면 이들 대상은 서로 완전히 다르다. 그러나 수의 차원에서 이들은 모두 3이라는 수로서 서로 동일하다. 수는 이들 모든 감각 경로에 의존하지만 그렇다고 진정한 감각계를 이루는 한 부분은 아니다. 둘째, 수는 비단 시각적 영역만이 아니라 청각과 그 밖의 모든 영역에 걸쳐 적용될 수 있다. 이는 수 적응이 적어도 부분적으로, 순전히 감각만 처리하는 단계 이전에, 즉 이들 감각계 바깥에서 별도로 일어날 수 있음을 의미한다. 적응 효과는 종래의 감각에 국한되는 것이 아니라 공간이나 시간과 같은 더 추상적인 특징에도 나타날 수 있다.

우리가 직관적이고 어쩌면 선천적인 수 본능을 타고났다고 믿을 이유는 충분히 많다. 토비아스 댄치그 또한 바로 이런 이유로 '수 감각'이란 용어를 처음 사용했다.[79] 우리 인간과 동물들이 선천적으로 수를 인식할 수 있다는 사실은 단일 세포 기록과 정신물리학 그리고 뇌 영상 연구에서 나온 풍부한 증거들로 뒷받침된다. 수 본능을 위해서는 이에 특화된 뇌 메커니즘이 필요하며, 아마도 수 뉴런이 이러한 능력의 신경생물학적 토대를 이룰 것으로 보인다. 다음 절에서는 신경망을 살펴보며 이러한 수 본능이 어떻게 피질계의 처리 과정에서 자연스럽게 생겨날 수 있는지 알아볼 것이다.

뇌가 수를 처리하는 방식에 대한 신경망 모델들

신경과학의 궁극적인 목표 중 하나는 뇌가 어떻게 뉴런의 수량 정보 처리 과정을 계산할 수 있게 되었는지 정량적으로 설명하는 것이다. 이러한 모델을 통해 우리는 뇌의 실제 정보 계산 방법에 대한 새로운 이론을 발전시키고 그에 대한 후속 실험을 통해 이러한 예측을 검증해볼 수 있다. 수 처리의 토대를 이루는 추상적 원리를 해명하기 위해, 지난 몇 년간 신경 계산에 대해 몇 가지 모델이 제안되었다. 이들 모델은 뇌와는 전혀 동떨어진 매우 인공적인 모델에서부터 생물에서 영감을 얻어 실제 뇌의 처리 과정의 주요 요소를 모방한 모델까지 다양한 범주의 아키텍처를 가진다. 물론 이러한 모델의 질은 이 모델이 실제로 두뇌에서 일어나는 수량 처리 과정, 특히 수의 부호화에 대해 현재 알려진 사실과 얼마나 일치하는지 여부에 따라 결정된다.

피질에 대한 감각 입력으로부터 수량 정보가 어떻게 추출되는지 설명하기 위해 과거 두 가지 주요 모델이 제안되었다. 이 두 모델은 서로 다른 수 부호화 과정을 전제한다. 첫 번째는 1983년 브라운대학교의 워런 H. 멕Warren H. Meck과 러셀 M. 처치Russell M. Church가 수량 및 시간 추정을 설명하기 위해 제시한 '모드-제어 모델mode-control model'이다.[80] 모드 제어 모델은 대상 집합의 순차적 제시를 위해 설계된 것으로, 이때 각 대상은 심박조율기의 박동에 의해 암호화되며 이후 누산기에 추가된다. 셈하기가 끝나면 누산기에 기록된 양을 메모리로 읽어들인 후 이 집합의 수량에 대한 표상을 형성한다. 즉 이 모델은 수량이 '가산 부호화summation coding'에 의해 암호화된다고 가정한다. 이때 인공 뉴런은 대상의 총합에 따라 단조롭게 증가 및 감소하는 반응 함수를 가진다.

두 번째 기존 모델은 '수량 탐지 모델numerosity detector model'로서 파리의 콜레주 드 프랑스의 스타니슬라스 드앤과 장 피에르 샹제Jean-Pierre Changeux에 의해 제안되었으며 대상 배열로부터 수량을 표상하도록 설계되었다.[81] 이 모델 또한 대상의 수로부터의 활성은 가산 단위에 의해 먼저 수집되고 암호화된다고 가정한다. 그러나 이들 가산 단위는 뇌의 수 뉴런과 유사하게, 마지막 출력 단계에서 특정 수량에 조율된 탐지기로 정보를 송출한다. 벨기에 헨트대학교의 톰 베르구츠Tom Verguts와 빔 피아스Wim Fias도 비슷한 아키텍처의 모델을 제안했다.[82] 이들이 제안한 신경망에서도 출력 단계에 조율된 수량 탐지기를 설정하면 2차 처리 단계에서 자연적으로 가산 단위('은닉 단위')가 생겨났으며, 역으로 입력 단계에 가산 단위를 설정한 비감독 모델에서도 출력 단계에서는 특정 수량에 조율된 세포들이 생겨났다. 모드-제어 모델과 수량 탐지 모델은 그 설계 방식에 근본적 차이가 있음에도 불구하고, 최종 출력으로서든 또는 중간 처리 단계에서든, 단계적 방식으로 수를 누적시킬 수 있는 가산 단위를 필요로 한다. 여기서 논란이 되는 지점 중 하나는 이러한 가산 단위가 실제 뇌에도 필요한지 혹은 정말로 존재하긴 하는지다.

조율된 수 뉴런을 보고한 수십 건의 단일 세포 연구 중 가산 단위와 비슷한 신경 반응을 보고한 연구는 단 한 건에 불과하다. 듀크대학교의 제이미 D. 로이트만Jamie D. Roitman과 마이클 플랫Michael Platt은 원숭이의 IPS에서 LIP 영역(해부학적 위치는 **그림 6.2** 참고)의 뉴런 활성을 기록하여 그 방출 속도가 일차적으로는 뉴런의 반응 영역에 나타난 자극 집합의 수량 변화와 함께 단조롭게 증가 또는 감소한다는 것을 보여주었다.[83] 연구자들은 두 가지 유형의 수-선택적 뉴런―단조성monotonic 세포 및 조율된tuned 세포―이 수량 표상에 대한 신경망 모델들에서 제안된 가산 단위 및 수량 단위의 생리학적 상관물일 수 있다고 제안했다. 이러한 논리에 따르면 LIP 뉴런에 의해 부호화된 단조성 수량은 VIP 및 PFC의 조율된 뉴런에 입력 신호로서 전달될 수 있다.

그럴듯한 시나리오로 보이지만, 뇌에 정말로 가산 단위가 존재하는지의 문제는 여전히 답해지지 않은 채 남아 있다. 첫째, 로이트만과 동료들이 기록한 뉴런은 수량 부호화의 최종 단계에 있을 수 없다. 이들 뉴런은 공간적으로 제한된 반응 영역에 제시된 집합의 수량만 암호화하기 때문이다. 추상적 수량 정보를 추출하기 위해서는 모든 시각적 공간에 대한 정보뿐만 아니라 일부 과제의 경우에는 시간과 감각 양상 또한 통합해야 한다. LIP 영역과는 달리 VIP 영역 및 PFC는 다중양상 입력값을 통합하며, 그 뉴런들은 공간적으로 국한되지 않는 광역적 인지 처리 속성을 가진다. 둘째, 로이트만의 연구에서 원숭이들이 수행한 과제는 수량 식별 과제가 아니라 지연된 단속 운동 과제였다. 여기서 수량 개념은 원숭이들이 단속 운동 과제를 성공적으로 수행했을 때 보상의 양을 예측하는 데 기여했다. 따라서 이 과제에서 뉴런의 반응은 수 그 자체라기보다는 보상 크기의 부호화와 관련된 것일 수 있다. 이와 반대로, 원숭이들이 명시적으로 기수적 수량 정보를 사용해야 하는 모든 연구에서는 자극의 감각 양상이나 제시 방식 및 기록 부위에 관계없이 모두 표지된 선 부호가 나타났다.[84] 중요한 점은, 이러한 부호는 고도의 훈련에 의해 뉴런에 부과된 것이 아니란 점이다. 동일한 부호가 수에 무지한 원숭이[85] 및 까마귀[86]에게도 존재하기 때문이다.

현재 계산신경과학 분야에서 가장 성공적인 신경망은 소위 '심층 신경망deep neural network'이다. 심층 신경망은 일종의 인공 신경망으로서 입력층과 출력층 사이에 다중의 은닉층을 가진다. 여기서 '심층'이란 데이터가 변형되는 동안 여러 층을 통과해야 한다는 것을 말한다. 층의 수가 더 많을수록 네트워크는 더 깊어진다. 데이터는 입력층으로부터 출력층까지, 속성 추출 및 변형을 위한 비선형 처리 단위의 다중 층을 통해 흐른다. 한편 '비선형'이란 출력값이 입력값의 선형 함수로 나타나지 않음을 의미한다. 각각의 연속 층은 이전 층의 출력값을 입력값으로 받아 사용한다. 각 단계에서는 뇌의 시각 경로 처리 과정을 모방하기 위해 입력 데이터를 약간 더 추상적이고 복합적인 표상으로 변환하도록 학습된다. 각 층은 '인공 뉴런'이라고 불리는 단위들의 연결 조합으로 구성된다. 이후 인공 뉴런의 반응(또는 상태)을 분석하여 실제 뉴런과 비교할 수 있다.

파도바대학교의 이빌린 스토이아노프Ivilin Stoianov와 마르코 조르지Marco Zorzi는 감각 정보를 암호화하는 한 층의 '시각'층과 계층적으로 조직화된 두 층의 '은닉'층으로 구성된 심층 신경망을 구성한 후[87] 5만 개가 넘는 수량 자극(예: 점 패턴)을 이용해 이 신경망을 학습시켰다. 여기서 짚고 가야 할 점은 학습 단계 동안에는 수에 대한 정보를 제공하지 않았다는 것이다. 이들은 두 번째 은닉층에서 단조성 (가산) 부호화를 통해 수량을 추정하는 독특한 인공 뉴런 모집단을 발견했다. 스토이아노프와 조르지는 단조성 암호화의 창발이 원숭이의 LIP에 있는 단일 세포를 가산 부호로 보고한 로이트만의 연구 결과와 부합한다고 결론내렸다. 그러나 앞에서도 강조했듯이, 이 모델은 전기생리학 연구에서 흔하게 발견되는 조율된 수량 탐지기는 설명하지 못한다.

따라서 나는 내 학생 칼레드 나스르Khaled Nasr와 함께 생물에 좀 더 가까운, 하드코드(데이터를 쉽게 변경할 수 없도록 기록된 코드) 연결이나 비자연적 점 패턴 자극에 대한 학습에 의존하지 않는 심층 신경망을 시험해보았다.[88] 실제로 우리의 모델은 수량과는 무관하게 단순히 자연 이미지를 분류하는 과제를 수행하도록 훈련되었다. 놀랍게도, 연결망 단위 중 대략 10%가 조율된 수량 선택성을 나타냈다.[89] 이는 우리가 수에 무지한 원숭이 및 까마귀의 뇌에서 발견한 수 뉴런의 비율과 비슷한 수준이다. 또한 실제 수 뉴런과 마찬가지로 이들 신경망 단위들은 수가 증가함에 따라 그 정밀도가 감소하는 근사적 조율 현상을 보였고, 로그변환된 수직선에서 가장 잘 표시되었다. 인간과 원숭이 그리고 까마귀 뇌의 뉴런들이 그러하듯, 이 신경망의 수량-선택적 단위의 활성 또한 베버-페히너 법칙을 따랐다. 출력층은 물론 바로 안쪽의 중간층도 가산 단위의 비율이 유의미한 수준은 아니었으며, 이들의 활성은 신경망의 수량 식별 능력과 관련이 없었다. 즉 우리의 신경망 모델 결과는 가산 단위가 수 본능과는 관련이 없음을 시사한다. 그러나 여기서 가장 중요한 발견은, 수량 추정을 위한 훈련을 따로 받지 않아도 그저 자연적 시각 자극에 노출된 부산물로서 수량 선택성이 출현할 수도 있다는 사실이다. 수에 대한 기본적인 감각은 어쩌면 이미 존재하는 피질 네트워크를 이용하는 것인지도 모른다. 어째서 신생아와 야생 동물들이 선천적으로 수량 능력을 타고나는지도 이를 통해 설명할 수 있다.

수 표상에는 뇌의 다른 인지 시스템들이 필요하다

지금까지 이 장에서는 수의 지각만 다루었다. 이제 수량 자극이 사라지고 아무것도 보이거나 들리지 않는 상태에서는 어떤 일이 일어날지 생각해보자. 나중에 수량 정보를 평가하고 비교하려면 어떻게든 머릿속에 자극에 대한 기억을 간직하고 있어야 한다. 즉 머릿속에 수를 잠시 저장하고 조작할 수 있는 능력이 없이는 수 인지는 불가능할 것이다.

무언가를 의식적으로 기억하는 능력을 '작업기억working memory'이라고 한다. 작업기억은 우리 마음의 스케치북이자 인지 제어를 증명하는 보증서로서, 작업기억이 있기에 우리는 수량 정보를 머릿속으로 '궁리'하고 이전 경험 및 현재의 목표와 관련해 이 정보를 따져보고 가늠해볼 수 있다. "2+3"과 같은 간단한 계산을 예로 들어보자. 이를 계산하기 위해서는 '2'에 '3'을 가산해 '5'라는 결과를 얻기 전에 먼저 머릿속에 '2'를 담아두고 있을 수 있어야 한다. 작업기억이 없다면 우리는 이런 일을 도저히 해낼 수 없을 것이다.

뉴런은 이른바 지속적이고 한결같은 활성에 의해 작업기억을 표상한다. 이는 감각 단서와 그 단서에 따라 행동하기까지 잠깐의 시간차(초 단위)를 두는 지연된 반응 과제를 통해 확인해볼 수 있다. 이때 감각 자극이 없는 지연 기간 동안 뉴런은 증가된 신경 활성을 보인다. 마치 지연된 시간 동안 감각 단서를 계속 발화함으로써 그 틈을 메우려고 하려는 듯 말이다. 이는 1971년 캘리포니아대학교 로스앤젤레스 캠퍼스의 인지신경학 교수인 호아킨 M. 푸스터 Joaquin M. Fuster에 의해 처음 보고되었다. 그는 원숭이들이 지연된 표본 대응 과제 동안 색상을 매칭하도록 훈련시켰다. 원숭이가 과제를 진행하는 동안 PFC의 뉴런을 기록했을 때, 10초의 지연 기간 동안 일부 뉴런의 발화율이 특정 색상에 대해 선택적으로 증가하는 것으로 나타났다.[90] 이 뉴런들은 활성 지속을 통해 정보를 버퍼링하고 처리함으로써 반응이 요구될 때까지의 틈을 메웠다. 이후 푸스터는 PFC를 냉각시켜 이들 뉴런을 일시적으로 비활성화시키면 원숭이들이 자극을 망각한다는 사실을 보여주었다. 활성 '온라인' 상태에서 정보를 단기 버퍼링하는 것이 작업기억의 핵심이기 때문에, 이제 신경과학자들은 지속적인 지연 활성을 사실상 '작업기억'과 동일하게 여기기 시작했다.[91] 컬럼비아대학교의 마이클 섀들렌 Michael Shadlen은 지연 기간 동안의 활성 지속으로 인해 우리는 "즉각성으로부터의 자유"를 얻었다고 말한다.[92] 우리에게 영향을 미치는 모든 것에 즉각적으로 대응하지 않아도 되는 것이다. 우리는 문제에 대해 잠시 생각해보고 그에 가장 적합한 해결책을 떠올릴 수 있는 자유를 얻었다.

피질연합영역을 상호 연결하는 뉴런들은 일정 기간에 걸쳐 정보를 유지하고 인지 제어를 일으키기에 특히 적합하다. 후부두정피질 및 외측 전전두피질은 서로 간에도 연결되어 있을 뿐만 아니라 널리 분포된 10여 개 이상의 다른 피질 영역들과도 연결되어 있다.[93] 그리고 이들 피질 영역들은 다시 공통의 시상 입력에 의해 상호 연결된다.[94] 이 연결망에 속한 영역들은 이른바 '비정형non-canonical' 회로 속성을 보인다.[95] 비정형 회로 속성은 감각피질 및 운동피질의 '정형' 회로와는 대비된다. 정형 회로는 감각피질 및 운동피질의 정보가 처리 위계를 따라 아래에서 위로(피드포워드) 또는 위에서 아래로(피드백) 직접적으로 전송되는 것을 말한다. 이에 반해, 비정형 회로에서는 피드포워드 또는 피드백 전달 패턴이 뚜렷하게 보이지 않는다. 대신, 이들 전전두 및 후부두정 연합피질의 비정형 신경망은 평행 처리 및 반복 처리가 일어나도록 설계되어 있어, 여기서 정보는 다중 경로를 따라 처리되어 일정 기간 동안 보관될 수 있다. 이는 광역적 신경 작업공간을 형성하여 심적 표상의 의식적 처리에 접근할 수 있도록 한다.[96]

앞서 소개한 지연된 표본–수량 대응 과제(**그림 3.7A**)에서도 수량 판단 작업이 진행되는 동안 단일 뉴런의 지속적인 활성을 조사할 수 있다. 이 과제를 달성하려면 동물들은 지연 기간 동안 대상의 수를 기억하고 있어야만 다음 선택 과정을 수월히 완료할 수 있기 때문이다. 원숭이들이 방금 인식한 수량을 암기하고 있어야 하는 지연 기간 동안, 수에 대한 작업기억의 신체적 상관물로서 상당량의 뉴런(PFC의 20~30% 및 PPC의 10~20%)이 지속적인 활성을 보였다. 이들 지연-선택적 수 뉴런은 감각 자극 기간 동안 활성을 보이는 뉴런들과 마찬가지로 기억된 수량에 선택적으로 조율돼 있다. 심지어 이 뉴런들은 표본 제시 기간과 지연 기간 모두 동일한 수량에 조율돼 있다. **그림 7.2** 사례에서 나타난 뉴런이 바로 그러한 반응을 보여준다. 그뿐만 아니라, 많은 지연-선택적 수 뉴런은 공간적 및 시간적 제시 형식[97]과 시각-청각 양상[98]에 걸쳐 통합된다. 따라서 수량 지연 선택성은 추상적일 수 있으며 기억된 수량이 공간적 또는 시간적으로 정확히 어떻게 제시되는지와는 무관한 것으로 확인된다.

그러나 무언가를 기억하기란 말처럼 쉽지 않다. 긴 전화번호를 외워보려고 해본 적이 있다면 작업기억의 용량은 극히 제한적임을 이미 알고 있을 것이다. 우리는 오직 적은 수의 집합만 머릿속에 담아둘 수 있다. 심지어 서로 다른 수들이 작업기억의 제한된 용량을 놓고 경쟁을 하기도 한다. 따라서 수 표상은 자칫 주의를 빼앗기기 쉽다. 간단한 예를 생각해보자. 친구에게 전화를 걸려고 전화번호를 찾아 막 전화기를 드는 순간, 옆에 있는 다른 사람이 임의의 수를 중얼거리는 소리를 들었다고 해보자. 이런 경우에는 상당히 애를 써야 다른 숫자에 주의를 빼앗기지 않고 친구의 전화번호를 올바로 기억할 수 있을 것이다. 이렇게 다른 숫자에 주의를 빼앗기게 되면 중요한 표상이라도 관련 내용이 완전히 소실될 수도 있다. 관련 정보를 계속 유지하기 위해 관련 없는 표상을 억누르거나 재정의하는 과정을 '인지 억제cognitive inhibition'라고 한다.[99] 따라서 수 표상들이 작업기억 작업공간에 접근하기 위해 어디서 어떻게 서로 경쟁하는지 중요한 질문을 제기해볼 수 있다.

나는 내 실험실의 박사후과정 연구원인 시몬 N. 야코프와 함께 원숭이들을 앞서 설명한 전화 통화와 비슷한 상황에 처하도록 만들어보았다.[100] 이를 위해 우리는 지연된 표본 대응 과제의 지연 기간 동안 화면에 행동적으로 전혀 관련이 없는 수를 표시해 원숭이의 주의를 빼앗았다. 인지 억제 과정만으로는 원숭이가 주의를 빼앗기는 것을 완전히 저지할 수 없기 때문에 원숭이의 집중을 방해하는 것이 늘어나면 성과도 더 악화된다. 실제로 원숭이들은 대부분의 시간 동안 계속해서 집중하려 애썼지만 주의를 빼앗는 수가 없을 때에 비하면 약간 더 많은 실수를 저질렀다.

원숭이가 주의 분산 과제를 수행하는 동안 우리는 PFC와 VIP에서 단일 세포의 활성을 기록했다. 표본을 제시한 후 첫 번째 지연 기간 동안 PFC의 뉴런은 표본에 해당하는 수량을 암호화하며 앞서 언급한 조율곡선 및 지속적 활성을 보였다. 그러나 표본과 다른 수량을 제시해 주의를 빼앗으면 PFC 뉴런은 그러한 간섭에 저항하지 않고 새로 입력된 수량을 표본 수량 위에 덮어썼다. 이제 이들 뉴런은 주의 분산 수량에 더 강하게 반응하며 이에 조율된 거동을 보였다. 하지만 놀랍게도, 표적 수 표상은 완전히 사라지지 않았다. 다른 수량에 주의가 분산된 후 두 번째 지연 기간을 가진 뒤 과제를 수행할 시점이 되자 이들 표상은 되살아났다. 이에 반해 VIP의 뉴런은 주의 분산에 거의 영향을 받지 않았고, 집중을 빼앗는 다른 수가 제시되었을 때도 표본 수량의 작업기억 표상을 계속 유지했다.

이러한 결과는 수 네트워크에서 PFC가 제어 또는 선택 단계를 관장함을 시사한다. PFC에서의 활성은 기억 저장 신호[101]라기보다는 수 작업공간의 다른 영역, 예컨대 VIP와 같이 실제로 작업기억의 표상이 계속 유지되는 것으로 보이는 영역에 관여하는 하향식 신호[102]로 보인다. 이러한 관점을 선택 단계에도 적용해보면, PFC는 표적 수량은 물론 직접적인 관련이 없는 수량에 대한 정보도 모두 표상해야만 과제 후반에 일어나는 반응 중에 주의를 분산시키는 수량을 걸러내고 유연하게 자극 선택을 이끌 수 있다. 이는 왜 원숭이[103]와 외측 PFC에 병변이 있는 사람[104]은 방해 자극에 저항하는 능력이 저하되는지 설명한다. 저장된 정보가 소실되기 때문이 아니라 광역 작업공간에서 제어 및 선택 과정이 제대로 작동하지 않기 때문이다.

인간을 대상으로 한 기능적 연결성 연구에 따르면 PPC는 세 가지 두정-전두 작업기억 관련 회로와 연결되어 있다.[105] 이 세 개의 구별된 하부 영역들은 바로 IPS, 연상회 및 각회로 모두 하두정 피질에 속한다(각각의 해부학적 위치는 **그림 6.1** 참조). IPS는 전면 시야, 보조 운동 영역, 앞뇌섬엽anterior insula 및 복외측 PFC를 포함하는 두정-전두계 연결망의 한 부분이다.[106] 이에 반해 연상회는 배외측 PFC와 좀 더 긴밀하게 연결되어 있으며 정형적 두정-전두 중앙집행 연결망을 형성한다.[107] 각회는 복내측 PFC 및 후대상 영역과 강하게 연결되어 있으며, 아무런 과제도 하지 않아 작업기억이 직접 관여하지 않을 때 활성화되는 시스템, 즉 디폴트 모드 연결망을 구성한다.[108] 결국, 각회를 제외하고 IPS와 연상회는 모두 두정-전두의 작업기억과 관련된 회로를 형성한다.

두정-전두 작업기억 시스템은 발달 연구에서 종종 다루는 대상으로 잘 알려져 있다. 아동들은 아직 문제 해결 능력이 덜 발달되어 있으므로 수량 과제를 해결할 때 이를 좀 더 기본적인 요소들로 잘게 분해하는데, 이는 상당한 작업기억을 요구한다. 예를 들어 아이들은 간단한 산수 문제를 풀 때 셈하기 방법에 좀 더 의존하는데

이를 위해서는 단기 저장, 규칙기반 조작, 저장 정보 갱신 등 다양한 작업기억 요소에 접근해야 한다. 이러한 행동적 발견과 일치하는 또 다른 연구로, 스탠퍼드대학교의 수전 리베라Susan Rivera와 비노드 메논Vinod Menon은 아이들이 산수 문제를 푸는 동안 PPC는 별로 개입하지 않는 반면 PFC는 더 많이 관여하는 경향이 있다는 것을 발견했다.[109] 이는 시각공간 처리의 역할이 증가하는 것과 동시에 인지 제어에 대한 필요는 감소하는 것을 반영한다.

과거, 수에 대한 신경과학은 뇌의 어느 영역이 수량을 표상하는지 그리고 이러한 영역에서 발현되는 수리 능력은 얼마나 추상적인지에 대한 질문에만 매달렸다. 그러나 이 중추적 수 시스템은 더 일반적인 다른 인지 시스템으로부터 지원을 필요로 한다는 것이 밝혀졌다. 따라서 어린이와 성인 모두에서 수학 학습과 지식 습득의 신경 기반을 설명하는 종합적인 시스템 신경과학을 마련하기 위해서는 중추적 수 네트워크와 함께 작업기억과 같은 일반 뇌 연결망으로 가지를 뻗어나가야 할 것이다.

4부

수상정

8장 수의 흔적

호모 사피엔스를 상징적 사고로 이끈 진화적 압력

우리는 매일 여러 형태와 다양한 표기 방식으로 수를 접한다. 시계에 표시된 숫자를 보기도 하고 컴퓨터로 글을 쓰는 동안 키보드의 숫자 키를 눌러 숫자를 입력하기도 한다. 사실 우리는 수 기호와 표식에 너무 익숙해서 그것들을 당연하게 여기며, 이러한 상징들이 인류 역사에서 오랫동안 존재하지도 않았다는 사실을 곧잘 잊어버리곤 한다.

무엇이 우리 호모속 선조들이 상징적 사고를 하도록 이끌었을까? 물론 크고 다재다능한 뇌를 발달시킨 현생 인류의 출현을 빼놓을 수는 없을 것이다. 무엇이 이처럼 큰 뇌를 가진 현생 인류의 출현을 이끌었는지에 대해서는 의견이 분분하지만, 아마도 지역의 인구통계학적 압력,[1] 지리학적 압력 및 기후학적 압력[2]이 그 진화적 구동력이었을 것으로 보인다. 기후, 도구의 사용, 사회성 강화, 혹은 익힌 고기를 통한 고영양 식단 등 무엇이 뇌, 특히 연합피질을 그토록 부풀어 오르게 했든지 간에, 이러한 변화는 고고학자들이 말하는 초기 현생 인류의 문화적 기틀을 마련했다. 그리고 이러한 문화 중에는 상징의 출현도 포함된다.

안타깝게도 우리 선조들의 뇌가 어떻게 생겼는지 확인할 수 있는 직접적인 증거는 없다. 뇌는 화석화되지 않기 때문이다. 그러나 고인류학자는 두개골 내부 주형을 연구함으로써 인간의 해부학적 뇌가 전반적으로 어떻게 진화했는지 이해할 수 있다. 이러한 빈 두개골의 내부 주형은 '엔도캐스트endocast'라고 불리며 CT(컴퓨터 단층촬영법computed tomography) 스캔을 이용해 측정할 수 있다. 엔도캐스트는 뇌 바깥쪽과 유사한 형태를 가지고 있는데, 뇌 표면과 두개골은 초기 발달 동안 고도로 조직화되고 통합된 방식으로 상호 영향을 미치기 때문에 결과적으로 두개골 안쪽 표면은 뇌의 바깥 표면을 대강 본뜬 형태를 가지게 되는 것이다. 이러한 엔도캐스트 측정을 통해 고인류학자는 두개골 화석으로부터 뇌의 형태는 물론 심지어 종뇌엽의 크기까지 탐구하여 우리 뇌가 진화 계통학적으로 어떻게 진화했는지 추적할 수 있다.

두개안면 형태 및 치아 발달과 더불어 엔도캐스트에 대한 최근 연구는 새로운 흥미로운 통찰을 낳았다. 고고학적 기록에 따르면 우리 현생 인류의 뇌는 30만 년 전 우리 종이 처음 탄생했던 순간에도 아직 그 형태가 확립되지 않았다. 그 후 호모 사피엔스의 뇌는 우리 종이 존재해온 수십만 년 동안 현저한 변화를 겪었다. 지금의 우리들 또한 현생 인류임에도 불구하고, 우리의 뇌는 최초의 현생 인류의 뇌와 상당히 다르다. 물론 이러한 변화는 시간의 흐름에 따라 축적된 유전적 변이에 의해서만 일어날 수 있다.

더 흥미로운 사실은, 이러한 뇌의 변화가 우리 종의 행동학적 변화와도 관련된다는 것이다. 우리 종은 존재했던 대부분의 시간 동안 다소 눈에 띄지 않는 생물 종이었다. 인류의 뇌가 대략 10만 년 전에서 3만 5000년 전 사이에 현재와 같은 형태를 갖추게 되고[3] 그 결과 약 5만 년 전 후기 구석기 시대가 도래하면서 인류의 삶에는 극적인 변화가 일어났다. 뇌의 변화가 '인류 혁명'을 촉발한 것이다.[4] 갑자기 호모 사피엔스에 대한 고고학적 기록에 뼈 장식, 장신구, 안료, 석기 기술, 예술 등 행동학적 현대성이 나타나기 시작했다. 그중에서도 가장 중요한 것은 기호와 상징이 사용되기 시작했다는 것이다. 이러한 현상은 모두 우리 종이 추상적인 자기반성적 사고를 할 수 있었음을 나타낸다. 그 결과 후기 구석기 동안 전 세계적으로 거대한 변혁이 일어났다. 유럽에서는 네안데르탈인이 서서히 쇠퇴하기 시작해 3만 년 전 즈음에는 거의 사라졌다. 아마도 우리 호모 사피엔스 종의 소행인 것으로 보인다. 그리고 현생 인류가 세계를 집어삼키기 시작했다. 그 후 1만 2000년 전 무렵 신석기 혁명이 시작되면서 대대적인 문화적 변화가 일어났다. 신석기 혁명의 가장 중요한 특징은 생활방식이 수렵채집에서 농경과 정착으로 이행했다는 점이다. 그와 함께 작물 재배와 가축 사육이 시작되었고 최초의 도시가 등장했다. 이윽고 기원전 4000년 전 즈음 메소포타미아에서 수 표기 체계를 갖춘 최초의 고도 문명이 나타났다. 기원전 3000년 전 무렵에는 마침내 청동기가 도래했다. 물질문명의 세 번째 단계가 시작된 것이다. 이 시점에 이르면 인류는 금속을 자유자재로 사용할 수 있는 수준이 된다.

　인지고고학자들은 과거에 인간의 마음이 작동했던 방식을 재구성하고 그것이 인류의 역사에서 어떻게 변해왔는지를 설명하려고 시도한다.[5] 인류는 언어를 사용할 줄 알았기에 수 상징을 만들 수 있었으리라 생각하는 사람이 많을 것으로 짐작된다. 결국 우리는 어릴 때 일단 말하는 것부터 배운 이후에야 셈하는 법을 배우지 않는가? 그러나 최근 수 기호가 어떻게 시작되었는지에 대한 새롭고 도발적인 설명이 제시되었다. 옥스퍼드대학교의 람브로스 말라푸리스Lambros Malafouris는 '물질적 관여 이론material engagement theory'을 제시하며, 인간은 언어적 수량사나 기타 상징을 이용해 수량을 표현하기 이전부터 뼛조각이나 진흙 토큰과 같은 물질적 인공품을 다루면서 개별 수들을 개념화하는 능력을 얻게 되었다고 주장한다.[6] 말라푸리스는 언어가 아닌, 오직 물질적 인공품만이 우리가 더 큰 수량 개념을 획득하는 데 필요한 '표상 안정성'을 가진다고 말한다. 그에 따르면 "인간이 언어나 상징이 결여된 상태에서 10이란 수량을 개념화할 수 있었던 것은 학습 과정이 아니라 '규정적 발견과 의미' 과정 덕분이다.[7] 말라푸리스는 토큰들의 이러한 눈에 보이는 유형적 성질이 이후 뇌의 변화를 유도함으로써 수를 "가져왔다"고 주장했다. 콜로라도대학교의 캐런리 오버만Karenleigh Overmann은 말라푸리스의 주장을 다음과 같이 요약했다. "수량 개념은 이제 막 생겨났을 때, 즉 일단 물질적 형식으로 외현화되고 난 이후에 유형화되었다. 유형화된다는 것은 더 명시적이고 더 조작 가능해지며, 개인들 사이에 그리고 세대 간에 더 자유롭게 공유될 수 있음을 의미한다.[8]

실제로 손가락, 뼈, 매듭과 같은 수 '기호' 역할을 하는 '사물'들이 우리 인간이 수론을 이해하는 데 어떤 도움을 주었는지 살펴보는 것도 흥미로울 것이다. 인간 역사의 특정 시점(그리고 아동 발달의 어느 시점)에 이르면 우리는 한 집합의 원소들을 다른 대상들로 대체하기 시작했다. 그리고 마침내 누군가 숫자들을 써내려가는 영리한 방식을 고안해냈다. 수량의 영구적 기록, 즉 수 표기 시스템이 탄생한 것이다. 비상징적 수 본능을 넘어서는 이러한 움직임은 다른 어떤 동물도 이루지 못한 정신적 도약을 가능하게 했다. 다음 절에서는 이러한 과정의 인지적·신경학적 단계를 되짚어갈 것이다.

수 기호의 세 가지 종류: 도상, 지표, 상징

'기호sign'란 대상 또는 사건과 그것이 의미하는 실체 사이에 가능한 모든 관념 연합을 아우르는 포괄적 용어다. 일반적으로 기호는 그 밖의 다른 것, 즉 기의記意, signified를 나타낸다. 기호는 소리, 이미지, 심지어 몸짓 등 여러 형태를 취할 수 있다. 그러나 기호 그 자체는 아무런 본질적인 의미도 지니지 않는다. 그것은 오직 의미와 관련될 때에만 기호가 된다. 기호는 단순한 형태에서부터 복잡한 형태까지 여러 양식을 취할 수 있다. 따라서 기호를 그 의미 또는 의미론적 복잡성에 따라 분류하는 것도 유익할 것이다. 서로 다른 종류의 기호들로부터 우리는 진화, 발달 그리고 인류 역사에서 수량에 대한 상징적 이해가 어떻게 생겨났는지 알아낼 수 있다.

미국의 철학자 찰스 샌더스 퍼스Charles Sanders Peirce 9는 기호를 그 기의와의 관계의 복잡성이 증가하는 순서에 따라 도상icon, 지표index 및 상징symbol의 세 가지로 분류했다. 우리는 자연언어와 숫자능력number faculty이라는 두 가지 강력한 상징체계를 가지고 있으므로, 숫자에 대해 논의하기 전 먼저 두 체계 모두에서 기호가 어떤 역할을 하는지 살펴보고자 한다.

가장 간단한 기호 즉 도상은 기호와 대상 간의 유사성(유사성에 근거한 참조)으로 특징지을 수 있다. 예를 들어, ☎ 기호는 전화기에 대한 도상이다. 수량의 영역에서 •••는 세 개의 대상에 대한 도상이 될 수 있다. 인류 역사에서 가장 먼저 사용된 수 기호도 도상이었다. 많은 고대 표기 시스템에서 수 상징의 도상적 기원을 쉽게 찾아볼 수 있다. 선의 수를 이용해 수량을 나타내는 로마 숫자 I, II, III 이 그러한 예다.

이에 반해, 지표는 좀 더 추상적이다. 지표 기호는 그것이 지시하는 대상과 비슷해 보이지(혹은 비슷하게 들리지) 않는다. 오히려 지표는 그것이 의미하는 바와 함께 나타나며, 그런 후에야 그것과 연관된다. 지표의 기호와 그 기의는 때로 인과적으로 관련되기도 한다. 예를 들어 기온 상승은 수은의 팽창을 초래하므로, 온도계에서 수은의 높이는 기온의 지표가 된다. 마찬가지로 좋은 기분은 미소를 일으키므로 미소는 행복의 지표로 간주된다. 그러나 학습에 의해 임의의 기호와 기의가 연결되는 경우도 많다. 예를 들어 우리 모두는 응급차의 경적 소리가 응급 상황을 나타내는 지표적 기호임을 학습한다. 그래서 이러한 소리를 들으면 차도를 비워준다. 수 영역에서 집합의 원소 수는 임의의 형태 또는 소리와 관련되어 수 지표를 생성한다. 물론 우리는 동일한 영역의 서로 다른 상황에 적용될 수 있는 여러 기호를 발명할 수 있다. 예를 들어, 선박에 매달린 깃발은 해상 소통 영역에서 각각 서로 다른 의미를 전달하지만 각각의 개별 깃발이 가지는 의미는 일관적이고 변하지 않는다. 중요한 것은, 지표는 다른 지표들을 떠나 홀로 기능할 수 있다는 점이다. 즉 지표는 기호 체계의 한 부분을 이루지 않는다.

이는 세 번째 기호, 즉 가장 복잡한 종류의 기호인 상징과의 중요한 차이점이다. 상징 또한 관습에 근거해 기표와 기의를 임의로 연결한다. 언어를 배울 때 우리 모두는 'ㅇ-ㅏ-ㅁ-ㅅ-ㅗ'라는 문자 조합이 생성하는 소리가 뿔이 있고 풀을 먹으며 우유를 생산하는 대형 포유류의 일종을 지칭한다는 것에 합의한다. 이 소리는 실제 동물과 닮은 점이 전혀 없다. 여기까지는 상징과 지표가 서로 다르지 않다. 캘리포니아대학교 버클리 캠퍼스의 테런스 W. 디컨

Terrence W. Deacon이 강조했듯이, 상징과 지표의 정의상 차이점은, 상징은 그것이 좀 더 긴 표현에 어떻게 결합되는지에 따라 의미가 달라지는, 전체 기호 체계의 한 부분이라는 점이다.[10] 즉 상징은 조합 기호 체계의 일부를 이룬다. 표현에서 상징을 구조화하고 정렬하는 데 사용하는 규칙을 구문론syntax이라고 한다. 구문론은 문장이나 수학 공식과 같은 표현의 의미를 결정한다. 아주 단순한 예를 들어보겠다. 다섯 개의 상징, 즉 "아이" "고양이" "물다" "가" "를"을 생각해보자. 우리는 이 상징들을 두 가지 다른 방식으로 정렬할 수 있다. 첫 번째는 "아이-가-고양이-를-물다"이고 두 번째는 "고양이-가-아이-를-물다"이다. 두 표현은 같은 상징들로 구성되었음에도 불구하고 서로 명백히 다른 의미를 가진다는 것을 곧바로 알아차릴 수 있을 것이다. 이제 의미의 참조는 기호에서 체계로 옮겨간다.[11] 상징적 참조는 개별 기호-대상 사이의 관계가 아니라 기호-기호 관계들 사이의 연결이다.[12]

자연언어의 상징, 즉 단어에 대해 참인 것은 수식에서 수 상징에 대해서도 똑같이 참이다. 간단한 계산 $2+5\times3$을 예로 들어보자. 이 수식에서 먼저 덧셈을 한 후 곱셈을 하거나, 혹은 곱셈을 한 후에 덧셈을 하면 그 결과가 서로 완전히 달라진다. 즉 전자는 21이고 후자는 17이다. 그럼에도 불구하고 각 수 상징의 값은 여전히 동일하다. 위의 정의에 따르면 상징은 인간 특이적이다.

이러한 기호 분류 체계를 이제 수에 적용해보자. 우리는 도상에서 지표를 거쳐 마침내 상징까지, 그 복잡성이 점차 증가하는 것을 볼 수 있었다. 이는 각각의 더 복잡한 기호는 그 앞 단계의 기호를 토대로 한다는 것을 시사한다. 기호의 이러한 복잡성 증가는 여러 시간 척도에서, 즉 인류사에서 문화적 진전이 이루어지는 동안, 개체발생적으로 유아에서 성인으로 발달하는 동안 그리고 어느 정도는 동물계의 진화가 이루어지는 동안에도 관찰할 수 있다.

인류사에서 수 상징의 발명

지표와 상징이 발명되기 이전, 인류는 손가락과 같은 단순한 도상을 이용해 수를 나타냈다. 손가락은 인간에게 알려진 수를 기록하기 위한 가장 오래된 도구다. 셈을 할 수 있는 사람은 모두 손가락이나 신체 매칭을 이용하는 초기 단계를 거쳐왔다고 할 수 있다.[13] 손가락은 분명 도상으로서 사용된다. 각각의 손가락은 집합의 한 원소를 나타내므로, 손가락의 수와 표상된 집합 원소의 수 사이에는 명백한 지각적 유사성이 존재한다. 게다가, 이후 더 설명하겠지만, 손가락은 셈하기의 예비 행동으로서 완벽한 도상이다.

　손가락은 비록 실용적 이점을 가짐에도 불구하고 그 사용 범위가 제한되어 있다. 그저 손가락을 드는 것만으로는 어떠한 영구적인 흔적도 남기지 않는다. 그리고 인류는 어느 시점에 이르자 그것 이상을 원하게 되었다. 현생 인류가 수렵채집 유목민에서 농경 정착민으로 점차 성숙해감에 따라 가축 또는 사유재산의 수를 세거나 그밖에 일상적인 목적을 위해 손가락 셈과 같은 일시적 기록 이상의 집계법이 필요해졌다. 즉 인류는 좀 더 영구적인 집계법을 고안해야만 했다.

　수의 서면 기록 및 이후의 숫자 표기 체계는 엄대tally stick(물건 값을 표시하는, 길고 짧은 금을 새기는 막대기—옮긴이)에 자국을 새기는 것에서부터 시작했다. 손가락 셈하기와 마찬가지로 엄대에 새겨진 표식 각각은 집합의 원소 하나에 대응되었다. 이에 따라 엄대는 수량을 영구적으로 표상할 수 있다. 후기 구석기 동안 인간은 나뭇가지나 죽은 동물의 뼈 등 자국을 새기기에 적합한 것은 무엇이든 찾아서 자국을 새기기 시작했다.

많은 인류학적 유물이 엄대로 추정되었다. 가장 이른 것은 남아프리카에서 발견된 일명 '레봄보뼈Lebombo bone'로, 방사성 연대 추정에 따르면 그 연대가 4만 4000년 이전으로 알려진 가장 오래된 엄대다.14 레봄보뼈는 남아프리카공화국과 에스와티니 사이의 국경 인근 레봄보산에 위치한 보르데르 동굴에서 발견되었다. 레봄보뼈 그 자체는 새코원숭이의 하퇴골 중 하나인 종아리뼈로 만들어진 것으로 여기에는 29개의 표식이 삐뚤삐뚤 새겨져 있다. 뼈의 표면은 상당히 매끄러워서 오랫동안 사용되었음을 알 수 있다.

또 다른 선사시대 엄대인 이른바 '늑대뼈Wolf bone'는 1937년 체코 베스토니체에서 발굴 작업 중 발견된 선사시대 유물이다. 늑대뼈는 대략 3만 년 전의 것으로 추정되며 약 18cm의 길이의 뼈에 55개의 표식이 새겨져 있다. 근처에서 여성의 머리가 조각된 상아 조각도 발굴되었으므로, 이 엄대를 만든 사람들이 일종의 공예 행위도 했음을 알 수 있다.

또 다른 흥미로운 뼈도구로, 개코원숭이의 종아리뼈로 만들어진 '이상고뼈Ishango bone'가 있다. 중앙아프리카의 자이레에서 발견된 이상고뼈는 대략 2만 년 전의 것으로 추정되며 각기 서로 다른 수의 자국이 새겨져 있다. 이상고뼈가 어떤 유형의 산수에 사용될 수 있었는지에 대해서 온갖 추측이 난무했다.

앞서 말했듯이 손가락을 이용한 셈하기는 최초로 나타난 도상 단계의 수 기호다. 그런데 이때 집합의 원소 수가 10개 이상이면 어떻게 세야 할까? 손가락은 10개밖에 안 되지 않는가? 한 가지 방법은 도상으로서 발가락을 동원하는 것이다. 그러면 20까지는 셀 여유가 생긴다. 하지만 이런 방법은 상당히 번거로울 뿐만 아니라 충분히 큰 수를 다루기엔 여의치 않다. 그렇기에 많은 토착 문화에서는 신체 부위의 사용에 의지했다. 손가락에서 신체 부위로의 전환은 도상적 기호에서 지표적 기호로의 전환을 잘 보여준다. 손가락은 도상으로 단일 원소를 표상하지만, 그 밖의 신체 부위는 지표로서 집합의 총 원소 수, 기수 또는 수량을 표상할 수 있는 것이다.

신체 부위를 수량적 지표로 사용한 근사한 예로, 캘리포니아 대학교 버클리 캠퍼스의 제프리 B. 삭스Geoffrey B. Saxe가 수행한 현장 연구가 있다.[15] 삭스는 파푸아뉴기니의 외딴곳에 위치한 선주민 공동체, 오크사프민족Oksapmin을 연구했다. 오크사프민족은 전통적으로 신체의 27개 부위를 이용하는 계산 체계를 이용했다(그림 8.1). 오른손의 다섯 손가락을 다 쓴 후에는 손목으로 기수 6을 나타내며, 그다음으로는 팔뚝 아랫부분을 사용해 수량 7을, 팔꿈치를 사용해 수량 8을 나타내는 식이다.[16] 손목, 팔뚝 아랫부분, 팔꿈치가 어떤 숫자를 표상하는지는 어떻게 알아낼 수 있을까? 우리는 오직 관행을 통해서만 이들 기호를 이해할 수 있다. 다시 말해 이들 기호는 지표의 특성을 명확히 보여준다. 신체 부위 기호의 또 다른 특징은 이러한 부위 각각이 개별적인 기수를 의미한다는 것이다. 또한 이 수체계에서는 산술기능이 사용되지 않는다.

매듭의 사용 또한 수량 지표의 한 예다.[17] 매듭은 인간이 수량의 영구적 기록을 남기기 위한 기호가 신체 부위에서 인공품으로 전환되었음을 보여준다. 매듭의 사용은 아메리카, 유럽 및 아시아 대륙 전반에 걸쳐 상당히 널리 퍼져 있는 관습이었다. 비록 훨씬 더 정교한 구술 또는 문자 표기 체계의 단계로 진화하지는 못했지만 말이다. 우리가 알고 있는 가장 발전된 매듭 수체계는 아마도 12세기에서 16세기 사이 페루의 잉카 문명의 것이다. 이들은 꼬인 양모 끈을 매듭지어 사용했는데, 이러한 매듭끈은 '퀴푸quipu'라고 불린다. 세 가지 다른 종류의 매듭은 각각 서로 다른 유형의 수를 나타낸

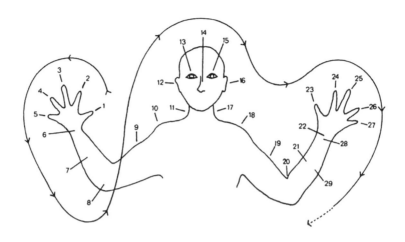

그림 8.1 토착 문명에서는 신체 부위를 이용해 수를 기억했다. 파푸아뉴기니의 오크사프민족은 신체의 27개 부위를 이용하는 계산 체계를 마련했다(출처: Saxe, 1981).

다. 이 세 가지 유형의 매듭의 의미는 학습을 통해서만 이해할 수 있으므로 관습적이며 지표적인 기호다. 8자 매듭은 단위 1을 표상했으며 슬립 매듭은 그 고리 수에 따라 단위 2부터 9까지를 의미했고, 마지막으로 적절한 수의 외벌 매듭은 수십 및 수백을 표상했다. 예를 들어, 숫자 235를 나타내려면 양모끈 최상단 부분을 외벌 매듭으로 두 번 꼬고(두 개의 100을 나타낸다) 그다음엔 세 개의 10을 나타내기 위해 세 번 매듭을 지은 후, 마지막으로 5를 나타내기 위해 5개의 고리가 있는 슬립 매듭을 짓는다. 매듭 체계의 흔적은 전 세계 여러 문화권에서 찾아볼 수 있다. 양모끈을 꼬아 만든 티베트 수도승 팔찌나 로마가톨릭교회의 실로 꿴 목주 구슬이 그런 예들이다.

앞에서도 지적했듯이 손가락은 통상적으로 수 도상으로 사용된다. 그러나 손에서 손가락의 위치는 한 집단에서 다른 집단으로 문화적으로 전래되는 기수의 관례적이고 지표적인 기호로서도 사용될 수 있다. 이처럼 손가락 셈을 지표적 기호로 사용한 예로는 유럽의 신학자 가경자 비드Venerable Bede가 유명하다. 735년에 사망한 비드는 당시 중요한 계산 중 하나인 부활절 날짜 계산을 다룬 책의 서문에서 이 기호법에 대해 자세한 설명을 남겼다. 재밌게도 처음 세 개의 손가락 기호는 도상적이다. 왜냐하면 집합의 각 원소를 지칭할 때마다 손가락을 하나씩 접는 것으로 표현하기 때문이다. 그러나 숫자 4를 나타낼 때부터 손가락은 도상에서 지표로 전환된다. 즉 숫자 4는 엄지, 검지, 새끼 손가락은 펴고 중지와 약지는 접어서 표현한다. 더 큰 숫자에 대해서는 더 복잡한 손동작이 사용된다. 이에 따라 각 손동작이 의미하는 수치는 오직 관례적으로만 이해할 수 있다. 다시 말해, 이러한 손동작은 지표적 기호다.

인공적 계산법뿐만 아니라 셈을 위해 고안된 용어들 또한 지표적 성질을 가진다. 오스트레일리아 빅토리아주의 선주민인 차압우룽족Chaap Wurrong이 사용하는 수효 단어가 이러한 특질을 보인다.[18] 예를 들어 4의 언어 표현은 "2와 2"이고 5는 "한 손", 6은 "손가락 하나와 한 손", 10은 "두 손"이다. 마찬가지로, 러시아어에서 40을 뜻하는 단어 'sorok'은 40개 묶음으로 거래되던 양모를 뜻하는 단어인 고대 노르딕어 'sekr'로부터 유래했다.[19] 여기서 우리는 단어와 기수가 지표적 참조를 형성하는 방식으로 서로 연결된 것을 볼 수 있다.

메소포타미아와 이집트에서 고대 문명이 부상한 이후 처음으로 진정한 수 상징이 나타났다. 문명이 형성되는 동안 수천 명이 도시에 모이기 시작했고, 거래와 세금 체계가 발명되면서 이러한 계산에 적합한 종류의 수체계가 필요해졌다. 그 결과, 숫자가 상징체계의 한 부분으로 편입되었다. 숫자 표기법은 메소포타미아에서 기원전 3500년 무렵에 처음 발명되었다. 고대 이집트의 성각聖刻 숫자는 이보다 약간 늦은 기원전 3250년 즈음이다.[20] 메소포타미아 숫자 표기 체계는 쐐기 모양의 표식을 사용하는 설형楔形 문자 체계다. 숫자 기록을 위해서는 거의 항상 평판이 사용되었으며, 주로 젖은 점토판 위를 바늘로 꾹꾹 눌러 표식을 새기는 방식이었다.

　　최초의 시각적 수 상징들 또는 '숫자' 중 상당수가 실제로 엄대에 새긴 표식으로부터 발전했다. 이러한 체계에서는 반석 위에 짧은 선을 새기는 방식으로 작은 수치에 대한 기호를 나타냈다. 더 큰 수를 표현하려면 짧은 선을 필요한 만큼 여러 개 새겨넣으면 되었다. 반석 대신 점토판을 이용해 표식을 남기기도 했고 획을 긋기도 했다. 수 상징으로서 이러한 도상을 사용하는 것은 꽤 쓸모가 많았다. 알려진 거의 모든 인간 문명에서 이처럼 작은 수량을 여러 번 열거하여 한눈에 알아볼 수 있도록 하는 방식이 발견되었다.[21] 예를 들어 ‖ 와 ⦀ 기호는 고대 이집트 성각문뿐만 아니라 로마 숫자체계에서도 각각 2와 3을 표상한다. 지금도 우리는 손목시계에서 이러한 기호들을 볼 수 있다. 서양 수체계와는 완전히 독립적으로, 마야인들 또한 작은 수량을 나타내기 위해 점을 이용하는 체계를 이용했다. 즉 여기서도 ••과 •••은 각각 수량 2와 3을 표상한다. 이러한 체계가 발명될 당시 이들 문명이 서로 접촉했을 가능성이 거의 없다는 사실을 고려할 때, 도상적 수량 기록 기호는 이후의 수체계 발달을 위한 보편적인 청사진이 되었음을 알 수 있다.

　　고대 이집트, 그리스 및 로마에서는 특정한 숫자 값을 그것만의 전용 기호로 표시했다. 예를 들어 로마 수체계에서 3까지는 I를 이용해 표시하며 5는 V, 10은 X, 50은 L로 표시하는 식이었다. 이러한 기호는 단순히 수를 표상하기 위해 추가된 것이다. 따라서 로마식 표기법에서 숫자 71은 'LXXI'로 적는다. 그러나 이러한 원시적이고 융통성 없는 비위치 수non-positional number 체계는 산술 계산을 수행하는 데 그다지 적합하지 않았다.

훨씬 더 강력하고 범용적인 유형의 숫자 표기 체계, 즉 오늘날 우리가 사용하는 '위치 표기 체계positional notation system'가 발명되려면 한참을 더 기다려야 했다. '자리값place value 체계'라고도 불리는 이러한 위치 표기 체계에서는 같은 숫자라도 표기에서 그것이 자리한 위치에 따라 서로 다른 수량값을 가진다. 우리의 10진법 위치 체계에서 각각의 자리는 오른쪽에서 왼쪽으로 진행하면서 일, 십, 백 등의 단위에 대응된다. 예를 들어 숫자 '3'은 '302'에서는 삼백을 나타내는 반면 '203'에서는 삼을 나타낸다. 이 탁월한 위치 표기 체계는 인도인들의 발명품이다. 서양에는 12세기 이후 아라비아인들을 통해 점차 도입되었다. 그 결과, 우리는 여전히 이들 상징을 '아라비아 숫자'라고 부르고 있다.

우리는 10을 기본 단위로 삼는 표기 체계를 사용하고 있지만 꼭 10이 단위가 되어야 할 이유는 없다. 그것은 순전히 임의적 관행에 따른 것일 뿐이다. 20을 기본 단위로 삼을 수도 있고(20진법 체계), 그저 두 개의 값만 채택하여 2진법 체계를 사용할 수도 있다. 어떤 체계든 관계없이 효과적인 자리값 체계가 되기 위해서는 양수의 부재를 나타내는 부호가 필요하며, 바로 이런 목적으로 최초로 '영'이 사용되었다.[22] 이 책의 마지막 장에서 이 매력적인 숫자 '영'에 대해서 이야기할 것이다.

어린이들이 수 기호 다루는 법을 배우기까지

도상 단계의 수 기호 사용은 인류 역사에서뿐만 아니라 어린아이들이 수를 습득하는 과정에서도 확인할 수 있다.[23] 분명 아이들 또한 사물의 개수를 세기 위해 손가락을 사용하며, 어른이 된 이후에도 이러한 습관을 유지하는 사람도 많다. 최소한 우리 문화권에서는 셈하기를 배울 때 손가락을 사용하지 않는 경우는 거의 찾아보기 힘들다. 사실, 손가락 셈하기는 우리 본성에 매우 깊이 뿌리박혀 있으며, 능숙한 손가락 사용이 수학 성취도의 예측 변수인 것으로 밝혀지기까지 했다.[24]

손가락 사용과 셈하기 능력 간의 밀접한 관계는 우리 뇌에서도 발견할 수 있다. 손가락 표상과 심적 연산은 뇌에서 공통된 두정엽 기질을 공유한다.[25] 언어-지배적인 반구의 하두정엽, 특히 각회 주변에 손상을 입으면 종종 게르스트만 증후군Gerstmann's syndrome이라는 신경심리학적 장애가 발생한다.[26] 이 증후군은 네 가지 주요 증상을 특징으로 가지는데, 필기불능증agraphia(쓰기 능력의 결핍), 좌우 지남력장애(방향감각 상실), 계산불능증(수 이해 곤란), 손가락 인식 불능증(자기 손에서 손가락 각각을 구분하지 못함)이 그것이다. 게르스트만 증후군은 손가락 인지 능력과 수리 능력 사이의 긴밀한 연합을 시사하는 증거로 간주되어왔다.[27]

그런데 아이들은 언어적 도상을 사용하기도 한다. 2살 무렵의 어린 아이에게 구두로 숫자를 세는 법을 가르쳐주면 아이들은 집합의 각 원소마다 단어를 하나씩 할당하기 시작한다. 예를 들어, 탁자 위에 사탕 네 개를 올려놓고 아이들에게 사탕이 몇 개인지 물어보면 아이들은 "하나-둘-셋-넷"이라며 순서대로 말하길 반복한다. 흥미롭게도 처음에 아이들은 이 순서의 마지막 단어가 전체 집합의 원소 수를 나타낸다는 것을 이해하지 못한다.[28] 아직까지 아이들은 각 단어를 그저 구어 도상으로서만 사용한다. 마치 셈하기에 손가락을 사용한 것과 같은 방식으로 말이다. 각 단어가 의미하는 바는 전혀 중요하지 않다. 그저 각 수량마다 고유한 단어를 안정적인 순서로 배치할 수만 있다면 어떤 단어를 쓰든 상관없다. 실제로 비인간 영장류들조차 임의적 (시각적) 목록을 학습할 수 있다.[29] 즉 이러한 능력은 선천적 능력의 일부일 가능성이 높다. 물론, 부모들은 아이들이 아주 어릴 때부터 정확한 수효 단어를 사용하도록 가르치지만, 아이들이 마침내 이 단어들의 수량적 의미를 이해하기 전까지 수효 단어는 그저 의미 없는 단어의 나열에 불과하다.

아이들이 기수와 특정 시각적 형태(예를 들어 사물 세 개와 임의적인 시각적 형태인 '3')를 결합시키기 시작하면 이제 지표적 단계가 시작된다. 이 단계에서 '3'이란 형태는 기수 3에 대한 지표로, 아직 상징 수준은 아니다. 왜냐하면 각각의 시각적 형태는 독자적으로 특정 기수를 나타내기 때문이다. 아직 이들 기호들은 한 체계에 속하는 상징으로 이해되지 않는다.

상징 숫자 개념에 도달하려면 먼저 지표에서 상징체계로의 이행에 대해 완전히 이해해야 한다. 그리고 오직 인간만이 아동기 동안 이러한 이행을 거쳐 상징 단계에 도달할 수 있다. 처음에 아이들은 이 단계에서 (여전히 하나의 기호로만 간주되는) 수효 단어들을 기수 값과 연관시키는 것을 배우느라 무진 애를 써야 한다. 하지만 숫자 4까지만 이런 방식으로 이해하면 된다. 일단 아이들이 4까지 상징적으로 수를 세는 법을 익히고 나면 그 후에는 특별한 훈련을 받지 않고도 갑자기 4보다 큰 수에 대해(뚜렷한 상한 없이) 셈하기 절차를 일반화하여 적용하기 시작한다.[30,31] 아이들은 자신들이 다루는 숫자 순열에서 연속된 숫자는 그 값이 차례로 1씩 증가한다는 사실을 이해한다. 이를 '계승 관계'라고 부른다.[32] 여기서 이들 기호는 상징체계의 한 부분으로 간주된다. 다음으로, 아이들은 일련의 기초적인 산술과 계산 절차를 습득하여 셀 수 있는 모든 수에 대해 산술 연산을 수행하게 된다. 이 단계가 지나면 아이들은 분수, 영, 음수를 나타내는 산술 연산자를 사용해 계산 절차의 한계를 너머서까지 수 지식을 더욱 확장한다. 이러한 발달이야말로 인간을 다른 영리한 동물들과 구분 짓는 수학적 능력이다. 이 능력은 인간과 비인간 동물의 마음 사이의 깊은 불연속성을 나타낸다. 이에 대해서는 이후에 더 자세히 설명할 것이다.

수 상징은 일단 습득되고 난 이후에는 기수의 순서열을 상징하는 수학적 대상으로 간주될 수 있다. 이러한 상징들은 아라비아 숫자를 비롯해 우리가 읽고 듣는 다른 수효 단어들과 같은 시각적인 형태를 가진다. 물론 이들 상징의 외형과 소리는 임의적이며 그것이 속한 문화에 의해 정의된다. 따라서 어떤 연구자들은 수 상징은 수량에 대한 비상징적 표상과는 다른 범주에 속한다고 주장하기도 한다. 비상징적 수량 표상과 상징적 수량 표상 사이에는 아무런 관련이 없다는 것이다.[33] 그러나 실제로 이러한 두 가지 유형의 표상 사이에 근본적인 관계가 있음을 보여주는 증거는 충분히 많다. 좀 더 정확히 말하면, 수 상징은 비상징적 수량 표상을 토대로 형성된 것으로 보이며, 따라서 이들은 근본적인 유사성을 공유한다. 12장에서 다시 보게 될 테지만, 실제로 상징 표기 체계에는 이들 간의 행동적, 뇌 영상적, 신경심리학적 공통점을 시사하는 비상징적 수 체계의 잔재가 많이 남아 있다.

동물에게 수 기호 가르치기

흥미롭게도 동물들 사이에서도 도상적 기호의 사용이 드물지 않다. 심지어 소통을 위해 자연적으로 이들 기호를 사용하는 동물도 일부 존재한다. 가장 유명한 사례 중 하나로, 마카크원숭이의 가까운 친척인 버빗원숭이의 경고음이 있다. 펜실베이니아대학교의 리처드 세이파스Richard Seyfarth와 도리스 체니Doris Cheney가 발견한 바에 따르면, 야생 버빗원숭이는 천적의 등장을 알리기 위해 음성적으로 구분되는 세 가지 경고음을 사용한다. 예컨대, 천적이 하늘에서 나타났을 때("독수리 신호"), 지표면에서 달려올 때("표범 신호") 그리고 기어올 때("뱀 신호") 서로 다른 소리를 사용한다.[34] 하지만 동물계에서 수량을 표시하기 위해 자연적으로 지표를 사용하는 일은 극히 드물다. 앞에서도 언급했듯이 '디'음의 횟수를 통해 천적의 위험성을 알린 쇠박새 정도가 예외일 것이다.[35]

　여러 조류 및 포유류 종을 대상으로 시각적 형태와 기수를 대응시키도록 훈련시키는 실험도 진행된 바 있다. 표면적으로, 특히 시각적 기호로 아라비아 숫자를 사용할 때면 이러한 행동은 상징적 능력처럼 보일 수도 있다. 하지만 그 표면 아래에는 근본적인 차이가 존재한다. 예를 들어, 과거 '알렉스'란 이름의 놀랄 만큼 영리한 진기한 회색앵무가 있었다. 앵무새는 원래 사람의 발화를 모방하는 것으로 유명하다. 더군다나 알렉스는 조련사인 브랜다이스대학교의 아이린 페퍼버그Irene Pepperberg가 질문을 하면 응답키를 쪼는 대신 조련사에게 직접 대답했다(알렉스는 2007년에 사망했다). 행동 시험에서, 알렉스는 구어체 영어로 대답했고 서로 다른 물체의 형태, 색상, 숫자의 이름을 말할 수 있었다.[36,37] 특정 질문에 대한 답변으로 "열쇠 넷" 등 물체의 이름과 수량을 모두 음성으로 대답할 수 있었다. 흥미롭게도 알렉스는 불균질한 집합체의 하위 집합에 포함된 사물의 개수도 답할 수 있었다. 가령 알렉스에게 두 개의 코르크와 세 개의 열쇠가 무작위로 혼합된 집합을 보여주고 "코르크는 몇 개지?"라고 물으면 "둘"이라고 답할 수 있었다. 또한 알렉스는 숫자 훈련에는 사용되지 않았지만 그 이름은 알고 있는 다른 물체들에 그 이름표를 정확히 옮겼는데, 이는 알렉스가 이 물체들을 개념적으로도 이해하고 있음을 의미한다. 알렉스가 보여준 성과는 그가 사람을 흉내내어 언어를 사용해 답한다고 믿기에 충분했다. 이 앵무새가 완벽한 영어로 응답하는 소리를 듣고서 그의 매력에 빠지지 않기란 어려웠다. 그러나 알렉스가 비록 몇 가지 발화에 완전히 숙달되었다고는 하나 그의 행동은 말을 하지 못하는 다른 동물들과 비교해 근본적으로 크게 다르지 않다. 가장 핵심적인 차이점은 알렉스는 응답을 할 때 다른 유형의 운동 출력값을 낸다는 점이었다. 알렉스는 수나 다른 범주들을 나타내기 위해 조건화된 부호를 부리로 찍는 대신 일련의 한정된 인간 발화음을 사용했을 뿐이다. 학습된 이름표나 표현된 문장을 재배열한 적은 한 번도 없다. 만일 그랬다면 알렉스의 발성 신호를 범주와 관련된 지표 그 이상으로 간주해도 무리는 없을 것이다. 앵무새에게 추상적 범주를 구분하고 인간 발화음을 이용해 반응하도록 훈련시키는 것은 그 자체로도 경이롭고 훌륭한 일이다. 그것은 또 다른 지평의 도상적 기호를 보여준다. 하지만 그것만으로는 상징적 수 이해에 도달했다고 말하기는 어렵다.

수 기호의 사용을 탐구하는 대부분의 연구에서는 동물들에게 약간의 변화를 준 연합 과제를 훈련시킨다. 이러한 과제에서 동물들은 시행착오를 통해 수량을 임의적인 시각적 형태와 연결시킨 후 이러한 연합을 장기기억에 저장하도록 학습된다. 예를 들어, 우리는 비둘기들이 한 개에서 네 개까지의 점을 A, B, F, G라는 문자 기호와 연결하도록 훈련시킬 수 있다.[38] 이를 위해서는 먼저 비둘기들이 점 집합의 각 점을 부리로 찍도록 훈련시킨다. 그런 다음, 수량 표시를 다섯 가지 서로 다른 기호를 나타내는 배열로 대체한다. 이제 비둘기는 앞서 부리로 찍었던 점의 개수와 관련된 기호를 찍어야 한다. 이따금 비둘기들은 오류를 저지르기도 했지만 이러한 오류는 무작위적이지 않았다. 오류를 범한 시도에서 비둘기는 올바른 기호와 유사한 숫자 값을 가진 기호를 선택하는 경향이 있었고, 여기서도 수치 거리 효과가 나타났다. 결과적으로 이러한 행동은 비둘기들이 기호를 근사 수치 표상과 연관시키는 법을 학습했음을 의미한다.

우리 실험실에서는 붉은털원숭이들이 수 기호를 바탕으로 수량값을 판별하면 그 정밀도가 더 높아질지 알아보고 싶었다.[39] 결국 어린 아이들에게서 수 기호의 사용은 정확한 계산 능력의 발달과 맞물려 일어나기 때문이다. 따라서 우리는 원숭이들에게 지연된 연합 과제를 훈련시켜(**그림 9.3B** 참조) 점 배열의 시각적 형태와 수량을 결합시키도록 했다. 실험을 좀 더 단순화하기 위해 우리는 아라비아 숫자를 시각적 형태로 사용했다. 즉 아라비아 숫자 1은 점 하나와 연관되고 숫자 2는 점 두 개와 연관되는 식이었다. 실험 결과, 우리는 원숭이들이 시각적 형태를 숫자와 연관 짓는 법을 학습했음을 확인할 수 있었다. 하지만 여기서도 점 배열에 대해 관찰된 것과 유사한 수치 거리 효과가 나타나는 것을 볼 때 원숭이들은 오직 근사적인 방식으로만 수량과 형태를 연관 짓는 것으로 보인다. 원숭이들이 형태와 수량을 올바로 짝지을 수 있기 위해서는 먼저 수량의 의미를 근사 수치 부호로 번역해야 한다. 그리고 이 과정은 우리가 앞에서 보았던 베버의 법칙의 특성을 야기시켰다. 이는 두 가지 발견을 시사한다. 첫째, 원숭이는 숫자 형태에 대응되는 근사적 수량을 정말로 판별할 수 있었다. 그리고 둘째, 수 기호는 수량 판별 능력을 개선시키지 않았다. 이 두 번째 발견에 따르면 숫자의 시각적 형태는 수 표상을 더 정확하게 지시하는 기호가 아니라 그저 근사적인 수량값에 대한 자리 표시자일 뿐임을 알 수 있다.

원숭이들이 정말로 수량과 시각적 형태를 연결하도록 훈련된 건지 확인하기 위해 우리는 원숭이들에게 형태와 형태를 서로 대응시키도록 훈련시켰다. 다시 말해, 원숭이는 특정 숫자를 그것과 동일한 숫자와 대응시켜야 했다. 분명 원숭이들은 숫자의 의미는 고려하지 않고, 단순히 모양을 맞추는 것만으로 이 과제를 완전히 수행할 수도 있다. 그러나 원숭이들은 그렇게 하지 않았다. 원숭이들의 성과에서는 계속해서 수치 거리 효과와 크기 효과가 나타났다. 그들은 1과 4와 같이 그 값이 멀리 떨어져 있는 기호보다 2와 3과 같이 유사한 수량값과 연관된 기호를 더 자주 혼동했다. 확실히, 원숭이들은 지난 수개월 동안 학습된 대로, 계속해서 이 형태들을 수 기호로 판단했다. 그 결과 시각적 형태는 자동적으로 근사적 기수값과 연결되었다.

몇몇 동물은 숫자를 인식하는 대신 수 기호를 단서로 특정 횟수만큼 동작을 보이도록 훈련을 받았다. 예를 들어, 비둘기는 기호로 표시된 숫자 값을 보고 그 값만큼 부리로 쪼는 행동을 보이도록 학습될 수 있었다.[40] 마찬가지로, 침팬지는 훈련을 통해 학습된 기호를 토대로 특정 횟수의 동작을 일으킬 수 있었다.[41] 이 연구에서는 두 마리의 침팬지가 각 시험마다 조이스틱을 사용해 컴퓨터 모니터에서 커서를 특정 횟수(1~6번)만큼 움직이도록 훈련시켰다. 침팬지들이 커서를 움직여 특정한 수치와 관련된 목표 숫자까지 커서를 가져가면 실험이 시작된다. 커서가 숫자에 닿으면 모니터의 하단에 최대 10개까지 무작위로 배열된 점들이 표시된다. 그러면 침팬지는 커서를 움직여 각 점들을 건드려야 한다. 커서가 점에 접촉하면 짧은 청각적 신호음이 들리며 이 점은 모니터 화면 하단에서 사라진 후 상단에서 다시 나타나 지금까지 '수집'된 항목의 개수를 표시한다. 침팬지가 이 시험에 성공하려면, 화면 하단에 있는 점을 한 번에 하나씩 이전에 주어진 숫자와 동일한 값을 얻을 때까지 수집해야 한다. 그 후 침팬지가 커서를 움직여 다시 목표 숫자로 가져가면 과제가 완료된다. ANS 같은 수량 추정 시스템에서 예측한 것과 같이, 침팬지의 성과는 목표 숫자가 점차 커짐에 따라 체계적으로 감소했으며 성과함수는 수량값이 늘어남에 따라 그 범위가 점차 확대되었는데, 이는 모두 베버의 법칙에서 나타나는 익숙한 특징이다.

전반적으로, 여러 다른 동물 종들 또한 상징적 이해를 향한 중요한 첫걸음을 내디딘 것으로 보인다. 따라서 이들 동물로부터 얻은 실험 자료는 우리 인간의 계산 능력의 진화적 토대를 이해하는 데 매우 중요한 역할을 한다. 여러 연구에서 주장하는 것과 같이, 만일 동물들이 시각적 부호와 수량 표상을 대응시키는 법을 학습할 수 있다면 동물들에게 수 상징을 가르칠 수도 있지 않을까? 안타깝게도 이러한 결론을 내리기엔 아직 이르다. 실제로 동물들을 면밀히 관찰해보면 이들에게는 상징적 이해가 결여되어 있음을 분명히 알 수 있다.

회색앵무 알렉스[42]와 침팬지[43]는 상징적 수리 능력이 있다는 주장이 제기되기도 했다. 여기서는 동물계에서 우리와 가장 가까운 사촌, 침팬지에 대한 연구를 중점적으로 살펴보고자 한다. '아이 Ai'라는 이름의 암컷 침팬지는 이러한 '계산하는 동물' 중에서도 가장 유명한 사례에 속한다. 교토대학교 영장류연구소의 마쓰자와 데쓰로松沢哲郎는 거의 40년 동안 아이를 돌보며 함께 연구를 진행했다. 아이는 터치스크린에 표시된 1개에서 9개까지의 점을 아라비아 숫자와 대응시킬 수 있다. 또한 아이는 이 수량들 간의 서수 관계도 이해하며, 오름차순에 따라 수량을 차례대로 터치할 수 있다. 가장 널리 알려진 1985년 논문은 시각적 형태와 대상의 개수를 대응시키는 아이의 능력에 대해 보고한다.[44] 아이의 학습 과정은 그 자체로 매우 흥미롭긴 하지만, 인간 어린이의 계산 학습 과정과는 중요한 부분에서 차이가 난다. 침팬지 아이는 먼저 하나의 대상으로 이루어진 집합과 시각적 형태 '1', 그리고 두 개의 대상으로 이루어진 집합과 '2'를 연결시키는 법을 배운다. 이들을 대응시키는 데 숙달되고 나면 그다음에는 세 개의 대상으로 이루어진 집합과 '3'을 연결시킨다. 아이는 '1'은 능숙하게 다루었지만 '2'와 '3'은 오직 확률적 수준으로만 구분할 수 있었다. 이는 아이가 처음에 '2'를 둘 이상의 모든 값과 연관시켰음을 시사한다. 결국 수천 번의 추가 시험 이후에야 아이는 이 세 숫자를 구분할 수 있었다. 그 후 더 큰 수량의 집합이 제시될 때마다 아이는 앞서 언급한 것과 같은 패턴의 결과를 보였다. 분명 침팬지 아이는 집합에 추가된 각각의 숫자 기호가 특정 수량과 정확히 연관된다는 것을 결코 이해하지 못했다. '9'까지 새로운 기호가 등장할 때마다 아이는 바로 직전에 배운 기호인 'n'과 새로 소개된 'n+1'을 오직 확률적 수준으로만 구분했다. 이는 아이가 이전 단계에서 'n'이 'n' 이상의 모든 수와 연관된다고 학습했음을 시사한다. 이것은 인간 어린이들이 셈하기를 배우는 방법과는 극명한 대조를 이룬다. 아동들도 이러한 학습 패턴을 보여주지만 오직 '4'를 배울 때까지만 그렇고, 이후 새로 추가되는 모든 수는 'n+1'을 의미한다는 것을 이해한다. 따라서 나는 동물들도 상징적 수를 이해한다는 것을 입증하려 한 모든 연구에 대해, 하버드대학교의 수전 캐리Susan Carey가 내린 결론을 따르고자 한다.

> 이러한 성취의 토대가 되는 과정은 인간 어린이들이 겪는 과정과는 전혀 다른 것으로 보인다. 각 사례에서 조작적 조건화가 일어나는 데 수년이 걸렸으며, 어떠한 동물도 숫자 목록이 어떻게 작동하는지 이해했다는 증거는 없었다.[45]

침팬지 '아이'의 실패는 두 가지 측면에서 설명할 수 있다. 첫째, 아이는 자신이 순서가 있는 수량의 목록을 다루고 있다는 사실을 결코 알아차리지 못했다. 이 목록의 모든 연속된 숫자는 그 값이 1씩 증가한다. 이를 계승 관계라고 부른다. 새로운 기호가 등장할 때마다, 아이는 새로운 기수값을 또 다른 시각적 기호와 연결시키는 법을 힘겹게 학습해야만 했다. 이는 아이에게 이들 수량 기호가 상징체계의 일부로서가 아니라 실제로 분리된 지표에 불과함을 시사한다. 아이가 실패한 두 번째 이유로 생각할 수 있는 것은 아이는 '재귀recursion' 개념을 결여하고 있을지도 모른다는 사실이다. 재귀란 표현의 앞부분을 참조하거나 의존하여 그 표현의 뒷부분을 결정하는 것을 말한다. "힐러리의 변호사의 비서"라는 표현을 생각해보자. 비서가 누구를 지칭하는지 이해하려면 변호사의 비서가 무엇을 의미하는지 이해해야 하고, 결국 힐러리의 변호사가 누구인지 알아야 한다. 참조의 대상이 비서로부터 힐러리로 돌아오는 것이다. 마찬가지로, 재귀는 계산에서도 가장 기본적인 원칙이다. 2가 (1+1)이라면 3은 ((1+1)+1)이며, 이렇게 계속 이어지는 것이다. 재귀를 이해하는 능력은 오래전부터 인간과 동물을 구별하는 특징 중 하나로 간주되었다.[46] 결국, 수 인지에서 상징적 능력은 인간 특유의 기능이며 동물들은 도달할 수 없는 능력인 것으로 보인다.

9장 수 상징의 신경학적 기반

4보다 큰 수를 잊어버린 환자

앞에서도 설명했듯이, 과거에 뇌 손상 환자에 대한 연구는 수가 뇌에서 특별한 위치를 차지하고 있음을 입증하는 최초의 증거를 제공했다. 그러한 환자들에게 나타난 가장 두드러진 장애는 셈하기와 계산 능력의 손상이었다. 물론 이러한 모든 능력은 수의 상징적 이해를 필요로 한다.

이탈리아 파도바의 신경외과의인 리사 시폴로티Lisa Cipolotti와 그 동료들은 뇌졸중이 일어난 여성을 검진한 뒤 이러한 뇌졸중이 환자의 수리 능력에 얼마나 심각한 손상을 일으킬 수 있는지를 잘 보여주었다., 환자의 신상을 보호하기 위해 이 환자는 이름의 머리글자인 'C.G.'로만 알려져 있다. 이 여성은 학교를 다닌 기간이 총 13년으로, 고등 교육을 받았으며 뇌졸중을 겪기 전에는 가족이 운영하는 호텔에서 행정 업무를 담당했다. 56세가 되던 1987년 10월,

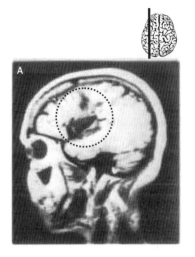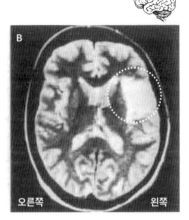

그림 9.1 뇌 손상 후 4보다 큰 모든 수를 잊어버린 환자. 좌측 전두-두정 영역의 상당 부분(원으로 표시된 부분)이 손상된 환자 C.G.의 시상 봉합면(A) 및 좌반구 수평 단면(B) 방향 뇌 MRI 영상. 방향을 표시하기 위해 삽도에 시상 봉합면(왼쪽) 및 수평 단면의 절개면을 나타냈다(출처: Cipolotti et al., 1991).

C.G.는 뇌졸중으로 쓰러져 좌측 중간대뇌동맥에 손상을 입었다. 좌측 중간대뇌동맥은 3대 대뇌동맥 중 하나로서 전두엽, 두정엽, 측두엽 피질 대부분과 연결된다. 이 영역에 손상을 입은 결과, C.G.는 즉시 오른쪽 반신불완전마비(오른쪽 신체의 쇠약증)가 나타나고 언어장애(완전언어상실증)가 발현되었다. 자기공명검사 결과, 좌측 전두-두정 영역 대부분에서 뇌 손상이 관찰되었다(그림 9.1 참조). 다행히도 C.G.는 이후 몇 달 동안 증세가 차츰 호전되었고, 결국 운동장애는 완전히 사라졌다. 초기에 나타났던 심각한 언어상실증은 빠르게 호전되어 거의 완전히 회복되었고 C.G.는 다시 말할 수 있게 되었다. 하지만 그녀는 일상생활에서 수를 다룰 때 심각한 어려움을 호소했다. 보고서에 따르면,

당시 그녀는 더 이상 숫자를 읽을 수 없었으며, 전화번호를 누르거나 현금 잔액을 인식하지 못했다. 자신의 나이, 옷 치수, 전화번호, 그녀의 집 번지수, 그녀의 아이들과 남편의 나이 등도 말하지 못했다.[2]

신경심리학적 검사 결과, 그녀의 언어성 지능 및 동작성 지능은 정상으로 나타났다. 그러나 수량 과제에서는 심각한 선택적 장애를 보였다.

C.G.의 증상 중 가장 놀라운 특징은 4보다 큰 수를 전혀 처리하지 못한다는 점이었다. 그녀는 4 이상의 수는 알아보거나 인지하거나 들어도 이해할 수 없었으며, 4 이상의 수 또는 0에 대한 질문에 전혀 답하지 못했다. C.G.는 4보다 큰 수는 세지도 못했다. 그녀는 겨우 넷까지 수를 하나씩 센 뒤에 "La mia matematica finisce qui"(더 이상은 못 세겠어요)라고 말했다. 계산 능력도 사라져버렸다. 그녀는 4 이하의 수만 사용해 답이 5보다 작은 간단한 덧셈과 뺄셈만 할 수 있었다. 그러나 놀랍게도 4까지의 수를 다루는 능력은 대체로 보존되었다. 그녀는 4까지의 숫자의 이름을 댈 수 있었고 세거나 열거할 수도 있었다. 약간의 실수를 하기도 했지만 이들 숫자와 점 패턴을 대응시킬 수도 있었다.

이 연구의 저자들이 지적했듯이,[3] 이러한 수리 능력 장애는 광범위한 기억력 저하 때문이 아니었다. C.G.는 동물, 과일, 악기, 차량 등의 사진을 보고 이를 범주별로 분류할 수 있었다. 그녀는 또한 이들 범주의 이름을 말할 수 있었으며, 구체적 및 추상적 단어의 뜻을 말할 수도 있었고 단어의 동의어를 댈 수도 있었다. C.G.의 논리적 추론 능력에도 큰 문제는 없었다. 그저 4보다 큰 수만 다루지 못한 것이다.

물론 환자 C.G.가 수와 계산 처리 기능의 후천적 및 선택적 손상을 겪은 최초의 환자는 아니다. 앞서 6장에서도 논의했듯이, 20세기 초반 이후 이러한 환자들에 대한 보고는 계속 있었다. 1925년 스웨덴의 신경학자 살로몬 에베르하르트 헨셴은 '계산불능증'이라는 용어를 고안해냈다.[4] 이 용어는 수 및 산술 처리에서 후천적 장애를 설명하기 위해 지금도 사용되고 있다.

  이후 EEG를 개발한,[5] 독일의 신경학자 한스 베르거Hans Berger는 이러한 유형의 계산장애를 앓고 있는 환자의 파일에서 몇 가지 사례를 검토한 후 계산불능증을 두 범주로 분리했다.[6] 먼저 '일차 계산불능증'은 다른 장애와 무관하게 생기는 반면, '이차 계산불능증'은 기억력, 주의력 및 언어 기능의 장애와 함께 발생한다. 헨셴과 마찬가지로 베르거도 뇌에 오직 하나의 계산 중추만 있다고는 생각하지 않았다. 대신, 그는 서로 다른 국소적 요소들이 함께 작용하여 다양한 수학적 능력이 조정된다고 주장했다.[7]

  그 후 몇 년 뒤 후부두정피질 및 전두피질의 역할이 확인되었다. 1948년, 쿠르트 골드슈타인은 계산불능증이 일반적으로 두정-후두 영역 및 간혹 전두엽의 병변으로 인해 생긴다고 제안했다.[8] 1961년 앙리 에컹Henry Hécaen과 그 동료들은 후두엽과 두정엽에 병변이 있는 환자만을 대상으로 연구하여 대부분의 계산불능증 환자는 주로 두정-후두 영역에 양쪽성 병변을 보인다고 밝혔다.[9] 환자들의 병변 연구는 연합피질이 수 상징과 산술이 처리되는 장소임을 확인시켜준다. 또한 계산불능증 환자에게서 수 특이적 장애가 그토록 자주 관찰된다는 사실은 수 상징체계 및 언어체계가 뇌에서 서로 분리되어 있음을 강하게 입증한다. 이에 대해서는 이후 더 자세히 논의할 예정이다.

fMRI로 알아낸 수 상징을 표상하는 뇌 영역

계산불능증 환자에 대한 연구와 마찬가지로, 기능적 영상 연구에서도 다양한 상징적 수량 과제 동안 인간의 두정 및 전두 피질이 활성화되는 것을 지속적으로 관찰할 수 있었다.[10,11,12] 여러 연구에 따르면 IPS에서는 집합 표상뿐만 아니라 수량이나 수사,[13,14,15] 심지어 분수[16]에 대해서도 수량 조율이 일어난다는 증거가 보고되었다.

이 책의 앞부분에서 마누엘라 피아차와 스타니슬라스 드앤이 fMRI 적응 기법을 이용해 점 수량의 표상을 탐구했다고 언급한 바 있다. 이들은 몇 년 후 동일한 절차를 이용하여 수 상징 표상에 대해서도 연구를 수행해 이들 상징이 수량 표상과 어떤 관련을 맺는지 조사했다.[17] 이 실험에서는 참가자들에게 일정한 수량의 점 배열(비상징적 수) 또는 아라비아 숫자(상징적 수) 중 하나를 제시했다. 이때 어떠한 형식으로 제시하든 관계없이, 일정한 수를 계속 반복해서 제시하면 양쪽 IPS 영역에서의 반응이 감소했다. 어느 쪽 형식이든 이따금씩 다른 수를 제시하면 전전두 및 후부두정 영역의 활성화가 회복되며, 이때 회복되는 정도는 습관화된 수와 변칙 수 간의 수치 거리에 비례했다. 저자들은 IPS에 주안점을 두고, 비상징적 및 상징적 목표 수치에 대해 그에 해당하는 형식으로 변칙 수치를 제시하면 IPS 영역에서도 이러한 거리 의존적 회복이 일어난다는 점을 확인했다.

흥미롭게도, 이러한 거리 의존적 회복은 형식을 초월할 때도 일어났다. 예컨대 일정한 점 수량을 계속 제시하다가 이따금 아라비아 숫자로 변칙 수치를 제시할 때 또는 그 반대의 경우에도 회복이 확인되었다. 이는 비상징적 수와 상징적 수가 (적어도 부분적으로는) 그 형식에 무관하게 표상됨을 시사한다. 그러나 표상이 이처럼 표기 방식에 비의존적이라면 아라비아 숫자나 수효 단어의 상징적 표기는 어떻게 가능할 수 있을까?[18] 이와 더불어, 양쪽 반구 사이에서 흥미로운 차이가 추가로 발견되었다. 상징적 수량 표상은 오른쪽 IPS보다 왼쪽 IPS에서 더 정밀하게 암호화된다는 것이다. 일반적으로 언어 기능을 주도하는 것으로 알려진 좌뇌의 IPS는 수량 상징을 획득하면서 더 정밀하게 개선되는 것으로 보인다.

2011년 마리 아르살리두Marie Arsalidou와 마고 테일러Margot Taylor는 52건의 뇌 영상 연구로부터 얻은 엄청난 분량의 fMRI 데이터를 통합한 리뷰 논문에서 어떠한 뇌 영역이 수량을 처리하는지 정량적으로 보여줬다.[19] 이들은 서로 다른 fMRI 연구들에서 수량 과제와 관련해 중복해서 활성화되는 영역이 있는지 조사하고, 이를 통해 표준적인 인간 뇌에서 수량을 처리하는 영역의 fMRI 지도를 그릴 수 있었다. 연구자들의 목표 중 하나는 수량의 정도 표상이 그형식에 영향을 받는지, 즉 집합 또는 수량이 어떻게 제시되느냐에 따라 뇌에서의 활성이 달라지는지 여부를 확인하는 것이었다. 이들은 시험 참가자들에게 비상징적 수량 및 상징적 수량을 평가하게 한 후 뇌에서의 활성화 영역을 관찰한 연구들을 비교했을 때, 상당히 많은 연구에서 주로 후부두정엽(SPL, IPS 및 IPL)을 비롯해 상전두회, 내전두회 및 하전두회, 중심전회, 대상회, 섬 및 왼쪽 방추상회가 활성화된다고 보고한 것을 확인했다(그림 9.2). 피질 영역 바깥의 소뇌와 기저핵 영역도 활성화되었다.

IPS에서의 수 표상 또한 우리가 수효 단어를 들은 상황이든 혹은 수량을 본 상황이든 대체로 무관한 것으로 보인다. 수 과제를 하지 않을 때 수량과 문자, 색상을 시각적 또는 청각적으로 제시하면수평 IPS의 양쪽 뇌 영역은 (두 가지 양상 모두에서) 문자나 색상보다수량에 대해 더 강하게 반응하는 것을 관찰할 수 있다.[20] 이러한 발견은 수량 표상이 양상-비의존적이거나 또는 초양상적으로 자동

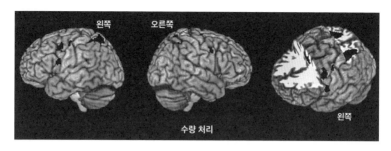

그림 9.2 우리의 뇌에는 수의 처리를 전담하는 네트워크가 있다. 비상징적 및 상징적 수량 과제를 진행한 여러 fMRI 시험에서 일관적으로 활성화된 뇌 영역을 검은색으로 표시했다. 왼쪽 그림은 인간 뇌의 좌반구(왼편이 뇌 앞쪽)이며 중간 그림은 우반구(오른편이 뇌 앞쪽)다. 오른쪽 그림(왼편이 뇌 앞쪽)에서는 두정간구와 전전두구 및 내측 전두엽 부위의 활성을 명확히 표시하기 위해 전두엽 및 두정엽의 일부를 그림에서 제거했다(출처: Arsalidou and Taylor, 2011).

처리된다는 이론을 뒷받침한다.

요약하면, 지금까지 논의한 fMRI 연구 결과에 따르면 수량은 IPS와 PFC 일부에서 공통된 표상을 가진다. 두정엽과 전두엽에서의 이러한 수량 표상은 대체로 표상 형식에 무관하다. 물론 수의 다른 측면들, 예를 들면 단어 또는 숫자로서의 그 표기들은 다른 뇌 영역에서 추가로 담당할 수 있다. 그러나 수량이 무엇인지는 그것이 어떻게 표시되는가에 관계없이 대체로 IPS와 PFC 일부 영역에 암호화되는 것으로 보인다.

상징적 수와 비상징적 수를 모두 처리하는 수 연합뉴런

그럼에도 불구하고 단일 뉴런이 어떻게 뇌에서 수 기호를 표상하는지에 대한 질문은 여전히 남아 있다. 우리는 비인간 영장류에 대해 뉴런 활성을 기록함으로써 이 질문에 답할 수 있다. 이는 모순적으로 들릴 수도 있다. 왜냐하면 앞에서 우리는 이러한 동물들은 상징을 이해하지 못한다는 것을 확인했기 때문이다. 만일 그렇다면 동물들에게서 어떻게 수 상징에 대한 정보를 알아낼 수 있을까? 물론 동물들로부터 진정한 수 상징에 대해서 뭔가를 알아내기는 힘들 테지만 수 기호의 좀 더 원시적인 연합 상태로부터 어떻게 수 상징이 탄생할 수 있었는지에 대해서는 많은 것을 배울 수 있을 것이다. 앞 장에서 동물들이 수 지표에 대해 학습할 수 있으며 이러한 지표는 인간 아이들이 셈하기를 배울 때 거치는 중요한 단계임을 살펴보았다. 우리 인간도 생애 초기의 어느 시점에서는 의미가 없어 보이는(이후에서야 숫자가 되는) 형태와 수량 범주들 사이에 장기적 연합을 형성해야만 했다. 이러한 의미론적 연합은 수 상징을 기호로 사용하기 위한 선행 조건으로서,[21] 이것만으로 충분한 것은 아니지만, 인간의 수 기호 활용으로 나아가는 단계에서 필수 조건이 된다. 그리고 이러한 지표 단계의 메커니즘은 원숭이의 단일 뉴런 수준에서 그 정수까지 깊이 탐구할 수 있다.

　　단일 뉴런이 어떻게 일군의 임의적 시각적 형태들과 결합되는지 조사하기 위해 나는 내 박사과정 학생 일카 디에스터와 함께 원숭이의 뉴런 활성을 기록했다. 우리는 원숭이들에게 여러 점 배열의 수량과 특정 시각적 형태(즉 아라비아 숫자)를 결합시키도록 학습시켰다.[22] 이때 우리는 '지연된 연합 과제'를 사용했으며, 그 행동 프로토콜과 성과 자료는 앞 장에서 개략적으로 서술한 바 있다. 간단히 설명하면, 원숭이는 컴퓨터 화면에 표시된 숫자를 본 후 짧은 지연 기간 동안 이를 외우고 있다가 다음 화면에 같은 수량의 점 집합이 나타나면 레버를 놓아야 한다(그림 9.3B). 항상 그렇듯, 원숭이는 올바른 반응을 보일 때만 보상을 받았다. 이러한 기호-수량 연합 과제 외에도 우리는 전체 시험 중 절반에 대해 원숭이들에게 수량에 대한 표준적인 지연된 표본 대응 과제도 학습시켰다(그림 9.3A). 이 과제에서 원숭이들은 그저 표본 점 배열의 수량과 시험 점

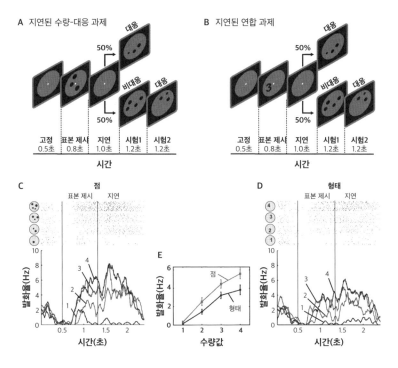

그림 9.3 임의의 시각적 형태와 그것이 의미하는 수량 간의 연합을 학습한 원숭이의 전전두피질 뉴런. 원숭이는 지연된 반응 과제 동안 (A)점의 개수를 대응시키고 (B)이러한 점의 개수를 아라비아 숫자 1~4의 형태와 결합시키도록 훈련되었다. 단일 전전두피질 뉴런은 수량(C) 및 그와 연합된 수 형태(D) 모두에 대해 동일한 수량값을 암호화한다. 뉴런 반응을 점-래스터 히스토그램(상단) 및 스파이크 밀도 히스토그램(하단)으로 나타냈다. 처음 500밀리초는 고정 기간을 의미한다. 각각의 수직선은 표본 제시(500밀리초) 및 철회(1300밀리초) 시점을 나타낸다. E)뉴런은 점과 형태 모두에 대해 유사한 조율 함수를 보여준다(출처: Diester and Nieder, 2007).

배열의 수량을 맞추기만 하면 되었다. 이처럼 대응 과제와 연합 과제를 결합시킨 후 뉴런 활성을 기록함으로써 우리는 표본 제시 단계 및 작업기억 단계 동안 점 수량과 연합 기호 모두에 대한 개별 뉴런의 반응을 비교할 수 있었다.

원숭이들이 이 과제들에 모두 숙달된 후 우리는 외측 PFC 및 VIP의 단일 세포 활성을 동시에 기록했다. 기쁘게도, 무작위로 기록된 PFC 뉴런 중 상당한 비율(24%)은 제시 형식에 관계없이 수량 값을 암호화하고 있었다. 이들 뉴런은 점 자극 및 관련 수량값에 대해 놀라울 정도로 유사한 조율곡선을 보여줄 뿐만 아니라 각 형식에 대해 선호하는 수량도 동일했다. 예를 들어, **그림 9.3C** 및 **9.3D**에서 묘사한 뉴런은 표본 제시 기간 및 지연 기간 동안 수량값 '4'에 가장 강하게 반응했다. 점 배열 또는 아라비아 숫자 형태가 제시되었을 때 이에 대한 반응으로 연합뉴런의 시간에 따른 발화 패턴이 서로 얼마나 유사한지 눈여겨보자. 수 조율곡선 또한 점 배열과 숫자 형태에 대해 비슷한 패턴을 보인다.

이러한 뉴런을 우리는 '연합뉴런association neuron'이라고 부른다. 흥미롭게도 우리는 연합뉴런의 활성을 통해 원숭이의 판단을 예측할 수 있었다. 즉 우리는 연합뉴런의 발화 속도를 그 뉴런이 올바른 시행 및 오류 시행 동안 선호하는 수치와 비교한 후, 오류 시행 기간 동안 발화율이 체계적으로 낮아지는 것을 발견했다. 이러한 발견은 PFC 연합뉴런이 수 기호와 범주를 서로 대응시키는 과정의 신경학적 기반을 제공함을 시사한다.

해당 기록에서 VIP 뉴런의 반응을 분석한 결과, PFC 연합뉴런의 반응이 정말로 특별하다는 것이 더 명확해졌다. 앞에서도 설명했듯이 우리는 VIP와 PFC 두 영역을 동시에 기록했다. 따라서 이 두 영역의 기록에 대해서는 모든 제반 조건이 동일하다고 말할 수 있다. 즉 원숭이는 동일한 마음 상태에 있었음에도 불구하고 VIP의 연합뉴런 비율은 불균형적으로 낮았다. 우리는 이전 연구에서 VIP 뉴런의 상당 비율이 오직 점 수량에만 반응한다는 것을 확인했지만, 기록된 IPS 뉴런 중 어느 것도 기호와 수량을 연결하지 않았다. 이러한 결과는 원숭이가 비상징적 수량 표상을 위해 PFC와 IPS를 모두 사용함에도 불구하고 이러한 연결망 중에서 오직 전전두 영역만이 형태의 수량적 의미를 집합 크기와 대응시키는 작업에 관여한다는 사실을 나타낸다. 이는 오랜 기간의 연합 훈련 동안 변화할수도 있다. 하지만 이에 대해서는 아직 실험이 진행되지 않았다. 중요한 것은, 수 기호를 획득하는 데 PFC가 결정적 역할을 하는 것이분명하다는 사실이다.

언뜻 보기에 IPS 뉴런에 대한 우리의 발견은 성인 인간에서 후부두정엽이 수리 능력에 지배적인 역할을 한다는 사실과 일치하지않는 것처럼 보인다. 사실 IPS가 수 상징의 표상에 관여한다는 증거는 매우 많다. 그러나 이것은 근본적으로 셈을 할 줄 아는 어른에게만 한정되는 사실이다. 어린이들의 경우는 다르다. 아이들이 수 상징을 다루는 법을 배우는 중에는 두정엽보다 PFC가 더 많이 관여한다. 6세에서 7세 아동은 표기-비의존적 수량을 처리할 때 성인보다 하전두회를 훨씬 더 많이 사용한다.[23,24] 마찬가지로, 아동들은수량 판단[25]과 상징적 산술 과제[26] 동안 전두엽 부위를 더 많이 사용하는 것으로 나타났다.

전전두엽 영역은 인간과 다른 영장류 모두에 대해 의미론적 연합을 형성하기 좋은 위치에 놓여 있다.[27] 시각적 형태 정보를 암호화하는 앞쪽 하측두피질[28]뿐만 아니라 수 뉴런을 담고 있는 PPC[29]로부터도 입력을 받기 때문이다. PFC의 뉴런은 본질적인의미가 없는 두 가지 감각 자극 간에 학습된 연합(예를 들어 특정 색상과 특정 소리 간의 연합 또는 한 쌍의 그림 간의 연합 등)을 암호화한다.[30,31] 또한 PFC는 연합 표상의 의식적 검색에서도 중요한 역할을한다.[32] 우리의 연구는 PFC의 뉴런이 한 쌍의 그림만이 아니라 임의적 형태와 고유한 의미를 지니는 체계적으로 배열된 범주들(즉집합의 수량들) 사이의 의미론적 장기 연합 또한 표상한다는 것을입증한다. 이런 관점에서 영장류의 PFC는 장기 연합의 검색을 통제할 뿐만 아니라 실제로 추상적인 의미론적 연합을 위한 핵심 처리 단계를 구성할 수도 있다. 진화론적 관점에서, 일단 영장류의 뇌에 이러한 연합 네트워크가 형성되고 나면 인간의 뇌는 상징적 연합에 이 네트워크를 쉽게 사용할 수 있었을 것이다.

이러한 결과는 인간의 발달 과정 중 상징적 수 개념의 획득에 PFC가 기본 토대 역할을 한다는 것을 잘 보여준다. 하지만 이것은 이야기의 절반에 불과할 수도 있다. 아동에서 성인으로 이행하는 동안 PFC에서 나타나는 이러한 활성은 일단 아이가 점점 자라 수와 산수에 더 능숙해지면 두정엽으로 옮겨간다.[33] 아마도 계통발생학적 측면에서 더 오래된 비인간 영장류의 뇌에서 나타나는 지표적 연합 처리가 인간의 생애 초기에 반영되는 것으로 보인다. 인간의 IPS는 상징적 수 표상에 대해 다년간 학습하고 경험한 이후에야 이러한 수 처리에 전문화되는 것일 수도 있다.

뇌전증 환자 연구에서 확인한 인간 뇌의 상징적 수 뉴런

원숭이 뇌의 수 연합뉴런은 수 기호가 우리 뇌에서 어떻게 처리되는지에 대한 최초의 단서를 제공한다. 그러나 원숭이나 다른 동물들은 상징적 체계를 가지고 있지 않으므로 원숭이에 대한 연구만으로는 뇌에서 수 상징이 어떻게 표상되는지에 대해 정보를 얻기 어렵다. 진정한 수 상징을 다룰 수 있는 뇌는 오직 우리 인간의 뇌밖에 없다.

단일 뉴런이 어떻게 상징적 수를 표상하는지 이해하기 위해서는 인간의 뇌에서 단일 세포 기록을 수행해야 한다. 하지만 이러한 기록은 극히 드물며 오직 의료상의 이유로만 수행된다. 운 좋게도 우리는 본대학교의 뇌전증학자 플로리안 모르만의 도움을 받아

이러한 연구를 수행할 수 있는 기회를 얻었다. 앞에서도 언급했듯이, 우리는 내측 측두엽MTL(그림 7.6 참조)에 만성 심부 전극을 이식한 뇌전증 환자에게 단순한 계산 과제를 제시했다.[34] 이 실험에서 우리는 비상징적 점 수량뿐만 아니라 상징적 아라비아 숫자도 제시했다. 이를 통해 우리는 단일 뉴런이 수 상징 또한 암호화하고 있는지, 수의 서로 다른 표현이 같은 뉴런에 의해 표상되는지 조사할 수 있었다.

시험 참가자들에게 숫자를 제시하면 적지만 유의미한 비율(즉 3%)의 뉴런이 제시된 수량에 대해 선택적으로 반응한다. 이들 수량 선택적 뉴런은 마치 수 뉴런과 마찬가지로 각자가 선호하는 수량값에 맞게 조율돼 있었다. 이는 비상징적 수뿐만 아니라 상징적 수도 표지된 선 부호로 암호화되어 있음을 시사한다. 수량 선택적 뉴런의 일부는 비상징적 수에도 맞춰져 있으며 이들 중 일부는 두 가지 형식 모두에 대해 동일한 수량값을 선호한다. 그림 7.7B는 비상징적 형식 및 상징적 형식 모두에 대해 숫자 5에 맞게 조율된 수 뉴런 중 하나를 보여준다.

수량 선택적 뉴런은 1에서 5 사이의 숫자값을 선호하며, 이들 각각의 정규화 조율곡선은 서로 오직 일부만 중첩된다. 발화율 기록을 볼 때, 이 모든 뉴런은 통계 분류기가 환자가 앞서 확인한 수량값을 상당히 높은 확률로 예측하기에 충분한 만큼의 정보를 전달한다. 활성은 선호 수량에서 비선호 수량으로 갈수록 급속히 그리고 뚜렷이 감소하며, 수치 거리에 따라서는 약간의 점진적 감소만 있었다. 이는 수 상징에 대한 조율이 비상징적 수에 대한 조율보다 더 정밀하며 수치 거리 효과를 거의 보이지 않음을 의미한다.

이러한 발견은 수치 거리 효과가 비상징적 수량 비교에서는 상당히 크게 나타나지만 정확한 수 상징의 판단에서는 미미하게 나타난 행동 연구[35] 및 신경 모델링[36] 결과와도 부합한다. 결과적으로, 신경 발화를 토대로 한 수량 식별의 정확도는 대략적으로 조율된 수량 뉴런군에 대해서는 큰 거리 효과를 보이지만 엄밀히 조율된 상징적 수 뉴런에 대해서는 근소한 거리 효과만 보인다. 이는 이들 수 뉴런이 정신적 수 표상의 생리학적 상관물이라는 또 다른 증거가 될 수 있다.

수 상징에 대한 거리 효과는 좀 더 기초적인 비상징적 수 표상으로부터 유래한 것으로 생각된다. 따라서 인간의 수 뉴런에도 거리 효과가 나타난다는 사실은 실제로 인간의 고차원적 수리 능력이 생물학적으로 결정된 메커니즘에 뿌리를 두고 있음을 시사한다. 수 기호는 인지 발달 동안 진화적으로 보존된 집합 크기 표상과 연결됨으로써 그 수량적 의미를 얻는 것처럼 보인다.[37] 따라서 수 상징은 근사적 표상으로부터 정확한 값을 도출하는 기능을 전담하는 신경 회로를 기반으로 인식되는 것으로 보인다.

비상징적 또는 상징적 수 형식 중 하나만을 처리하는 분리된 '형식 의존적' 수 뉴런군이 MTL만 가지는 고유한 특징인지 아니면 우리의 뇌가 서로 다른 수 형식을 암호화하는 일반적인 방식인지는 여전히 연구 중이다. 이것이 일반적인 방식이라면, 전두-두정 핵심 수 처리 시스템에서도 수치 정보가 두 가지 서로 다른 형식의 수 뉴런군에 의해 서로 다른 형식으로 표상될 것이다. 그렇다면 MTL은 단순히 형식 의존적 수 뉴런을 물려받았을 뿐일 것이다. 어쩌면 전두-두정 핵심 수 시스템의 뉴런들은 형식에 무관하게, 좀 더 추상적으로 수를 암호화하고 있을지도 모른다. 결국 원숭이의 PFC 뉴런들은 수량에 추상적으로 반응하지 않았던가. 이 문제에 답하려면 뇌의 다른 영역들에서 더 많은 기록이 이루어져야 할 것이다.

숫자를 판독하는 우리 뇌의 전담 영역

수량 처리에서 PFC 및 PPC의 역할은 잘 알려져 있다. 그렇다면 인간의 뇌는 어떻게 숫자를 수량 정보를 담고 있는 시각적 상징으로 연관짓게 되었을까? 우리의 일상에서 수가 얼마나 중요한지 고려할 때, 이들 수는 다른 복잡한 시각적 자극보다 좀 더 특별한 방식으로 처리되지 않을까 생각할 수도 있다. 그렇다면 우리 뇌에 수 상징의 시각적 특성을 처리하기 위한 모듈이 존재한다는 신경생물학적 증거는 없을까?

이러한 '숫자 형성 영역number form area'에 대한 첫 번째 단서는 기능적 뇌 영상촬영에서 나왔다. 복측 후두측두피질ventral occipi-to-temporal cortex(VOT)은 다른 복잡한 시각적 모양 자극에 비해 수치 자극에 대해 더 주기적으로 활성화된다.[38] VOT의 각 영역은 형태,[39] 대상 범주,[40] 심지어 문자 언어[41]와 같은 시각적 대상의 표상과 연관되어 있으므로 시각적인 수 기호를 표상하기에도 상당히 적합한 뇌 영역이다. 또한 환자 연구에 따르면 이 영역에 병변이 생기면 난독증을 일으킬 수 있는 것으로 나타났다.[42] 난독증은 문자 판독에 대한 학습 능력 장애로서, 이때 숫자는 인식할 수 있다. 마지막으로, VOT에 전기자극을 가하면 문자 판독과는 달리 숫자 판독 능력을 손상시킬 수 있다.[43]

'숫자 형성 영역'의 존재에 대한 가장 직접적인 최선의 증거는 환자의 피질 표면으로부터의 전기적 활성을 직접 기록함으로써 얻을 수 있다. 이러한 방법을 피질뇌파검사ECoG: electrocorticography라고 부른다. ECoG에서는 뇌의 노출된 표면 위에 평평한 전극을 직접 접촉시킨다. 뇌의 겉표면에 접촉하려면 외과의사는 먼저 두개골의 일부를 제거함으로써 개두술을 수행해야 한다. 이러한 절차는 물론 마취 상태의 환자를 대상으로 수행하며, 중증 뇌전증 치료를 위

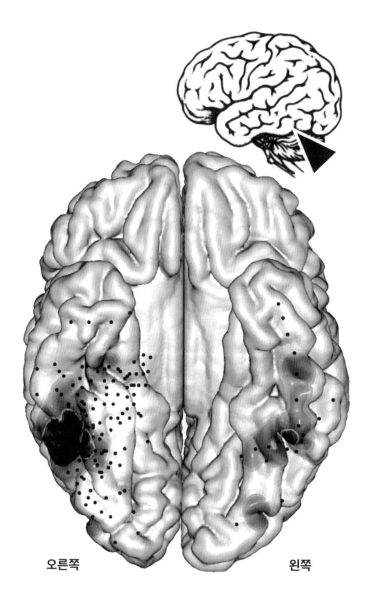

오른쪽   왼쪽

그림 9.4 아라비아 숫자는 '숫자 형성 영역'이라고 알려진 측두엽의 특별한 뇌 부위와 깊이 관련되어 있다. 이 그림은 인간 뇌의 아래쪽(복측면) 부분으로, 다른 유형의 기호에 비해 숫자에 대해 더 높은 전기적 활성을 나타내는 측두엽 부위를 어두운 음영으로 표시했다(점들은 전극 위치를 나타냄). 상단에 인간 뇌를 측면에서 바라본 그림에서 화살표로 가리킨 부분이 복측 측두엽에서 숫자 형성 영역이 자리 잡고 있는 위치다(출처: Shum et al., 2013).

해 환자에게 발작을 일으키는 발생 부위를 정밀하게 국소화한 후 나중에 제거하기 위한 목적으로 이루어진다. 일단 환자가 수술로부터 회복된 이후 연구에 참여하기로 동의하면 환자에게 행동 과제를 제시한 후 이 과제를 수행하는 동안 전기적 활성을 모니터링할 수 있다. 안타깝게도 ECoG 전극은 단일 뉴런의 활동전위를 기록할 수 있을 만큼 정밀하지 못하다. 하지만 ECoG는 수천 개의 뉴런이 동시에 활성화될 때 그 시냅스에서의 포텐셜 변화를 모두 합한 국소장 포텐셜은 측정할 수 있다. 이러한 신호의 전압 변화 빈도와 더불어 포텐셜 변화의 강도 또는 힘 등의 매개 변수는 특정 자극에 대한 신경 모집단의 반응성의 척도로 간주된다.

스탠퍼드대학교의 조지프 파비치Josef Parvizi는 피질뇌파검사를 이용해 '숫자 형성 영역'이 후두엽 부근 하측두회inferior temporal gyrus(ITG) 내에 위치하고 있음을 밝혀냈다.[44] 이 위치의 신경 집단은 문자나 단어와 같은 다른 유형의 상징보다 시각적 숫자에 더 선별적으로 반응했다(그림 9.4).

왜 인간의 뇌가 애당초 시각적 상징을 표상할 수 있게 되었는지에 대한 질문과 관련해서 생각해보면 숫자 형성 영역의 식별은 흥미로운 발견이다. 수 상징은 대략 5500년 전에 발명된 것으로 알려졌으며, 우리 선조들의 뇌 진화 속도와 비교하면 상당히 최근에 일어난 사건이다. 이토록 짧은 기간 동안 특정 뇌 영역이 자연선택 과정을 통해 상징 인식에 전문화되어 후손에게까지 유전되기는 어렵다. 따라서 우리는 아동 발달기 동안 이러한 수 상징들을 획득하고 그 의미를 학습해야만 한다. 그리하여 이러한 상징들은 모종의 방식으로 ITG의 한 부분에 각인되며, 결국 이 영역은 숫자를 문화적 범주 그리고 매우 중요한 시각적 범주로 표상하는 일을 전담하게 된다.

왜 정확히 이 피질 영역이 다른 상징보다 숫자에 더 반응하게 되었는지 알아보는 것도 흥미로울 것이다. 한 가지 가설은 ITG가 그러한 표상에 진화적으로 가장 적합하다는 것이다. 이 영역은 이미 고차원 시각 영역으로서, 이 영역의 뉴런들은 인간과 비인간 영장류 모두에서 복잡한 시각적 형태를 표상한다. 예를 들어 원숭이의 경우 하측두 일부 영역은 얼굴[45]이나 다른 신체 부위[46] 등 복잡한 시각적 범주의 표상을 전담한다. 시각적 숫자 또한 마찬가지로 구체적인 수량 의미를 지니는 복잡한 시각적 형태다. 그러나 숫자가 그 의미를 획득하려면 이 영역은 양적 정보를 주관하는 뇌 영역, 즉 PPC와 연결되어야 한다. 그렇지 않다면 ITG가 어떻게 이러한 시각적 모양의 수치적 의미를 학습할 수 있겠는가?

수 상징을 선호하는 영역이 어떻게 출현하게 되었는지, 이 영역이 실제로 시각적 처리에 의존하는지 여부는 fMRI 연구를 통해 답할 수 있다. 이스라엘 예루살렘의 히브리대학교에 있는 사미 아부드Sami Abboud와 아미르 아메디Amir Amedi는 시각장애인을 대상으로 이러한 시험을 수행했다.[47] 시험 대상자들은 선천적인 시각장애인으로 시각적 숫자에 대한 경험이 전혀 없었다. 그렇다면 연구자들은 어떻게 수 상징을 제시했을까? 그들은 시각적 대상의 형태를 음악으로 변환하는 전자 장치를 이용해 참가자들이 수 상징을 들을 수 있도록 했다. 이때 수 상징은 각각 구별되는 서로 다른 소리로 들린다. 물론 시험 참가자들은 일단 이들 소리가 담고 있는 새로운 의미에 익숙해져야 했다. 이처럼 수 상징이 청각적으로 제시될 때도 수 형성 영역이 활성화될까? 실제로 참가자들이 청각적 수 상징을 처리하는 동안 오른쪽 ITG에서 높은 활성화가 관찰되었다. 그 활성화 정도는 수량 의미가 없는 상징을 처리하도록 한 대조 과제에 비해 훨씬 컸다. 이러한 발견은 측두피질의 수량 특이성이 시각적 양상이나 시각 경험과는 독립적으로 출현했음을 시사한다.

그렇다면 시각적 처리를 담당하는 뇌 영역이 어떻게 갑자기 음향 자극으로 제시된 수를 암호화할 수 있게 되었을까? 이는 아마도 ITG가 다른 수 관련 영역들과 연결되어 있기 때문인 것으로 보인다. 이러한 가정에 대한 증거는 동일 연구에서도 확인할 수 있다.[48] 오른편 ITG의 시각적 숫자 영역은 두정피질의 오른쪽 IPS와 함께 활성화되는 것으로 확인되었기 때문이다. 앞에서도 여러 번 언급했듯이 IPS는 수량의 표상과 관련되어 있다. 따라서 시각적 숫자 영역의 기능은 감각 양상에 의존하는 것이 아니라 연합피질과의 연결과 그에 해당되는 기능에 더 의존하는 것으로 보인다.

고차원 시각피질에서 '숫자 형성 영역'의 발견은 뇌 영역의 '문화적 재활용cultural recycling'이란 가설과도 잘 부합한다.[49] 이 가설에 따르면 새로운 문화적 발명품의 획득은 이러한 발명품이 기존의 해부학적 구조를 이용할 경우에만 실현 가능하다. 따라서 숫자와 같은 인공적인 창작품은 그것에 필요한 것과 충분히 유사한 기능을 수행할 수 있는 기존의 뇌 연결망에 침투해야만 했을 것이다. 비단 숫자뿐만 아니라 단어와 같은 다른 상징에서도 이러한 현상을 볼 수 있다. 예컨대 '시각적 단어 형성 영역'으로 알려진 측두엽 영역은 시각적 단어 읽기에 대한 선호도를 보인다. 이 영역은 선천적인 시각장애인이 점자로 글을 읽는 동안에도(촉각 자극을 통해 문자를 읽는 방식) 활성화된다.[50] 문해 능력을 획득한 이후에는 피질 지도가 문자를 지향하는 방향으로 재편성된다. 이 과정에서 얼굴 읽기와 같은 다른 범주의 기능이 손실되기도 한다.

그러나 뇌 영역의 문화적 재활용이란 가설은 한 가지 바람직하지 못한 결과가 나타날 수 있음을 시사한다. 발달 기간 동안 숫자가 ITG 영역을 침범하여 그 기능에 변화를 일으킨다면 이 영역 또는 ITG 부근의 피질 영역이 원래 담당했던 기능은 소실될 것이다. 믿기 어렵겠지만, 수학자들에 대한 뇌 영상 연구는 바로 그렇다고 말한다. 대조군에 비해 수학자들은 좌반구 하측두피질에서 얼굴에 대한 fMRI 반응이 상당히 감소했다.[51] 시각적 단어 형성 영역에서도 비슷한 결과가 보고되었다. 아동이 읽기를 학습하는 동안 원래는 도구들의 그림에 경미하게 반응하며 이러한 그림에 전문화되어 있던 시각피질 영역에 문자 언어 능력이 침투하는 것이다.[52] 전문적인 숫자 처리 능력을 획득하면 이 영역의 반응은 숫자로 이동한다고 추측할 수 있다. 이에 따라 우리는 상징적 수 기능을 얻는 대가로 일부 고차원 시각 표상을 잃는 것으로 보인다. 따라서 수학자가 여러분의 얼굴을 알아보지 못하더라도 서운해할 필요는 없다. 이들의 뇌는 그저 그들이 좀 더 좋아하는, 즉 수학적인 대상을 더 즐겨 표상할 뿐이다.

진화적 관점에서 보면 이미 우리가 비인간 영장류를 대상으로 인공적인(그러나 유의미한) 시각적 신호를 표상하도록 훈련시키면서 학습에 의해 소박하게나마 뇌의 변화를 이끌어낸 것이 아닐까 생각할 수도 있다. 뇌 영역에서 그러한 진화가 일어나려면 엄청나게 오랜 기간이 걸린다는 점을 생각해볼 때, 숫자 형성 영역 또는 시각적 단어 형성 영역에 해당하는 전구체가 있었을 것으로 예측해볼 수 있다. fMRI 결과도 이러한 예측을 지지한다. 유년기 붉은털마카크에게 헬베티카Helvetica 글꼴을 인지하도록 훈련시키면 하측두피질에 이들 문자에 전문화된 형성 영역이 발달하게 되며 이러한 영역은 재현 가능하다.[53] 그뿐 아니라 원숭이들에게 만화 캐릭터의 얼굴과 테트리스 블록, 헬베티카 글꼴을 인지하도록 훈련시키면 하측두피질에 이들 시각적 자극 각각에 대해 선택적인 영역이 형성되며 훈련이 끝날 때까지 계속 유지된다.[54] 원숭이에게서 나타나는 이러한 측두엽 영역이 인간 뇌에서의 형성 영역과 상동 관계에 있는지는 말하기 어렵다. 인간의 경우 측두엽이 진화적 팽창을 겪는 동안 각 기능이 자리하는 위치가 조금씩 이동했기 때문이다. 하지만 약 3000만 년 전 우리와 마지막 공통조상을 공유한 마카크원숭이에게 일종의 전적응이 있었다는 것만은 분명해 보인다. 다시 한 번 강조하지만, 우리의 진화적 유산의 중요성은 과대평가될 수 없다.

10장　계산하는 뇌

선주민, 유아, 동물에서 나타나는 비상징적 계산

수량 정보를 감각기관으로부터 추출하고 기억에 보관한 이후 이로부터 결정을 이끌어내기 위해서는 일련의 처리 과정을 거쳐야 한다. 즉 숫자를 비교하고 합산해야 한다. 방정식 풀이 같은 게 연상될 것이다. 하지만 계산 수행을 위해서 반드시 상징적 수와 형식 수학이 필요한 것은 아니다. 근사적 집합 크기만으로도 실제로 덧셈과 뺄셈을 수행할 수 있다. 수를 세지 못하는 사람이나 아이들, 동물에 대한 연구는 어떻게 이런 작업이 가능한지 보여준다.

　이 책의 앞부분에서 피에르 피카의 흥미로운 연구에 대해 언급한 바 있다. 그는 브라질의 아마존 열대우림에서 문두루쿠 선주민의 셈하기 능력을 연구했다. 아마 기억날 테지만, 이 선주민들은 계산 체계를 가지고 있지 않다. 대신 이들은 "하나" "둘" "두셋" "서넛" "네다섯"에 해당하는 다섯 가지의 수효 단어만을 가진다. 피카는 문두루쿠족을 방문할 당시 계산연습을 위한 동영상도 가지고 갔으며, 자신의 노트북으로 문두루쿠족에게 이 동영상을 보여주었다.₁ 이윽고 그는 문두루쿠족이 덧셈과 뺄셈 같은 산술 연산을 근사적인 방식으로 수행할 수 있음을 확인했다.

피카는 큰 수를 더하는 검사도 수행했다. 그는 시험 참가자에게 각각 15개의 점을 포함하는 두 개의 점 집합을 제시한 후 이들 점 집합을 하나의 통 안에 쏟아붓는 영상을 보여줬다(그림 10.1A). 그런 후 화면에 60개의 점으로 구성된 세 번째 점 집합을 보여주고 참가자들에게 앞의 두 집합이 한 통에 들어 있는 경우(비교용으로는 더 이상 보이지 않음)와 비교해 어느 쪽이 더 큰지 물었다. 이때 문두루쿠족은 아무 어려움 없이 정답을 말했다. 비교를 위해, 글을 아는 프랑스인 성인을 대상으로도 동일한 과제를 수행했는데, 문두루쿠족은 프랑스인 대조군과 동일한 정확도를 보여주었다. 흥미롭게도, 문두루쿠족은 5 이상을 뜻하는 수효 단어를 가지고 있지 않음에도 그보다 훨씬 큰 근사값을 비교하거나 더할 수 있었다. 이때 문두루쿠족은 우리의 뇌가 태어날 때부터 장착하고 있는 원시적인 근사 수치 시스템을 이용한다.

그러나 작은 수를 이용한 직관적 뺄셈을 수행할 때는 문두루쿠족과 수체계를 가진 서구인들 사이에 차이가 나타났다. 수체계를 가진 성인은 즉시 정확한 상징적 수 표상을 형성할 수 있지만 문두루쿠족은 그렇지 않았다. 예를 들어, 피카는 참가자들에게 통 안으로 다섯 개의 점을 떨어뜨리는 영상을 보여주었다(그림 10.1B). 통은 똑바로 세워져 있으며 점들이 통에 들어간 이후에는 더 이상 보이지 않는다. 그리고 다음 장면에서 통 밖으로 점 네 개가 빠져나온다. 이제 통 안에는 점이 몇 개가 남아 있을까? 피카는 참가자들에게 점이 각각 0개, 1개, 2개가 들어 있는 통을 보여주었고 그중에서

A "(N1+N2)와 N3 중 어느 쪽이 더 큰가요?"

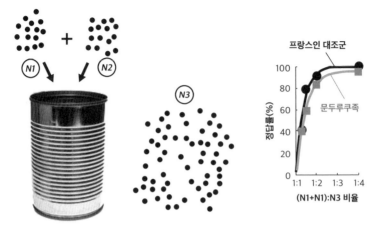

B "N3 중에서 N1-N2의 결과를 골라보세요."

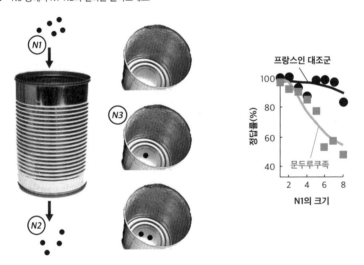

그림 10.1 **수체계가 없는 아마존 선주민 문두루쿠족의 셈하기 능력.** A)근사적 덧셈 및 비교 과제. 참
가자들은 두 개의 점 집합(N1 및 N2)을 하나의 통에 합쳤을 때 이 점들의 개수가 세 번째 집합 N3보다
큰지 판단해야 한다. 오른쪽의 그래프는 문두루쿠족과 수체계를 가지고 있는 프랑스인 성인이 이 과제
에 대해 동일한 성과를 보임을 나타낸다. B)정확한 뺄셈 과제. 참가자들은 점들을 통 안으로 집어넣은
후(N1) 일부를 통 밖으로 꺼낸 뒤(N2) 남아 있는 점의 개수가 통 안에 표시된 점의 개수(N3의 세 가지
가능한 선택지 중)와 동일한지 판단해야 한다. 이때 점 집합의 크기가 4보다 크면 문두루쿠족의 성과는
수체계를 가지고 있는 프랑스인 성인에 비해 현저히 낮아진다(출처: Pica et al., 2004).

276

위 질문에 대한 답이라고 생각되는 통을 고르도록 했다. 대부분의 문두루쿠족은 점이 1개가 들어 있는 통을 골랐다. 즉 근사 수치 추정 시스템만으로도 문두루쿠족은 (평균적으로) 올바른 답에 도달할 수 있었다. 하지만 여기서 프랑스인 대조군은 오답이 거의 없는 것에 비해 문두루쿠족은 오답의 비율이 상당히 높은 편이었다. 즉 프랑스인 대조군은 수 상징을 토대로 한 정확한 계산을 통해 이 과제를 쉽게 해결한 것에 비해 문두루쿠족은 계속해서 (베버의 법칙을 따르는) 근사적 표상을 이용했음을 알 수 있다.

아직 말을 하지 못하는 유아들의 계산 능력도 이와 비슷하지 않을까? 인간 유아의 수량 식별 능력은 일찍부터 입증된 바 있다. 하지만 이것만으로는 충분하지 않다는 듯, 발달심리학자들은 유아들이 수량 표상을 변형하고 기초적인 계산에 따라 정확한 결과를 도출할 수 있는지 추가로 조사해보았다. 현재 예일대학교에 있는 캐런 윈Karen Wynn은 1992년 이런 질문에 답하기 위해 5개월령 유아를 대상으로 '기대 위반violation of expectation'이란 실험 절차를 이용한 획기적인 연구를 수행했다.[2] 여기서는 일종의 덧셈 및 뺄셈의 지각적 표현으로서 아이들이 가림막 너머로 일련의 물체가 사라졌다가 나타나는 것을 보게 한다. 이러한 절차가 이용된 이유는 만일 유아가 수량을 계산할 수 있다면 덧셈이나 뺄셈을 목격한 후에 특정 수치를 기대할 것이기 때문이다. 만일 아기들이 머릿속으로 계산한 기대값과 실제 결과가 같다면 아기들은 별로 놀라지 않고 결과로 나타난 장면을 적당한 시간 동안 무심히 바라볼 것이다. 반면에 기대한 것과 결과가 다르다면 아기들은 마치 자신의 눈을 믿지 못하겠다는 듯 결과 장면을 오랫동안 주시할 것이다. 이 두 가지 상황에서 주시 시간을 기록함으로써 유아의 내적 산술 계산에 따른 기대치를 간접적으로 측정할 수 있다.

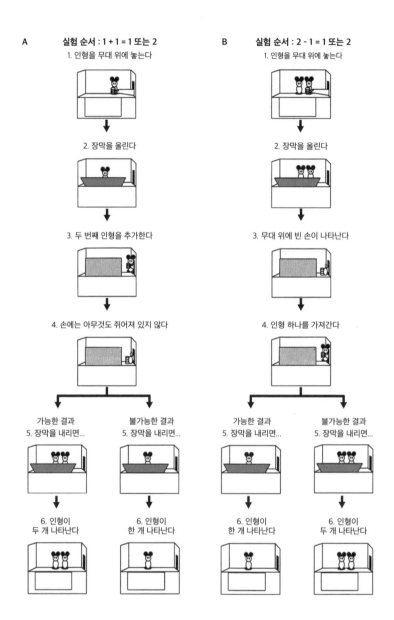

A   실험 순서 : 1 + 1 = 1 또는 2

1. 인형을 무대 위에 놓는다

2. 장막을 올린다

3. 두 번째 인형을 추가한다

4. 손에는 아무것도 쥐어져 있지 않다

가능한 결과
5. 장막을 내리면...

불가능한 결과
5. 장막을 내리면...

6. 인형이
두 개 나타난다

6. 인형이
한 개 나타난다

B   실험 순서 : 2 - 1 = 1 또는 2

1. 인형을 무대 위에 놓는다

2. 장막을 올린다

3. 무대 위에 빈 손이 나타난다

4. 인형 하나를 가져간다

가능한 결과
5. 장막을 내리면...

불가능한 결과
5. 장막을 내리면...

6. 인형이
한 개 나타난다

6. 인형이
두 개 나타난다

그림 10.2   5개월령 아기의 산수 능력. 아기에게 일련의 사건들로 구성된 인형극을 보여준다. A)덧셈 시험, B)뺄셈 시험(출처: Wynn, 1992).

연구자들은 유아들을 동일한 수의 두 모집단으로 나눈 뒤 인형극이 펼쳐지는 작은 무대 앞에 앉힌 후 무대를 바라보는 시간을 기록했다(그림 10.2). 첫 번째 모집단의 경우, 연구자는 아기들에게 무대 위에 놓여 있는 미키마우스 인형 하나를 보여준다. 그런 후 인형 앞으로 장막을 끌어올려 인형이 보이지 않도록 한다. 다음 장면에서 아기들은 무대 위에 사람의 손이 나타나 아기가 잘 볼 수 있는 장소에 두 번째 미키마우스 인형을 놓는 것을 보게 된다. 그런 다음, 사람의 손은 두 번째 인형을 아기가 볼 수 없는 장막 뒤로 가져간다. 즉 아기들은 첫 번째 인형에 두 번째 인형이 추가되는 산술 과정을 똑똑히 볼 수 있었다. 그러나 두 인형은 모두 장막 뒤에 가려져 있으므로 아기들은 이 과정의 결과는 볼 수 없다.

그리고 마침내 장막이 내려가고 결과가 나타난다. 아기들이 어떤 결과값을 기대하고 있는지 확인하기 위해 실험 결과는 두 가지 방식으로 제시된다(그림 10.2A) 첫 번째 모집단의 아기들은 올바른 기대값, 즉 두 개의 인형이 무대 위에 놓여 있는 것을 본다. 이때 아기들은 무대를 무심히, 적당한 시간 동안 바라보았다. 그러나 두 번째 모집단에 대해서는 실험자가 몰래 장막 뒤의 인형 하나를 가져간다. 따라서 장막이 내려가면 오직 하나의 미키마우스만 무대 위에 놓여 있다. 이때 아기들은 이 결과를 믿기 어렵다는 듯 유의하게 더 오랜 기간 동안 무대를 주시했다. 이러한 결과는 아기들이 명백히 불가능한 결과에 대해 놀랐다는 것으로 해석할 수 있다. 여기서 확인할 수 있듯이, 5개월령의 아기들은 분명 1과 1을 더할 수 있으며 그 결과값은 2가 된다고 기대한다.

이 실험을 변형하면 아기들이 뺄셈을 할 수 있는지도 조사할 수 있다(그림 10.2B). 이번에는 무대 위에 인형이 두 개 놓여 있으며, 장막이 올라가고 난 후 사람의 손이 나타나 장막 뒤에서 인형 하나를 가져간다. 이때 사람의 손이 인형을 가져가는 것을 아기가 잘 볼 수 있도록 한다. 그런 후 장막을 내렸을 때, 아기는 무대 위에 인형이 하나만 있을 때보다(가능한 결과) 두 개가 놓여 있을 때(불가능한 결과) 유의하게 더 오랜 기간 동안 이를 주시한다. 이 실험의 결과로부터 확인할 수 있듯이, 5개월령의 아기들은 2에서 1을 뺄 수 있으며 그 결과값이 1이 된다고 기대한다.

처음에는 유아들의 산술 추론 능력이 오직 하나 또는 두 개의 사물로 이루어진 작은 집합에 제한되는 것으로 여겨졌다. 그러나 코린 매크링크Koleen McCrink와 캐런 윈이 수행한 후속 연구에 따르면 아기들은 최소 9개월령이 되면 더 큰 집합에 대해서도 대략적으로 덧셈 및 뺄셈을 할 수 있는 것으로 나타났다.[3] 이 연구에서는 아기들에게 '5 더하기 5'가 일어나는 사건 또는 '10 빼기 5'가 일어나는 사건을 묘사한 동영상을 보여주었다. 5+5 사건에서는 화면에 다섯 개의 기하학적 물체가 표시된 후 곧 장막 뒤로 굴러 들어간다. 그런 후 다섯 개의 기하학적 물체가 더 나타나며 또 다시 장막 뒤로 굴러 들어간다. 10-5 사건은 그 반대 순서로 일어난다.

두 사건 모두에 대해, 장막이 내려가면 일부 시험에서는 다섯 개의 물체가 나타나고 다른 시험에서는 열 개의 물체가 나타난다. 물체가 추가되는 것을 본 아기들은 장막이 내려가고 다섯 개의 물체가 나타나면 이를 더 오랫동안 주시하며, 물체가 제거되는 것을 본 아이들은 10개의 물체가 나타난 경우 이를 더 오래 주시한다. 이는 아기들이 큰 수량에 대해서도 계산을 수행해 대략적인 결과값을 산출할 수 있으므로 기대값과는 다른 결과값을 보면 이를 더 오랫동안 바라보게 된다는 것을 시사한다. 물론 이 시험에서 비수량적 단서들은 통제되었다. 아기들은 오직 수량에 대해서만 반응했다. 이 연구를 포함한 다른 연구들은 유아들이 선천적인 수량 감각을 바탕으로 수량에 근거해 집합 크기를 비교하는 것뿐만 아니라 단순한 산술 연산도 수행할 수 있음을 시사한다. 즉 언어가 출현하기 이전부터 인간의 뇌는 이미 수량을 표상하고 비상징적 수들로 기초적인 산술을 수행하기 위한 장치를 갖추고 있다.

언어를 배우기 이전의 영아들이 근사적 계산을 수행할 수 있다면 어쩌면 인간이 아닌 동물도 그런 계산을 할 수 있을지 모른다. 실제로 동물들은 그저 근사적 수량을 표상하는 것을 넘어 초보적인 산술 연산을 수행할 수 있는 것으로 나타났다. 푸에르토리코의 카요산티아고섬에 사는 여러 연령의 붉은털원숭이를 대상으로 이러한 시험을 진행한 결과, 원숭이들은 자연적으로 먹이의 수량을 더할 수 있는 것으로 입증되었다.[4] 여기서도 유아에 대한 시험과 마찬가지로 기대 위반 설계 및 주시 시간 측정을 통해 야생 원숭이를 검사했다. 이때는 인형 대신 네 개의 레몬을 장막 뒤로 감추는 방식으로 실험을 수행했다. 이윽고 장막이 내려가면 원숭이는 가능한 결과(이 경우엔 레몬 8개) 또는 불가능한 결과(레몬 4개) 중 하나를 보게 된다. 그러면 원숭이들도 인간 아기들과 마찬가지로 기대값이 나올 때에 비해 불가능한 결과가 나왔을 때 이를 더 오랜 시간 주시한다. 이는 원숭이들이 두 집합의 레몬의 개수를 더할 수 있음을 의미한다. 이로부터 몇 년 후 제시카 캔틀런과 엘리자베스 브래넌은 붉은털원숭이들에게 컴퓨터 화면에 표시된 두 집합의 점들을 근사적으로 합산한 뒤 이후 나타난 화면에서 두 집합의 합을 정확하게 나타낸 집합을 고르도록 훈련시켰다.[5] 원숭이들은 점을 셀 시간이 충분치 않아 오로지 추정에만 의존해야 하는 대학원생들과 유사한 숙련도로 과제를 해냈다. 이들 연구가 매우 인상적인 결과를 도출한 것은 사실이나, 이 연구에서는 하나의 계산 법칙, 즉 덧셈 또는 뺄셈 중 하나만 시험했다. 그런데 어쩌면 원숭이들은 이러한 추상적 법칙 사이를 유연하게 오가며 계산을 수행할 수 있지 않을까?

일본 도호쿠대학교의 오쿠야마 스미토奥山澄人와 무시아케 하지메는 훈련된 일본원숭이*Macaca fuscata*에게 연산 사이를 전환하는 능력이 있음을 보였다.[6] 이 명쾌한 연구에서 원숭이들은 컴퓨터 화면을 통해 이후 계산해야 하는 표적 수량을 나타내는 점 집합을 본다. 잠깐의 지연 시간 후, 첫 번째 피연산자를 구성하는 또 다른 점 집합이 나타난다. 원숭이들은 표적 수량에 맞추기 위해서는 무언가를 해야만 한다는 것을 알고 있었다. 이 '방정식'의 첫 번째 항 즉 첫 번째 피연산자로 원숭이에게 보여준 점의 개수가 표적 수량보다 작으면 원숭이는 점을 추가해야 하고, 반대로 점의 개수가 표적 수량보다 많으면 점을 삭제해야 한다. 실험 설정에서 원숭이들은 화면 왼쪽에 있는 스위치를 돌려 자유롭게 점을 추가하거나 화면 오른쪽의 스위치를 돌려 첫 번째 피연산자에서 점을 제거할 수 있다. 그렇게 하여 정확한 표적 수량에 도달하면 원숭이는 스위치를 돌리는 것을 그만두고 보상을 받을 때까지 잠시 기다려야 한다. 자세한 설명을 위해 덧셈 과제를 예로 들어보겠다. 먼저 원숭이는 화면에서 표적 수량으로 제시되는 점 세 개를 본다. 그다음으로 첫 번째 피연산자로서 점 하나가 표시된다. 그러면 원숭이는 왼쪽에 있는 스위치를 두 번 돌려야 하며, 그러면 점 두 개가 화면에 추가되어 목표 수량에 도달하게 된다. 반면 다른 시험에서는 뺄셈을 수행해야 한다. 이때 원숭이는 오른쪽 스위치를 이용해 점을 삭제해야 한다.

대체로 이러한 절차는 원숭이에겐 극도로 까다로운 과제다. 그러나 이러한 복잡함에도 불구하고 원숭이들은 놀랄 만큼 정확하게 표적 수량(0개에서 4개까지)을 맞췄다. 원숭이에게는 상징체계가 없으므로 물론 추정 기술에 의존해야만 한다. 따라서 가끔씩은 표적 수량을 그보다 1이 더 크거나 작은 수와 혼동하기도 했다. 예를 들어 표적 수량으로 1이 제시되었을 때 원숭이는 다른 수보다도 2나 0을 잘못 고르는 경우가 더 많았다. 이는 근사 수치 시스템을 토대로 한 연산에서 예측 가능한 결과다. 이 연구 결과에서 주목해야 할 점은 그뿐만이 아니다. 원숭이들은 목표 수량에 도달할 때까지 점을 더하거나 빼는 것만이 아니라 각 시험별로 표적에 도달하려면 어떤 계산 규칙—덧셈 또는 뺄셈—을 적용해야 하는지도 이해했다. 이는 확실히 목표지향적 수 행동이다.

2016년 제시카 캔틀러과 엘리자베스 브래넌은 훈련의 강도가 약한, 좀 더 직관적인 계산 과제를 수행하여 붉은털원숭이의 산수 능력을 평가했다., 구체적으로, 이들은 초등학교 어린이들의 수학 능력에서 흔히 관찰되는 세 가지 효과가 원숭이에게서도 나타나는지 조사했다. 이 세 가지 효과란 문제 크기 효과problem size effect, 동수 효과tie effect 및 연습 효과practice effect다. 먼저, 문제 크기 효과란 산수 문제에서 피연산자의 크기가 증가함에 따라 그 반응 시간 및 정확도가 체계적으로 감소하는 현상을 말한다(예를 들어 5+7은 3+4보다 더 까다롭다). 동수 효과란 덧셈 문제에서 피연산자 두 개가 서로 동일할 때 성과가 더 좋아지는 현상을 말한다(예를 들어 2+2는 1+3보다 더 쉽다). 마지막으로 연습 효과란 간단히 말해 주어진 문제에 반복적으로 노출되면 성과가 더 좋아지는 현상을 말한다.

원숭이를 대상으로 한 실험에서는 두 개의 움직이는 점 집합이 각각 계산의 첫 번째 피연산자와 두 번째 피연산자를 구성하는 동영상을 제작하여 원숭이에게 산수 문제를 제시했다. 이 실험에서도 원숭이는 덧셈과 뺄셈 과제를 어렵지 않게 해결했다. 원숭이가 한 번도 훈련한 적이 없는 새로운 점 집합을 이용해 실험했을 때도 원숭이들은 그들의 산수 지식을 유연하게 적용시킬 수 있었다. 또한 원숭이들에게서도 인간과 마찬가지로 문제 크기 효과와 동수 효과가 나타났다. 하지만 인간과는 달리 원숭이들은 연습 효과는 보이지 않았다. 이러한 발견은 비인간 영장류에서의 비상징적 계산과 인간만이 가지고 있는 상징적 산수 계산 사이의 인지적 상관관계에 대한 새로운 증거를 제공한다.

추상적 산술 규칙을 처리하는 규칙 선택적 뉴런

앞에서 비인간 영장류는 비상징적 산수 과제만큼은 대학원생에 뒤지지 않는다고 설명한 바 있다. 이는 우리 인간이 비상징적 수 표상 체계를 비롯해 비상징적 수학 능력을 위한 진화적 원시 체계를 다른 모든 영장류와 공유하고 있음을 시사한다. 현재까지 원숭이에게서 덧셈과 뺄셈의 신경 상관물을 조사한 연구는 없다. 하지만 좀 더 근본적인 수학 연산, 즉 '초과'(>) 또는 '미만'(<) 등의 부등호 연산에 대해 단일 뉴런이 어떻게 반응하는지는 연구된 바 있다. 이러한 비교 관계는 우리가 학교에서 처음 배우는 수학 규칙 중 하나다. 가장 간단한 형태로, 학생들은 큰지 작은지의 판단이 참인지 판단하는 법을 배운다. 예를 들어, 다섯 개의 사과가 세 개의 사과보다 많다는 것은 참이다. 이러한 수량 관계는 이후 교육 과정에서 집합 크기가 어떻게 평가되는지를 결정하는 상징적 관계 연산자(>, <)를 이용해 형식화된다. 예컨대, "5 >3" (또는 "3<5")이 무슨 뜻인지 읽을 수 있는 것이다.

그러나 이러한 연산자는 더 정교하게 가다듬으면 행동 규칙이 될 수도 있다. 형식적 용어로 표현하면 이를 "x >y이면 a" 또는 "x<y 이면 b"로 나타낼 수 있다. 규칙은 목표지향적 행동 과제의 논리를 규정하는 조건문 "만약 ……라면"으로 이해될 수 있다. 이때 산술 규칙은 구체적인 행동 규칙("빨간불이면 멈추고 초록불이면 가라.")

과는 달리 추상적 범주, 즉 수에 대해 작용한다는 점에서 특별하다. 수학 규칙에 의거한 이러한 지침은 수학자만이 아니라 동물과도 크게 관련이 있다.

중앙아프리카의 밀림에 사는 침팬지를 생각해보자. 위의 조건 문에서 'x'를 '친구의 수'로 치환하고 'y'를 '적의 수'로, 'a'를 '공격', 'b'를 '도망'으로 치환하자. 그러면 위의 표현은 "친구의 수가 적의 수보다 많으면 공격"하고 "친구의 수보다 적의 수가 더 많으면 도망"으로 읽을 수 있다. 앞에서도 보였듯이, 이러한 법칙은 야생에 사는 침팬지가 따르는 법칙과 정확히 일치한다. 그리고 이 법칙은 침팬지의 목숨을 살린다.[8]

우리는 이러한 수학 규칙에 의거한 지침을 우리의 실험실에서, 물론 훨씬 폭력성이 덜한 환경에서 시험해보았다.[9] 내 박사과정 학생인 실비아 번가드Sylvia Bongard와 나는 붉은털원숭이에게 일종의 컴퓨터 게임을 훈련시켰다. 이 게임에서 점 집합은 '초과' 및 '미만' 규칙 사이에서 자유롭게 변환된다(그림 10.3A). 매 시험에서 점의 개수(표본 자극)는 원숭이가 짧은 시간 동안(기억 지연 기간) 기억해야 할 참조 수량을 나타낸다. 다음으로, 색상을 칠한 원은 규칙 단서로서, 원숭이가 '초과' 또는 '미만' 규칙 중 어느 것을 따라야 하는지 알려준다. 즉 빨간색 원은 '초과' 규칙을 의미하며 파란색 원은 그 반대인 '미만' 규칙을 의미한다. (또한 두 번째 규칙 단서 집합은 원숭이들에게 이후 규칙 단서의 감각적 외양으로부터 규칙을 분리시키도록 하는 것으로 생각되었다.) 두 번째 지연 기간("규칙 지연" 기간) 후 원숭이는 현재 적용되는 규칙에 따라 점의 개수가 앞서 표본 제시 기간 동안 본 점의 개수보다 큰지 혹은 작은지 골라야 했다. 예를 들어 표본 수량이 5이고 '초과' 규칙을 의미하는 빨간색 원이 표시된 이후 화면에 점이 8개가 나타나면 원숭이는 레버를 풀어야 하고 점이 세

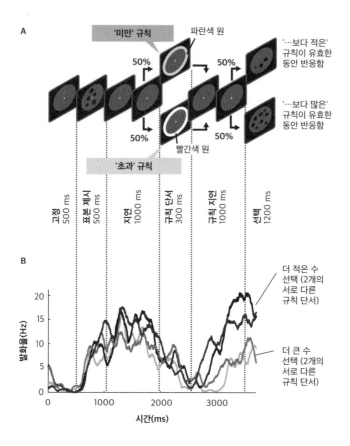

그림 10.3 뉴런은 수량 규칙을 암호화한다. A)규칙-변환 과제를 이용해 영장류 및 그들의 뉴런이 수량 규칙을 처리하는 과정을 조사했다. 여기서 원숭이는 표본 제시 화면에서 제시된 것보다 더 많거나 적은 수의 점을 선택해야 한다. B)이러한 수량 규칙-변환 과제에 참여 중인 원숭이의 전전두 뉴런은 이러한 수량 규칙 중 하나에 선택적으로 반응하는 것으로 기록되었다. 표본 뉴런 하나에 대해 모든 시험에서의 활성을 평균해보면 규칙 단서의 감각 특성과는 관련 없이 원숭이가 '미만' 규칙을 따를 때 규칙 지연 기간 동안 활성이 체계적으로 더 높았다. 이 그래프는 (A)에 나타난 과제 배치와 시간적으로 일치하도록 나타낸 것이다(출처: Eiselt and Nieder, 2013).

개가 나타나면 아무 행동도 하지 않아야 한다. 빨간색 대신 파란색 원이 나타나면 '미만' 규칙이 시행되므로 원숭이는 그 반대로 행동해야 한다.

원숭이는 서로 다른 개수의 대상에 대해 이 과제를 수행했으며 이후 새로운 수량이 나타났을 때도 이러한 법칙을 일반화해 적용할 수 있었다. 이는 원숭이들이 추상적 수량 원리를 학습했음을 의미한다. 원숭이가 이 과제를 수행하는 동안 우리는 PFC의 단일 뉴런으로부터 기록을 얻었다. 그 결과, 규칙 단서를 제시한 이후 지연 기간 동안 PFC 뉴런 중 20%가 관련 규칙을 표상했다(그림 10.3B). 이는 시험 마지막 부분에서 원숭이에게 참조 수량보다 작은 수량을 골라야 한다고 알릴 때마다 '미만' 규칙 선택적인 뉴런의 방출률이 증가함을 의미한다. 또 다른 규칙 선택적 뉴런은 '초과' 규칙을 선호하여 원숭이가 참조 수량보다 큰 수를 선택해야 한다는 표시가 나타날 때 가장 강한 방출을 보였다. 이러한 규칙 선택적 뉴런 중 대략 절반이 '초과' 규칙을 선호하며 나머지 절반은 '미만' 규칙을 선호한다. 즉 각각의 규칙은 동량의 규칙 선택적 뉴런에 의해 표상된다.

흥미롭게도 이러한 뉴런들은 절대적 수량과는 관계없이 추상적 규칙을 암호화하는 것으로 나타났다. 원숭이가 5 또는 다른 수보다 작은 수를 선택해야 하는지 여부는 '미만' 뉴런과는 무관했다. 이 뉴런은 참조 수량이 무엇이든 관계없이 '미만' 규칙이 발동해야 할 때는 항상 큰 반응을 보였다. '초과' 규칙을 선호하는 뉴런 또한 마찬가지였다. 아울러, 규칙 선택적 뉴런은 규칙 단서의 감각적 외양에 의존하지 않았다. 즉 '미만' 규칙 뉴런의 경우, 규칙 단서가 파란색 원으로 주어지든 그밖에 다른 감각 양식의 단서로 주어지든 관계없이 동일한 높은 반응을 보였다. '초과' 뉴런에 대해서도 마찬가지였다. 규칙 선택적 뉴런의 반응은 어떤 행동에 대한 대비로서가 아니라 실제로 추상적 규칙의 개념에 대한 것이었다. 규칙 지연 기간 동안에는 비교할 수량이 없으므로 따라서 원숭이는 어떻게 반응해야 할지 모르는 가운데에서도 규칙 선택적 뉴런이 활성화되는 것이 관찰되었기 때문이다.

원숭이가 이러한 법칙을 정신적으로 적용하는 데 규칙-선택적 뉴런이 실제로 필요한 이유에 대한 설득력 있는 근거는 그 뉴런의 반응이 원숭이의 행동을 예측했다는 것이다. 원숭이가 특정 시험에서 단서로 제시된 수학 규칙을 혼동하고 잘못된 판단을 내리면 선호하는 규칙에 대한 뉴런의 반응은 눈에 띄게 감소한다. 다시 말해, '미만' 규칙이 적용된 시험에서 '미만' 규칙을 선호하는 뉴런이 최대 발화율을 보이며 발화하지 않으면 원숭이는 '초과' 규칙을 적용하게 되고 따라서 더 많은 수의 점을 선택하는 오류를 저지르게된다. 이러한 관찰은 뉴런의 규칙 선택성과 원숭이의 과제 성과 사이에 직접적인 관계가 있음을 시사한다.

후속 연구에서 나는 박사과정 학생 다니엘라 발렌틴Daniela Val-lentin과 함께 PFC의 뉴런만이 아니라 IPS의 VIP 영역을 비롯해 전두엽 영역의 다른 세포들도 측정해보았다.[10] VIP의 뉴런들 또한 수학 규칙에 선택적으로 반응했으나 그러한 뉴런의 선택성과 그 뉴런이 VIP에서 차지하는 비율은 전두엽 뉴런의 근처에도 미치지 못했다. 이는 이러한 수학 규칙과 관련해서는 전두연합영역이 가장 중요한 역할을 함을 시사한다. 다음 절에서 보게 되겠지만, 이는 인간 또한 마찬가지다.

관계 규칙은 분명 수뿐만 아니라 길이나 크기 또는 값과 같은 양에도 적용될 수 있다. 그렇다면 규칙 뉴런은 그저 수만이 아니라 서로 다른 유형의 수량 전반에 걸쳐 동시에 이러한 관계를 표상할 수 있을까? 나는 박사과정 학생 앤-캐트린 아이셀트Anne-Kathrin Eiselt와 함께 원숭이를 훈련시켜 이 규칙이 그저 수량에만 적용되는지 아니면 선의 길이에도 적용시킬 수 있는지 검사했다.[11] PFC의 뉴런들의 활성을 다시금 기록해보았을 때 대부분의 규칙-선택적 뉴런은 오직 하나의 특정 크기 유형에만 적용되는 수량 규칙에 대해서만 반응하는 것으로 확인되었다. 예컨대, 더 긴 선에 반응하는 뉴런은 다른 대상에 대해서는 반응하지 않았다. 우리는 이러한 뉴런을 '규칙 전문가rule specialist'라고 이름붙였다.

　우리가 발견한 사실은 그뿐만이 아니다. 그보다 수는 더 적지만 유의하게 많은 뉴런들이 확률적으로 기대되는 것을 넘어 실제로 양적 원리들을 일반화하고 있었다. 이러한 '규칙 종합가rule gener-alist'들은 수량과 선의 길이 모두와 관련된 양적 규칙을 동등하게 표상함으로써 크기 규칙의 전반적인 개념을 암호화했다. 영장류의 뇌에 규칙 전문가와 규칙 종합가가 모두 존재한다는 사실로부터 뇌가 여러 종류의 규칙 선택적 뉴런을 이용한다는 것을 알 수 있다. 여기에 내재된 뉴런들은 규칙 전문가 뉴런을 기반으로 규칙 종합가 뉴런이 형성되는 기능적 위계 구조를 이루고 있을 수도 있다. 규칙 종합가 뉴런은 규칙 전문가 뉴런에 비해 더 높은 기능적 계층에서 작동하며 계산상의 이점을 제공할 수 있다.[12] 실제로 이들 규칙 종합가 뉴런들은 새로운 환경에 양적 규칙을 일반화하여 적용할 수 있도록 한다. 원숭이의 뇌에서 우리가 발견한 사실에 따르면 규칙 뉴런들은 인간의 뇌에 암호화되어 있는 형식 수학적 규칙에 대한 진화적 전구체 역할을 수행했을 것으로 짐작된다. 상징적 수학 연산은 전전두 회로를 재사용하거나 공동 채택함으로써 우리의 상징적 수학 기술을 극적으로 향상시켰을 것이다.

　학습 규칙 또는 다른 인지 기능을 처리할 때, 우리는 뉴런이 매우 안정적이며 정적인 처리 단위인 것처럼 가정한다. 이것은 대략 사실일 수도 있지만, 뇌의 뉴런은 특정 약물에 지속적으로 노출될 때 그 기능에 중대한 변화가 일어날 수 있으며, 때로는 눈에 띄는 행동 결과를 일으키기도 한다. 이러한 약물 중 특정 부류를 신경조절 물질이라고 부른다. 신경조절물질은 뇌에서 전담 뉴런에 의해 생성되는 화학물질이다. 신경조절물질은 뉴런을 직접적으로 흥분시키거나 억제시키기보다는 자극 전달을 변화시킨다. 신경약리학적 물질은 보통 이러한 신경조절물질 체계를 표적으로 하여, 치료하고자하는 정신 질환에 따라 그 체계의 영향력을 강화 또는 약화시킨다.

PFC에 존재하는 신경전달물질 중 특히 유명한 물질로 도파민이 있다. 중뇌의 도파민활동성 뉴런은 PFC 뉴런 주변의 유체로 분자를 방출한다. 그러면 도파민이 뉴런 세포막의 도파민 수용체를 활성화시킴으로써 뉴런의 반응에 영향을 주게 된다. 신경조절 도파민은 두 개의 주요 수용체 집단, 즉 D1 및 D2 수용체 집단을 통해 PFC 뉴런의 기본적인 부호화 특성에 영향을 미친다.[13,14] 도파민은 이동 및 보상 회로에서 역할을 할 뿐만 아니라 작업기억 및 의사결정과 같은 인지 제어 기능에도 중요한 역할을 한다.[15] 따라서 우리는 도파민이 수학 규칙의 처리에도 영향을 미칠 것이라고 가정했다.

나는 박사과정 학생 토르벤 오트Torben Ott와 함께 여러 도파민 수용체 집단이 규칙-선택적 뉴런에 미치는 영향을 검사했다. 이를 위해 우리는 단일 세포 기록에 '마이크로 이온 영동법micro-iontophoresis'이라는 기술을 접목하여 사용했다.[16] 이 방법을 이용하면 기록 전극 바늘의 끝부분에서 도파민을 활성화하거나 차단시키는 소량의 약물이 방출되도록 할 수 있다. 그러면 전극 바늘의 기록을 통해 뇌에서 정상적으로 방출되는 여러 수준의 도파민에 따라 뉴런이 어떻게 반응하는지 검사할 수 있다. 이때 우리는 이들 두 개의 주요 도파민 수용체 집단에 각각 별개의 영향을 주는 약물을 사용했다.

그 결과 활성화된 D1 및 D2 도파민 수용체 집단은 PFC 뉴런에서의 규칙 부호화를 더 강화시키는 것으로 확인되었다. 다시 말해, 뉴런은 선호 규칙 및 비선호 규칙 각각에 대한 발화율에 극명한 차이를 보이며 이들 규칙을 더욱 명확하게 구별했다. 그러나 이러한 규칙 강화를 일으키는 메커니즘은 두 수용체 집단 간에 서로 달랐다. 즉 D1 수용체가 활성화되면 선호 규칙에 대한 발화율이 높아지지만(비선호 규칙에 대한 발화율은 변하지 않음), D2 수용체가 활성화되면 (선호 규칙에 대한 발화율은 영향을 받지 않는 채) 비선호 규칙에 대한 발화율이 낮아졌다. 두 가지 메커니즘 모두 규칙 간에 더 선명한 차이를 이끌어내면서 선택성을 높일 수 있다. 분명 도파민은 수량 정보 처리에 나름의 역할을 하는 것으로 보이며 이러한 역할에 대해서는 향후 더 자세히 조사해볼 필요가 있다. 이와 동시에, 수치 연산에 대한 탐구는 신경조절물질이 고차원 인지 처리 과정에 미치는 영향을 판독하는 데도 도움이 될 수 있다.

수든 혹은 다른 영역이든 추상적 과제 규칙은 특히 매력적인 분야다. 왜냐하면 이들 규칙은 '인지 제어'라고 불리기도 하는 '집행 기능executive functioning'에 필수불가결한 요소이기 때문이다. 집행 기능은 외부(감각기관) 및 내부(신체 상태) 정보원으로부터 얻은 정보를 합성하고 과거의 경험과 현재의 필요에 비추어 이 정보를 평가한 뒤 주로 먼 미래의 목적을 달성하는 데 필요한 수단을 제공하는 필수 인지 과정들의 총합이다. 이러한 기능에는 주의, 인지 억제, 작업기억을 비롯해 규칙 준수가 포함된다.

따라서 집행 제어를 위한 신경 기반은 넓은 범위의 외부 및 내부 정보에 접근할 필요가 있다. 이를 위해서는 의심의 여지 없이 수많은 뇌 영역이 관여해야 한다. 특히 피질연합영역의 도움 또한 필요하다. 하지만 무엇보다 중요한 피질 영역은 바로 PFC다. 뇌를 기업 조직으로 비유하면 PFC는 CEO(최고경영자)에 해당한다. PFC는 우리 인간의 뇌가 다른 동물에 비해 훨씬 더 크게 팽창하면서 획득하게 된 바로 그 피질 영역으로서, 우리가 '지능'이라고 간주하는 정신적 위업이 자리하고 있는 뇌 영역이다. PFC는 뇌의 CEO로서 기능하기에 해부학적으로 유리한 위치에 자리잡고 있다.[17] PFC는 외부 세계의 정보를 처리하는 중뇌 체계, 수의운동을 일으키는 운동 체계 구조, 장기기억을 통합하는 체계, 심지어 정서 및 동기 상태에 대한 정보를 처리하는 체계로부터 정보를 받아 그 처리물을 보낼 수 있는 위치에 있다.[18] 이러한 점을 고려할 때 PFC는 전반적으로 복잡한 행동을 할 때 필요한 내외부 정보를 합성하는 데 중요한 역할을 할 것으로 생각할 수 있다.[19] 수학적 사고 또한 마찬가지다.

계산이 일어나는 피질 영역

PFC가 집행 기능 전반에 걸쳐 두루 역할을 하는 것에서도 짐작할 수 있듯이, 전두엽에 병변이 생긴 이후 발생한 수 인지 및 계산 장애는 풀기 어려운 복잡한 문제다. 알렉산더 R. 루리아Alexander R. Luria는 고차원 피질 영역 기능에 대한 이미 고전이 된 저서[20]에서 전두엽 병변 환자가 산술 연산 수행에 곤란을 겪는 사례는 주로 계산불능증 때문이라기보다는 지적 활동의 교란, 즉 복잡한 문제를 해결하기 위한 일반적인 능력의 저해로부터 비롯된다고 설명했다. 인지적 추정을 위해서는 정량적 문제 해결 능력이 필요하다. 따라서 전두엽 병변 환자에게서는 여러 정량적 영역(크기, 중량, 수량 및 시간)에 대한 인지적 추정 장애가 흔히 보고된다.[21,22,23,24] 이러한 환자들은 여전히 의미론적 수 표상을 보전하고 있으므로, 전두엽 병변 환자에게서 나타나는 추정 장애는 집행 기능의 장애로 인해 수 표상을 구조화된 출력물로 변환시키는 과정이 교란되기 때문인 것으로 보인다. 뇌졸중을 겪은 후 좌뇌 복측 및 배외측 전두엽에 병변이 생긴 환자에게서 '과제-전환 계산불능증'이란 매우 특이한 장애가 보고되었다.[25] 이러한 장애는 산술 규칙 변환에 영향을 미친다. 흥미롭게도, 환자의 계산 능력 그 자체는 전혀 영향을 받지 않았다. 하지만 이 환자는 간단한 계산 중 서로 다른 연산 사이를 전환하는데, 예컨대 곱셈에서 덧셈 또는 뺄셈으로 전환하거나 또는 그 반대로 전환하는 데 특히 어려움을 겪었다. 이러한 '과제-전환 계산불능증'은 전두엽 병변이 하향식 제어를 약화시키고 수학 규칙 사이에서의 전환에 불능을 일으킨다는 가설과 일치한다.

1980년대에 기능적 뇌 영상이란 새로운 기술이 보급되자마자 처음으로 조사된 수량 인지 영역은 상징적 계산이었다. 처음에 신경과학자들은 '따분한' 수 표상 따위는 건너뛰고 곧바로 산술 연산 및 정신적 계산 과정을 조사하기 시작했다. 그런 후에야 이들은 사실 계산 과정은 결코 수학 능력에만 특이적인 것이 아니라 뇌에서 일어나는 인지 기능 전반에 걸쳐 있다는 것을 알아차릴 수 있었다. 따라서 수년간 연구자들은 좀 더 일반적인 처리 과정으로부터 계산에 전문화된 기능을 해부학적으로 구획화하는 일을 이 분야의 주요 연구 의제 중 하나로 삼았다.

1985년 코펜하겐대학교의 페르 로란과 라르스 프리베르는 PET를 이용해 산술적 '사고'를 조사한 최초의 뇌 영상 연구를 수행했다.[26] 이 연구에 대해서는 이미 6장에서 간략히 언급한 바 있다. 이들이 시행한 과제 중 하나인 심적 반복 뺄셈 과제에서 참가자들은 숫자 50부터 시작해 머릿속으로 차례로 3을 빼야 했다. 예컨대 50에서 3을 빼고, 그다음으로 47에서 3을 빼는 식이었다. 참가자가 이러한 심적 계산을 수행하는 동안 방사성으로 표지된 혈류로부터 뇌활성이 측정되었다. 그 결과 PFC 상부에서 높은 양의 활성이 확인되었으며 상전두회 및 하전두회에서 상당히 선택적인 활성이 관찰되었다. 물론 당시 뇌기능 영상의 기술적 한계로 인해 정확한 뇌 영역을 구체적으로 짚어내기는 어려웠다. 그러나 이후 더 정확한 영상 연구를 통해 이들 뇌 피질 영역이 계산 수행에서 중요한 영역임이 거듭 확인되었다. 몇 년 뒤, PET[27,28]를 비롯해 갈수록 인기가 높아지는 fMRI[29,30,31]를 이용한 연구를 통해 전전두, 전운동 및 두정 피질 영역을 포함하는 분산 연결망이 계산 과제의 수행을 보조한다는 사실이 확인되었다.

후속 연구들에서는 각각의 뇌 영역이 계산에서 구체적으로 어떤 역할을 하는지 자세히 알아보기 위해 계산 과정을 여러 유형으로 쪼개기 시작했다. 예를 들어 1999년 스타니슬라스 드앤과 그 동료들은 정확한 계산 과제와 근사 계산 과제를 비교했다.[32] 정확한 덧셈 조건에서 시험 참가자들은 서로 비슷한 값의 숫자 두 개를 정확히 합산한 값을 골라야 했다. 여기서는 4+5=9와 같은 예가 주어졌다. 이에 반해 근사적 덧셈 조건에서는 비슷한 두 숫자를 합한 결과를 추정한 뒤 그와 가장 가까운 숫자를 골라야 했다. 예컨대, 4+5의 합은 3보다는 8에 더 가깝다. 정확한 계산 및 근사적 계산을 수행하는 동안 전전두-전운동-두정 계산 연결망에서의 뇌 활성화에 상대적인 차이가 나타나는 것이 확인되었다. 예컨대 정확한 계산 동안에는 좌측 하전두소엽을 비롯해 각회 및 양측 중측두회가 더 활성화되었다. 반면 근사적 계산 동안에는 IPS 내부 및 그 주변 영역이 더 활성화되었으며 좌뇌 배외측 PFC 및 좌뇌 상전두회의 높은 활성화가 동반되었다.

물론, 산술 과제를 수행하기 위해서는 수학 관련 작업뿐만 아니라 계산 중 다른 작업에 요구되는 일반적인 인지 과정도 일어나야 한다. 우리는 숫자에 대한 작업기억 없이 또는 계산 규칙을 이해하지 못한 상태에서 계산을 수행하지는 못한다. 또한 우리는 수에는 즉시 기호를 부과하고자 한다. 2001년 올리버 그루버Oliver Gruber 와 안드레아스 클라인슈미트₃₃는 그들의 연구로부터 이러한 종류 의 일반적인 인지 기능 활성화를 제거하고자 시도했다. 이를 위해 뺄셈 또는 곱셈 중 한 가지 유형의 정확한 계산을 수행하는 동안 fMRI 활성을 측정했다. 그런 후 산술 연산에 필요하지만 이에 특 화된 것은 아닌 더 일반적인 인지 작업에 의한 BOLD 활성을 덜어 냈다. 이러한 비-수학적 대조 과제 중 하나로서 '문자 대체 과제'가 수행되었다. 예컨대, 진단 장치에 들어 있는 시험 참가자에게 문자 쌍을 보여주면 참가자들은 지시 단서에 따라 문자 쌍의 첫 번째 또 는 두 번째 문자를 대체하고 그 결과로 남은 문자 쌍을 외워야 한 다. 그다음에는 다른 지시에 따라 문자 대체를 시행하며, 이러한 과 정을 총 네 번 더 수행한다. 분명 이러한 작업을 수행하기 위해서 는 작업기억을 활성화하고 전환 규칙을 적용해야 하지만 계산은 전 혀 관련되지 않는다. 실제로 연구자들은 두정 하부 영역에서 계산 및 비산술적 과제 사이에 차이가 나타나는 것을 발견했다. 계산 작 업 중에는 주로 좌측 각회 및 내측 두정피질이 활성화되었다. 반면, 계산 규칙을 적용하는 것과 함께 더 큰 수를 이용한 복잡한 계산 과 제를 수행하는 동안에는 좌뇌 하전두 영역에서의 활성이 증가했다. 좌측 하전두피질은 상징 처리, 작업기억 및 집행 기능을 보조하는 것으로 알려져 있다. 이 연구는 좌우 전전두-전운동-두정 연결망 이 심적 계산을 보조하는 역할을 함을 입증했다. 그러나 이들 피질 영역은 산술 과정에만 배타적으로 관여하는 것은 아니다. 작업기억 이나 상징 정보 처리와 같은 비슷한 인지 요소에 의존하는 다른 인 지 작업에도 관여하고 있다. 계산 과정에서는 이러한 더 일반적인 뇌 연결망이 활용되거나 아니면 계산에 특이적으로 관여하는 세포 들이 동일한 뇌 연결망에서 다른 인지 과정을 수행하는 뉴런들과

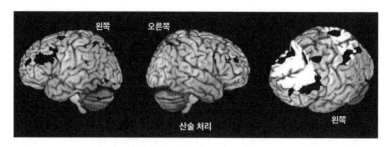

그림 10.4 산술을 위한 뇌 연결망. 뇌에서 검게 칠한 부분은 기초적인 계산 과제 동안 일관된 fMRI 활성을 보여주는 영역이다. 왼쪽 그림은 인간 뇌의 좌반구(왼편이 뇌 앞쪽)이며 중간 그림은 우반구(오른편이 뇌 앞쪽)다. 오른쪽 그림(왼편이 뇌 앞쪽)에서는 두정간구와 전전두구 및 내측 전두엽 부위의 활성을 명확히 표시하기 위해 전두엽 및 두정엽의 일부를 그림에서 삭제했다(출처: Arsalidou and Taylor, 2011).

함께 섞여 있을 것이다. 안타깝게도 fMRI는 이러한 가설을 확인할 만큼 공간 해상도가 높지 않다.

아르살리두와 테일러[34]는 2011년 메타 분석을 실시해 뺄셈과 곱셈 같은 산술 과제를 시행하는 중 활성화되는 지점을 분석했다 (그림 10.4). 여러 연구에 걸쳐 시험 참가자들이 상징 계산(덧셈, 뺄셈 및 곱셈)을 수행하는 동안 활성화된 영역을 비교한 결과 숫자 과제 및 계산 과제 동안 특히 두정 영역에서 활성화된 지점이 크게 중첩 되는 것으로 확인되었다. 그러나 계산 과제 동안에는 순전히 숫자 만 다루는 과제를 할 때와는 달리 중전두회나 상전두회와 같은 전 전두 영역이 더 많이 활성화되었다. 이는 수 표상은 물론 작업기억, 규칙 준수 및 결과 결정에 대해 PFC가 기여한다는 잘 확립된 사실 과도 부합한다. 결국 산술 문제를 풀기 위해서는 이러한 모든 고차 원 뇌 기능이 필요하다. 연구자들은 또한 계산에만 특화되어 있으 며 단순한 수량 비교 과제 동안에는 활성화되지 않는 영역들, 예컨 대 우측 각회, 양쪽 중전두회 및 좌측 상전두회도 관여함을 확인했 다. 아울러 피질 바깥쪽의 꼬리핵caudate body과 우측 시상 영역에서도 활성이 검출되었다.

아르살리두와 테일러는 여러 뇌 영상 연구에 대한 메타 분석을 통해 계산 과정에 대해 현재 가장 유력한 뇌 모형인 스타니슬라스 드앤과 로랑 코언의 '3중 부호 모델'이 대체로 잘 작동한다는 것을 입증해 보였다.[35] 3중 부호 모델은 본래 신경심리학적 연구 결과를 토대로 수립된 모형으로서, 계산 과제 동안 수를 처리하는 데 필요한 특정 하위 요소들의 해부학적 위치를 제안한다(그림 10.5)

'3중 부호'는 세 가지 요소를 일컫는다. 먼저 수량의 의미를 정량적으로 나타내는 '아날로그 수량' 부호다(의미론적 크기 표상). 이

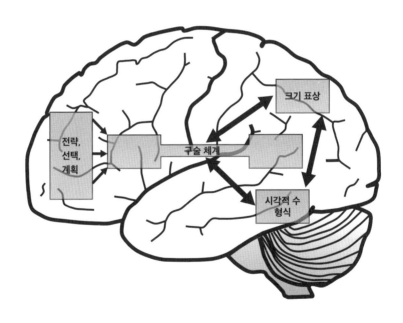

그림 10.5 드앤과 코언의 3중 부호 모델. 이 모형은 계산 과제 동안 수를 처리하는 데 필요한 특정 하위 요소들 및 이들의 해부학적 위치를 제안한다. 즉 의미론적 크기 표상 요소는 두정간구에 위치하고 있으며, 구술 체계는 각회 및 하전두엽으로 구성되며, 숫자의 시각적 표상은 하측두회에 자리잡고 있다. 구술 체계는 오직 좌반구에만 존재하며 전전두피질로부터 입력값을 받아 계산 과정 동안 의사결정을 이끌어낸다(출처: Dehaene & Cohen, 1995).

부호는 특정 수 형식 및 표기 방식과는 무관하게(즉 점 배열이든 숫자든 수의 명칭이든 관계없이) 로그 압축된 근사 크기로 수량 정보를 저장한다. 이러한 로그 압축된 근사 수량 표상은 비논리적인 표상에서 흔히 찾아볼 수 있지만, 증거에 따르면 의미론적 수량 표상은 수십, 수백 등의 단위에 대한 별도의 표현을 갖춘 우리의 10진법 시스템을 따르도록 문화적으로 변형될 수 있다.[36]

두 번째 부호는 수 및 산술적 사실을 구술 언어로 나타낸 '구술 용어' 부호다. 이 부호는 말로 표현된 수효 단어를 이해하고 생성하기 위해 사용되며 학습된 산술적 사실이나 계산표(예: "3 곱하기 3은 9다")에 대한 저장고 역할을 하기도 한다. 구술 부호는 언어 기능과 밀집히 연결되어 있으며 오직 PPC 내 하두정엽의 좌측 각회만 기반으로 하는 것으로 여겨진다.[37]

마지막으로, 세 번째 부호는 숫자의 시각적 표상에 대한 '시각적 아라비아 형식' 코드다. 이 부호는 다중 숫자 연산 수행(예: 234+123)을 위한 '작업대'로서 작용하기도 한다. 이 부호는 후두엽 및 측두엽 사이를 연결하는 양쪽 방추상회(양쪽 복측 후두측두피질)에 자리잡고 있는 것으로 여겨진다. 앞서 설명한 것처럼 조지프 파비치 연구팀이 수행한 ECoG 연구는 '숫자 형성 영역'이 후두엽과 인접한 ITG에 위치하고 있다는 가설에 신빙성을 더해준다.[38]

3중 부호 모델은 서로 다른 뇌 영역에서 수를 표상할 때 형식-특이적이며 문화 의존적인 부호, 즉 '구술 용어' 부호와 '시각적 아라비아 형식' 부호의 존재를 전제한다(문자 '8' 및 말로 표현되거나 적힌 '여덟'). 실제로, 숫자를 읽거나 쓸 수 있지만 문자 또는 단어는 읽거나 쓸 수 없다고 보고하거나,[39] 또는 그 반대를 보고한 환자도 있었다.[40] 이들 각각의 부호는 수를 서로 다른 방식으로 예화하므로 이를 이용하기 위해서는 변환-부호화transcoding를 거쳐야 한다. 변환-부호화란 하나의 기호를 다른 유형의 기호로 전환하는 방식으로서, 읽기(문자 기호를 구술 기호로), 쓰기(구술 표지를 문자 기호로) 및 기타 과정(예: 문자 기호를 손동작으로)을 포함한다. 이 모형이 가정하는 것과 마찬가지로, 수에 대한 신경심리학적 연구들 또한 숫자 인지와 그에 대한 언어적 출력 사이에 숫자의 의미에 대한 표상, 즉 '아날로그 수량' 부호를 우회시키는 직접적인 경로가 존재한다는 증거를 제공한다. 이러한 연구는 매우 높은 정확성으로 계산 과제를 수행할 수 있지만 아라비아 숫자를 읽거나 쓰는 데는 어려움을 겪는 환자의 사례를 설명한다.

3중 부호 모델은 수 처리를 위한 이러한 세 가지 핵심 부호와 더불어 계산 중 전략적 선택 및 계획을 위해서는 전전두 모듈이 필요하다고 전제한다. 하지만 이러한 모듈의 기능은 아직 구체적으로 밝혀지지 않았다. 아르살리두와 테일러는 fMRI 메타 분석[41]을 통해, 산술 과제를 해결할 때 그 난이도에 따라 전전두 영역이 수행하는 기능에 대한 상세한 그림을 제시할 수 있었다. 저장이나 절차 기능을 많이 요구하지 않는 단순한 수량 과제를 처리할 때는 하전두 영역이 관여한다. 반면, 여러 가지 인지 절차 단계가 필요하거나 노력이 필요한 과제(예: 두 자리 수의 덧셈)를 수행할 때는 중전두 영역이 관여한다. 마지막으로, 다단계 문제를 해결하기 위한 전략을 마련하는 데는 상전두 영역이 활약한다. 예를 들어 이 영역은 "72+8"을 수행할 때보다 "6×12+8"을 수행할 때 더 높은 활성을 보인다. 3중 부호 모델은 수량 과제에 관여하는 것으로 반복적으로 보고된 뇌 영역뿐만 아니라 지금까지 수량 인지 연구에서 체계적으로 연구되지 않은 영역, 즉 소뇌(계산 활동이 목표지향적인 시각-운동 시퀀싱을 필요로 할 때마다 작동하는 것으로 알려져 있다)와 섬(과제 관련 활동과 휴식기의 디폴트 모드 사이에서 전환되는 것으로 생각된다)으로 더욱 확장될 수 있다.

덧셈과 뺄셈에서 뇌는 각기 다른 전략을 사용한다

숫자 계산은 보통 덧셈, 뺄셈, 곱셈, 나눗셈의 네 가지 기본 산술 연산 중 하나를 적용한다는 것을 의미한다. 우리는 이 네 가지 기본 계산 절차를 매우 어린 시기에 학습하며, 개념적으로 함께 연관지어 생각한다. 하지만 놀랍게도 이들 연산을 수행할 때는 각각 다른 전략이 사용되는 것으로 보인다.[42,43] 시험 참가자들의 자기 보고에 따르면 우리는 보통 뺄셈(예: 23−16=7)이나 나눗셈을 할 때 정말로 수를 셈하여 문제를 풀고 양적 크기를 이용해 산술 변환을 수행하는 것으로 나타났다. 이처럼 셈의 본연에 근거한 계산법을 '절차적 전략'이라고 부른다. 반면, 덧셈과 곱셈의 경우 우리는 셈을 반복함으로써 이러한 셈의 결과를 '사실'로서 학습한 후 나중에 문제를 풀 때는 기억으로부터 올바른 답을 인출하는 전략을 이용한다(예: 5×6=30). 이러한 접근법을 '사실−인출 전략'이라고 부른다. 왜 이런 차이가 발생하는지는 아직 밝혀지지 않았으나 아마도 학교에서의 교육에 따른 결과인 것으로 보인다. 어쨌든 대부분의 학교 교과과정에 따르면 뺄셈이나 나눗셈보다 덧셈과 곱셈을 먼저 가르치며, 학생들은 최소한 구구단표 정도는 암기하고 있어야 한다.

계산 전략에 대한 건강한 피험자의 자기 보고를 바탕으로 할 때, 위의 두 가지 계산 전략은 서로 독립적으로 작동하며, 따라서 각기 고유한 뇌 영역을 차지할 것으로 기대할 수 있다. 이와 동시에, 과학자들은 '이중 분리double dissociation'를 통해 심적 과정이 서로 독립적으로 작동하는지 그리고 뇌의 특정 영역에 전문화되어 있는지를 판단할 수 있다. 이중 분리란 두 개의 서로 관련된 심적 과정

중 하나의 과정이 뇌 손상에 의해 영향을 받았을 때도 다른 과정은 완전히 기능할 수 있다는 이론을 토대로 한다.

실제로, 몇몇 사례 연구에서 이러한 이중 분리를 확인했다. 즉 절차적 전략(뺄셈 및 나눗셈)과 사실-인출 전략(덧셈 및 곱셈) 기능은 대체로 서로 독립적으로 기능하는 것으로 확인되었다. 1933년에 이미 한 환자가 덧셈과 곱셈 능력은 그대로 유지한 채 뺄셈과 나눗셈에 대해서만 어려움을 겪는 선택적 장애를 보고했다.[44] 그 이후 덧셈에 비해 뺄셈에 더 능숙하거나,[45] 선택적으로 한 종류의 계산 전략은 계속 보전되는 반면 다른 전략은 그렇지 않은[46,47] 환자의 사례가 상당수 보고되었다. 이들 모든 연구는 계산에서 절차적 전략(뺄셈 및 나눗셈)과 사실-인출 전략(덧셈 및 곱셈)이 서로 분리되어 있다는 가설에 잘 부합한다. 하지만 뺄셈과 나눗셈 및 덧셈과 곱셈을 각각 구분해 무리짓는 방식에 동의하지 않는 신경심리학적 연구 결과도 있다.[48,49,50] 그러나 인지과학자들은 산술 연산의 분리에 대한 행동적 관찰이 이러한 기술에 대한 각기 다른 신경해부학적 기반을 토대로 한다는 사실에 대체로 동의한다. 그렇다면 정확히 어떤 뇌 영역이 이러한 계산 전략을 담당하고 있을까?

이 질문에 답하고 계산 전략과 이를 담당하는 뇌 영역 사이에 인과적 상관관계를 도출하기 위해서는 계산 방식의 변화와 뇌의 병변 부위 사이에 상관관계가 있어야 한다. 현재 확인 가능한 연구에 따르면 실제로 서로 다른 계산 방식마다 별개의 신경 영역이 관여하는 것으로 확인되었다. 한 보고에서 왼쪽 두정-측두 연합영역에서 두개내출혈을 겪은 58세 여성은 명확한 계산장애를 보였다.[51] 이 여성은 각회와 연상회 부위에 병변이 있었지만 IPS 부위는 온전했다. 발병 후 며칠 뒤 신경심리학적 평가를 시행했을 때 환자의 주의력과 언어, 기능 및 시각공간적 기능은 정상 한계 범위 내에 있는 것으로 나타났다. 하지만 산술 수행 능력은 각 연산 형태에 따라 비정상적인 결과를 보였는데, 곱셈 능력은 불안정해진 반면 뺄셈 능력은 온전히 남아 있었다. 그런데 이 환자는 결과가 음수일 때 일관되게 마이너스 기호를 생략하는 특이한 실수를 보였다. 다시 말해, 이 환자는 뺄셈 결과인 음수값 대신 올바른 절대값만 내놓았다. 각회와 연상회에 병변이 있는 다른 환자에서도 이러한 뺄셈에서의 선택적 보전 및 덧셈과 곱셈에서의 심각한 어려움이 확인되었다.[52] 이에 반해 좀 더 위쪽의 상두정 영역에 병변이 있는 환자는 정반대로 곱셈보다 뺄셈에 더 심각한 장애를 보였다.[53]

지금까지 언급된 연구는 모두 단일 사례에 대한 것이다. 이에 반해 캘리포니아대학교의 줄리아나 발도Juliana Baldo와 니나 드롱커스Nina Dronkers는 좌반구에 뇌졸중을 겪는 환자 68명을 대상으로 산술 및 언어 이해 과제를 시행하는 대규모 연구를 진행했다.[54] 이들은 좀 더 높은 공간 정밀도로 뇌 손상 위치와 행동 간의 관계를 분석하기 위해 '화소 기반 병변–증상 맵핑voxel-based lesion-symptom mapping'이라는 새로운 기법을 사용했다. 이 기법을 사용하면 표준적인 인간의 뇌에서 모집단의 모든(또는 대부분의) 환자에게 특정 장애를 일으키는 영역이 어디인지 식별할 수 있다. 그 결과, 상당히 많은 병소가 뺄셈 및 나눗셈과 특이적으로 관련된 것으로 확인되었다. 특히 상두정피질, 중심전회 및 하전두회는 뺄셈과 관련되며, 하두정피질 및 하전두피질은 나눗셈과 관련이 있었다. 반면에 덧셈과 곱셈은 구체적인 뇌 영역과 관련지을 수 없었다. 이러한 유형의 계산은 언어 이해에 필요한 것과 동일한 뇌 영역, 즉 중측두회 및 상측두회에서 표상되었기 때문이다.

전반적으로, 대규모 환자군을 대상으로 시행된 이 연구는 계산별 유형이 해부학적으로 분리되어 있으며 각각 특이적 뇌 영역에서

302

처리된다는 개념을 뒷받침한다. 이 연구는 또한 좀 더 많은 수량 처리를 필요로 하는 뺄셈과 나눗셈은 두정엽 IPS 부근 및 전두엽 하전두회 부근에서 표상된다는 초기의 발견도 뒷받침한다. 이에 반해 언어적 사실 정보에 좀 더 의존하는 덧셈과 곱셈은 언어 이해에도 동일하게 관여하는 영역에서 처리된다. IPS는 뺄셈(절차적 전략)을 수행하는 것으로 여겨지는 반면, 각회 및 연상회를 비롯한 하두정엽은 곱셈(사실-인출 전략)에 관여하는 것으로 보인다.

뇌에 영구적인 병변을 가진 환자 대상 연구 외에도 뇌에서 계산 기능을 수행하는 자리를 식별할 수 있는 매우 직접적인 강력한 연구 기법이 있다. 바로 피질 표면에 대한 두개내전기자극법intra-cranial electrical stimulation이다. 전기자극법은 뇌전증의 외과적 평가나 뇌종양 제거를 위해 뇌수술을 받아야 하는 환자에게 사용하는 일상적인 임상 기법이다.[55] 이러한 절차의 목표는 필수적 인지 기능이 어디에 위치하는지 판별해 이후 비정상적인 조직을 제거할 때 절대 제거해서는 안 되는 영역에 대한 신뢰성 있는 정보를 수집하는 것이다.

뇌를 평가하기 위해서는 수술 과정 동안 두개 일부 영역을 제거하여 뇌의 특정 영역이 노출되도록 할 필요가 있다. 신경외과 의사는 수술 과정에서 언어 등 환자의 인격을 결정하는 필수적인 기능은 제거하지 않고 보존할 수 있도록 피질 표면에서 이들 기능이 어디에 위치하는지 정확하게 파악해야 한다. 이를 위해, 의사들은 관심 있는 뇌 영역의 표면에 직접 약한 전류를 가함으로써 필수적인 뇌 기능의 개별 위치를 지도화하는 기법을 사용한다. 여기서는 비교적 크고 뭉툭한 전극쌍을 사용해 피질 표면에 접촉하되 파고들지는 않도록 하여 5밀리미터 간격으로 위치시킨다. 이 절차 동안 전기자극이 환자에게 어떤 일시적 영향을 주는지 확인하기 위해 환자는 통증 없이 깨어 있는 상태로 그 행동을 검사받는다. 만일 언어 영역을 자극하면 환자는 자극이 일어나는 동안 더 이상 말을 하지 못할 것이다. 산술 및 계산 영역에 전기자극을 가하면 환자는 더 이상 셈을 하지 못하고 계산에 실수를 저지를 것이다. 즉 적절한 위치를 자극하면 직접적인 행동 반응을 얻을 수 있다. 이를 '행동 정지behavioral arrest'라고 한다. 이후 후속 수술 동안 신경외과의는 이러한 뇌 영역을 가능한 한 피하고자 한다. 물론, 이 기법은 무엇보다도 진단을 위한 도구다. 따라서 실험적 검사는 상당히 제한된 시간 동안만 수행 가능하다. 그러나 우리는 넓은 영역에 전기자극을 가함으로써 뇌 기능의 장소에 대한 유용한 인과관계 정보를 얻을 수 있으며, 따라서 이 기법은 인간 뇌의 기능적 해부학을 밝히기 위해 신경 수술이 시작된 초창기부터 사용되어왔다.[56,57]

계산 과제를 수행하는 동안 직접 전기자극법을 적용해본 연구들은 모두 환자를 대상으로 수술 과정 동안 시행되었다. 그 결과, 뺄셈과 곱셈은 서로 분리되어 있지만 그와 관계된 피질 영역은 일부 혼합되어 있는 것처럼 보였다. 왼쪽 IPS에 전기자극을 가하면 뺄셈 능력이 저해된다.[58] 이는 뺄셈을 하는 동안 실제로 수량을 변형시키는 심적 과정이 일어나며 이에 따라 IPS가 수량 처리에 관여한다는 이론에 부합된다. 그러나 IPS에 전기자극을 가하면 가끔씩 곱셈 능력도 저해되는 것으로 나타났다.[59] 이에 반해 좌측 연상회를 비롯해 좌측 각회에 전기자극을 가하면 뺄셈 능력은 대체로 보존되는 반면 주로 곱셈 능력에 장애가 발생했다.[60,61] 이러한 결과는 각회는 학습된 수학적 사실에 더 관여한다는 이론에도 부합한다. 곱셈은 암기한 계산에 의존하는 것으로 여겨지기 때문이다. 그러나 이에 반하는 사실, 즉 좌측 각회는 뺄셈을 주로 담당한다는 연구 또한 보고된 바 있다.[62,63]

흥미롭게도 이러한 모든 연구는 서로 다른 유형의 계산이 명확히 분리되어 있음을 보여준다. 그러나 두정엽에서 어떤 부위가 어떤 계산 수행을 보조하도록 전문화되었는지 보여주는 명확한 그림은 없다. 이에 대해 가능한 한 가지 설명은 계산의 구체적인 측면들이 IPS 및 각회 부위에 구획화되어 있으며 한편으로는 서로 혼합되어 있다는 것이다. 이는 전기자극법 동안 확인된 상충되는 결과를 설명할 수 있다. 어쩌면 계산 기능의 위치는 사람마다 그리고 이들이 사용하는 구체적인 계산 전략에 따라 서로 달라서, 어떤 사람에게는 뺄셈에 사용되는 부위가 다른 사람에게서는 곱셈에 사용되는 것일 수도 있다. 환자의 경우 원래 계산 기능을 담당했던 영역에 병변이 발생하면 이후 계산 기능이 그 주변으로 가소적으로 침범할 수도 있다는 점도 고려해야 한다.

좌뇌와 우뇌 중 어느 쪽이 더 계산에 관여할까?

계산 기능이 편측화되어 한쪽보다 다른 쪽 종뇌 반구에서 더 우선적으로 표상되는지 여부는 수 인지 연구에서 반복적으로 논의되는 주제 중 하나다. 특히 기능적 뇌 영상 연구에 따르면 한쪽 반구가 다른 쪽 반구보다 더 높은 활성화를 보이는 일이 자주 발생한다. 그러나 상충된 연구 결과가 나타나는 일도 잦다. 이는 부분적으로 기능적 영상에서 측정되는 것은 뇌 활성에 대한 간접적 상관물이기 때문일 수도 있다. 즉 기능적 영상 결과는 활성 부위의 상대적 기능을 정량적으로 나타낸다기보다는 뇌에서 각 기능의 위치를 정성적으로 나타내는 그림으로 볼 수 있다. 아르살리두와 테일러는 다량의 뇌 영상 연구에 대한 광범위한 메타 분석을 토대로 두 반구 사이의 체계적 차이점을 확인했다.[64] 이들에 따르면 덧셈 기능은 평균적으로 좌반구에 치우친 반면, 뺄셈을 수행할 때는 양쪽 반구가 모두 활성화되었으며 곱셈은 주로 우반구에 치우쳤다. 뇌 영상 연구는 오직 뇌 영역과 그 기능 사이의 상관관계를 보여줄 뿐이지만, 다른 기법을 이용하면 더 인과적인 상관관계를 탐구하여 계산 능력에 특정 반구가 정말 필요한지 확인할 수 있다. 바로 비침습 기법인 경두개자기자극법transcranial magnetic stimulation(TMS)과 앞에서 언급한 신경외과 수술 동안 시행되는 직접 전기자극법이 그러한 방법이다.

수많은 연구에서 TMS를 이용해 상징적 수의 값(또는 크기)을 처리하기 위한 필수 영역을 조사했다. 그러나 TMS는 공간 정밀도가 낮으므로 거의 대부분의 실험이 수량 처리에서 왼쪽 및/또는 오른쪽 후부두정 부위PPC가 중요한 역할을 수행하는지 알아내는 데 중점을 두었다. TMS를 이용해 PPC를 불활성화시킨 모든 연구에서 수량값 처리가 일부 영향을 받는 것으로 나타났지만 좌반구 및 우반구 각각의 기여에 대해서는 결과가 일치하지 않았다. 이러한 불일치에 대한 한 가지 설명으로, 이 모든 연구들은 각기 다른 행동 프로토콜을 사용하여 수 처리 능력을 시험하는데, 이로 인해 양쪽 반구가 관여하는 정도가 서로 달라졌다고 추정할 수 있다. 또한 이들 연구에서는 TMS 동안 서로 다른 전기적 파라미터가 사용되었으며 자극이 가해진 정확한 뇌 영역도 서로 달랐다. 이러한 모든 요인은 결과에 혼동을 가져올 수 있다. 그러나 이 모든 연구는 어느 쪽 반구든 관계없이 PPC가 수 처리에서 인과적 역할을 한다는 사실을 다시 한 번 확인시켜주었다.

TMS로 서로 다른 유형의 계산을 조사해보았을 때도 좌반구 및 우반구가 기여하는 결과는 서로 일치하지 않았다. TMS를 통해 연구된 산술 연산에는 덧셈과 뺄셈 그리고 곱셈이 포함된다. 그러나 TMS 결과는 기능적 뇌 영상의 관찰 결과와 거의 일치하지 않았다. 뇌 영상 자료를 입증하기 위한 한 연구에서는 정확한 덧셈을 수행할 때 좌반구, 특히 각회 영역이 주로 활성화되는 것으로 나타났다.[65] 이에 반해 다른 두 건의 TMS 시험에서는 덧셈, 뺄셈 및 곱셈 동안 양쪽 IPS가 모두 관여하는 것으로 보고되었다.[66,67] 현재까지 알려진 TMS 문헌들로 볼 때, 양쪽 두정엽 모두 상징적 수 처리 및 계산에서 일정한 역할을 수행하지만 이러한 기능은 어떤 과제를 수행하는지에 따라 달라지는 것으로 결론을 내릴 수 있다.

직접 전기자극법 또한 양쪽 피질 영역이 계산에 모두 관여한다는 사실을 지지한다. 과거 이러한 실험들 대부분은 좌측 두정엽에만 초점을 맞춰 시행되었다. 맵핑에 필요한 언어 기능이 대부분 좌반구에 위치하고 있기 때문이다. 이 결과만 보면 수 처리에는 오직 좌측 두정엽만이 관여하는 것으로 생각될 수 있다. 그러나 양쪽 반구를 모두 조사한 최근 연구에 따르면 이러한 결론을 내리기는 아직 이른 것으로 나타났다. 한 연구에 따르면 환자의 양쪽 두정엽 모두에 전기자극을 가하자 간단한 뺄셈 문제를 수행할 수 없게 되었다.[68] 하지만 오른쪽 두정엽의 곱셈 기능은 전혀 영향을 받지 않았다. 이에 따라 연구자는 우측 두정 피질은 언어 처리(곱셈)보다는 수량 처리(뺄셈)에서 좀 더 중요한 역할을 한다고 결론내렸다.

파도바대학병원의 알렉산드로 델라 푸파Alessandro Della Puppa와 그 동료들은 계산에서 우측 두정엽뿐만 아니라 좌측 두정엽도 중요한 역할을 함을 완전히 입증해 보였다.[69] 이들은 총 13명의 환자를 대상으로 한 실험에서 양쪽 두정엽 중 어느 한쪽이라도 자극을 가하면 계산 기능에 장애가 나타남을 보였다.[70] 이들 각각의 환자는 양쪽 두정엽 어느 쪽이든, 특히 IPS 주변 영역에 자극을 가하면 곱셈과 덧셈을 수행하는 데 장애를 보였다(그림 10.6). 또한 양쪽 뇌 영역은 상황에 따라 서로 차이를 보였다. 예컨대 좌측 각회와 연상회

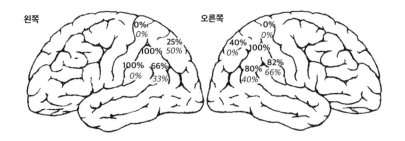

그림 10.6　양쪽 두정엽 중 어느 쪽이든 한쪽에 전기자극을 가하면 계산 능력에 장애가 생긴다. 이 자료는 여러 환자에 대해 신경외과적 수술을 시행하는 동안 얻은 것으로서 좌반구 및 우반구의 두정엽의 서로 다른 부위에 전기자극을 가한 후 곱셈(굵은 글씨로 표시) 및 덧셈(보통 글씨로 표시) 능력에 장애가 생긴 비율을 나타낸 것이다(출처: Della Puppa et al., 2015).

는 오직 곱셈만 표상하고 덧셈은 표상하지 않았으며, 우측 각회와 연상회는 두 가지 연산 모두를 표상했다. 또한 상두정소엽이 계산 처리에 관여하는 정도는 불규칙한 것으로 나타났다(전체 환자 중 왼쪽이 활성화된 사례는 40%, 오른쪽이 활성화된 사례는 75%). 대조군으로서, 촉각을 전달하는 중심뒤이랑의 체감각 영역은 계산 처리에 전혀 관여하지 않았다. 이 결과는 계산의 수행을 위해서는 양쪽 반구의 두정엽 모두가 필수적으로 개입해야 함을 분명히 입증한다.

수리 능력과 언어 능력은 뇌에서 독립적으로 작동한다

수십 년간 과학자들은 산술 능력이 우리의 언어 능력의 한 부분인지 아니면 서로 동떨어진 기능인지에 대해 격렬히 논쟁해왔다.[71] 언뜻 보기에 언어 능력과 수리 능력은 서로 동일하지는 않더라도 일정 부분 밀접히 관련되어 있을 것으로 보인다. 결국 언어론과 수론은 모두 상징 처리를 위한 의미론(의미)과 구문론(규칙)에 의존하는 완전히 발달된 상징체계이지 않은가. 따라서 두 체계는 모두 작업기억이나 장기기억과 같은 다양한 보조 인지 기능에 의존한다. 뇌 손상을 입은 환자에 대한 연구는 이 질문에 대해 직접적으로 답을 줄 수 있다. 예컨대, 만일 산술 능력과 언어가 동일한 뇌 연결망을 바탕으로 한다면, 이 영역에 손상을 입었을 경우 두 기능 모두에 영향을 줄 것이고 환자는 언어 과제와 계산 과제에서 비슷한 수준의 장애를 보일 것이다. 그런데 만일 환자가 오직 한 유형의 과제에만 장애를 보인다면 이는 두 기능이 분리되어 각기 다른 뇌 연결망으로부터 일어난다는 증거가 될 수 있다.

실제로 뇌 손상을 입은 환자에 대한 연구들 일부에 따르면 동일한 개인에게서 산술 능력과 언어 기능 장애는 종종 동시에 발생하는 것으로 나타났다.[72,73] 이러한 연구 결과는 언어 기술이 산술 능력에서 일정한 역할을 한다는 것을 시사한다. 그러나 뒤에서 더 살펴보겠지만, 언어와 계산을 뒷받침하는 신경인지 메커니즘이 각각 상당한 자율성을 갖추고 있는 분리된 뇌 연결망임을 시사하는 연구도 많다. 바로 이런 이유로 1925년 헨셴은 계산 능력의 후천적 장애를 일컫기 위해 '계산불능증'이란 용어를 만들기도 했다.[74]

일부 연구에 따르면 언어와 산술 능력은 실제로 독립된 과정인 것으로 확인되었다. 한 사례 연구에서는 전두측두엽 치매(피크병 Pick's disease)를 앓는 환자를 조사했다.[75] 피크병은 전두엽 및 측두엽에 기능장애를 일으키는 치명적인 신경변성 질환으로, 성격과 정서에 변화를 일으키는 것은 물론 언어 기능의 저하(언어상실증)를 가져온다. 이 환자의 뇌에 대해 CT 스캔을 실시한 결과 전두엽과 특히 측두엽에서 신경조직의 감소(위축)가 확인되었다. 신경심리검사를 실시했을 때 환자의 언어 능력이 크게 저하된 것으로 나타났다. 그는 고작 몇 개의 상투적인 문구(예: "몰라요")와 은어(예: "돈줄")만 중얼거릴 수 있을 뿐이었다. 구술 언어 및 문자 언어에 대한 이해 또한 심각하게 손상되어 있었다('완전언어상실증후군global aphasic syndrome'이라고 부른다). 이러한 광범위한 언어 기능 불능에도 불구하고 계산 능력은 놀랍게도 온전히 보존되어 있는 것으로 나타났다. 그는 계산과 관련한 질문을 받았을 때 이에 대한 답을 받아쓸 수 있었으며 심지어 두 자리 이상의 수치를 더하거나 뺄 수도 있었다. 곱셈 결과를 인출하는 능력 또한 온전하진 않았지만 최소한 일정 부분은 보존되어 있었다. 이 사례를 볼 때 계산에 언어 능력이 꼭 필요한 것은 아닌 것으로 보인다.

방금 논의한 이 환자 외에도, 여러 환자들이 심각한 언어장애를 겪는 가운데 산술 능력은 비교적 잘 보존되어 있는 것으로 나타났다.[76,77,78,79,80] 언어상실증 환자 60명을 대상으로 한 대규모 연구에서도 이러한 사실이 확인된 바 있다.[81] 이 연구에 따르면 환자들은 언어 과제에 비해 수리 과제에서 더 나은 성과를 보이는 것으로 확인되었다. 이러한 결과들 또한 수 처리 기능이 언어로부터 일정 수준 분리되어 있음을 시사한다. 흥미롭게도 그 반대의 사례 또한 확인되었다. 계산 기능에 선택적 장애를 보이는 환자들이 언어 기능은 온전하거나 비교적 잘 보존되어 있는 것이다.[82,83,84,85,86] 이러한 환자들에 대한 연구는 언어 및 수리 능력이 서로 분리되어 있으며 수 영역은 해부학적으로 그리고 기능적으로 그 자체의 독자적인 영역을 가지고 있음을 시사한다.

여기서 수 상징체계의 구성요소를 좀 더 깊이 살펴보도록 하자. 앞에서 확인했듯이, 자연언어와 산술기능은 진정한 상징체계의 특징으로서 두 가지 근본적인 속성을 공유한다. 바로 의미론과 구문론이다. 언어와 산술에서 구문은 전체 표현의 의미를 결정한다. 즉 문장과 등식은 개별 상징의 의미와 더불어 그 구조적 규칙을 제대로 이해하고 있을 때만 올바르게 처리될 수 있다.

구문의 특성 중 전체 표현에 특정한 의미를 부여하는 중요한 요소 중 하나가 바로 '순서'다. 앞에서도 언급했듯이, 한 문장에서 단어를 어떻게 배열하느냐에 따라 그 문장은 전혀 다른 의미를 가질 수도 있다. 즉 "아이가 고양이를 물었다"와 "고양이가 아이를 물었다"는 전혀 다른 의미를 가진다. 단순히 앞뒤 명사의 순서를 바꾸는 것만으로 의미가 완전히 달라지는 것이다. 이것이 바로 구문의 힘이다.

산술 표현의 계산 또한 정확히 같은 방식으로 순서에 의존한다. 뺄셈 '20-10'은 분명 '10-20'과 같지 않다. 산술에서 우리가 따라야 할 다른 구문론적 규칙으로는 '덧셈 및 뺄셈을 하기 전에 곱셈 및 나눗셈을 먼저 처리할 것' 그리고 '괄호 밖의 항보다 괄호 안의 항을 먼저 처리할 것'이 있다. 예컨대 $5 \times (6+2)$의 결과는 $(5 \times 6)+2$와 같지 않다. 따라서 우리는 이러한 산술 규칙을 학교에서 배워야 한다. 산수에 대한 구문론과 언어에 대한 구문론이 서로 구분되는 뇌 기반을 바탕으로 한다는 신경심리학 연구가 점점 더 늘어나고 있다. 현재 유니버시티 칼리지 런던에서 재직 중인 로즈메리 발리Rosemary Varley는 2005년 자신의 연구팀과 함께 환자에게서 산술 및 언어에 대한 구문론적 규칙이 서로 분리되어 있음을 확인하는 연구를 진행했다.[87] 이들은 좌측 중간대뇌동맥 영역 전체에 걸쳐 광범위한 손상을 입은 중증 환자 세 명을 조사했다. 이러한 손상은 좌측 실비우스(외측)열 주위의 측두, 두정, 전두 피질에 영향을 미쳤다. 환자 세 명 모두 심각한 언어장애를 보였으며, 특히 구문론적 규칙 영역에서 더 큰 어려움을 겪었다. 예컨대, 이들은 앞에서 설명한 것과 같이 순서를 바꿀 수 있는 문장을 더 이상 이해하지 못했다. 언어에서의 이러한 심각한 장애에도 불구하고 놀랍게도 이 환자들은 수학 등식은 풀 수 있었다. 이들은 순서가 바뀌면 답도 달라지는 뺄셈 및 나눗셈 문제를 완전히 터득했다(예: 59−13 및 13−59).
"50−[(4+7)×4]"와 같이 길고 괄호가 있는 등식 또한 풀 수 있었다.
발리와 그 연구팀은 이들 환자에서 확인된 결과가

> 수학적 표현이 언어에 전문화된 구문론적 메커니즘에 접근하여 언
> 어 형식으로 전환될 수 있다는 주장과는 양립하지 않는다고 결론
> 내렸다.[88]

다시 말해, 언어를 위한 구문론과 산술을 위한 구문론은 서로
구분된다는 것이다. 이에 대해서는 두 가지 설명이 가능하다. 하나
는, 언어와 수학 모두 문법에 대한 일반적인 기능을 이용한다는 것
이다. 이 경우, 산술 표현은 기능적 문법 모듈에 직접 접근할 수 있
는 반면 언어 기능은 손상으로 인해 그러한 모듈에 접근하지 못한
다고 설명할 수 있다. 또 다른 설명으로, 언어와 산수에 대한 구문
론적 능력은 서로 완전히 분리되어 있어 언어에 대한 구문론적 능
력이 손상되어도 산수에 대한 능력은 여전히 기능한다는 것이다.
분리가 일어난 정확한 원인이 무엇이든 관계없이, 다른 연구에서도
언어와 수학 능력이 뇌에서 서로 독립적으로 작동한다는 증거가 추
가로 제시되었다.

발리의 연구 후 2년 뒤, 줄리아나 발도와 니나 드롱커스도 앞
서 언급한 연구에서 매우 유사한 과제를 수행해 언어와 산술 구문
이 서로 분리되어 있는지 조사했다.[89] 이들은 좌반구에 뇌혈관 손상
이 일어난 68명의 대규모 환자군에 대해 조사를 수행했다. 물론, 병
변의 위치 및 범위에 따라 산술 및 언어 이해 모두에서 장애가 나타
날 것을 예측할 수도 있다. 실제로 일부 환자군은 두 기능 모두 장
애를 보이는 것으로 확인되었다. 하지만 일부 환자군은 언어 이해

는 보존된 반면 산술 능력에 장애를 보인 반면, 또 다른 구분된 환자군은 반대로 산술 능력은 보존된 반면 언어 이해에 장애가 있는 것으로 나타났다. 이러한 기능장애가 어떠한 뇌 영역과 관련되는지 조사한 결과, 연구자들은 산술 능력에 장애를 보이는 환자들의 하두정피질(더 구체적으로는 각회 및 연상회)에서 체계적인 영향을 확인할 수 있었다. 이는 계산에서 PPC의 관여를 시사했던 이전의 신경심리학 연구를 다시 한 번 확인시켜준다. 반면, 언어 이해 장애만 보이는 환자들은 주로 내측두회 및 상측두회가 영향을 받았다.[90] 그리고 하측두회의 손상은 산술 및 언어 이해 모두에 영향을 주는 것으로 나타났다. 언어와 산술 이해를 위해서는 둘 다 하측두회, 구체적으로는 언어를 만들어내는 브로카 영역을 필요로 하지만 이들 두 체계는 두정엽의 상류 영역에서 분리된다. 언어 및 산술 연결망은 일부 중첩되기도 하지만 대부분 독립적으로 운영된다.

로즈메리 발리는 여기서 한발 더 나아가, 니콜라이 클레싱어Nicolai Klessinger와 함께 심각한 언어장애에도 불구하고 기본 대수학 형태의 고차 수학 기능이 여전히 보존될 수 있는지 연구했다.[91] 대수학에서는 산술을 일반화시킴으로써, 수를 나타내는 문자들이 산술 규칙에 따라 조합된다. 연구자들은 언어 영역에 심각한 손상을 보이며 귀로 듣거나 종이에 적힌 수효 단어를 처리하는 데 곤란을 겪는 환자에 대한 사례 연구를 보고했다. 이 환자는 이러한 장애에도 불구하고 대수 기호가 동치인지 판단하고 대수 기호를 이용해 수식을 변형하거나 단순화할 수 있었다. 대수학적 사실이나 규칙, 원리를 이끌어내는 데도 큰 어려움이 없었으며 이들을 새로운 문제에 적용할 수도 있었다. 또한 이 환자는 숫자 또는 추상적 대수 기호만을 포함하는 수식(예: $8-(3-5)+3$ 또는 $b-(a-c)+a$)을 풀 때도 비슷한 능력을 보여주었다. 이러한 결과는 심각한 언어상실증에도 불구하고 기초적인 대수학이 보존된다는 사실을 보여주며 수 기능에서 상징 처리 능력이 언어와 무관하게 보존된다는 증거를 제시한다.

수 기능이 언어 능력으로부터 부분적으로 독립되어 있다는 좀 더 직접적인 증거는 신경외과 수술을 받는 환자에 대한 직접 전기 자극법 연구로부터 얻을 수 있다. 대규모 환자군을 대상으로 한 연구 중 하나로, 툴루즈대학교의 프랑크 에마누엘 루Franck-Emmanuel Roux와 그 동료들은 환자 16명의 언어 영역과 계산 영역을 맵핑한 뒤 이를 서로 비교했다.[92] 이때 언어 기능을 검사하기 위해 환자의 피질 영역 중 여러 곳에 전기자극을 가하면서 환자에게 사물의 이름을 답하거나 단어를 읽어줄 것을 요청했다. 특정 부위에 자극을 가했을 때 환자가 사물의 이름을 답하지 못하거나 단어를 읽지 못하면 신경외과의는 바로 그 영역이 언어에 필요한 피질 부위임을 알 수 있다. 이에 반해 계산 능력 검사는 전기자극을 가하는 동안 종이에 적인 두 자리 숫자를 덧셈하는 방식으로 이루어졌다. 환자가 대답을 못하거나 틀린 답을 하면 바로 그 부위가 계산과 관련된 영역인 것이다.

검사 결과, 좌측 두정엽과 전두엽 피질 부위의 거의 절반이 오직 계산장애와만 관련되는 것으로 나타났다(그림 10.7). 이러한 계산 특이적 부위는 두정엽의 각회와 IPS 부근을 비롯해 전두엽의 내전 두회(F2)에 자리잡고 있다. 이는 계산 능력이 언어체계에 통합되어 있지 않고 분리되어 있음을 명백히 입증한다. 또한 이 결과는 후부 두정피질 및 전전두피질이 수 처리에 필수적이라는 다른 연구 결과와도 일치한다.

결론적으로, 이들 연구는 언어 기능에 심각한 손상이 발생하더라도 일부 수학 처리 능력은 보존될 수 있음을 시사한다. 언어와 계산 능력 간에 나타나는 이러한 이중 분리의 증거들은 이들 능력이

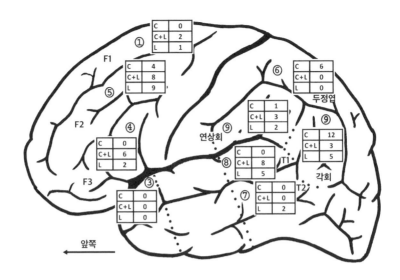

그림 10.7 신경외과 수술 동안 전기자극을 가했을 때 관찰된 계산과 언어 기능의 분리. 이 그림은 인간 뇌의 측면도로서 좌반구에서 확인된 계산 관여 부위의 위치를 보여준다. 원 안에 들어 있는 수는 17회 이상의 뇌 맵핑 중 해당 피질 영역이 연구된 횟수를 나타낸다 C=해당 영역에서 특정 계산이 관여하는 것으로 확인된 횟수, C+L=일반 계산 및 언어(명명 및/또는 읽기)가 관여하는 것으로 확인된 횟수, L=특정 명명 또는 읽기가 관여하는 것으로 확인된 횟수(출처: Roux et al., 2009).

기능적으로 서로 독립되어 있음을 나타낸다. 이를 통해 우리는 성인의 인지 체계에서 일부 언어 기능 및 고차 수학 기능이 기능적으로 상당히 분리되어 있다고 주장할 수 있다. 물론, 성인의 뇌에 대한 이러한 연구 결과로부터 이들 체계가 평생 동안 서로 독립적으로 작동한다는 결론을 이끌어낼 수는 없다. 생애 초기에는 한 상징체계가 다른 체계가 발달하도록 도울 수도 있다. 셈하기를 배우기 전에 말하기를 먼저 배운다는 사실을 고려할 때 아마도 언어체계가 수체계를 일으키는 것으로 생각된다. 하지만 성인이 된 이후 대부분의 수학적 사고는 언어체계로부터 분리된다.

좀 더 넓게 보면, 언어상실증 환자에서의 이러한 결과는 흥미로운 물음을 제기한다. 언어장애가 있는 환자가 여전히 수학 문제를 풀 수 있다는 것은, 언어가 없어도 논리적으로 사고하고 추론하는 일이 가능하다는 의미일까? 수년에 걸친 연구 결과에 따르면 완전언어상실증 환자들은 언어를 거의 이해하지 못하고 말하지도 못하지만 그럼에도 불구하고 추론은 할 수 있는 것으로 나타났다. 이들은 덧셈과 뺄셈을 하고 논리 문제를 풀며 심지어 다른 사람의 생각을 사고할 수도 있다.[93] 뇌 손상 환자에게서 나타난 이러한 결과는 건강한 성인에 대한 뇌 영상 연구에서도 다시 확인되었다. 우리 뇌의 언어 영역은 우리가 문장을 이해하려고 할 때 크게 관여하지만 산술이나 다른 추론 활동과 같은 과제를 수행할 때는 그토록 강하게 관여하지 않는다. 따라서 사고의 여러 측면은 언어로부터 독립되어 있는 것 같다. 왜냐하면 그것들은 별개의 뇌 영역에서 수행되기 때문이다.

수학자와 수학 천재의 뇌는 일반인과 다를까?

우리들 대부분은 기본적인 산술에 능숙해지는 것만으로도 행복할 수 있다. 매일의 일상을 살아내기 위해서는 덧셈, 뺄셈, 곱셈, 나눗셈만 할 줄 알아도 충분하다. 하지만 과학이나 기술을 습득하기 위해서는 이들 네 가지 계산법 이상의 훨씬 더 정교한 수학을 이해하고 있어야 한다. 우리는 학교에 다니는 동안 모든 사람이 그러한 수학적 깊이에 도달하지는 못한다는 것을 깨닫게 된다. 따라서 수를 가지고 노는 데 아무 어려움이 없는 사람들은 선망의 대상이 되곤 한다. 물론 우리는 이 수학 천재들의 뇌가 어떻게 그런 일을 할 수 있는지 궁금해한다.

실제로 과학적 신경과학 연구는 천재들의 뇌에 대한 연구로부터 시작되었으며 그 발단은 저명한 독일의 수학자 카를 프리드리히 가우스Carl Friedrich Gauss(1777~1855)의 사망이었다. 생전에 이미 '수학의 왕자princeps mathematicorum'로 칭송되었던 가우스는 물리학, 천문학 및 수학 분야에 수많은 지대한 공헌을 했다. 오늘날 통계를 배우는 학생이라면 누구든 그 유명한 종 모양 곡선, 즉 가우스 정규분포 곡선에 대해 알고 있을 것이다. 1855년 2월 23일 괴팅겐에서 가우스가 사망하자 괴팅겐대학교의 비교해부학자이자 생리학자인 루돌프 바그너Rudolph F. J. H. Wagner는 연구를 위해 가우스의 뇌를 확보했다. 그 후 바그너는 가우스를 비롯해 다른 천재들의 뇌를 육안해부해서 평범한 사람들의 뇌와 비교했다.[94] 바그너가 자신의 첫 번째 연구 자료를 출판할 무렵 학계에는 여전히 '골상학'이 영향력을 떨치고 있었다.[95] 골상학에서는 특징적인 형질, 사고, 감정을 두개골 및 뇌의 특정 국소적 부위들로부터 측정 가능하다고 전제한다. 물론 오늘날 우리들은 이러한 가정이 완전히 틀렸음을 알고 있다. 다행스럽게도 바그너는 이미 골상학으로부터 거리를 두고 뇌와 심적 능력 간의 관계에 대한 골상학의 전제Lehrsätze 두 가지에 의문을 제기했다. 그 첫 번째 전제는 고도로 지능이 높은 사람은 뇌와 반구가 더 크다는 것이며, 두 번째 전제는 그러한 사람들은 대뇌피질이 더 주름져 있어서 뇌 표면적, 즉 뇌 크기가 더 크다는 것이다.

바그너는 가우스의 뇌가 이러한 수학적 거인이라면 응당 그러해야 한다고 생각될 만큼 특별히 더 크지는 않다는 사실을 발견했다. 가우스의 뇌는 1.492킬로그램으로서, 보통의 뇌보다 약간 더 큰 정도였다. 따라서 바그너는 다음과 같이 결론내렸다.

고도로 재능 있는 인간은 잘 발달된 뇌를 가지지만 뇌의 총 질량은 다른 평범한, 잘 발달된 뇌를 가진 성인들의 뇌와 현저하게 큰 차

이를 보이지는 않는다.[96]

마음과 뇌 사이에 단순한 해부학적 상관관계를 찾고 있던 사람들에게는 실망스럽게도 바그너는 뇌의 총 중량도, 피질이 주름진 정도도 재능을 가늠할 수 있는 명백한 척도가 될 수 없다는 결론을 내려야만 했다.

그러나 그의 동시대인들은 위대한 정신과 큰 뇌가 서로 연결되어 있다는 생각에 완전히 사로잡혀 있었으며 이를 쉽게 떨쳐버릴 수 없었다. 바그너의 관찰 결과에 실망한 학자들 중에는 현재 언어 생성 영역으로 알려진 '브로카 영역'을 발견한 프랑스의 저명한 해부학자 피에르 폴 브로카도 있었다. 그는 골상학을 구원하기 위해, 애초에 바그너가 똑똑한 과학자들만 골라 그들의 뇌만 본 것이라고 의심했다. 그는 날카로운 어조로 다음과 같이 말했다.

학사복이 반드시 천재성을 증명하는 것은 아니다. 심지어 괴팅겐에서도 그다지 뛰어나지 않은 사람이 교수 자리를 차지하고 있을 수 있다.[97]

바그너의 선구적인 작업이 있은 후, 높은 성취를 이룬 것으로 알려진 많은 사람들이 사후 자신의 뇌가 연구에 사용될 수 있도록 보존 계획을 세웠다. 이러한 '최고의 뇌'가 되기 위한 기이한 경쟁의 결과로 1876년 파리공동검시학회Society of Mutual Autopsy of Paris가 그리고 1889년에는 미국인체계측학회American Anthropometric Society가 설립되었다. 이들 학회는 그 구성원들이 사후에 신체, 특히 뇌를 그들 학회에 기증하도록 하는 것을 목표로 했다.

미국의 해부학자 에드워드 앤서니 스피츠카Edward Anthony Spitzka(1876~1922)는 몇몇 유명인의 뇌에 대해 가장 광범위한 부검을 수행했다. 그는 '뛰어난 인간'은 보통의 대조군보다 뇌의 평균 중량이 더 높을 것이라 확신하며 C. F. 가우스의 뇌 또한 재검사했다. 그는 "이러한 일련의 관찰 중 가장 주목할 만한 결과"[98]라고 일컬은 가우스의 뇌에 대해 다음과 같이 서술했다.

> 대뇌 겉표면은 길게 갈라진 수많은 열과 매우 복잡한 주름으로 이루어졌다는 점에서 특히 눈에 띄었다. 특히 전두엽 영역에서 풍부한 열을 관찰할 수 있었으며, 각회와 연상회 등 두정하구 영역이 비교적 크게 팽창해 있었다.

그는 가우스의 뇌를 부시먼 여성 및 유인원의 뇌와 비교하며 문자적으로 그리고 형태적으로 이 열정적인 묘사를 마무리한다. 이 결과는 반박이 불가능한 것처럼 보였다.

> 프리드리히 가우스와 같은 일등급 천재의 뇌는 야만적인 부시먼의 뇌와는 완전히 동떨어져 있다. 부시먼의 뇌가 우리의 가장 가까운 친족인 영장류의 뇌와 동떨어져 있듯이.[99]

물론 스피츠카는 부시먼 여성이 가우스에 비해 몸집이 상대적으로 작으며 이것만으로도 뇌 중량의 차이를 설명하기에 충분하다는 단순한 사실은 무시했다. 뇌 용적은 신체 크기에 비례하여 커지는 것으로 알려져 있으며, 따라서 몸집이 더 큰 사람은 뇌가 더 크다. 스피츠카의 결론은 단지 그의 희망사항에 불과하며 인종차별적 편견으로 가득 차 있다. 애초에 바그너는 가우스의 고도로 복잡한 대뇌에 대한 육안해부학으로부터 성급한 일반화를 이끌어내는 일은 위험할 수도 있다고 경고했지만 그러한 경고는 무시되었다. 미국의 해부학자 프랭클린 페인 몰Franklin Paine Mall(1862~1917)은 일찌감치 이러한 문제의 본질을 꿰뚫어보고 다음과 같이 썼다.

뇌 이랑과 고랑의 복잡성이 한 개인의 지능에 따라 달라지고, 그래서 천재일수록 더 복잡한 뇌를 가진다는 것이 입증된다면 틀림없이 중대한 발견일 것이다. 하지만 실제로는 그렇지 않은 것으로 밝혀졌으며 결국 이러한 전제는 오직 혼동만을 일으킬 뿐이다.[100]

이러한 과학적인 문제 제기만으로는 충분하지 않다는 듯, 뇌 표본에 대한 취급이 소홀해지면서 천재의 뇌에 대한 연구는 더욱 어려움을 겪었다. 2014년, 보존된 가우스의 뇌에 대한 MRI 뇌 영상을 1860년 바그너가 세심히 묘사한 원래의 뇌 그림과 비교한 결과, 다른 과학자의 뇌를 가우스의 뇌로 혼동한 것으로 확인되었다.[101] "C. F. 가우스"로 표시된 표본 병에 실제로 담겨 있는 것은 가우스와 마찬가지로 1855년에 사망한 의학자 콘라트 하인리히 푹스Conrad Heinrich Fuchs의 뇌였고, 가우스로부터 채취한 원래의 뇌 표본은 "C. H. 푹스"로 표시된 병에 담겨 있었다. 바그너의 원본 그림을 보면 가우스의 뇌에는 매우 드문 해부학적 변이, 즉 갈라진 중심구가 관찰되는데, 바로 이 변이 덕분에 병의 라벨이 잘못되었다는 것을 알 수 있었다. C. H. 푹스의 뇌에는 이러한 특성이 없다. 이들 두 과학자의 뇌는 이미 상당히 오래전에 섞인 것으로 추정된다. 다시 말해 지난 수십 년간 과학자들이 가우스의 뇌라고 생각하며 조사했던 표본은 사실 가우스의 뇌가 아니었다.

천재들의 뇌에는 뭔가 특이한 육안해부학적 특성이 있을 것이라는 믿음은 오늘날에도 여전히 남아 있다. 알베르트 아인슈타인의 뇌가 바로 그 예다. 이론물리학자인 알베르트 아인슈타인은 1879년 독일 울름에서 태어났으며, 이론물리학에 끼친 중요한 공헌에 따라 1921년 노벨 물리학상을 수상했다. 아인슈타인은 현대물리학을 떠받치는 두 축 중 하나인 상대성이론을 발전시킨 것으로 가장 잘 알려져 있다. 이제 거의 상식으로 통하고 있는 그의 질량-에너지 등가식 'E=mc²'에는 "세상에서 가장 유명한 공식"이란 별명이 붙었다.[102] 이처럼 독보적인 통찰과 지적 성취로 인해 현재 '아인슈타인'이란 이름은 '천재'와 동의어가 되었다. 1933년 아인슈타인은 히틀러가 득세한 나치 독일에서 도망쳐 미국의 프린스턴고등연구소에서 수학 교수가 되었으며 여기서 쿠르트 괴델과 친분을 쌓았다. 이후 1955년, 아인슈타인은 뉴저지주 프린스턴에서 미국 시민으로서 사망했다.

이후 알베르트 아인슈타인의 뇌가 겪어야 했던 운명은 거의 추리소설이라 해도 무방할 정도다. 1955년 아인슈타인의 사망 후 당시 프린스턴병원의 병리학자였던 토머스 하비Thomas Harvey 박사는 아인슈타인에 대해 부검을 실시한 뒤 성스러운 유물인 그의 뇌를 확보하기로 결심했다. 그가 어떻게 아인슈타인의 뇌를 획득하게 되었는지는 알려져 있지 않으며, 합법적으로 이루어진 일은 아닐 것이라고 말하는 사람도 있다.[103] 여하튼 하비는 1955년 아인슈타인의 뇌의 사진을 찍은 후(그림 10.8) 종이 두께만큼 얇게 썰어서 조직학적 단면을 얻고 이를 부분별로 해부했다. 이후 몇 년간 하비는 개인적인 문제와 직업상의 어려움을 처리하느라 바빴고, 그동안 아인슈타인의 뇌는 얇게 썰린 상태로(전체 뇌 사진과 함께) 맥주 냉장고에 방치되어 있었다.[104] 그렇게 수십 년간 아인슈타인의 뇌는 사람들의 뇌리에서 잊힌 채 방치되었다.[105]

30년 후인 1980년대에 이르러 캘리포니아대학교 버클리 캠퍼스의 매리언 C. 다이아몬드Marian C. Diamond가 하비에게 연락해 뇌 단면을 요청했다. 다이아몬드는 아인슈타인의 뇌에서 고전적인 연합영역, 즉 내측 PFC의 브로드만 영역 9번과 후부두정피질의 각회 39번 영역에서 채취된 조직을 조사하여 이 영역의 뉴런과 교세포(뇌의 비신경전달 지지 세포)의 수를 집계한 후 성인 남성 대조군의 것과 비교했다.[106] 그 결과 아인슈타인의 뇌는 좌측 39번 영역에서 교세포 대비 뉴런의 비율이 더 적은 것으로 나타났다. 다시 말해, 아인슈타인의 뇌는 대조군보다 교세포가 더 많은 것이다. 교세포보다는 뉴런이 더 많아야 하는 게 아닐까? 뇌에 동력을 공급하는 처리 단위는 교세포가 아니라 뉴런이니 말이다. 다이아몬드와 그 공저자는 뻔뻔한 수사학적 방향전환을 시도하여 교세포가 더 많다는 것은 뉴런의 당 및 산소 대사 요구량이 더 높다는 것을 의미하며, 따라서 "이러한 조직들의 효율적인 사용으로 인해 그의 독보적인 개념화 능력이 나타난 것"이라고 주장했다.[107]

그 후 몇 년간 수많은 신경해부학자들이 아인슈타인의 뇌에서 천재성을 찾기 위한 조사에 나섰다. 일부 학자들은 아인슈타인의 상대적으로 더 얇은, 따라서 신경 밀도가 더 높은 것으로 알려진 전두피질에 주목했으며[108] 다른 학자들은 특이하게도 아인슈타인의 뇌에는 두정엽과 측두엽을 가르는 외측열의 일부인 마루덮개가 없다는 사실에 주목했다.[109] 이후 플로리다주립대학교의 인류학자 딘 포크Dean Falk와 그 동료들은 학술지《뇌 Brain》에 발표된 논문에 실렸던 최초의 사진을 다시 검토한 후 아인슈타인의 뇌에서 "특이한 전전두피질"과 "비정상적인" 두정엽이 관찰된다고 밝혔다.[110] PFC는 추상적 사고와 관련되어 있으며 두정엽은 공간 및 수량 인지에 관여하는 것으로 알려져 있으므로 이들의 발견은 아무런 의심 없이 받아들여졌다. 아인슈타인의 천재성을 두 반구 사이의 원활한 소통

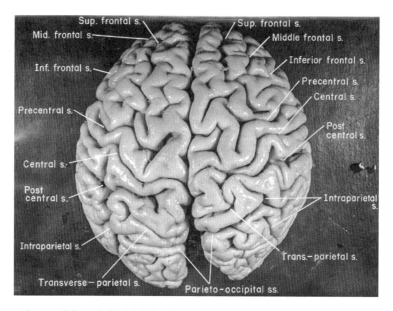

그림 10.8 알베르트 아인슈타인의 뇌. 프린스턴병원의 병리학자 토머스 하비 박사는 아인슈타인의 뇌를 240조각으로 나누기 전에 여러 각도에서 사진을 찍었다. 이 사진은 위에서 찍은 것이다. (국립의료박물관National Museum of Health and Medicine 오티스 역사 아카이브Otis Historical Archives 제공, ID 번호 OHA184.06.001.002.00001.00002.)

의 결과로 설명하기 위해 아인슈타인 뇌의 중간선 내부 단면에 대한 사진이 집중적으로 조사되기도 했다. 아니나 다를까, 아인슈타인은 두 반구를 연결하는 큰 섬유다발인 뇌량이 대조군에 비해 두꺼운 것으로 나타났다.[111]

수년간 아인슈타인의 뇌에 대해 대여섯 건의 연구가 발표되었고, 각각의 연구는 그의 수학적 재능의 원천으로서 서로 다른 해부학적 특성을 강조했다. 이 모든 연구는 언론의 집중적인 조명을 받았지만 어느 것도 아인슈타인의 천재성에 대한 믿을 만한 해부학적 토대를 밝히지 못했다. 페이스대학교의 테런스 하인스Terence Hines가 명백히 밝혔듯이, 아인슈타인의 뇌를 조사한 연구 결과들은 "사실, 아인슈타인의 뇌 구조에 그의 지적 능력이 반영되어 있다는 주장을 뒷받침하지 못한다.”[112] 하인스에 따르면 형태학적 및 조직학적 조사를 바탕으로 아인슈타인의 천재성을 밝히려는 것은 단순히 “근거 없는 신경과학적 속설”에 불과하다. 이러한 모든 연구는 뇌의 기능이 아닌 구조를 통해 지능을 측정할 수 있다는 순진한 믿음에 바탕을 두고 있다. 그러나 심적 특성을 설명하기 위해서는 살아있는 뇌에서 그 기능과 과정이 어떻게 작동하는지 살펴보아야 한다. 즉 뇌의 생리학을 이해해야 하는 것이다.

오늘날에는 기능적 뇌 영상 기법을 통해 살아있는 사람의 뇌에서 수학 기능이 자리잡고 있는 부위를 찾아낼 수 있다. 수학자의 뇌가 평범한 사람들의 뇌와 무엇이 다른지 이해하기 위해서도 이 기법을 이용할 수 있다. 하지만 이때 우리는 본 연구에 적합한 대상자를 먼저 찾아야 한다. 수학 천재로 보이는 모든 사람이 실제로 수학을 하는 것은 아니기 때문이다. 비범한 계산 능력을 지닌 사람들은 매우 까다로운 산술 문제를 아무 어려움 없이 눈 깜박할 새 풀어냄으로써 ‘수학의 귀재’로 불리기도 한다.

뤼디거 감Rüdiger Gamm도 그중 한 사람이다. 감에게 “99의 20제곱은 얼마인가요?”라고 물어보면 그는 눈을 감고 몇 초간 생각한 뒤 바로 정답을 말한다. 감은 두 자릿수를 그 20제곱까지 머릿속으로 계산할 수 있고 각 해답의 제곱근과 세제곱근을 줄줄 말한다. 다른 종류의 계산도 가능했다. 예컨대, 1286년에 13일의 수요일은 몇 번 있었나? 그러면 감은 잠깐 생각한 후 확신에 찬 목소리로 정답을 말한다.[113] 이처럼 이례적인 수리 능력 덕분에 그는 텔레비전 게임 쇼에도 자주 등장하곤 했다. 그러나 감 자신의 고백에 따르면 그는 학교에서 산술에 어려움을 겪었다고 한다. 그러다 어느 날 그는 우연히 어떤 날짜가 무슨 요일인지 계산할 수 있는 공식을 발견했다. 그는 관심이 동하기 시작했고 그때부터 매일 몇 시간씩 숫자 및 계산법을 훈련하여 이윽고 이러한 기술로 생계를 유지할 수 있을 경지에 이르렀다.[114]

벨기에의 루뱅가톨릭대학교의 마우로 페센티와 그 동료들은 감이 어떻게 이런 계산을 수행하는지 조사했다.[115] 이들은 감이 계산을 수행하는 동안 PET 진단 장치로 그의 뇌를 연구한 후 그의 뇌에서 일어난 활성을 보통의 계산 기술을 가진 몇몇 대조군의 결과와 비교했다. 그 결과는 상당히 놀라웠다. 뇌 영상에 따르면 감은 계산을 수행하는 동안 다른 사람에 비해 뇌의 더 많은 영역을 이용하는 것으로 나타났다. 보통의 사람들은 작업기억 버퍼에 저장된 수를 이리저리 변환시키는 데 반해(우리는 보통 이러한 과정을 계산으로 간주한다) 그는 장기기억으로부터 경로-학습된 결과를 도출해냈다. 컴퓨터로 비유하자면, 보통의 사람들은 뇌의 RAM을 이용해 계산을 수행하는 반면, 감은 하드디스크에 계산 결과를 저장하고 인출하는 묘수를 쓰는 것이다. 예를 들어, 우리는 오직 몇 개의 숫자만 저장할 수 있는 작업기억을 이용하므로 12자리에 불과한 전화번호를 외우는 데도 그렇게 애를 먹지만, 감은 이러한 과정에 맞춰 특별히 훈련된 장기기억을 이용하는 것이다. 다시 말해 감은 천부적인 수학 천재라기보다는 거의 무한한 장기기억에 수량 정보를 저장하는 방법을 익힌, 고도로 훈련된 기억술사에 더 가깝다. 감은 암기에는 뛰어나지만 수학에도 뛰어난 것은 아니다. 즉 그의 뇌에서의 활성은 암기 과정을 해명하는 데 도움이 될 수는 있으나 수학적 뇌에 대해서는 우리에게 알려줄 수 있는 바가 많지 않다. 왜냐하면 우리는 전문적인 수학자의 뇌가 필요하기 때문이다.

파리의 마리 아말릭Marie Amalric과 스타니슬라스 드앤은 fMRI를 이용해 전문적 수학자가 수학 문제를 푸는 동안 뇌 활성을 관찰했고, 그 결과 대조군에 비해 뇌 활성에서 흥미로운 차이점을 발견했다. 연구자들은 수학 전문가 15명과 상당한 학문적 자격을 갖춘 대조군 15명의 fMRI 결과를 비교했다.[116] 뇌 영상을 촬영하는 동안 시험 대상자들은 수학적 표현 및 그 밖의 표현을 들으며 그러한 진술이 참인지 거짓인지 혹은 아무런 의미도 없는지 결정해야 했다. 고차 수학 능력을 검사하기 위해서 다음과 같은 명제가 사용되었다. 여러분도 한번 답해보라.

- "주 아이디얼 정역principal ideal domain에서 계수를 포함한 정방행렬은 그 행렬식이 가역적일 때만 가역적이다."
- "주 아이디얼 정역에서 계수를 포함한 행렬은 동반행렬과 동등하다."
- "기수가 3보다 큰 행렬은 계승적이다."

흠, 답이 뭘까? 첫 번째 명제는 참이고 두 번째는 거짓이며 세 번째는 의미가 없다. 여기 비수학적 명제의 예도 몇 가지 제시한다. 아마도 답하기 더 쉬울 것이다.

- "로봇과 아바타의 개념은 그리스 신화에 이미 나타나 있다."
- "파리의 지하철은 이스탄불의 지하철보다 먼저 지어졌다."
- "시인은 주로 지하철에 대한 환경세다."

이 명제들의 답도 마찬가지로 참, 거짓, 의미 없음이다.

수학자와 대조군 피험자에게 위의 진술에 답하도록 요청한 뒤 fMRI 활성 패턴을 비교 및 대조한 결과, 전문 수학자의 뇌에서 고급 수학 문제 풀이에 특화된 연결망이 확인되었다. 즉 오직 전문 수

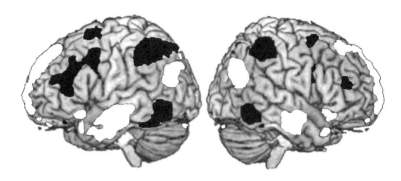

그림 10.9　전문 수학자가 고급 수학 문제를 푸는 동안 활성화되는 뇌 연결망. 이 그림은 서로 다른 문제를 푸는 동안 인간 뇌의 양쪽 반구에서 활성화되는 뇌 영역을 측면에서 바라본 것으로서, 수학적 명제를 풀 때(검은색)와 일반 지식을 풀 때(흰색) 활성화되는 영역이 서로 구분되는 것을 알 수 있다(출처: Amalric and Dehaene, 2016).

학자의 경우에만 수학적 명제에 대한 반응으로 양쪽 전두엽, 두정 내엽 및 복외측 측두엽 영역에서 재현 가능한 활성이 관찰되었다 (그림 10.9). 이 수학 연결망은 양쪽 PFC, IPS 및 하측두피질로 구성되는 핵심 수 연결망과도 밀접히 연결되거나 중첩되어 있었다. 이러한 발견은 수 본능과 숫자 형성 영역에 대한 초기 관찰과도 일치하는 결과다. 중요한 점은, 전문 수학자들이 수학적 사고를 하는 동안 언어와 관련된 뇌 영역은 여기에 관여하지 않는다는 것이다. 아말릭과 드앤은 이러한 사실을 밝힘으로써 고차 수학 능력이 뇌의 언어체계에 토대를 둔다는 가설을 다시 한 번 반박했다. 수학자들은 단순히 독립적이고 고도로 훈련된 수 연결망을 이용한다.

11장 공간과수

작은 수는 왼쪽에, 큰 수는 오른쪽에

언뜻 생각하기에 수와 공간은 서로 관련이 없는 범주로 보인다. 그러나 과학자들은 아주 일찍부터 우리 마음속에서 수와 공간이 모종의 방식으로 서로 연결되어 있다는 것을 발견했다. 1880년 프랜시스 골턴Francis Galton은 어떤 사람들은 수를 생각할 때 '시각화된 숫자'를 떠올린다는 사실을 발견했다.[1] 이들이 생각하는 수는 정신적 공간 구조의 특정 위치에 자동적으로 그리고 일관되게 자리잡고 있다.[2,3] 이러한 형태의 '심적 숫자'는 보통 3차원 공간에 한 줄로 나란히 배열되며, 이는 수에 접근하기 위한 토대로서 일종의 '심적 숫자선men-tal number line' 같은 것이 존재한다는 개념을 뒷받침한다.[4] (그림 11.1).

1993년 스타니슬라스 드앤과 동료들은 매우 특이한 행동을 보고하는 중요한 논문을 발표했다. 이제는 고전이 된 이러한 행동에 그들은 'SNARC' 효과라는 이름을 붙였다.[5] SNARC라는 약어는 루

328

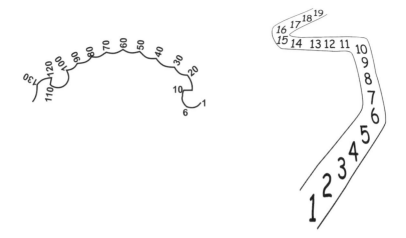

그림 11.1　어떤 사람들은 수를 정신적 공간 구조의 특정 위치에 자동적으로 그리고 일관되게 위치한 형태로 인식한다(왼쪽 그림 출처: Galton, 1880; 오른쪽 그림 출처: Rickmeyer, 2001).

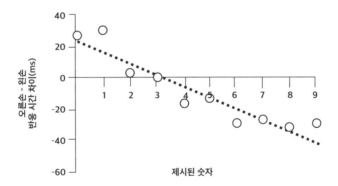

그림 11.2　공간은 수에 대한 반응속도에 영향을 준다. 피험자에게 1에서 10까지의 숫자를 제시하고 두 개의 키 중 하나를 눌러 각 숫자를 짝수 또는 홀수로 분류하도록 요청했을 때, 신체 왼쪽(일반적으로 왼손)을 이용해 반응하면 작은 숫자에 대한 반응이 훨씬 더 빠른 반면, 오른편으로 반응하면 큰 숫자에 대한 반응이 더 빨랐다. 이러한 현상을 'SNARC 효과'라고 부른다(출처: Dehaene et al., 1993).

이스 캐럴의 무의미 시 〈스나크 사냥The Hunting of the Snark〉에서 빌려온 것으로, "반응 부호화의 공간 숫자 연합Spatial Numerical Association of Response Codes"을 나타낸다. 이들은 피험자에게 1에서 10까지의 숫자를 제시하고 두 개의 키 중 하나를 눌러 각 숫자를 짝수 또는 홀수로 분류하는 패리티 검사를 실시하도록 요청했다. 이때 신체 왼쪽(일반적으로 왼손)을 이용해 반응하면 작은 숫자(예컨대 1이나 2)에 대한 반응이 훨씬 더 빠른 반면, 오른편으로 반응하면 큰 숫자에 대한 반응이 더 빨랐다(그림 11.2). 이러한 수와 공간의 연합은 과제 그 자체가 수량과 전혀 관계가 없음에도 불구하고 나타났다. SNARC 효과는 수량이 우리 마음속에서 수치적 근접성에 따라 왼쪽에서 오른쪽으로 공간적으로 조직된다는 사실에서 비롯되는 것으로 생각된다. 이로 인해 작은 숫자는 왼편의 반응과 결합하고 더 큰 숫자는 오른편과 결합한다는 것이다. 이는 왼쪽에서 오른쪽 방향으로 글을 쓰는 문화에서는 심적 숫자선이 왼쪽에서 오른쪽으로 정렬된다는 가정으로 이어졌다.

수를 평범하게 제시했을 때도 숫자의 상대적인 값에 따라 왼쪽 또는 오른쪽 시야가 자동적으로 주목하는 정도가 달랐다.[6] 한 매우 간단한 시각적 탐지 과제에서는 시험 대상자에게 시야를 중심선에 고정시키도록 한 뒤, 중앙을 기준으로 왼쪽 또는 오른쪽에서 표적 자극이 나타나 깜박이면 가능한 한 빨리 손가락으로 키를 눌러 반응해줄 것을 요청했다. 표적이 나타나기 수백 밀리초 전에 네 개의 아라비아 숫자(1, 2, 8, 9) 중에 하나를 짧은 시간 동안 보여주면 시험 대상자의 반응속도는 체계적으로 달라졌다. 즉 작은 숫자가 제시되면 중앙선 왼편에 나타난 표적 자극을 더 빨리 탐지하고 좀 더 큰 숫자가 제시되면 오른편에 나타난 표적 자극을 더 빨리 탐지했다. 분명 우리의 수 지각은 과제와 아무런 관련이 없을 때도 주의의

"이 선의 정중앙이 어디인가요?"

_____

"숫자 1과 9의 중간은 얼마인가요?"

"6"

그림 11.3 **심적 숫자선은 우리 뇌에서 공간적으로 표상된다.** '편측공간 무시'를 앓는 환자는 공간의 왼편을 인지하지 못한다. 이들 환자에게 일직선을 보여주고 정중앙을 짚어보라고 하면 이들은 정중앙을 짚지 못하고 선 중심의 오른쪽 부분에서 정중앙을 짚으려 한다. 이들은 또한 두 숫자를 이등분하라고 요청했을 때도 중간값을 올바로 짚지 못한다.

공간 할당 방향에 영향을 주었다. 주의로 인해 우리는 심적 숫자선을 오르내리게 된다.

　뇌에 수의 공간 표상으로서 심적 숫자선이 있다는 증거도 확인되었다. 우뇌 반구의 측두-두정 접합부와 두정엽에 뇌 손상을 입은 환자는 공간의 왼편을 인지하지 못한다. 이러한 현상을 "편측공간 무시hemispatial neglect"라고 부른다. 이들 환자에게 일직선을 보여주고 정중앙을 짚어보라고 하면 이들은 정중앙을 짚지 못한다. 선의 왼쪽 부분은 무시하고 선 중앙에서 오른쪽 부분의 정중앙을 짚으려 하기 때문이다(**그림 11.3**). 흥미롭게도 이들 환자들은 제시된 숫자를 이등분하라고 요청했을 때도 그 중간값을 잘못 짚었다.[7] 예를 들어, 숫자 1과 9를 제시한 후 중간값을 물어보면 5가 아니라 6이라고 대답했다. 이들은 또한 큰 숫자에 비해 작은 숫자를 판단하는 속도가 더 느렸다.[8] 이를 볼 때 어쩌면 심적 숫자선이란 개념은 단순한 은유 그 이상일지도 모른다. 숫자선과 물리적 선은 정말 기능적으로 동형일 수도 있다.

SNARC 효과의 발견 이후 과학자들은 공간과 수의 연합이 무엇을 토대로 생겨났는지 이해하고자 애써왔다. 수의 공간적 표상의 크기와 방향이 읽고 쓰는 방향 등 학습에 의해 영향을 받을 수 있다는 점은 일찍부터 명확해 보였다. 오른쪽에서 왼쪽 방향으로 글을 쓰는 문화에서는 작은 수와 신체 오른편, 큰 수와 신체 왼편이 서로 연합되며,[9] 왼쪽에서 오른쪽으로 글을 쓰는 문화에서는 그 반대 현상이 확인되었다.[10] 이런 점을 볼 때 수-공간 연합은 순전히 문화적 산물인 것처럼 보인다. 하지만 신생아에 대한 최근 연구에 따르면 꼭 그런 것만은 아니며, 우리는 선천적으로 특정한 방향을 가지는 심적 숫자선을 가지고 태어나는 것으로 보인다.

프랑스의 파리-데카르트대학교의 마리아 돌로레스 드 헤비아 Maria Dolores de Hevia와 그 동료들은 태어난 지 사흘이 된 신생아들이 화면의 특정 영역과 청각 신호를 연결시킬 수 있는지 검사했다.[11] 연구자들은 자발적 주시 시간 프로토콜을 이용해 영아들에게 화면으로 일직선을 제시한 후 6회 또는 18회의 소리를 들려주었다. 다음으로, 먼저 6회의 소리를 들려준 영아들에게 18회의 소리를 들려주고 화면의 왼편과 오른편에 두 개의 선을 동시에 제시하며 검사를 진행했다. 만일 영아들이 증가된 수량을 오른쪽 공간과 연결시킨다면 이들은 화면 오른편의 선을 더 오랫동안 주시할 것으로 기대되며, 실제로 영아들은 정확히 이렇게 행동했다. 거꾸로, 영아들이 감소된 수량과 왼쪽 공간을 연결시킨다면 이들은 화면 왼편에 나타난 선을 더 오래 주시할 것이다. 이러한 조건에서 예측됐던 바와 같이, 신생아들은 화면 왼편을 더 오랫동안 바라보았다. 이를 볼 때, 우리의 뇌는 언어나 문화에 관계없이 수를 특정 방향으로 배향

된 공간과 연관시키도록 배선되어 있는 것으로 보인다.

우리 뇌에서의 이러한 수량–공간 연합은 그 진화적 토대를 가지고 있으며 동물에게서도 관찰된다. 붉은털원숭이 또한 수량을 공간에 대응시킬 때 공간적 편향을 보여준다.[12] 갓 깃이 난 병아리들도 마찬가지다. 이들 또한 자연적으로 적은 수량을 왼편 공간에, 큰 수량을 오른편 공간에 연결시켰다.[13] 수량 그 자체와 마찬가지로, 수량의 공간적 내포 또한 개체발생적으로 우리 뇌에 배선되어 있는 동시에 계통발생적으로도 우리 안에 깊숙히 자리잡고 있다. 공간과 수량을 연결하는 이러한 인지적 편향은 우리의 삶 전체에 걸쳐 기억과 학습을 강화할 토대를 마련하기 위한 적응적인 형질인 것으로 보인다.

숫자선을 따라 계산하기

흥미롭게도, 공간적 편향은 일련의 대상을 이용한 비상징적 계산, 즉 '근사적 계산'에서도 나타난다. 파리의 코린 매크링크Koleen Mc-Crink와 기슬랭 드앤–랑베르츠Ghislaine Dehaene-Lambertz는 2007년 행동 연구를 통해 우리가 시각적 수량의 덧셈과 뺄셈을 하는 동안 심적 숫자선을 훑는다는 것을 입증했다.[14] 이러한 현상을 '연산 모멘텀operational momentum'이라고 한다. 이 연구에서는 말을 하기 전의 영유아에 대한 연구와 마찬가지로 성인 시험 대상자에게 일련의 점들이 차단막 뒤로 사라졌다가 나타나는 동영상을 보여주었다. 덧셈 문제를 예로 들면, 처음 한쪽에서 10개의 점이 나타나 차단막 뒤로 이동하고 이어서 6개가 더 이동한다. 모든 점이 사라지고 나면 차단막을 내려 결과를 보여준다. 이때 올바른 개수의 점 집합(이 예에서는 16개)이 나타나거나 또는 점의 개수가 한두 개 더 많거나 적은 틀린 개수의 점 집합이 나타난다. 그러면 시험 대상자는 셈을 하지 않고 나중에 나타난 점 집합이 정확한 합계를 나타내는지 여부를 판단해야 했다. 뺄셈 문제도 마찬가지의 방식으로 진행되었다.

이 과제를 진행하는 동안 시험 대상자는 수많은 계산 오류를 저질렀으며 종종 정확한 답이 실제보다 더 작거나 더 크다고 오판했다. 그 결과, 올바른 답을 중심으로 한 종 모양 반응 분포도가 형성되었다. 이는 우리가 앞서 보았듯이, ANS를 토대로 한 비상징적 근사 수치 처리 시스템의 전형적인 특징이다. 그런데 놀랍게도, 시험 대상자들의 오답에는 특정한 일관성이 있었다. 덧셈 문제에서는 정답을 과대추정하고 뺄셈 문제에서는 과소추정한 것이다. 다시 말해, 암산으로 수를 더하거나 뺄 때 시험 대상자들은 심적 숫자선에서 필요 이상으로 더 멀리 나아가는 것 같았다. 예컨대 24+8이란 문제가 주어졌을 때 시험 대상자들은 26보다는 40을 정답으로 판단할 가능성이 더 높았다. 두 값 모두 정답인 32와는 동떨어져 있음에도 불구하고 말이다.

연산 모멘텀은 셈을 할 줄 아는 성인의 고유한 특징은 아니다. 9개월령의 영아들도 이미 이러한 특징을 보인다.[15] 이는 비상징적 연산과 상징적 연산 그리고 그 기저의 산술 능력을 가로지르는 심층적인 발달적 연속성이 있음을 시사한다. 이러한 효과가 다른 동물에게도 존재하는지는 아직 알려지지 않았다.

공간적 주의의 이동이 연산 모멘텀에 일부 기여하는 것으로 생각되지만 그것만으로는 전체 현상을 설명하지 못한다. 시험 대상자의 주의력이 두 가지 경쟁 절차에 분산되어 계산에 크게 주의하지 못할 경우 덧셈에서의 연산 모멘텀 현상은 감소하는 것이 아니라 예상과 마찬가지로 오히려 증가한다.[16] 즉 이런 경우에는 '경험 법칙' 또는 발견법heuristics이 작용해 덧셈의 경우는 더 더하고 뺄셈의 경우는 더 빼는 것이다. 이는 주의력이 감소할 때 일반적으로 발견법의 이용이 증가한다는 발견과도 부합하는 것으로 보인다.[17]

2009년 파리의 앙드레 놉André Knops과 스타니슬라스 드앤은 계산과 공간을 연결하는 신경 토대를 찾기 위한 연구를 설계했다.[18] 이들은 우리가 계산할 때 우리 마음의 눈이 심적 숫자 수평선 위를 훑고 있음을 뇌 활성을 통해 확인할 수 있는지 알아보고자 했다. 심적 숫자선이 왼쪽에서 오른쪽 방향으로 놓여 있다는 점을 고려할 때, 실제로 우리 마음 또한 계산 결과값의 위치에 따라 수평 방향으로 움직일지도 모른다. 예컨대 덧셈 연산의 경우 우리 마음의 눈은 오른쪽 방향으로 움직이고 뺄셈의 경우에는 왼쪽으로 움직이는 식이다. 그렇다면 기능적 영상에서 나타나는 뇌 활성으로 숫자선을 따라가는 이러한 움직임을 확인할 수 있을까?

이 가설을 검증하기 위해 연구팀은 두 가지 작업을 했다. 먼저, 이들은 시험 참가자가 물리적 공간에서 눈을 오른쪽 또는 왼쪽으로 돌릴 때 어떠한 뇌 활성 패턴이 나타나는지 관찰했다. 그다음으로 이들은 눈을 움직이는 동안 나타난 패턴이 덧셈 또는 뺄셈 각각을 수행할 때 나타나는 활성 패턴과 어떠한 방식으로든 서로 관련되는지 관찰했다. 따라서 첫 번째 단계에서 연구자들은 시험 참가자들이 눈을 이리저리 움직이는 동안 fMRI 활성을 측정했다. PPC는 눈의 움직임을 나타내는 데 관여하는 것으로 잘 알려져 있는 영역이다. 따라서 후부 SPL(상두정소엽)의 BOLD 활성이 눈의 움직임과 크게 관련되어 있는 것도 놀랍지 않다.

이제 연구자들은 비교를 위해 계산을 수행하는 동안 fMRI를 측정했다. 실험 참가자들은 진단 장치에 누워 모니터에서 두 개의 연속된 숫자(피연산자 1 및 피연산자 2)를 보고 지시에 따라 이들 숫자를 더하거나 빼야 했다. 이전 연구와 마찬가지로, 이 실험에서도 계산을 수행하는 동안 양쪽 IPS, SPL, 전전두 영역 및 전운동 영역의 수평 부위들로 구성된 뇌 연결망이 활성화되었다. 계산 과정 중에는 마음속에서 수량 정보의 조작 및 변형이 일어나므로 별로 놀랄 것도 없이 이 과제를 수행하는 동안 후부 SPL 또한 활성화되었다. 결과적으로, 상두정소엽은 작업기억에서 정보를 조작하는 데 중요한 역할을 하는 것으로 확인되었다.[19]

하지만 아직 중요한 질문에 대해서는 답하지 않았다. 즉 계산과 관련된 뇌 활성은 물리적 공간에서의 심적 움직임과 대응될 수 있는가? 눈 움직임과 계산 과제 각각으로부터 얻은 fMRI 활성 패턴은 너무 복잡해서 육안으로는 비교하기 어려웠고, 결국 놉과 드앤은 인공지능을 활용해 이 패턴을 분석해야 했다. 이들은 통계 분류기를 이용해, 실험 참가자들이 눈을 왼쪽 또는 오른쪽 방향으로 움직일 때 후부 SPL에서 나타나는 활성 패턴에 대해 알 수 있는 모든 것을 통계 분류기에게 학습시켰다. 눈 움직임과 계산 사이에 일부 활성 패턴이 중첩되는 경우, 눈 움직임을 구별하는 방법을 학습한 통계 분류기는 계산 중에 나타난 활성 패턴을 기반으로 어떠한 유형의 연산을 수행 중인지 즉각 예측할 수 있어야 한다. 실제로 분류기에게 눈 움직임 대신 덧셈 및 뺄셈을 하는 동안 후부 SPL에서 측정한 fMRI 데이터를 학습시키면 분류기는 전체 사례의 55%에서 어떤 유형의 계산이 수행되었는지 상당히 정확히 예측했다. 그저 눈 동작에 대한 활성 패턴만 가지고도 말이다! 반반인 확률에서 그저 5% 더 높은 것이 무슨 큰 의미가 있냐고 생각할 수도 있겠지만 비교된 조건이 서로 현저하게 다르다는 점을 명심해야 한다. 한 사례에서 참가자들은 실제로 눈을 움직인 반면 다른 사례에서는 눈은 고정시킨 채 마음속으로 계산을 수행했다. 또한 후부 SPL은 그저 최적의 활성 영역일 뿐만 아니라 두 데이터 집합이 서로 (부분적으로) 겹치는 유일한 영역이다.

　이 연구에서 확인된 사실은 더 있다. 여기서 연구자들은 수량을 숫자(상징적 계산) 또는 점 집합(비상징적 계산)의 형태로 제시함으로써[20] 계산 중 서로 다른 양식 사이에 뇌 활성이 상당히 겹치는 것 또한 확인할 수 있었다. 분명, 기호를 이용한 계산은 비상징적 계산을 위한 뇌 연결망에 근간을 두고 있다. 또한 연구자들은 분류기를 서로 다른 양식의 덧셈과 뺄셈을 구분할 수 있도록 훈련시켜 어떤 연산이 특정 양식으로 수행되고 있는지 예측하는 능력도 검사했다. 이러한 교차-양식 일반화 시험은 상당히 좋은 결과를 보였다. 상징적 양식으로부터 비상징적 계산을 예측하는 능력의 정확성은 61%였으며 비상징적 양식으로부터 상징적 계산을 예측하는 경우에는 62%였다. 이러한 결과를 볼 때, 마음속으로 산술 문제를 푸는 동안 두 가지 양식 모두에 대해 후부 SPL 영역이 상당히 관여함을 알 수 있다. 뇌의 계산 능력은 수량값의 표상뿐만 아니라 산술에 대해서도 공통된 신경 기반을 토대로 형성된다. 뇌의 계산 회로는 문화적으로 결정된 수 상징을 이용한 셈하기 능력이 생기기 이전에 우리 뇌에 자리를 잡은 것이 분명해 보인다.

뇌에서 공간과 수

놉과 드앤의 연구[21]는 우리 마음속에서 수와 공간이 서로 연결되어 있는 이유가 PPC의 작동과 관련됨을 시사한다. PPC는 진정한 연합 피질로서 몇 가지 추상적인 개념, 특히 공간과 수를 해부학적으로 인접한 영역에서 표상한다. 수량의 추상적 표상에서 중요한 역할을 하는 후부두정엽, 특히 IPS의 신경회로는 공간 표상과 관련된 두정 회로와 겹친다.

IPS에서의 공간 표상에 대한 자세한 사항은 상당 부분 원숭이를 대상으로 한 전기생리학 연구로부터 나왔다(해부학적 세부사항은 **그림 6.2** 참조). 일단 한 가지 명확히 밝혀야 할 점은, 공간 인지는 PPC에만 의존하는 것이 아니라 두정엽, 전두엽, 해마 (및 피질하부) 영역에 걸친 훨씬 더 큰 네트워크에도 의존한다는 점이다. 그러나 두정피질은 특히 공간 표상에 전문화된 영역이다. 예컨대, 이곳에 병변이 생기면 공간 무시증이 발생한다. 또한 PPC에서는 공간과 수를 표상하는 영역이 서로 인접해 있어 이들 신경회로 간 상호작용이 일어나기 쉽고 이에 따라 앞에서 설명한 행동 상호작용이 일어나게 된다.

전반적으로 이 영역의 뉴런은 시야에 있는 대상의 위치에 선택적으로 반응한다. 즉 이들 뉴런은 시야의 특정 위치에 자극이 제시되는 오직 그 경우에만 발화한다. 이 경우 이러한 뉴런은 '시각 수용장visual receptive field'을 가진다고 말한다. 이 수용장은 신체의 각기 다른 부위에 고정되어 있다. 물리적 대상의 위치와 신체 각 부위에 대한 표상 간의 이러한 관계를 '기준틀reference frame'이라고 부른다. 기준틀은 피질 처리 계층에 따라 변화한다.

외측 두정내LIP 영역의 뉴런은 가장 기본적인, 망막 중심적(또는 눈 중심적) 수용장을 가진다(신경해부학적 구조는 **그림 6.2** 참조). 이들 뉴런은 망막이나 1차 시각피질에 있는 뉴런과 마찬가지로 망막에서의 위치와 관련해 자극을 암호화한다. 즉 눈을 움직이면 LIP 뉴런의 수용장도 함께 움직이는 것이다. 그러나 초기 시각 영역에 있는 뉴런과는 달리 LIP 뉴런은 원숭이가 자극에 얼마나 주의를 기울이는지에 따라 신경 반응 강도가 변화했다.[22] 즉 원숭이가 자극에 주의를 기울이지 않으면 LIP 뉴런은 거의 발화하지 않았다. 이는 LIP 또한 다른 IPS 영역과 마찬가지로 고차 인지 영역임을 시사한다. 기억에 의해 유도되는 단속성 안구 운동saccade 중에 이곳 뉴런이 활성화된다는 것에서도 이러한 사실을 확인할 수 있다. 원숭이에게 이후 특정 위치를 표적으로 눈을 움직이도록 기억시키면 원숭이가 시야의 표적 위치 바로 그곳으로 눈을 움직이려는 그 순간 뉴런이 발화한다.

내측 두정내MIP 영역의 뉴런도 망막 중심적 수용장을 가진다. 하지만 이들 뉴런은 주로 원숭이가 시각 표적에 도달하려고 준비하는 동안에 발화된다. 따라서 MIP는 의도된 도달 위치를 부호화하는 데 주로 관여한다. 이런 이유로 MIP를 '두정 도달 영역'이라고도 부른다.[23] 손-눈 협응Hand-eye coordination 및 도달 유도가 MIP의 주요 기능이다.

복측 두정내VIP 영역은 수량을 표상하는 핵심 영역으로서 이 책 전반에 걸쳐 여러 번 언급되었다. 수량 표상이 VIP 뉴런의 주요 업무이긴 하지만 이들 뉴런은 자극의 다른 특징들 또한 암호화한다. VIP 뉴런 또한 시각장을 가진다. 그중에서도 일부 뉴런은 훨씬 발달된 머리-중심의 수용장을 가진다.[24] 원숭이의 머리를 한 위치에 고정시킨 후 여러 위치에 있는 고정 대상을 응시하며 시선을 이리저리 옮기도록 했을 때, 이곳 뉴런의 수용장은 눈과 함께 움직이지 않고 고정된 머리와 함께 안정된 위치를 유지한다. 또한 오직 시각 자극에만 반응하는 LIP 영역 뉴런과는 달리 많은 VIP 뉴런은 다중양상 정보를 처리하며 촉각, 청각, 시각 수용장을 결합한다.[25] LIP 뉴런이 신체에서 먼 부위로부터 오는 자극을 암호화하는 반면 VIP 뉴런은 머리 또는 신체에서 인접한 공간 범위에 대해서 암호화한다.

마지막으로 전측 두정내AIP 영역의 뉴런은 손 중심적 기준틀을 가진다. 이곳 뉴런은 원숭이가 대상을 바라보거나 그것을 잡으려고 준비할 때 발화한다. 이들 뉴런은 이중양상(시각-촉각)을 처리하며 특정 대상에 선택적으로 발화한다.[26] 이러한 특성으로 볼 때 AIP 영역의 뉴런은 3차원 대상에 도달하거나 이를 움켜쥐는 일에 기여하는 것으로 볼 수 있다.[27]

인간을 대상으로 신경영상 연구를 진행한 결과 마카크원숭이의 IPS 영역과 대응되는 것으로 추정되는 뇌 영역이 식별되었다.[28] 물론, 그러한 해부학적 병렬 관계는 몇 가지 이유로 여전히 잠정적 결론에 그친다. 첫째, 인간의 연합영역은 진화 과정 동안 급속한 팽창을 겪었으므로 원숭이에 상응하는 뇌 영역을 식별하기 어렵다. 둘째, 인간 뇌의 가장 중요한 특징인 상징 기능은 인간과 원숭이의 공통조상 이후 인간에게서 새롭게 진화한 하부 영역에서 처리된다. 다시 말해 원숭이는 이 영역을 가지고 있지 않다. 그럼에도 인간 뇌 영상 연구에서는 이러한 추정적 해부학적 상동 관계를 활용할 수 있다.

인간 두정엽에서 계산 관련 활성과 공간 및 언어 관련 영역 간의 국소해부학적 관계를 조사하기 위해 광범위한 fMRI 연구가 진행되었고, 프랑스의 올리비에 시몽Olivier Simon과 스타니슬라스 드 앤 또한 이러한 연구를 수행했다.[29] 그 결과, 인간 및 원숭이에 대한 이전 연구들과 마찬가지로 이들 또한 모든 시각공간적 과제(쥐기, 가리키기, 눈 동작, 공간 주의) 중 PPC에서 광범위한 발화가 일어나는 것을 확인했다. 여기에 더해, 이들은 특정한 활성화 패턴도 확인했다. 쥐기 동안에는 원숭이의 AIP 영역에 대응되는 것으로 보이는 전측 IPS 영역만이 좌우로 활성화되었다. 이 영역의 후부는 오직 계산 동안에만 활성화되는 IPS 깊숙한 영역에 자리잡고 있으며 원숭이의 VIP 영역에 대응되는 것으로 추정된다. 좀 더 뒤쪽에서는 단속성 안구 운동이 표상되며, 이 영역은 원숭이의 LIP 영역에 대응되는 것으로 보인다. 마지막으로, 계산과 언어 과제는 좌측 각회 아래에 자리잡고 있는 IPS 영역에서 함께 활성화된다. 전반적으로 이러한 결과는 수 과제가 손동작, 시각공간 및 언어 과제와 관련된 일련의 기하학적으로 재현 가능한 영역들로 둘러싸여 있는 IPS 하부 영역에서 활성화된다는 것을 보여준다.

이처럼 원숭이와 인간은 감각을 눈 및 손-특이적 신경 선택 활성으로 체계적으로 변환시키는 등, 전반적으로 유사한 패턴의 두정엽 구조를 가지는 동시에 생리학적 특징에서도 놀랄 만한 평행 관계를 보인다.[30] 신경영상 연구 결과, 앞에서 설명한 바와 같은 원숭이의 LIP, VIP 및 AIP 기능과 대응되는 여러 기능이 인간 IPS에서도 확인되었다. 중요한 점은, 인간이 수 과제를 진행하는 동안 일관되게 활성화되는 것으로 나타난 IPS 영역의 수평 요소들이 인간에서의 VIP로 추정되는 영역과 대략 일치한다는 점이다.[31] 이러한 공동-부위는 원숭이 VIP 영역에서 수 뉴런이 차지하는 부위와도 일치한다.

IPS에서 수 연결망과 공간 연결망이 서로 중첩된다는 사실은 공간 및 수 표상 간에 확인되는 행동적 상호작용을 설명할 수도 있다. 예를 들어, 숫자 비교 과제를 진행하는 동안 숫자와 그 숫자의 활자 크기 사이에서는 간섭을 확인할 수 있다. 즉 시험 참가자에게 두 개의 숫자를 주고 그중 더 큰 수를 고르도록 했을 때 어떤 숫자가 그 수량이 더 큼에도 불구하고 활자 크기가 작으면(예: 2 대 7의 비교) 이 숫자를 고르는 데 시간이 더 오래 걸린다.[32] 이에 따라 런던 유니버시티 칼리지의 빈센트 월시는 두정피질에서 일어나는 수적(불연속적) 및 공간적(연속적) 양의 표상을 위한 공통 크기 체계는 서로 다른 유형의 양 사이에 행동적 간섭 현상을 일으킬 수도 있다고 제안했다.[33,34]

수량이 아닌 다른 추상적 양의 표상이 어떻게 단일 뉴런에 의해 암호화되는지 그리고 이들은 수량 표상과 어떤 관계에 있는지 조사하기 위해 나는 내 박사과정 학생인 오아나 투두스치우크와 함께 두 마리의 붉은털원숭이에게 지연된 표본 대응 과제를 시행해 점 배열에서 점의 개수(1개에서 4개)를 그리고 무작위 교대 시험에서 선의 길이(네 가지 서로 다른 길이의 선 중)를 식별하도록 훈련시켰다. 원숭이들이 과제를 수행하는 동안 VIP 영역에서 단일 세포 활성을 기록한 결과, 해부학적으로 혼합되어 있는 단일 뉴런의 약 20%가 수량, 선 길이 또는 이 두 가지 유형 모두를 암호화하고 있는 것으로 나타났다. 따라서 양적 판단은 이 영역의 뉴런 중 일부 중첩된 두 개의 집단에 의해 일어나는 것으로 보인다. 이는 IPS에서 양적 차원이 '분산된 동시에 중첩된' 방식으로 신경부호화된다는 것을 시사한다. 통계 분류기 분석 결과, 수량-선택적 뉴런 중 상대적으로 적은 비율의 뉴런이 대부분의 범주 정보를 처리하는 것으로 나타났다. 분류기는 뉴런의 발화율을 활용해 선 길이와 행동적으로 관련되어 있는 수량을 정확히 그리고 올바로 식별할 수 있었다.

길이와 같은 공간적 양에 대한 정보는 두정엽 뉴런뿐만 아니라 PFC 뉴런에 의해서도 표상된다. 이때 PFC 뉴런은 PPC로부터 공간 정보를 넘겨받는 것으로 보인다. PFC 뉴런은 절대적 선 길이[35]뿐만 아니라 두 수량 간의 상대적 간격[36]을 비롯해 심지어 그 비율에 대해서도 반응했다. 나는 내 박사과정 학생 다니엘라 발렌틴과 함께 두 마리의 붉은털원숭이에게 대조 선과 시험 선의 길이 비율을 판단하도록 훈련시켰다.[37] 대조 선과 시험 선 간의 길이 비율은 1:4, 2:4, 3:4, 4:4였다. 그 결과, 검사된 PFC 뉴런 중 25%가 선의 절대적 길이와는 무관하게 선들 간의 길이 비에 맞춰져 있는 것으로 나타났으며 선택성을 보인 뉴런 각각은 검사된 네 가지 비율 중 하나를 선호하는 것으로 확인되었다. 수량 또는 선에 대한 시험 결과와 마찬가지로 표지된 선 부호도 특정 비율을 선호하며 이 비율에서 최고치를 가지는 조율곡선을 보이는 뉴런과 함께 비율을 부호화하는 것으로 나타났다. 이러한 비율 선택적 뉴런이 관찰되는 영역은 또한 수 뉴런이 상주하는 PFC 영역과도 일치하는 것으로 확인되었다. 이들 연구 결과는 상대적 양의 인식은 동일한 전두-두정 연결망에 의해 표상되며 관계적 크기는 영장류 뇌에서 절대량으로 부호화된다는 것을 시사한다.

결론적으로, 추상적 크기 범주로서 수와 공간이 상호 관련되어 작용하는 이유는 이들이 해부학적으로 서로 인접한 영역에서 처리된다는 사실과 관련이 있는 것으로 보인다. 그 결과 공간 및 수량을 표상하는 신경 회로는 뇌의 전두-두정 수량 연결망에서 중첩된다. 또한 크기 정보를 처리하는 뉴런은 부호화 특성을 공유하며 때로는 서로 다른 유형의 크기를 암호화하기도 한다. 메커니즘 관점에서, 이들 뉴런이 특정 뇌 영역을 공유한다는 사실로부터 왜 공간과 수가 행동 수준에서 서로 밀접하게 얽혀 있는지 설명할 수 있다.

5부

발달과 수

12장   수학하는 뇌의 발달

아이들은 어떻게 셈하기를 이해할까?

아이들은 2~4세 사이에 셈하기를 학습한다. 그런데 아이들이 수를 셈하고 이해한다는 것은 실제로 무엇을 의미할까? 물론, 셈하기란 물건의 개수를 어림짐작하는 것 이상이다. 우리는 셈하기 과정을 통해 매우 정밀한 수량 표상을 발달시킬 수 있다. 때때로 부모들은 셋 또는 넷까지 셀 줄 아는 아이들은 그 수를 '이해'하고 있다고 여기곤 한다. 그러나 아이들은 수의 양적 의미는 이해하지 못한 채 일련의 임의적인 단어를 죽 나열하는 것일 뿐일지도 모른다. 이는 표면적으로 셈하기처럼 보일 수 있으나 실제로는, 최소한 아직까지는, 그렇지 않다. 그렇다면 셈하기는 어떻게 정의할 수 있을까?

스위스의 저명한 심리학자 장 피아제Jean Piaget(1896~1980)는 셈하기에 대한 조작적 정의를 제시했다. 그는 아동들이 수 보존conservation-of-number 과제를 통과할 수 있는 5~6세 즈음에야 수를 이해한다고 제안했다. 이 과제에서는 아이들에게 동일한 개수의 사물을 2열로 제시한다. 예컨대 사탕 5개를 두 줄로 늘어놓는 식이다. 그런 후 아이들에게 각 열이 동일한 개수의 사물을 포함하고 있는지 물어본다. 이때 한 열의 사물이 다른 열에 비해 좀 더 넓은 간격으로 늘어서 있으면 저연령의 아이들은 각 열의 개수가 다르다고 생각해 더 긴 줄에 사물이 '더 많이' 있다고 대답한다. 이렇게 대답하는 아이들은 분명 각 열이 비록 배열 방식은 서로 다르더라도 동일한 개수의 사물로 이루어졌음을 이해하지 못한 것이다. 따라서 피아제에게 핵심적인 수 개념은 '등가수량equinumerosity'('완전 동등성 exact equality'이라고도 한다) ─ 두 집합에 포함된 대상들이 완전한 일대일 대응 관계에 놓일 때 바로 그런 경우에만 동일한 개수의 대상을 가진다는 개념 ─ 이다. 이 개념은 독일의 수학자 고틀로프 프레게Gottlob Frege(1848~1925)로부터 유래한 것으로, 그는 수들 간의 완전 동등성 속성을 사용해 정수를 정의했다.₁ 하지만 등가수량만으로는 셈하기를 특징 짓기에 불충분하다.

1978년 럿거스대학교의 로첼 겔먼과 찰스 랜섬 갤리스텔은 영아의 수 표상에 대한 중요한 저서에서 셈하기에 대한 또 다른 정의를 제시했다. 겔먼과 갤리스텔은 셈하기를 특징 짓는 세 가지 핵심 원리를 열거했다.₂ 먼저, 집합의 각 대상에 순서대로 고유한 이름표가 지정되고, 그 결과 대상과 이름표 간에 일대일 대응이 성립해야 한다(일대일 대응 원리). 둘째, 안정적이고 순서가 지정된 고유 이름표(또는 꼬리표) 목록이 있어야 한다(안정적 순서 원리). 셋째, 마지막 대상에 붙은 이름표가 집합의 절대적 수량, 즉 그것의 기수값을 결정한다(기수성 원리). 이 마지막 기준은 특히 더 중요한데, 이 기준은 셈을 하는 중 마지막에 나오는 단어가 전체 집합의 항목의 개수를 표상한다는 의미이기 때문이다. 즉 기수성 원리는 셈하기 목록

348

에서 각 수효 단어가 차지하는 서수적 위치로부터 그 단어의 기수적 의미를 파악하도록 함으로써 수효 단어에 그 의미를 부여한다. 이 정의에 따르면 아이들은 '수 부여give-a-number 과제'에 기수성 원리를 적용할 수 있을 때 수를 이해한다고 말할 수 있다. 수 부여 과제에서 실험자는 아이들에게 특정 개수의 사물을 자기에게 달라고 말한다("한 개 줄래요?" "두 개 줄래요?" 등). 여기서 아이들은 주어진 수효 단어로 이름 붙여진 수치값으로 집합을 구성하도록 요청을 받는다. 이 과제에 성공한다는 것은 셈하기를 이해한다는 것을 의미한다.

하지만 기수성을 이해하고 그것을 수효 단어에 연결하기 위해서는 시간이 걸린다. 미취학 아동이 셈하기에서 수가 어떻게 표상되는지 이해하기 위해서는 2세부터 시작해 2년이 더 걸린다.[3] 2~4세 사이 아동들에게 수 부여 과제를 시행해보면 수치 이해에 대한 흥미로운 발달 과정을 확인할 수 있다. 처음에 아이들은 사물이 하나밖에 없는 상황에서도 그것을 실험자에게 건네지 못한다. 이들을 '수치 몰이해자no numerial-knower'라고 부른다. 24개월에서 30개월이 되면 대부분의 아이가 하나의 사물을 안정적으로 건넬 수 있지만 다른 수효 단어에 대해서는 그저 임의적인 개수의 사물을 건넨다. 이들은 '1 이해자one-knower'라고 한다. 그 후 반년이 지나면 아이들은 '2 이해자'가 되고 '3 이해자'가 되며 드물게는 '4 이해자'가 되기도 한다. 하지만 더 큰 수효 단어에 대해서는 여전히 임의의 수량으로 대응한다.

그러다 3년 6개월이 되면 아이들에게 뭔가 기적적인 일이 일어난다. 갑자기 기수성 원리를 터득하는 것이다. 아이들은 갑자기 셈하기를 이해하게 되며 이제 자신의 셈하기 목록에 있는 어떠한 수효 단어의 기수에 대해서든 집합을 만들어낼 수 있다. 이 시점이 되면 "몇 개예요?"라고 물었을 때 아이들은 사물을 하나씩 소리내어 세다가 멈추고 셈한 마지막 단어를 정답으로 제시한다.[4] 셈하기 이해에서 수량적 변화가 일어난 것이다. 이제 아이들은 '하나' '둘' '셋' '넷'에 대한 수치적 의미에 대한 이해를 바탕으로 셈하기 원리를 깨우칠 수 있다. 수가 무한하다는 것을 이해하기 위해 4보다 더 큰 숫자를 가진 열을 셈하는 법을 알아야 할 필요는 없다.[5] 아이들은 일단 1부터 4까지의 목록을 깨친 이후에는 새로 익힌 수 기호의 의미를 그것이 수 목록에서 차지하는 위치로부터 추론할 수 있다.

이에 따라 수전 캐리는 자연수의 수 목록 표상을 만드는 능력을 수 이해에서 핵심으로 여겼다.[6] 캐리는 기수를 이해하는 아이들은 계승이라는 핵심 수 개념(보통 다음수 원리successor principle 또는 다음수 함수Successor function라고 부른다)도 이해할 수 있다고 생각했다. 각 숫자는 그 앞의 숫자에 1을 더하여 생성된다는 개념인 다음수 함수는 양의 자연수(즉 정수)의 수 목록 표상에서 핵심이 되는 개념이다. 따라서 수 목록은 첫 번째 항목이 '1'을 나타내고 목록에서 기수값 n을 나타내는 모든 단어에 대해 그다음 단어는 n+1을 나타내는 수들의 정렬된 목록이다. 수학에서 다음수 함수 또는 다음수 연산은 각 자연수 n에 대해 $S(n)=n+1$인 간단한 재귀 함수 S로 나타낼 수 있다. 예를 들어 $S(1)=2$이며 $S(2)=3$이다. 다음수 함수는 자연수를 정의하는 공리계인 데데킨트-페아노 공리계Dedekind-Peano axiom[7]에서 사용된다. 데데킨트-페아노 공리계는 독일의 수학자 리하르트 데데킨트Richard Dedekind(1831~1916)와 이탈리아의 수학자 주세페 페아노Giuseppe Peano(1858~1932)의 이름을 딴 것이다.

다른 많은 인지 과정도 마찬가지지만, 우리는 '셈하기'가 무엇인지 직관적으로는 알고 있지만 이를 정의하는 데는 어려움을 겪는다. 셈하기에 능숙해지는 데 무엇이 필요한지 이해하기 위한 최선의 방책은 아마도 저연령의 아동들이 어렵사리 사물을 열거하는 방식을 학습하는 과정을 조사하는 것일 테다. 이러한 연구 결과, "수를 완전히 이해하는 과정에서 핵심적인 두 가지 개념"[8]은 등가수량과 계승인 것으로 밝혀졌다.

상징적 수체계를 위한 시작 도구

지난 수십 년간 신생아들을 대상으로 수행된 연구에 따르면 인간의 마음은 태어날 때 '빈 서판'은 아닌 것으로 나타났다. 반대로 인간의 인지 능력은 일련의 선천적인 직관들, 즉 "핵심 지식core knowledge"체계에 기초하여 형성된다.[9] 핵심 지식 체계는 환경의 중요한 네 가지 측면을 표상하는데, 바로 물리적 대상 및 그들 간의 기계적 상호작용, 공간과 기하학적 관계, 생명체와 그들의 목표지향적 작용 그리고 우리에게 중요한 수다. 핵심 지식 체계는 우리가 다른 동물 종과 공유하는 기능으로서, 살면서 경험에 의해 획득되는 것이 아니라(물론 경험에 의해 수정될 수는 있다) 태어날 때부터 존재하는 것이다.

셈하기가 수에 대한 핵심 지식을 기반으로 형성된다는 사실은 널리 수용되고 있지만, 셈하기 이전에 이를 위한 시작 도구로서 어떠한 표상 체계가 사용되는가에 대해서는 격렬한 논쟁이 있다.[10] 근사 수치 시스템ANS인가, 대상 추적 시스템OTS인가, 혹은 둘 다인가? 문제는, 이들 두 가지 비상징적 수체계만으로는 상징적 수체계의 대상으로서 양의 정수를 완전히 파악할 수 없다는 점이다. 이들두 체계 중 어느 것도 수치의 크기를 정밀하게 그리고 무한하게 표상하지 못한다. 그러나 수치를 정밀하고 무한히 표상할 수 있는 능력이야말로 셈하기의 핵심 특징이다.

몇몇 학자는 아동의 상징적 셈하기 능력이 ANS로부터 생겨나며, 비상징적 표상과 상징적 표상 사이에는 일종의 연속성이 존재한다고 주장한다. 예를 들어, 겔먼과 갤리스텔[11]은 영아와 동물이 비언어적 셈하기 절차를 통해 수 표상을 형성한다고 제안했다. 이러한 관점에 따르면 '다섯'이 의미하는 바를 학습하기 위해서는 ANS 내에서 수 상징과 그에 해당되는 기수 값을 대응시킬 수 있어야 한다. 이러한 가설에 대한 중요한 논거는 오직 ANS만이 각 수량이 의미하는 바에 대한 정보를 제공할 수 있으며, 따라서 무한한 수치 크기에 대한 정보를 제공할 수 있는 것도 ANS라는 것이다. 또한 이들 체계는 아동에게서 언어와 상징에 대한 이해가 발달하기 훨씬 이전부터 이용 가능하다. 상징적 수와 근사 수치 표상 사이의 이러한 연결 관계는 아동을 대상으로 한 실험 근거를 통해 뒷받침될 수 있다.[12,13] 그러나 ANS가 상징적 셈하기의 모든 현상을 설명하지는 못한다. 상징적 셈하기는 정확하지만 ANS는 그렇지 못하다. 또한 ANS는 더 큰 정수를 연속적으로 생성하는 방법인 다음수 함수를 포함하지 않는다.

수전 캐리 등 다른 학자들은 셈하기의 전구체로 OTS가 일차적인 역할을 한다고 여긴다.[14] 아동들은 처음에는 작은 수효 단어('하나', '둘', '셋')를 '플레이스홀더'로서 사용하며, 그 후 OTS에 의해 수와 그 단어를 연결하게 된 이후에야 이들 단어의 의미를 알게 된다. OTS의 장점은 그것이 작은 수나 적은 개수의 대상을 비교적 정확히 표상한다는 것이다. 하지만 대상 추적만으로는 기수값을 표상하지 못하며 오직 세 개 또는 네 개의 항목에만 제한된다는 단점도 있다. 이러한 한계에도 불구하고, 이 이론에 따르면 아이들은 작은 수효 단어를 순서대로 암기하도록 연습하다 보면 결국 이러한 수 목록에서 수효 단어들이 어떤 규칙으로(즉 오름차순에 따라) 정렬되는지 깨우치게 된다. 그리고 이러한 관계를 익히고 나면 아이들은 수 목록을 유도할 수 있는 지식을 쌓게 된다(혹은 저절로 깨우치게 된다). 이 시점에서 아이들은 이러한 규칙이 수 목록 전체에 걸쳐 적용되며 마지막에 세는 단어로 이 목록을 일반화할 수 있다는 것을 이해한다. 즉 아이들은 먼저 셈하기 단어 목록을 배운 이후에 각 단어에 수량적 의미를 부여하게 된다. 수 목록이 정렬되는 방식으로부터 다음수 원리를 추론하기 때문이다.

세 번째로 생각해볼 수 있는 가능성은 우리의 언어 기능이 그 이전부터 이용 가능한 비상징적 표상을 넘어 무언가 역할을 한다는 것이다. MIT의 언어학자 노암 촘스키Noam Chomsky와 그의 동료들은 한정된 요소로부터 무한대의 표현을 생성하는 능력인 '재귀'야말로 셈하기의 핵심 요소라고 본다.[15] 촘스키는 정수 목록을 포함하여 무한히 큰 수까지 정확히 다룰 수 있기 위해서는 영역-일반적(범용) 재귀 능력이 있어야 한다고 가정한다. 촘스키는 수체계 또한 재귀적 계산에 의존한다는 점에서 정확한 수에 대한 우리의 상징 체계는 인간의 고유한 언어 능력과 유사하다고 말한다. 마찬가지로 하버드대학교의 심리학자 엘리자베스 S. 스펠크 또한 언어가 자연수를 매개한다고 생각한다.[16] 스펠크는 아이들이 자연언어를 배울 때 자연수를 깨우치게 된다고 제안한다. 그녀에 따르면, 정확한 수는 우리의 종특이적 언어 기능은 물론 수에 대한 우리의 타고난 핵심 지식에 의존한다.

이번 절에서는 셈하기 능력의 개체발생적 근원에 대한 가설들을 간략히 살펴보았다. 이를 볼 때 우리 연구자들은 앞으로 몇 년은 계속해서 인간이 어떻게 수를 상징적으로 파악하게 되는지 답하기 위해 고심할 것으로 보인다.

근사 수량 판단을 잘하는 아이가 수학도 잘한다

사용 가능한 표상들이 셈하기를 위한 시작 도구로 이용될 수 있는 지에 대해서는 격렬한 논쟁이 있지만, 근사 수치 표상이 어떤 방식으로든 중요한 역할을 한다는 데는 대부분의 연구자가 동의한다. 이러한 주장을 뒷받침하는 가장 중요한 근거는 오직 ANS만이 기수에 대한 정보를 제공한다는 것이다. ANS 이외에 수량의 의미를 알려줄 수 있는 다른 시스템은 없다. 실제로, 상징적 셈하기가 최소한 부분적으로 비상징적 수량 표상을 토대로 한다는 것을 시사하는 근거는 충분하다. 다음 단락에서 간단히 설명하겠지만, 상징적 수표상은 비상징적 수체계의 잔재와 행동적 및 신경학적으로 많은 특징을 공유한다.

비상징적 및 상징적 수체계의 공통적인 행동 특성은 셈하기를 깨친 성인에서 매우 분명히 나타난다. 성인의 수 상징 식별 능력은 근사 수량 판단 능력으로부터 일부 핵심적인 특성을 물려받은 것으로 나타난다. 즉 두 가지 경우 중에서 값이 더 가까운 수들일수록, 예를 들어 5와 9를 구별할 때보다 5와 6을 구별할 때 시간이 더 오래 걸리고 실수도 더 많이 발생한다. 1967년 로버트 S. 모이어Robert S. Moyer와 토머스 K. 랜다우어Thomas K. Landauer가 수행한 고전적인 정신물리학 실험에서는 자극으로 제시된 두 숫자(또는 수량) 간의 차이가 증가할수록 어떤 숫자가 더 큰지 결정하는 데 걸리는 시간이 짧아지는 것으로 나타났다.[17] 물론 이것은 수치 거리 효과다. 앞서 모이어와 랜다우어는 이 과정이 길이나 시간 간격과 같은 물리적 연속량의 불균등을 판단하는 과정과 유사하다는 의견을 제시했다. 마찬가지로, 우리가 수 상징을 처리할 때는 수치 크기 효과도 나타난다. 예를 들어 수치 거리가 같더라도 11과 14의 식별은 그리 까다롭지 않지만 61과 64의 식별은 더 어렵다. 수치 거리 및 수치 크기 효과는 베버의 법칙으로 나타낼 수 있으며, 비상징적 수 판단은 물론 상징적 수 판단도 베버의 법칙을 따른다. 비록 상징체계는 훨씬 더 미묘한 방식을 보이긴 하지만 말이다.[18,19,20]

만약 성인들에게서 비상징적 수와 상징적 수 사이의 연결을 확인할 수 있다면 아이들이 수 상징을 습득하는 과정 동안에는 이들의 공통점을 더 뚜렷이 확인할 수 있을 것이다. 앞서 본 바와 같이, 영아들은 출생 바로 직후에도 주변 세계의 수량적 특성을 감지할 수 있다. 영아는 ANS를 이용해 수량 판단을 내리며, 이러한 판단의 정밀도는 아동기 동안 꾸준히 개선된다. 아동의 발달과 교육 과정 중 특정 시점이 되면 상징적 수 표상이 생겨나 ANS를 대신한다. 이때 ANS는 상징적 수 표상에 의해 가려지지만 여전히 충분히 기능할 수 있는 상태로 남는다. 이 두 체계가 서로 연결되어 있거나 부분적으로 서로 종속되어 있다면, 한 체계의 정밀도로부터 다른 체계의 정확성을 예측하는 것이 가능할지도 모른다. 실제로 몇몇 연구에서 비상징적 집합 크기를 판별하는 데에서의 정밀함과 상징적 수학 능력 사이에 양의 상관관계가 있다는 것이 입증되었다. 존스홉킨스대학교의 저스틴 할버다Justin Halberda와 리사 페이겐슨Lisa Feigenson은 14세 아동의 비언어적 근사 능력에 아이들마다 큰 편차가 존재한다는 연구 결과를 이용해 이를 입증했다.[21] 아동에게서 현재 나타나는 개인별 편차는 이 아이들이 예전에 표준화된 성취도 검사를 수행했을 때 보여준 성적과 상관관계가 있었으며, 이러한 상관관계는 유치원 시절까지 거슬러 올라갔다. 간단히 말해, 집합 크기의 작은 차이를 구별할 수 있는 아이들이 나중에 커서 상징적인 수학 과제도 더 잘한다는 것이다. 중요한 것은, 이 발견은 지능이나 언어 기능 같은 다른 인지 능력의 개인적 차이와는 큰 관련이 없으며 오직 수와 수학에만 국한된다는 것이다. 이러한 결과를 볼 때, 전체적으로 수학 성취도에서의 개인차는 진화적으로 아주 오래된, 우리가 본래 타고나는 ANS의 정밀도의 개인차와 관련이 있음을 알 수 있다. 나중에 계산장애dyscalculia라는 수학 학습장애에 대해 논의할 때 이 문제를 다시 한 번 언급할 것이다.

앞서 살펴본 것과 같이, 캐런 윈은 갓난아기들이 수량을 구별할 수 있을 뿐만 아니라 더하기 및 빼기 과정을 보는 동안 초보적인 산술 계산을 수행할 수 있음을 입증해 보였다.[22] 이 비상징적 계산 기술은 하버드대학교의 카밀라 길모어Camilla Gilmore와 엘리자베스 스펠크가 보여주었듯이 아동들의 상징 계산과도 관련이 있다.[23] 수효 언어를 이용한 셈하기 기법은 익혔지만 형식적 연산법에 대해서는 알지 못하는 5세 연령의 아동은 기호로 제시된 수량을 셈할 때 자연스럽게 비상징적 체계 과정을 이용한다. 다시 말해, 아동은 그들이 습득한 비상징적 수체계를 이용해 그때까지 한 번도 배운 적 없는 상징적 계산을 수행할 수 있다.

이들 수체계는 학습 중에 서로 연결되기도 한다. 아동 교육 연구에 따르면, 수량의 덧셈과 뺄셈 능력을 향상시키기 위한 훈련은 상징적 계산에 대해서는 긍정적인 효과를 일으키지만 대조 과제로 시행된 읽기 능력에 대해서는 그렇지 못한 것으로 나타났다.[24] 물론, 이 연구에서는 수와 관련이 없는 일반적인 훈련이 이러한 효과를 일으키지 않는 것 또한 확인했다. 학습 효과는 또 다른 방향에서도 나타난다. 수 상징을 사용한 계산법을 익히면 수량 판단 시 정밀도가 향상된다.[25] 이는 서구의 아동뿐만 아니라 계산 체계가 제한적인 선주민 또한 마찬가지다. 브라질 문두루쿠족 중 수학 정규 교육을 받은 사람들은 그렇지 못한 사람들보다 수량 식별 능력이 더 뛰어났다.[26]

심지어 수리적 지식이 있는 성인들에서도 점의 개수를 이용한 계산은 상징적 수학으로 이전된다. 한 연구에서는 성인들에게 먼저 점들의 배열 둘로 시각적으로 제시된 많은 개수의 점들을 그 수를 세지 않고 덧셈이나 뺄셈을 할 수 있도록 훈련시켰다.[27] 예컨대, 덧셈의 경우 참가자들은 두 가지 점 배열이 중앙에 위치한 상자 뒤로 각각 사라지는 것을 관찰한다. 뺄셈 시험의 경우에 참가자들은 상자 뒤로 하나의 배열이 움직이는 것을 관찰한 뒤 그중 일부가 상자 뒤에서 흘러나와 화면 밖으로 사라지는 것을 관찰한다. 참가자의 과제는 이러한 덧셈 또는 뺄셈 문제에서 상자 뒤에 있는 점의 총 개수를 추정하는 것이다. 이러한 종류의 비상징적 계산 훈련만 받은 참가자는 이후 대조군 참가자들보다 두 자리 및 세 자리 덧셈 및 뺄셈 문제를 더 많이 해결할 수 있었다.

많은 연구에서 수량 정밀성과 수학 성취도 간의 상관관계가 보고되었지만 일부 개별 연구에서는 이 효과를 찾을 수 없었다.[28,29,30] 그러나 여러 연구에서 얻은 결과를 통합해볼 때, 이러한 관계가 존재한다는 것을 분명히 알 수 있다. 총 세 건의 메타분석에서 근사 수량 추정과 수학 능력 사이에 보통 수준의 그러나 유의한 양의 상관관계가 있는 것으로 나타났다.[31,32,33] 즉 ANS와 상징 수체계는 대체로 연결되어 있으며 서로 의존한다고 말해도 무방할 것 같다.

ANS가 발달 및 진화 과정의 초기에 시작된다는 점을 고려할 때 이러한 연구 결과는 "상징 기반 문제symbol grounding problem", 즉 기호가 어떻게 의미를 가지게 되는지의 문제를 제기한다. 연구 결과에 따르면 상징체계는 처음에, 최소한 부분적으로나마 비상징적 ANS를 토대로 하는 것으로 나타났다. 즉 수 상징은 기존의 선천적인 수 표상과 연결됨으로써 그 의미를 획득한다. 이 두 가지 체계는 학습된 이후에도 계속 서로 밀접하게 연결되어 서로 간에 영향을 끼친다.

발달기 아동의 뇌 활성은 성인과 무엇이 다를까?

성인의 수 인지와 관련된 신경 상관물에 대해서는 비교적 많은 내용이 밝혀진 것에 비해, 아동의 두뇌 발달을 살펴본 연구는 오직 몇 건의 기능적 뇌 영상 연구에 불과하다. 아동을 대상으로 한 연구는 성인을 대상으로 할 때에 비해 어려운 부분이 있기 때문이다. 먼저, 아이들은 진단 기기가 내는 소음과 기기 내부의 공간을 두려워하는 경우가 많다. 또한 시험 참가자들은 스캔 중에 계속 가만히 있어야 하며, 연령에 따라 꼼꼼히 조정된 검사 프로토콜을 사용함으로써 아이들이 진단 장치에 누워 있는 동안 무슨 행동을 취해야 하는지 이해할 수 있도록 해야 한다. 일반적으로 아이들은 질문에 답하기 위해 말을 한다. 그러나 이러한 언어적 반응은 부분적으로 수를 처리하는 뇌 영역과 중첩될 수 있으며 입의 움직임으로 인해 데이터세트에 노이즈를 만들 수도 있다. 따라서 이러한 실험에서는 아동들에게 성인에서와 마찬가지로 상황에 따라 오른쪽 또는 왼쪽의 키를 누르라는 지시하는데, 이 경우 아동들은 이를 따르기가 어려울 수 있다. 심지어 성인도 시간에 쫓길 경우에는 좌우 키를 누르는 데 애를 먹곤 한다.

어린 아동을 대상으로 한 영상촬영 검사의 경우, 측정 중에 능동적인 반응을 피하기 위해 이전 장들에서 언급한 fMRI 적응 효과를 활용하는 수동적인 시청 프로토콜을 사용한다. 4세 연령의 아동을 대상으로 한 최초의 fMRI 연구에서 정확히 이러한 적응 프로토콜이 사용되었다.[34] 아이들은 MRI 진단 장치 안에 누워 시각적 배열을 수동적으로 바라보았다. 비수량적 신호에 대한 습관화를 피하기 위해 자극마다 대상의 누적 면적, 밀도, 크기 및 공간 배열을 달리했다. 습관화를 위해 16개의 점 배열을 적응 자극으로 반복 제시했으며, 이 자극에 따라 특정 뇌 영역이 활성의 감소를 보였다. 이따금씩 점의 개수에 편차가 있는 배열(점 16개 대신 32개)을 제시하기도 했다. 그러면 뇌의 적응이 해제되며, 이는 BOLD 활성의 상대적인 증가로 나타난다. 관찰된 BOLD 신호의 증가가 오로지 수량의 변화 때문일 뿐 시각적 자극의 다른 요소의 변화 때문이 아님을 확인하기 위해 자극의 모양에만 변화를 주기도 했다(예: 원 대신 정사각형). 즉 점을 32개 제시하면 16개 제시할 때에 비해 BOLD 신호가 증가하지만 점의 모양을 변화시켰을 때는 BOLD 신호가 증가하지 않아 이러한 BOLD 신호 변화는 수량에 대한 반응임을 확인할 수 있었다. 아동에게 변칙 수량을 제시했을 때 활성이 나타나는 부위는 두정엽과 전두엽 부위다(그림 12.1). 두정엽에서는 우측 IPS, 우측 상두정소엽, 좌측 하두정소엽이 활성화되었으며, 전두엽에서는 좌측 중심전회, 좌측 상전두회, 우측 내전두회에서 강한 활성화가 관찰되었다. 수와 관련해 아동의 두정엽과 전두엽에서 관찰된 활성은 동일한 조건에서 동일한 과제를 수행한 성인 참가자의 뇌 활성과 놀랄만치 유사했다. 이는 발달 초기 그리고 정규 교육이 시작되기 전 비상징적인 수 처리에 매우 유사한 피질 영역이 사용된다는 것을 보여준다.

4세 아동에 대한 이 연구 후 아동 대상 연구가 본격화되었으며 시험에 참가하는 아동의 연령도 점점 더 낮아졌다. 이후 또 다른 영상 기법으로 두정-전두 네트워크를 관찰했을 때 6개월 된 영아,[35] 심지어 3개월 된 영아[36]도 제시된 수량이 변화하면 이 영역의 활성이 더욱 증가하는 것으로 확인되었다. 이는 두정-전두 영역의 적응이 시각적 수량에 특이적이며 바로 이러한 원초적인 수량 처리 능력은 명시적인 학습 및 언어에 선행하여 획득된다는 것을 의미한다.

이 연구들은 두정-전두 수량 네트워크가 생애 초기부터 작동하고 있음을 분명히 보여주지만, 이러한 초기 연구의 설계로는 아

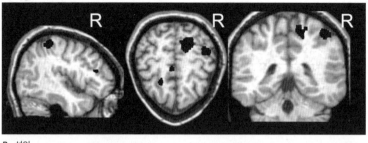

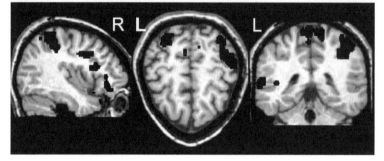

그림 12.1 수와 관련해 4세 아동의 뇌 활성은 성인과 매우 유사하다. A)4세 아동의 두정 및 전두 피질에서의 fMRI 활성화. 검은색으로 표시된 영역은 점의 모양에 변화를 주었을 때에 비해 변칙 수량을 제시했을 때 더 활성화되었다(왼쪽에서 오른쪽: 시상면, 수평면 및 전면). B)성인에서도 유사한 뇌 영역이 활성화된다(출처: Cantlon et al., 2006).

이들의 뇌에서 수량 정보가 어떻게 암호화되는지 알 수 없었다. 성인의 경우 fMRI[37] 및 단일 세포 기록[38]의 증거를 통해 비인간 영장류에 대한 연구에서 나타난 결과[39]를 확인할 수 있었으며 이들 뉴런이 각기 선호하는 기수값에 조율돼 있는 것을 입증할 수 있었다. 그러면 이러한 수치 조율이 아동에게도 이미 존재하고 있을까? 로체스터대학교의 알리사 커시Alyssa Kersey와 제시카 캔틀런은 그렇다고 말한다.[40] 이들 연구진은 3~4세 연령의 아동에 대해 앞서 언급한 fMRI 적응 프로토콜을 적용하되, 이전 연구에서는 적응 수량을 제시할 때 오직 하나의 변칙 수량만 끼워넣은 것에 반해 이 연구에서는 더 작은 수량(8개 및 12개의 점)과 더 큰 수량(24개 및 32개의 점)을 끼워넣었다. 이를 통해 연구진은 적응에 대한 BOLD 신호의 방출을 적응 수량(16개)으로부터의 수치 거리의 함수로서 체계적으로 탐색할 수 있었다. 그리고 항상 그렇듯이 수가 아닌 요인에 대한 대조 실험도 시행되었다. 실제로, fMRI를 이용해 관찰한 결과 저연령 아동 또한 IPS에서 기수에 대한 조율이 일어나는 것을 볼 수 있었다. 변칙 수량이 적응 수량으로부터 더 멀리 떨어져 있을수록 IPS에서 BOLD 회복 신호가 더 강하게 나타난 것이다. 즉 수에 대한 BOLD 회복 반응은 위아래가 뒤집어진 종 모양 조율곡선의 형태를 보였다. 이러한 조율곡선은 원숭이의 수 뉴런에 대한 기록이나 인간의 fMRI 데이터와 마찬가지로 로그 척도로 나타냈을 때 더 잘 설명되었다.

커시와 캔틀런은 또한 IPS의 신경 조율이 아동의 수량 식별 과제에서의 성취도와 상관관계를 가진다는 분명한 증거를 제시했다. 이들은 아동의 우측 IPS에서 수에 대한 신경 조율 감도가 진단 장치 외부에서 관찰되는 행동 식별 감도와 비슷하다는 사실을 발견했다. 즉 우측 IPS에서 선명한 신경 조율곡선을 나타내는 아동은 수를 식별하는 데도 더 뛰어났다. 이 광범위한 연구는 인간의 발달 과정 동안 기수의 신경 표상에 발달 연속성이 나타난다는 것을 강력히 입증한다. 초기 수량 지각 능력은 특히 우측 IPS를 토대로 발달하는 것이 확실해 보인다.

아이들은 나이가 듦에 따라 기호 양식으로 수를 표현하는 방법을 배우게 된다. 이러한 발달 과정 중 뇌에서 비상징적 및 상징적 표상은 어떻게 달라질까? 오스트리아 할Hall 종합병원의 리안 카우프만Liane Kaufmann과 동료들은 아동을 대상으로 한 19건의 fMRI 연구에 대해 메타분석을 실시해 성인 대상의 연구 결과와 비교했다.[41]

그들은 성인의 뇌와 비교했을 때 아이들의 뇌에서 두 수 양식이 더 크게 분리되어 있다는 것을 발견했다. 두정엽에서 비상징적 수(점 패턴 항목)에 대한 반응으로 일어나는 활성화는 우측(IPS와의 경계)으로 제한되는 반면, 상징적 수는 양쪽 후부두정엽에 활성화를 일으킨다. 아동들 또한 성인과 마찬가지로 IPS의 중심에서 상징적 수에 대한 활성을 볼 수 있지만 비상징적 수의 경우에는 놀랍게도 IPS 앞쪽이나 중심후회의 체감각피질 등 체성-운동 관련 영역도 관여한다. 중심후회와 전방 IPS 주변에서 활성화가 일어났다는 사실은 손가락 셈하기와 수 처리 사이의 연결을 반영하고 있는 것으로 생각된다.[42,43] 아이들이 손가락 셈을 통해 처음으로 비상징적 수를 열거하는 방법을 배우는 동안에는 감각과 손가락 움직임을 표상하는 뇌 영역이 활성화된다.

아동에게서 두 수 양식은 여러 두정엽 부위를 비롯해 전두엽에서도 서로 다른 부위를 활성화시킨다. 오직 비상징적 표상만 하전두회 및 중전두회와 관련되었다. 이러한 영역이 정확히 어떤 기능을 하는지는 아직 논의 중이다. 어쩌면 수 크기의 의미 인출에 관여할 수도 있고, 또는 작업기억의 문제일 수도 있다.

각각의 수 관련 뇌 영역이 하는 역할은 연령 및 발달 단계에 따라 근본적으로 상당한 차이를 보인다. 아라비아 숫자를 처리하는 영역의 경우 유아기에서 성인기로 발달하는 동안 활성이 전두에서 두정 영역으로 이동한다. 이러한 전이는 캐나다 웨스턴온타리오대학교의 대니얼 안사리Daniel Ansari와 동료들의 연구를 통해 처음으로 보고되었다.[44] 그들은 10세 연령의 아동 12명과 성인 12명에게 진단 장치 속에 누워서 두 개의 한 자리 숫자 중 더 큰 숫자를 선택하도록 해 이들의 상대적 크기를 판단하는 능력을 검사했다. 그다음으로는 수치 거리를 달리하며 숫자 쌍을 제시해 이에 대해 판단을 내리는 동안 더 활성화되는 뇌 영역을 식별했다. 아동 모집단은 주로 외측 PFC의 좌측 하전두회와 같은 전방 부위에서 활성이 나타났다. 반면 성인 모집단에서는 양측 두정 부위에서 이러한 수치 거리를 처리했다. 다시 말해, 아동기에는 전두 영역에서 수에 대한 활성을 나타내지만 이후 성인이 되면 두정 영역으로 이 활성이 옮겨가는 것이다. 이후 다른 연구에서도 수 처리 관련 영역이 연령에 따라 전두에서 두정으로 이동하며, 심지어 두정엽 내에서도 위치가 변화한다는 사실이 확인되었다.[45,46,47]

위와 같은 효과는 단순한 숫자 비교뿐만 아니라 계산에서도 나타난다. 이 결과는 수전 M. 리베라와 비노드 메논에 의해 처음 보고되었다. 이들은 진단 장치 속에 누워 있는 8~19세 연령의 시험 참가자들에게 계산식(두 자릿수의 덧셈 또는 뺄셈)과 답을 보여주고 그 답이 옳은지 판단하도록 했다.[48] 이때 참가자의 나이가 많을수록 좌측 두정피질에서 더 큰 활성을 보인 반면 어릴수록 PFC 및 해마에서 더 큰 활성이 나타났다. 이처럼 아동의 수량 처리 작업에 전전두 영역이 개입된다는 사실은 의식적인 수량 처리 과제의 경우 부분적으로 작업기억, 주의 및 인지 제어에 대한 요구가 높기 때문일 수도 있다.[49] 아동의 경우 아직 산술 능력이 자동화되지 않아 이 과정을 처리하기 위해서는 의식적인 활동이 필요하다. 따라서 주의, 작업기억, 모니터링과 같은 중요한 인지 기능을 매개하는 것으로 알려진 전전두 영역이 계산을 보조하는 것일 수도 있다. 그러다 연령과 숙련도가 증가함에 따라 PFC의 활성은 감소하고 점차 PPC로 활성이 옮겨간다. PPC는 성인의 뇌에서 상징적 수를 처리하는 핵심 영역으로 알려져 있다.

어린 아동의 경우 해마에서도 큰 활성이 관찰되는데, 이는 계산할 때 기억에 대한 요구가 높다는 사실로 설명할 수 있다. 실제로 해마 시스템은 특히 아동기 동안 계산 기술을 습득하는 과정에 관여한다.[50,51] 아동의 계산 능력이 의도적 셈하기에서 효율적인 기억-기반의 문제 해결로 발전하는 동안 해마-전두 회로 재구성이 중요한 역할을 한다.[52,53] 연령에 따라 숙련도가 높아지면서 심적 산술 처리가 더욱 자동화된다는 표시로 두정엽 수 영역의 활성이 증가하는 것으로 보인다.[54]

이러한 결과는 인간의 발생 과정 중 상징적 수 개념의 습득에서 PFC가 기본적 구조 역할을 한다는 사실을 보여준다. 이 가설과 마찬가지로, 앞에서 설명한 것처럼 원숭이의 수량-기호 연합뉴런은 IPS가 아니라 오직 PFC에서만 찾을 수 있다.[55] 아마도 비인간 영장류에서 계통발생적으로 더 오래된 단계에 있는 비언어적 수량 처리 신경 상관물은 인간의 초기 발생 단계에 나타난 것과 유사하다고 말할 수 있을 것 같다.

수 표상은 뇌에서 어떻게 '추상적'으로 처리되는가?

앞 절에서 우리는 상징적 수 처리를 위한 뇌 활성화 패턴이 아동기 발달 과정 동안 상당히 크게 변화한다는 것을 확인했다. 그러나 성인의 성숙한 뇌에서 수가 어떻게 표상되는지에 대한 문제는 아직 답하지 않았다. 수 표상이 어떠한 양식(비상징적 또는 상징적), 표기법(수효 단어 또는 숫자) 및 양상(시각적 또는 청각적)으로 표현되든 상관없이 동일한 뉴런 기질에 의해 신호화되는 경우 우리는 '추상적'이라고 말한다.

먼저, 수 표상의 양식을 살펴보자. 2007년 마누엘라 피아차와 스타니슬라스 드앤은 숫자와 점 수량이 동일한 양적 지표에 따라 두정 및 전두 피질에서 표상된다는 것을 처음으로 직접 입증했다.[56]

이 연구에서는 비상징적 양(예: 점 집합)과 수의 기수가 IPS의 동일한 신경 회로에서 처리되는지 여부를 확인하기 위해 fMRI 적응 기술이 사용되었다. 연구진은 IPS에서의 수 적응이 비상징적 수량에서 숫자로 그리고 그 반대 방향으로도 이동하는 것을 확인했다. 이후 대니얼 안사리 연구팀 또한 상징적 및 비상징적 수량 비교 과제에서 오른쪽 하두정소엽이 유의한 활성을 보이는 것을 확인했다.[57] 이는 두 가지 양식 모두가 IPS의 동일한 신경회로에서 처리된다는 것을 시사하는 것으로, 이러한 결과는 후속 연구에서 입증 및 확장되었다. 수십 건의 영상 연구를 검토한 결과 두 가지 수 양식을 평가할 때 후부두정엽(SPL, IPS 및 IPL)을 비롯해 상·내·하전두회, 중심전회, 대상회, 섬, 좌측 방추상회에서 중첩된 활성이 관찰되었다 (그림 9.2 참조).[58] 전체적으로, 성인의 경우 동일한 뇌 영역이 수량과 수 상징에 대해 활성화 반응을 보였다.

이러한 뇌 영역은 해부학적 위치뿐만 아니라 기능적 활성화 패턴에서도 현저한 유사성을 보인다. 에게르와 클라인슈미트[59]는 통계 분류기로 하여금 시험 참가자의 PPC에서의 fMRI 활성화 패턴에 기초하여 참가자가 본 수치값을 예측하도록 훈련시켰다. 수를 제시했을 때 나타나는 활성화 패턴을 학습한 분류기는 이후 각 패턴에 해당하는 점의 개수를 훌륭하게 예측해냈다. 그러나 분류기는 거꾸로 수량의 활성화 패턴으로부터 수를 예측하지는 못했다. 이러한 비대칭적 일반화를 설명할 수 있는 한 가지 해석은 수 상징에 비해 비상징적 양식에 대한 조율은 그 정밀도가 낮으므로 양식 전반에 걸친 일반화 수준이 그리 높지 않기 때문일 수도 있다.

두 가지 수 양식이 신경 기질을 공유한다면, 이들 영역이 일시적으로 비활성화될 경우 두 양식 모두 영향을 받을 것으로 예측할 수 있다. 이는 경두개자기자극법TMS을 이용한 실험으로 확인해볼 수 있다. IPS에 TMS를 적용해보면 두 표상 양식이 모두 영향을 받는 것이 확인된다.[60] 그런데 흥미롭게도 왼쪽 IPS에 TMS를 가하면 두 가지 수 표상 능력이 모두 손상되었지만, 오른쪽 IPS에 TMS를 가하면 이 능력이 오히려 향상되었다. 반대로, 왼쪽 및 오른쪽 각회에 TMS 자극을 가하면 아무런 기능 손상도 일어나지 않았다.

환자 연구를 통해서도 비상징적 및 상징적 크기 간의 관계에 대해 중요한 정보를 얻을 수 있다. 두 양식이 공통된 피질 기질을 공유한다면 특정 뇌 영역에 영구적인 손상을 입을 경우 두 가지 유형의 수량 판단 모두 영향을 받을 것으로 예측할 수 있다. 실제로 사례 연구에서 정확히 이러한 결과가 보고되었다. 좌측 두정엽에 국소 병변이 있는 환자는 점 배열과 숫자를 처리하는 데 모두 어려움을 겪었다.[61] 또 다른 환자는 좌측 IPS에 국소적 경색이 일어난 후 수 상징에 대한 계산불능증을 앓게 되었으며 하나에서 아홉까지의 시각적 수량을 처리하는 것 또한 힘들어 했다.[62] 마지막으로, 두정(IPS 포함) 및 전두 영역에 피질 위축이 있는 환자의 경우, 두 가지 표상 양식 모두에 대해 간단한 수치값을 판단하는 능력이 손상되었다.[63] 이 모든 연구에 따르면 IPS야말로 다양한 양적 형식을 처리하는 뇌 시스템의 핵심 영역이라고 볼 수 있다. 서로 다른 기법을 이용한 많은 연구 결과를 볼 때 수 표상이 최소한 어느 정도는 양식에 독립적인 성분을 공유한다고 간주할 수 있다.

그렇다면 상징적 수 표기법과 관련해서도 추상적 표상을 찾을 수 있을까? 가장 일반적인 상징적 수 표기로 숫자와 수효 단어가 있다. 우리 뇌는 이러한 상징적 표기들을 일반화하고 있을까? 이를 알아보기 위해 리오넬 나카쉬Lionel Naccache와 스타니슬라스 드앤은 식역하 자극subliminal priming 프로토콜을 사용했다.[64] 식역하 자극에서는 자극(숫자)을 아주 짧은 시간 동안 제시하므로 피험자가 이를 의식적으로 볼 수는 없지만 그 후에 제시된 표적(다른 숫자)의 인지를 용이하게 할 수 있다. 즉 피험자는 자극의 수치값을 보고할 수는 없지만 그 값이 뇌에서 비의식적으로 처리되므로 표적의 수치값에 대해 더 신속히 결정하도록 돕는다. 이 연구에서 참가자들은 서로 다른 표기법으로 제시되는 표적 숫자(1, 4, 6, 9를 숫자 또는 수효 단어로 제시)가 5보다 큰지 작은지 가능한 한 빨리 결정해야 했다. 표적 숫자와 자극 숫자의 표기는 서로 독립적으로 변화한다. 즉 자극 숫자 다음에는 숫자 또는 수효 단어 중 어느 것이든 올 수 있다. 연구 결과, 신경 발화 효과는 표기법에 독립적인 것으로 나타났다. 즉 자극과 표적 쌍이 수적으로 다른 경우(예: 1-4 또는 여섯-9)에 비해 자극과 표적 쌍이 동일한 경우(예: 4-4 또는 6-여섯) 양쪽 IPS에서 BOLD 활성이 감소했다. 이는 수 상징의 수량적 의미가 단어 또는 숫자 표기와 무관하게 암호화되었음을 나타낸다. 이러한 교차-표기 자극 연구의 연장으로서, 신경 발화 효과를 자극과 표적 간의 수치 거리의 함수로 분석하는 연구도 진행되었다(가까운 경우: 하나-2 또는 8-아홉, 먼 경우: 1-여덟 또는 둘-9).[65] 연구자들은 IPS에서 자극-표적 쌍이 숫자-수효 단어 순서로 제시될 때는 그 활성이 수치 거리에 따라 조정되지만 상징 순서가 반대일 경우에는 그렇지 않다는 것을 관찰했다. 마지막으로, 로이 코헨 카도시Roi Cohen Kadosh와 동료들은 시험 참가자들에게 숫자 또는 수효 단어를 제시했을 때 왼쪽 IPS에서는 표기 독립적 적응이 나타나는데 반해 오른쪽 IPS에서의 적응은 표기와 관련이 있다는 것을 확인했다.[66] 이들 연구는 그 결과에 약간의 차이가 있으며 특히 뇌반구마다 차이를 보이기도 하지만, IPS에서의 양적 표상은 표기 독립적이라는 이론으로 확장될 수 있다.

추상적 수 표상과 관련해 남아 있는 마지막 질문은 수량 자극의 감각적 양상, 즉 수를 눈으로 보았는지 귀로 들었는지 혹은 피부로 느꼈는지에 따라 달라지는가 하는 것이다. 수가 추상적으로 표상된다면 그것이 어떤 양상으로 제시되든 관계없이 뇌에서 동일하게 표상될 것이다. 이것은 분명히 중요한 문제지만, 놀랍게도 감각 양상 전반에 걸쳐 수에 의해 활성화되는 뇌 영역을 조사한 연구는 거의 없다. 그 최초의 연구 중 하나는 이블린 에게르와 안드레아스 클라인슈미트에 의해 수행되었다.[67] 그들은 시험 참가자들에게 구두로 숫자를 불러주거나 시각적 문자로 제시함으로써 수를 수동적으로 인식하도록 했다. 글자나 색상 단어를 구두로 또는 서면으로 제시했을 때에 비해 수를 청각적 또는 시각적으로 제시할 경우 IPS에서 더 높은 활성을 볼 수 있었다. 이 결과는 초양상적 수 표상의 존재에 대한 첫 번째 증거가 되었다. 후속 연구에서는 비상징적 수에 대해서도 이러한 결과를 확인했으며, 시각 및 청각 양상이 순차적으로 제시되는 대상을 추정하는 동안 전두 및 두정 영역의 오른쪽으로 편측된 연결망이 활성화되는 것을 보고했다.[68] 그러나 이러한 결과가 항상 재현되지는 않았다.[69]

　사우다미니 다말라와 마르셀 쥐스트는 좀 더 심화된 연구를 수행했다. 이들은 일련의 시각적 점 집합을 제시하여 얻은 fMRI 활성화 패턴을 이용해 통계 분류기를 훈련시킨 후 이들 분류기가 청각적 시험으로부터 얻은 패턴을 바탕으로 점의 개수를 인식할 수 있으며 그 반대도 가능한 것을 보였다.[70] 양상 전반에 걸쳐 공통적으로 전두 및 두정 영역의 주로 오른쪽으로 편측된 영역에서 활성이 나타났다. 이는 시각적 및 청각적 수량에 의해 일어난 BOLD 활성화 패턴이 서로 매우 유사함을 의미한다. 또한 연구자들은 두정피질에서 양을 표상하는 신경 패턴이 시험 참가자들 사이에 서로 비슷하다는 사실을 발견했다. 이들 연구 결과는 뇌, 특히 IPS에는 감각 양상 전반에 걸쳐 수량 표상을 위한 공통된 뉴런 기반이 존재한다는 것을 잘 보여준다.

그렇다면 수 표상은 추상적일까? 인간 대상 연구에 따르면, 최소한 핵심적인 수 네트워크의 일부는 추상적으로 반응하는 것으로 보인다. 하지만 여기서 조심할 필요가 있다. 기능적 영상은 뉴런 활성을 측정하지 않으며 공간 및 시간 분해능이 제한적이다. BOLD 신호로부터 이끌어낸 추상적 수 표상에 대한 주장은 특정 뇌 영역의 육안 수준에서 중첩된, 그러나 기능적으로는 분리된 뉴런 앙상블의 존재를 통해서도 설명할 수 있다. 단순히 활성이 중첩된다고 해서 모든 조건에서 공통적으로 동일한 뉴런이 개입한다는 것을 의미하지는 않는다. 실제로 수 표상이 추상적이라는 생각은 여러 수 양식의 처리 과정에서 나타나는 행동상의 차이 그리고 수량 과제 중 나타나는 BOLD 반응 차이에 의거하여 조기에 거부되었다.[71] 물론, 추상적 표상의 문제를 행동상으로 나타나는 효과 그리고 방법론적으로 제한될 수밖에 없는 BOLD 신호에 의거해 답할 수 있는지 그 자체도 의문이지만 말이다. 우리가 알아야 할 것은 단일 뉴런이 이 문제와 어떠한 관련을 가지고 있는지다.

'추상적 표상'을 '수량을 부호화하며 수량 정보가 제시되는 입력 양식에 민감하지 않은 뉴런 모임'[72]으로 조작적 정의를 내릴 경우 실제로 수의 추상성 개념은 단일 세포 기록으로 뒷받침될 수 있다. 원숭이 뇌의 경우는 IPS가 아닌 PFC가 가장 추상적인 수 표상을 주관한다. PFC의 수 뉴런 반응은 시각적 항목 배열의 공간 특징, 공간-시간적 시각 표시 양식, 시청각 표시 양식 그리고 점의 개수 및 관련 수 기호에 걸쳐 일반화되어 있다.[73] 물론 뉴런이 피질 계층에서 더 낮은, 더 감각적인 수준에서 작동한다면 모든 선택적 뉴런에서 이러한 일반화된 반응을 기대할 수 없으며 기대하기도 어렵다. 분리된 신경 집단의 활성에서도 추상적 수량 정보를 얻을 수 있다. 인간의 MTL이 바로 이런 경우에 해당된다. MTL에서는 비상징적 및 상징적 영역 각각에서 추상적으로 반응하는 뉴런을 찾아볼 수 있다. 하지만 이들 뉴런은 양식 전반에 걸쳐 반응하지는 않는다.[74] 즉 MTL 뉴런에는 양식 의존적인 수 뉴런이 포함되어 있다. 이 같은 사실이 인간의 핵심 두정-전두 수량 네트워크에도 적용되는지 여부는 계속 연구해볼 필요가 있다.

13장　계산장애가 있는 사람들

발달적 계산장애가 일상생활에 미치는 영향

7은 5보다 크다. 분명 그렇지 않은가? 그런데 이렇게 사소해 보이는 사실도 발달적 계산장애developmental dyscalculia 진단을 받은 사람에게는 이해하기 어려운 문제 중 하나다. 이러한 뇌 장애 진단을 받은 사람은 수와 산수를 이해하는 데 애를 먹는다. 여기서 '계산장애'는 서투르거나 불충분한("dys-") 계산 능력을 뜻한다. 좀 더 구체적으로 말하면 발달적 계산장애는 심각한 학습장애 중 하나로, 계산을 수행하는 데 큰 문제를 일으킨다. 그렇다고 계산장애가 있는 사람들이 다른 사람들보다 지능이 낮거나 수학을 배울 열의가 없는 것은 아니다. 오히려, 아무리 애를 쓰고 에너지를 쏟아부어도 수를 거의 이해할 수 없는 상태라고 말할 수 있다.

　　런던 유니버시티 칼리지 명예교수이자 계산장애 연구 분야의 대가 중 한 명인 브라이언 버터워스Brian Butterworth는 계산장애 환자

에 대한 몇 가지 인상적인 예를 보고했다.[1]

엠마 킹, 우주학자: 나는 암산으로 수를 더하거나 빼거나 곱할 수 없습니다…… 4+3을 계산하려면 손가락 셈을 해야 합니다.

비비언 페리, 방송인, 과학 저널리스트: 나는 다른 모든 과목은 항상 최고점을 받았어요…… 아무리 열심히 공부해도, 과제를 아무리 열심히 해도, 전혀 이해할 수 없었습니다.

총명한 8세 어린이, 학교의 다른 모든 과목에서 우수하며 공룡에 대한 전문가, 하지만 "좋아하지 않는 유일한 과목은 수학":

- **교사**: 8에 얼마를 더하면 30이 될까요?

- **어린이**: 2요.

BD, 23세의 아이비리그 대학교 영문과 학생:

- **시험자**: 9 곱하기 4는 얼마인지 답할 수 있나요?

- **BD**: 네, 글쎄요, 어려운 것 같습니다. 52나 45인 것 같은데 둘 중 뭔지는 잘 모르겠습니다. 정말 못 고르겠어요. 52일 수도 있지만 45일 수도 있어요.

- **시험자**: 그러면 한번 추측해보세요.

- **BD**: 알겠습니다. 음…… 47이라고 하죠.

- **시험자**: 좋아요. 47이라고 적을게요. 하지만 원하시면 답을 바꿀 수 있습니다. 예를 들어, 36으로 바꾸는 건 어떨까요?

- **BD**: 흠, 아뇨…… 47보다 더 나은 답 같진 않은데요, 그렇지 않나요? 계속 47이라고 하겠습니다.

한 언론인이 계산장애란 수 인지 분야에서 사용되는 편리한 기술적 용어일 뿐 실재하는 인정된 장애는 아니라고 주장해서 내가 깜짝 놀란 적이 있다. 하지만 미국정신의학협회American Psychiatric

Association의 공식 진단 매뉴얼에 따르면 계산장애는 실제로 인정된 장애다. 미국정신의학협회가 편찬한《정신질환 진단 및 통계 매뉴얼*Diagnostic and Statistical Manual of Mental Disorders*》, 줄여서 DSM은 미국, 호주 및 많은 유럽 국가에서 정신질환 진단에 이용되는 권위 있는 범용 자료다. 이 매뉴얼은 인지된 각 정신건강질환에 대한 진단 기준을 명시하고 있으며 신뢰할 수 있는 체계적인 진단 방법을 제공한다. 2013년에 발행된 5번째 개정판인 DSM-5에서는 읽기, 쓰기, 수학 등의 장애에 대해 "특정 학습장애specific learning disorder"라는 포괄적 용어를 사용한다. DSM-5 진단 코드 315.1(F81.2)은 수학에서의 장애에 대한 특정 학습장애를 설명한다. 진단 기준에는 수 감지, 산술적 사실 또는 계산을 익히는 데서의 어려움이 포함된다(예: 수와 그 수의 크기 및 관계를 제대로 이해하지 못함, 한 자리 숫자를 더할 때 다른 사람들처럼 산술적 사실을 기억해내는 대신 손가락을 이용해 계산, 산술 계산을 수행하는 중 헤매다가 다른 절차로 전환함). 또한 수학적 추론을 어려워하는 것도 평가 대상이다(예: 정량적 문제를 풀기 위해 수학적 개념, 사실 또는 절차를 적용하는 데 심각한 어려움을 겪는 사람). 계산장애를 진단하기 위해서는 표준화된 산술 시험을 이용한다. 이 시험에서의 성취도가 연령, 교육 수준 및 전반적인 지능을 고려했을 때 기대되는 수준과 비교해 상당히 낮으면 이를 발달적 계산장애의 객관적인 기준으로 삼는다.[2]

계산장애가 있는 사람의 수는 결코 적지 않다. 발달적 계산장애의 예상 유병률은 5%에서 7% 사이이다.[3] 즉 20명 중 한 명꼴로 계산장애가 나타나는 것이다. 우리에게 좀 더 잘 알려진 읽기장애인 발달성 난독증 또한 거의 동일한 유병률을 보인다.[4] 따라서 영국 정부가 발행한 한 주요 보고서에서는 "발달적 계산장애는 현재 난독증보다 더 상황이 좋지 않으며 대중에게 훨씬 덜 알려져 있다. 그러

나 계산장애의 영향은 최소한 난독증만큼이나 심각하다"라고 쓰기도 했다.[5]

　다른 아이들보다 특별히 수학에 더 뛰어난 아이들이 있는 것처럼, 특별히 수학을 못하는 아이가 있는 것도 이상할 것은 없다는 사람들도 있다. 그러나 이 학습장애는 개인과 사회 전체에 심각한 결과를 초래할 수 있다. 수를 이해하고 처리하는 능력은 삶의 실용적 측면에서 필수적이며, 산술 능력은 회계장부 계산부터 의약품 설명서를 따르는 일까지 일상 활동에 많은 영향을 미친다. 믿거나 말거나, 영국의 한 대규모 코호트 연구에 따르면 수리 감각이 낮은 사람은 문자 해독력이 낮은 사람보다 삶에서 더 큰 장애를 겪는 것으로 나타났다. 즉 계산장애가 있는 사람들은 돈을 덜 벌고 덜 쓰며, 병에 걸릴 가능성이 더 높고, 법과 관련해 어려움을 겪으며, 학교에서 더 많은 도움을 필요로 한다.[6] 따라서 교육 개선은 계산장애로 고통을 받는 사람들에게 도움을 줄 뿐만 아니라 경제적 성과도 크게 개선할 수 있다.[7]

계산장애의 두 가지 유형

계산장애를 가진 사람들을 돕기 위해서는 이러한 장애가 어디에서 시작되었는지 이해하는 것이 필수적이다. 신경과학의 현저한 발전에도 불구하고, 계산장애의 신경학적 원인은 아직 완전히 파악되지 않고 있다. 수 관련 분야를 연구하는 대부분의 학자는 셈하기, 계산 및 산술 능력을 위해서는 영역-일반적 기능과 영역-특이적 기능이 모두 필요하다고 생각한다.

　무엇보다도, 무언가를 학습하기 위해서는 일단 영역-일반적 기능이 필요하다. 예를 들어, 단지 수만이 아니라 단어의 의미, 태어난 날, 첫 키스한 날의 분위기 등 우리가 살면서 무언가 학습한 것을 암호화하고 저장하고 검색하기 위해서는 작업기억과 장기기억이 있어야 한다. 계산장애 환자가 읽기장애와 같은 다른 발달장애도 겪을 확률이 더 높다는 연구 결과는 영역-일반적 장애의 개념과 일치한다.[8] 초등학교 2학년에서 4학년 사이 아동을 대상으로 한 연구를 볼 때 전체 모집단 대비 산술, 읽기, 철자 능력에 결함이 있는 아동의 비율은 이러한 능력 중 하나만 두드러진 장애를 겪는 경우에 비해 4~5배 더 높은 것으로 나타났다.[9] 여러 장애가 함께 발생하는 것은 특히 아이들에게 악영향을 미칠 수 있는데, 왜냐하면 양호한 언어 능력을 갖추기 위해서는 셈하기, 계산, 산술 능력 또한 정상적으로 발달해야 하는 것으로 나타나기 때문이다.[10] 또한 주의력결핍과잉행동장애가 있는 아동 중 11%가 계산장애도 겪는 것으로 나타났다.[11] 이처럼 여러 인지 영역에서 나타나는 장애는 특정 기능들에 동시에 영향을 미치는 영역-일반적 기능의 손상으로 설명할 때 가장 잘 설명된다.

하지만 우리는 또한 오직 수에만 관여하는 영역-특이적 능력도 가지고 있다. 실제로 계산장애는 매우 선택적일 수 있으며, 지능이나 작업기억 등 다른 인지 능력이 정상적인 학습자에게도 영향을 줄 수 있다.[12] 이러한 환자의 경우는 셈하기와 산술을 학습하는 데 필요한 뇌 영역 중 오직 일부 영역만 제대로 작동하지 않는 경우임을 알 수 있다. 이러한 장애는 종종 매우 특이적이어서 수와 관련된 과제만 어려워하고 다른 유형의 수량과 관련된 과제는 수월히 해내는 경우도 있다.

이 발견은 마리넬라 카펠레티Marinella cappelletti와 그 동료들의 실험에서 입증되었다.[13] 이 실험에서는 계산장애 참가자와 대조군 참가자를 대상으로 공간적 또는 시간적으로 연속적인 수량을 식별

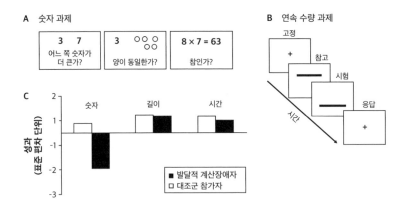

그림 13.1 계산장애자는 다른 수량을 처리하는 데는 아무 문제가 없으나 숫자를 처리하는 데만 선택적으로 장애를 겪을 수 있다. A)2014년 카펠레티와 동료들이 사용한 숫자 과제의 세 가지 예. B)연속 수량 과제의 경우, 참가자들은 서로 다른 블록에서 위쪽 또는 아래쪽 선 중 어느 쪽이 더 긴지 또는 어느 쪽이 더 오래 지속되는지 답해야 했다. C)계산장애 참가자는 대조군 참가자에 비해 숫자 과제를 해결하는 것을 어려워했지만 공간 또는 시간 과제는 무리 없이 해냈다(출처: Cappelletti et al., 2014).

하거나 숫자 자극을 판단하는 과제를 시험했다. 연속 수량 과제에는 두 자극이 주어진 시간 또는 두 선의 길이 차이를 식별하는 문제가 포함되었다. 숫자 과제에서 참가자는 두 숫자 중 더 큰 숫자를 선택하고 숫자와 점 집합을 비교하며 간단한 계산을 수행해야 했다 (그림 13.1). 중증 계산장애를 가진 성인은 숫자를 판단하는 능력이 대조군에 비해 유의하게 낮았지만 길이나 시간을 평가하는 능력은 그렇지 않았다. 이와 같은 결과는 수리 능력을 일반적인 양적 능력과 구별할 필요가 있으며 그렇게 해야 한다는 것을 보여준다.

브라이언 버터워스는 영역-특이적 수리 능력을 '수량 도구nu-merosity tool' 또는 '수 모듈number module'이라고 부른다. 이 도구 또는 모듈은 산술 능력이 정상적으로 발달할 수 있도록 보조하는 것으로 여겨진다. 따라서 이 도구가 제대로 작동하지 않을 경우 정상적인 수학 능력의 발달에 심각한 장애가 발생할 수 있다. 계산장애는 원래 계산에서의 장애를 의미했지만 지금은 작은 항목 집합을 평가,14하거나 두 가지 점 배열의 수량을 비교,15하는 간단한 능력처럼 훨씬 더 근본적인 수 기술의 결손으로 알려져 있다. 이는 고차원적 수학 기술의 손상이 기본적인 수량 크기의 표상과 처리에서의 결함에서 비롯된 것일 수 있음을 의미한다.

　수량 식별에 어려움을 겪는 미취학 아동은 이후 학교 수업에서도 산수를 학습하는 데 어려움을 겪을 것으로 예측한 연구 결과로부터 이러한 개념을 뒷받침하는 증거를 얻을 수 있다. 마누엘라 피아차와 동료들은 계산장애 참가자와 대조군 참가자가 점 배열에서 점의 개수를 식별할 때의 정밀성을 비교했다.,16 연구자들은 양쪽 모집단에 대해 유치원생, 학령기 아동, 성인의 세 연령대를 대상으로 검사를 실시해 수 식별 능력의 정밀성과 계산장애가 연령에 따라 어떻게 발달하는지 평가할 수 있었다. 그 결과, 계산장애 아동은 일반적인 지능을 갖춘 비슷한 연령대의 대조군에 비해 점의 개수를 식별하는 능력의 정밀성이 심각하게 저하되어 있는 것을 확인할 수 있었다. 계산장애 아동의 경우, 점의 수량을 식별하는 능력 자체가 이미 상당히 손상된 상태였다. 10세 연령의 계산장애 아동은 일반적인 발달 상태의 5세 아동에 해당하는 점수를 받았다. 게다가 장애의 중증도는 수 상징의 조작과 관련된 과제에서 낮은 성취도와도 관련이 있었다.

　로버트 리브Robert Reeve와 브라이언 버터워스가 5세 이상 아동 159명을 대상으로 6년간 진행한 종단 연구에서도 수량 식별 및 수 상징 처리 간에 유사한 상관관계가 확인되었다.,17 연구자들은 아동의 점 열거 능력과 숫자 비교 능력을 시험했는데, 이때 식별 정확성 대신 과제를 얼마나 빨리 해결하는지를 측정했다. 그 결과, 과제 해결 속도가 느린 아동일수록 수를 다루는 데 더 큰 어려움을 겪는 것으로 나타났다. 놀랍게도, 5세 때 과제 해결 속도가 느렸던 아이들은 6년의 연구 기간 동안 계속해서 속도가 느렸다. 이러한 결함은 비언어적 지능이나 상징 이해와 같은 영역-일반적 기능과는 무관했다. 결론적으로, 아동기의 저능률적인 수량 능력은 이후 학교에서 산수 학습 능력의 저하를 예측하는 신뢰성 있는 지표로 볼 수 있다.

아동의 수량값 식별 능력의 정밀성은 수 상징 식별 능력의 정밀성과도 상관관계가 있었다.[18,19] 예컨대, 평균적으로 크기 차이가 작은 집합을 잘 구별하는 아이들일수록 차이가 작은 수 상징들을 식별하는 데도 더 뛰어났다. 아동기 초기의 이러한 차이를 통해 이후 수학 과제 성취도를 예측할 수도 있었다. 생애 초기에 양적 차이를 세밀히 인지할 수 있는 아동은 나이가 들어서 수학 시험에서 더 높은 점수를 받는 경향이 있었다. 이러한 경향성은 지능이나 언어 능력 또는 다른 인지 기능과는 독립적이었다. 물론, 아동이 정식 수학 교육을 받기 시작하면 수량의 식별에서 ANS가 차지하는 역할은 다른 기본적인 수 및 인지 능력에 의해 크게 가려지는 것으로 보인다. 따라서 더 큰 수를 선택하는 것과 같이 상징적 수를 처리하는 능력은 산술 성취도를 더 잘 예측한다.[20] 그러나 앞에서도 언급했듯이, 현재는 아날로그 수체계가 상징적 수학 기술에 영향을 미치는 것으로 받아들여지고 있다.[21,22,23]

뇌 속에서 계산장애의 흔적 찾기

계산장애의 신경 상관물을 찾기 위해, 심각한 수 학습장애가 있는 사람의 뇌에서 해부학적 변화를 찾는 연구가 이루어졌다. 뇌의 해부학적 절단면을 살펴보면 뇌 조직은 일반적으로 어두운 부분과 밝은 부분으로 구분되는 것을 알 수 있다. 이 영역들을 각각 '회색질

(회백질)gray matter' 및 '백질white matter'이라고 부른다. 회색질은 주로 신경세포로 빽빽이 들어차 있는 '신경세포체somata'로 구성되어 있다. 신경세포체는 뇌에서 정보가 처리되고 변환되는 영역이다. 따라서 회색질의 용적이 크면 그만큼 뇌의 처리 능력도 높아진다. 이에 반해 백질은 두꺼운 섬유 다발로 구성되어 있으며 수천 개의 뉴런의 축색돌기로 이루어져 있다. 축색돌기는 신경세포를 서로 연결해주는 통신선이므로 백질은 뇌 영역 간의 연결을 나타낸다고 말할 수 있다. 따라서 백질의 용적이 크면 뇌 영역들이 서로 밀접히 연결되었음을 알 수 있다. 오늘날 회색질과 백질은 사후 제작된 조직학적 검체에서뿐만 아니라 살아있을 때도 뇌에 대한 구조적 MRI 영상으로 명확히 확인할 수 있다. 이 기법을 이용하면 수 처리 능력에 발달장애가 있는 사람의 뇌에서 회색질과 백질 각각이 차지하는 용적을 정상 발달된 사람들의 뇌질 용적과 비교해볼 수 있다.

살아있는 뇌의 해부학적 차이를 탐지하기 위해서는 화소기반형태계측법voxel-based morphometry이 사용된다. 이는 두 참가자 모집단에서 특정 뇌 영역에 나타나는 뇌질의 상대적 양을 조사하는 신경영상 분석기법이다. 화소기반형태계측법에서는 모든 개별 뇌를 '표준' 뇌에 맞춰 조정함으로써 참가자 간의 뇌 해부학에서 나타나는 큰 차이를 제거한다. 다음으로, 뇌 이미지를 회색질, 백질 및 뇌척수강cerebrospinal fluid cavities으로 분할한 후 구분된 뇌 영역의 회색질 또는 백질 용적을 두 참가자 모집단 간에 비교한다. 이를 통해 계산장애 뇌의 해부학적 변화 가능성을 파악할 수 있다.

7~10세 사이의 정상 발달한 아동에서 수학 능력은 왼쪽 IPS의 회백질 용적과 특이적으로 관련된다.[24,25] 이 영역에서 회색질의 양이 더 많을수록, 즉 아동의 좌측 IPS가 더 많은 뉴런으로 차 있을수록 표준 산술 시험에서 더 좋은 점수를 받았다. 그 반대 또한 참이

다. 수 숙련도가 낮은 아동은 숙련도가 높은 아동에 비해 두정 영역
(특히 왼쪽 IPS와 양쪽 각이랑)에서 회색질 용적이 더 적었다.[26]

정상 발달한 아동에 대한 이 연구 결과를 볼 때, 계산장애 아동
의 경우에는 IPS에서 회색질 용적이 더 적을 것으로 예측할 수 있
다. 실제로, 몇몇 연구에서 산술 능력의 장애가 두정-전두 네트워
크 조직의 이상과 관련이 있음이 확인되었다. 유니버시티 칼리지
런던의 엘리자베스 아이작Elizabeth Isaacs과 동료들은 동일한 정도의
심한 조산으로 태어난 청소년의 회색질 용적을 비교했다.[27] 이 연구
의 시험 대상자는 임신 30주째 또는 그보다 더 일찍 태어난 조산아
였다. 이 연구에 참여한 피험자 중 절반은 계산장애를 앓고 있었다
(그밖에 다른 지능은 모두 정상이었다). 이때 계산장애가 있는 청소년
의 뇌는 정상 발달한 청소년에 비해 왼쪽 IPS에서 회색질의 감소를
보였다. 다시 말해 산술 능력에 손상이 없는 조산 아동은 손상이 있
는 아동에 비해 왼쪽 IPS의 회색질 용적이 더 높았다.

이후 회색질 용적은 IPS는 물론, 특히 전두엽 등의 수리 능력
과 관련된 다른 뇌 영역에서도 차이가 있는 것으로 확인되었다. 스
테파니 로처Stephanie Rotzer와 동료들은 발달적 계산장애를 가진 9세
아동들에 대한 뇌 스캔을 통해 이들 아동의 뇌에서 나타나는 구조
적 차이를 조사하고 이를 수학 능력이 정상적인 같은 연령대의 아
동과 비교했다.[28] 발달적 계산장애가 있는 아동은 대조군에 비해 우
측 IPS, 전대상, 좌측 하전두회 및 양쪽 중전두회에서 회색질 용적
이 유의하게 낮은 것으로 나타났다. 이 연구에서 로처와 동료들은
백질에서의 차이도 보고했다. 계산장애 아동은 왼쪽 전두엽과 오른
쪽 해마방회의 백질 용적이 유의하게 낮았다. 해마옆피질은 서술기
억 시스템의 중요한 부분이므로 이를 통해 계산장애에서 나타나는
산술적 사실-인출 장애를 설명할 수도 있다. 전반적으로, 계산장애

시험 대상자에 대한 이러한 연구들은 전두-두정 수 네트워크에 신경세포가 더 적고 네트워크 영역 간 연결이 적을 경우 산술 처리 능력이 저하되는 경향이 있음을 시사한다.

정상 발달 아동의 경우 연령이 높아짐에 따라 백질의 용적이 증가하여 구조적으로 전두엽과 두정엽, 특히 각회와 모서리위이랑의 연결성이 더 강화된다. 이는 산술과 관련된 것으로 알려진 전두-두정 네트워크에서 전두엽과 두정 영역 사이에 더 많은 연결이 형성된다는 것을 의미한다. 반면, 계산장애 아동의 경우에는 연령이 증가해도 백질이 크게 증가하지 않는 것으로 나타났다.[29] 이는 관련된 뇌 영역들이 적절히 연결되지 못하는 것 또한 계산장애를 일으키는 한 가지 원인임을 시사한다.

확산강조영상diffusion tensor imaging이라는 MRI 기법을 사용하면 백질 섬유관의 치수 및 무결성을 비침습적으로 측정할 수 있다.[30] 계산장애 아동의 섬유관을 조사하여 정상 발달 아동과 비교한 한 연구에서 수 처리 및 계산을 전담하는 것으로 알려진 전두-두정 네트워크의 뇌 영역들을 이어주는 섬유관이 손상되었다는 증거가 확인되었다.[31] 즉 섬유 연결의 손상 또한 계산장애의 신경 상관물로 간주할 수 있다.

이러한 모든 연구 결과는 아동의 계산장애가 기본적인 수 처리 과정에서의 특이적 장애의 결과임을 강력하게 시사한다.[32] 핵심적인 수 처리 네트워크는 그것만 독립적으로 작동하지 않으므로 더 광범위한 변화가 나타날 것으로 예상된다. 일부 연구에 따르면 계산장애는 분산된 뇌 영역 네트워크에서의 더 광범위한 기능 이상 때문인 것으로 나타났다. 이 분산된 네트워크는 후부두정 영역과 전전두 영역뿐만 아니라 수리 문제를 성공적으로 해결하는 데 필요한 여러 인지 기능을 제공하는 것으로 알려진 복측 후두측두피질

VOT 영역까지 포함한다.[33,34]

계산장애 아동의 뇌 활성화에서 기능적 차이

계산장애 아동은 비단 해부학적 부위의 차이뿐만 아니라 뇌 활성화에서의 기능적 차이도 보인다. 계산장애가 있는 아동과 그렇지 않은 아동은 전두-두정 영역에서 서로 상당히 다른 fMRI 반응을 보였다.[35] 이때 관찰되는 기능적 차이는 한 마디로 요약하기 어려울 만큼 복잡하다. 계산장애 아동의 경우 수와 관련된 뇌 영역 일부에서는 활성이 감소한 반면 다른 영역에서는 오히려 활성이 더 강한 것으로 나타난 것이다.

지금까지 발표된 몇몇 fMRI 발달 연구는 두 가지 주요 차이점을 시사한다. 첫째, 계산장애 아동은 IPS에서 수 관련 활성이 대조군만큼 강하지 않은 경향을 보였다.[36] 이는 두정 내 수 처리 시스템의 기능장애를 의미하는 것으로, 수에 대한 핵심 신경 기반은 오직 청소년기 이전에 피질이 성숙되는 동안에만 손상되는 것일 수도 있음을 시사한다. 두 번째로, 계산장애가 있는 아동은 특히 전두엽에서 더 넓은 뇌 부위를 사용한다. 두 번째 결과는 성취도가 낮은 아동의 경우 수 영역의 손상을 보상하기 위해 전두엽에서 집행 기능을 담당하는 뇌 영역을 사용하는 우회 전략을 취하기 때문인 것으로 해석된다. 계산장애 시험 대상자의 경우에는 단순한 수량 비교든 훨씬 복잡한 산술 과제든, 해결하기 어려운 과제를 수행하는 동안 사용하는 문제 해결 전략이나 뇌 영역이 달라지는 것으로 보인다.

한편, 능동적으로 정보를 유지하고 조작하는 능력인 작업기억에 손상이 생기면 계산장애를 유발할 수도 있다는 증거가 점점 더 많이 제시되고 있다.[37] 산수 문제 해결과 기본 수량 표상 과제는 모두 작업기억에 의존한다.[38,39] 작업기억이 없으면 어떤 아이도 계산을 할 수 없다. 아동이 계산을 하기 위해서는 규칙 기반 조작과 저장된 정보의 내용 갱신이 필요하다.[40] 좀 더 나이가 들어 숙련도가 증가하고 사실-인출 검색 전략으로 전환한 이후에야 작업기억에 대한 필요성이 감소한다. 이에 따라 기능적 신경영상 연구 결과 작업기억 및 수리 문제 해결에 관여하는 여러 두정 영역 및 PFC에서 상당한 중첩이 확인되었다. 활성의 중첩은 PPC의 모서리위이랑과 IPS, 전운동피질 그리고 복측 및 배측 PFC에서 가장 두드러졌다.

정상 발달한 참가자에 대한 뇌 영상 연구는 작업기억의 역할이 연령에 따라 달라진다는 최초의 근거를 제시했다. 앞서 언급한 바와 같이 수전 리베라와 동료들은 아동이 산수 문제를 풀 때 청소년이나 젊은 성인과 비교하여 PPC는 덜 사용하는 한편 PFC는 더 많이 사용하는 것을 발견했다.[41] 이는 부분적으로 연령이 높아짐에 따라 시각공간 작업기억 과정의 역할이 늘어나는 한편 인지 제어에 대한 요구가 감소하기 때문일 수 있다. 7세에서 9세 사이의 아동에서 시각공간 작업기억은 수학 능력에 대한 가장 강력한 예측 인자다. 산술 과제에서 시각공간 작업기억 및 이와 관련된 전두-두정 처리의 중요성은 이후 계산장애 아동에 대한 신경영상 연구에서 다시 한 번 확인된다. 수학 성취도가 낮은 아동은 정상 발달한 아동에 비해 시각공간 능력이 떨어졌으며 시각공간 작업기억 과제를 수행하는 동안 오른쪽 전방 IPS, 하전두회, 섬 피질에서도 활성이 더 낮았다.[42]

마지막으로 전전두 제어 시스템이 미발달할 경우에도 아동의 수학 능력에 저하를 일으킬 수 있다는 증거도 확인되었다. 구체적으로, 전전두 제어 시스템의 미발달은 산수 문제 풀이 동안 관련 없는 산술적 사실이나 연산 등의 정보를 억제하는 능력을 저하시키는

것으로 나타났다. 마찬가지로, 계산장애가 있는 사람을 대상으로
한 다른 연구에서도 시각공간 작업기억 및 억제 기능 제어의 저하
가 이러한 학습장애에 기여하는 핵심 인지 요인이라는 사실이 확인
되었다.[43]

계산장애는 유전자 탓일까?

수학 능력과 관련해 개인차가 존재한다는 것은 의문의 여지가 없
는 사실이다. 모든 사람이 가우스나 아인슈타인 수준의 인지 능력
을 가지고 있지는 않다. 물론 이러한 차이를 일으키는 데는 많은 요
인이 작용한다. 좋은 선생님 그리고 수학에 관한 즐거웠던 경험은
확실히 중요한 요소다. 하지만 누군가는 수학에 그토록 뛰어나지
만 다른 사람은 수학이 그토록 어려운 까닭에는 유전적 요인도 있
지 않을까? 행동유전학자는 모든 유형의 인지 및 행동 특성에서 유
전이 보통 내지 높은 수준으로 기여한다는 사실을 발견했다.[44] 수리
능력이라고 다를 이유는 없다. 무엇보다도, 수리 능력의 비상징적
기반은 선천적인 것으로 보인다. 유전적 요인이 아니라면 어떻게
갓 태어난 영아가 수를 배울 기회가 전혀 없었음에도 추상적인 수
량을 구분할 수 있겠는가?[45]

인간 게놈을 이루는 2만 개 이상의 단백질 코딩 유전자의 복잡
성과 계층 구조를 고려할 때, 그 유전자 중 몇 개가 우리의 수리 능
력을 일으키는 것 외에 다른 일은 하지 않는다고 가정하는 것은 순
진한 생각이다. 행동유전학자는 여러 유형의 인지 기능의 유전성을
탐구할 때마다 이러한 모든 인지 형질이 '다유전성polygenic' 즉 여러
유전자의 영향을 받으며 각각의 유전자는 서로 경미한 효과를 미친
다는 사실을 확인했다. 따라서 모든 유형의 학습장애 또한 많은 유

전자의 영향을 받게 된다. 더군다나 동일한 유전자가 여러 가지 인지 형질에 영향을 줄 수도 있다(이러한 효과를 '다면발현성pleiotropy'이라고 부른다). 상황을 더욱 복잡하게 만드는 것은, 한 유전자의 효과가 하나 이상의 다른 유전자의 존재에 따라 달라질 수 있다는 사실이다(이러한 과정을 '상위epistasis'라고 한다).

이러한 복잡성에도 불구하고, 유전자 변이 중 약 30%가 수학 능력에 특이적인 것으로 알려져 있다.[46] 그렇다면 그런 유전자는 어떻게 찾을 수 있을까? 무엇보다도 모든 사람의 유전체는 서로 모두 다르다. 결국 '수학 유전자'를 찾기란 건초더미에서 바늘을 찾는 것과 다름이 없다. 이 문제를 해결하기 위해, 다행히도 우리는 자연 그 자체로부터 도움을 받을 수 있다. 바로 '쌍둥이'들을 통해서다.

쌍둥이는 두 가지 유형이 있다. 먼저 일란성 쌍둥이는 하나의 수정란이 분할되어 발달한 것으로, 이후 두 개체는 동일한 유전자를 가진다. 반면 이란성 쌍둥이는 두 개의 분리된 난자로부터 발달한 경우로, 오직 50%의 유전자만 공유한다. 이때 이란성 쌍둥이는 일란성 쌍둥이와 마찬가지로, 그러나 일반적인 형제자매와는 달리, 같은 시각에 태어나고 함께 성장하면서 매우 유사한 환경을 경험한다. 따라서 연구자들은 쌍둥이 연구를 통해 수학 능력에서 유전적 요인과 환경적 요인을 서로 분리할 수 있다. 이들 쌍둥이 연구에서는 일란성 쌍둥이 간에 나타나는 수학 성취도의 상관관계를 이란성 쌍둥이의 수학 성취도 상관관계와 비교했다. 이란성 쌍둥이에 비해 일란성 쌍둥이일수록 수학 성적의 유사성이 더 높다면 이는 변이가 유전(즉 유전자)에서 비롯되었음을 의미하는 반면, 두 유형 간에 성취도가 서로 비슷하다면 이는 성적의 변동성에 환경적 요인(즉 사회 경제적 지위, 가정 환경 또는 학교 환경)도 상당히 기여함을 의미한다.

1997년 콜로라도 학습장애연구센터의 브루스 페딩턴Bruce Peddington 연구팀은 수학장애의 유전 가능성을 평가하는 최초의 쌍둥이 연구를 발표했다.[47] 연구원들은 쌍둥이 중 적어도 한 명이 수학장애가 있는 일란성 쌍둥이 40쌍와 동성 이란성 쌍둥이 23쌍을 조사했다. 그 결과, 쌍둥이 중 한 명이 수학장애를 가지고 있을 경우 다른 쌍둥이가 이러한 장애를 공유할 가능성은 일란성 쌍둥이의 경우는 58%이지만 이란성 쌍둥이는 39%에 불과하다는 것을 발견했다. 시험 참가자의 수가 상대적으로 적은 탓으로, 일란성 쌍둥이 및 이란성 쌍둥이 간의 수학장애 일치 여부 차이는 통계적으로 유의하지 않지만, 이 연구는 수학 능력 및 장애가 유전적이라는 첫 번째 단서를 제공했다는 점에서 의미가 있다.

쌍둥이 연구 중 가장 광범위한 연구는 런던대학교의 율리아 코바스Yulia Kovas와 동료들에 의해 수행되었다.[48] 이들은 7세, 9세, 10세 연령의 일란성 및 이란성 쌍둥이 수천 쌍을 표본으로 구성한 후 수학 능력, 과학 능력, 영어 능력의 세 가지 영역에서 유전성을 검사하는 한편 이들 능력과 일반 지능의 관계를 조사했다. 이 연구에서는 초기 학업 성과에서 놀랍게도 유전적 영향이 개인차의 약 60%를 차지하는 것이 확인되었다. 이는 유전적 영향이 상당히 높은 반면 공유된 환경의 영향은 그리 크지 않다는 사실을 나타낸다. 또한 연구진들은 이러한 연령대의 학생들은 연령에 따라 학습하는 내용에 중대한 차이가 있음에도 불구하고 세 가지 영역(수학, 과학, 영어) 모두에서 일관되게 유전적 영향이 높다는 사실을 발견하고 놀라움을 금치 못했다.

또 다른 예상치 못한 결과는 학습 영역 간의 높은 유전성이었다. 수학, 과학, 영어 사이의 학습 능력 중 약 3분의 2가 유전적으로 서로 관련되었다. 서로 다른 여러 가지 인지 영역에 영향을 미치는 이러한 유전자를 '종합가 유전자generalist gene'라고 한다.[49] 분명 종합

386

가 유전자는 수학, 과학 및 언어 학습 능력과 장애에 전반적인 영향을 끼친다. 결과적으로, 이것은 환경적 요인의 영향은 매우 미미하다는 것을 시사한다. 그러나 이 연구는 또한 아동이 다른 능력보다 유독 한 능력에서 더 높은 성취를 거두도록 하는 '전문가 유전자specialist gene'의 존재도 가정하고 있다. 이 연구의 쌍둥이 표본에서 유전적 변이의 약 30%는 수학 성취도에 특이적이었다.[50] 다시 말해, 어떤 유전자는 아동이 과학보다 수학을 더 잘 이해하도록 하며 어떤 유전자는 수학보다 과학을 더 잘하게 한다. 학습 능력에 대해 유전자가 상당한 영향을 미치므로, 비록 대부분의 유전자는 종합가임에도 불구하고 이러한 전문가 유전자는 학습 능력에 큰 차이를 만들게 된다. 연구자들은 유전적 영향을 다음과 같이 요약했다.[51] 특정 학습 능력 또는 장애(예: 읽기)와 관련이 있는 것으로 확인된 대부분의 유전자는 다른 학습 능력(예: 수학)과도 관련된다. 또한 학습 능력에 대한 종합가 유전자의 대부분은 다른 인지 능력(예: 기억)과도 관련된다.

앞에서 보았듯이 수학에 대한 학습장애는 핵심 '수 감각', 즉 수 본능의 결손과 관련이 있다. 최근 연구에서 율리아 코바스 연구팀은 수 감각의 유전성에 초점을 맞추고 십대 청소년을 대상으로 비상징적 수량 식별 능력, 즉 점 배열에서 점의 개수를 얼마나 정확히 식별하는지 검사했다.[52] 이번에는 16세 연령의 일란성 쌍둥이 836쌍과 이란성 쌍둥이 1422쌍을 검사했다. 결과 데이터를 유전적으로 분석한 결과, 유전성이 수 감각에 미치는 영향은 그리 크지 않았으며(32%), 개인차는 대체로 환경적 영향(68%)에 의해 설명되었다. 수 감각의 유전성이 이렇게 낮다는 사실에 사뭇 놀랐을지도 모르지만, 연구진은 진화적으로 유용한 형질이 반드시 유전성일 필요는 없다고 지적한다. 예를 들어 두려움은 진화적으로 유용한 형질로 여겨지지만, 두려움을 처리하는 과정에서 나타나는 개인차는 대부분 환경적 영향에 의해 설명된다.[53] 연구진은 수 감각의 경우 여러 종에 걸쳐 일련의 유전자 집합이 이러한 능력의 발달에 대한 청사진을 제공하는 한편, 또 다른 유전자 집합이 이들 개체군에서의 개체별 형질 차이를 만들어낸다고 제안했다. 이러한 변이를 유발하는 유전자는 예를 들어 수량을 추정하는 것과 관련된 지각 과정, 처리 속도 및 기타 인지 기능에 영향을 미칠 수 있다.

학습에서 유전적 차이와 관련해, 대중은 학습 능력에 성별에 따른 차이가 없는지에 큰 관심을 가지며 일부 미디어는 이러한 관심을 이용해 광고를 하기도 한다. 남성과 여성이 신체 구조와 기능의 특정 측면에서 서로 다르다는 것은 분명하다. 물론 개인의 성별은 유전자 즉 성염색체gonosome에 따라 결정된다. 모든 포유류에서 암컷은 두 개의 X염색체(XX)를 가지는 반면에 수컷은 X염색체와 Y염색체(XY)를 가진다. 그런데 한 성별이 다른 성별에 비해 수학 능력이 월등히 더 뛰어나다는 근거 없는 속설이 존재한다. 일반적으로, 남아들의 수학 능력이 더 뛰어난 것으로 간주된다. 그러나 과학 연구에 따르면 수리 능력에서 성별에 따른 차이는 거의 없는 것으로 나타났다. 성별 차에 대해 미국에서 수행된 광범위한 메타 분석 연구에 따르면, 수와 산술 능력에서 성별 간에 유의한 차이는 관찰되지 않았다.[54] 또한 유전적 및 환경적 요인이 여성과 남성에게 미치는 방식은 서로 유사하다(수행 능력이 정상인 경우와 낮은 경우 모두에서).[55,56] 성별에 대한 그 모든 속설과 편견에도 불구하고, 실제로 성별은 수학 능력에 큰 영향을 주지 않는다. 다시 말해, 남성과 여성의 수학 수행 능력은 유전적으로 서로 유사하다.

그렇다고 성염색체가 수리 능력에 아무런 영향을 끼치지 않는 것은 아니다. 초기 발달 과정 중 유전적 사건으로 인해 성염색체의 수가 정상 쌍과 달라질 경우 산술 능력 장애를 유발하는 병리적 상태가 발생할 수 있다. 그중 하나는 터너증후군Turner's syndrome으로, 여성이 X 염색체의 일부 또는 모두가 결손된 상태(X 일염색체)를 의미한다. 터너증후군 환자는 여러 해부학적 및 기능적 이상 증상을 겪지만 지능 수준은 정상이다. 터너증후군은 계산장애와 관련이 있지만 다른 특정 학습장애와는 관련이 없다.[57] 수학 학습장애를 유발할 수 있는 또 다른 유전자 이상으로 취약 X 증후군fragile X syndrome이 있다. 이 질환은 X 염색체의 유전자 돌연변이로 인해 발생하며, 일반적으로 남성에게 심각한 지적 장애를 초래한다. 두 질환 모두 IPS 및 두정-전두 네트워크에서 비전형적인 fMRI 활성화가 관찰되었다.[58,59,60] 예를 들어, 터너증후군 환자의 경우 계산 중에 두정 내에서 정상치보다 낮은 활성(BOLD 활성 저하)이 나타났다. 또한 우측 IPS의 길이와 깊이 및 기하학적 구조도 비정상적인 것으로 확인되어 터너증후군에서 이 영역이 정상 발달하지 않았음을 알 수 있다. 이러한 유전적 형태의 발달적 계산장애는 우측 IPS의 기능 및 구조적 이상과 관련된 것일 수 있으므로 산술 능력 발달에서 이 영역의 중요성이 더욱 강조된다.

여기서, 환경적 요인과 비교했을 때 유전자가 산술 학습 능력에 미치는 영향이 어느 정도인지 다시 한 번 생각해보자. 유전자는 학습 능력의 안정적인 기반을 마련한다. 그러나 2007년 율리아 코바스와 동료들이 수행한 대규모 쌍둥이 연구에 따르면 우리의 학습 능력에는 심지어 일란성 쌍둥이 간에도 유전자만으로 설명할 수 없는 흥미로운 차이가 존재한다.[61] 유전자로 이러한 차이를 설명할 수 없다면, 그 차이는 환경에 의해 유발된 것이다. 이 연구에 따르면, 쌍둥이가 겪는 환경의 다양성이 이러한 차이에 크게 기여한다. 다시 말해, 일란성 쌍둥이의 수학 학습 성취도에 차이가 나타난다면 그것은 쌍둥이들 각각이 경험하는 환경이 서로 조금씩 다르기 때문이다. 비록 같은 가족 내에서 자란 아이들이라도 환경적 요인은 이 아이들의 학습 능력에 차이를 만들 뿐만 아니라 이 아이들을 연령에 따라서도 시시각각 달라지게 만든다.

환경적 차이는 학습 능력과 장애를 이해하는 데 여전히 거대한 수수께끼로 남아 있다. 왜냐하면 일반적으로 쌍둥이는 같은 가정에서 자라고 같은 학교를 다니며 심지어 같은 학급에 속하는 경우도 많기 때문이다. 만일 가정 환경이 동일하다면, 학습 능력에서 성과의 차이를 만드는 데 아마도 교육적 요인이 가장 큰 영향을 미쳤을 것이다. 이러한 발견을 활용하면 학습장애를 겪을 가능성이 있는 아이들에게 특별한 도움을 줄 수 있을 것이다. 코바스와 동료들이 지적한 것처럼,

> 아이들에게 학습장애를 일으킬 위험이 있는 유전자를 식별하는 것이 갖는 가장 중요한 이점은 그러한 장애가 일어나기 전에 문제를 예측하기 위한 조기 경고 시스템으로 이 유전자를 이용할 수 있다는 것이다.[62]

정확한 원인이 무엇이든 환경이 수학 능력에 중요한 역할을 한다는 연구 결과를 볼 때, 특히 신경과학 연구 결과를 바탕으로 한 초기 개입은 수학 성취도가 낮은 아이들이 좀 더 좋은 성적을 거두는 데 도움을 줄 수 있을 것으로 보인다. 지난 몇 년 동안 초기 산술 능력을 지원하는 것으로 여겨지는 IPS 내 ANS를 개선하는 데 초점을 두고 여러 가지 적응형 소프트웨어 프로그램과 컴퓨터 게임이 개발되었다. 이러한 모든 게임은 점 집합에서 점의 개수를 식별하는 데에서 정확성을 개선하도록 설계되었다. 이들 게임은 수량 비

교 능력을 크게 향상시킬 수 있었지만 안타깝게도 이러한 효과가 계산 또는 산술 능력의 개선으로 이어지지는 않았다.[63]

그러나 계산장애 아동에게도 희망은 있다. 뇌는 훈련될 수 있기 때문이다. 스탠퍼드대학교의 테레사 이우쿨라노Teresa Iuculano와 비노드 메논은 어떠한 수학 훈련이 수학 학습장애를 치료할 수 있을지, 만일 그런 훈련이 있다면 어떻게 작동하는지 답하기 위한 연구를 수행했다.[64] 이들은 계산장애 아동과 정상 발달 아동에게 기능적 뇌 영상 진단을 받도록 한 후 이 아동들을 8주간의 수학 교습 프로그램에 참여시켰다. 이 프로그램은 기수나 덧셈 및 뺄셈의 관계와 같은 산술 지식을 강화하는 데 중점을 두었다. 실제로 연구자들은 계산장애 모집단에서 수학 성취도가 정상화된 것을 확인할 수 있었다. 또한 수학 교습은 계산장애 아동의 뇌에 광범위한 기능적 변화를 일으키는 것으로 확인되었다. 계산장애 아동의 뇌 활성이 정상 발달한 아동의 뇌 활성과 유사해진 것이다. 교습을 받기 전 계산장애 아동과 정상 발달 아동은 전전두, 두정 및 측두 영역의 뇌 활성에서 눈에 띄는 차이를 보였지만 교습 후에는 이러한 차이가 사라졌다. 즉 fMRI 촬영 결과, 수학 문제 해결에서 중요한 역할을 하는 뇌 영역에서 광범위하게 나타나던 과다 활성이 수학 교습으로 인해 크게 감소된 것이 확인되었다. 교육적 개입이 긍정적인 영향을 미친 것이다. 따라서 앞으로 연구해야 할 중요한 의제 중 하나는 계산장애 아동에게 정확히 어떤 전략이 가장 유용한지 파악하는 것이다.

6부

아주특별한 수와 뇌

14장   마법의 수 '영'

구부러진 것은 펼 수 없고 모자란 것은 셀 수 없다. (**전도서 1:15**)

'영'은 왜 특별한가?

지금까지 우리는 양의 자연수만을 다루었다. 그러나 자연수와 연결되는 또 다른 수, 즉 0은 별로 언급하지 않았다. 0은 정말 특별한 수다. 수학에서 0은 양날의 칼이라고 할 수 있다. 수학의 어떤 측면은 0이 없었다면 전혀 이해할 수 없었을 테지만 어떤 부분은 0 때문에 더 복잡해졌기 때문이다.

0이 수학을 더 이해하기 쉽게 만들어준 측면은 매우 명백하다. 0을 수로 간주하면 산술 연산이 훨씬 더 쉬워지는 것이다. 양의 정수만 있다고 가정해보자. 우리는 3 빼기 2처럼 그 결과가 분명 양수인 경우는 쉽게 계산할 수 있다. 하지만 3 빼기 3은 어떤가? 이것은 우리가 실제로 수행할 수 있는 산술 연산이며 그 답은 오직 0이란 개념이 있을 때만 가능하다. 즉 '아무것도 없음'을 표현하기 위해서는 0이 필요하다. 그러나 계산 능력에 0이 항상 이롭기만 한 것은 아니다. 0은 또한 음수로 향하는 입구이기도 하다. 자연수의 심적 숫자선에서 0은 가장 작은 수이며 이후 모든 양의 정수가 잘 정렬된 척도를 따라 한 방향으로 0의 뒤를 따라 늘어선다. 그렇다면 숫자선의 다른 쪽에는 수가 없을까? 기준점으로서 0이 없으면 음수도 없다. 음수로의 전진은 '초월적'이라고 부를 수도 있을 만큼 우리 정신 영역에서 큰 도약이었다. 음수는 실재를 넘어서는 영역이기 때문이다. 음수의 표상이 없다는 말은 이렇게도 표현할 수 있다. 즉 우리는 무언가를 실질적으로 '마이너스 3개' 가지지 못한다. 그러나 모든 유형의 수학을 위해서는 음수가 반드시 필요하다. 음수로 인해 우리는 완전히 발달된 수체계를 성립시킬 수 있다. 그리고 이 모든 것은 수 0이 있기에 비로소 가능해진다.

그러나 실제 계산에서 0은 여간 귀찮은 존재가 아니다. 0은 유례없는 산술적 역설을 유발한다. 어떤 수에 0을 더하거나 빼도 이 수는 변하지 않고 그대로 남는다. 그리고 어떤 수든 0을 곱하면 0이된다. 글쎄, 굉장히 흥미롭긴 하지만 아직 역설을 일으키진 않는다. 문제는 나눗셈이다. 어떤 수든 0으로 나누는 것은 불가능하다. 계산기에 아무 숫자를 입력하고 0으로 나누면 '오류'가 발생한다. 0으로 나누는 것이 불가능한 것처럼 0을 0제곱(0^0)하는 것도 불가능하다. 다시 말해, 0으로는 일부 표준 산술 연산을 수행할 수 없다.

또 다른 근본적인 문제는 어떤 연산은 0이 사용되면 비가역적이게 된다는 것이다. 양의 정수의 경우, 곱셈은 완전히 가역적이다. 3×2=6의 예를 살펴보자. 2를 곱하면 3은 두 배가 된다. 그리고 이렇게 얻은 수를 다시 2로 나누면 곱하기가 취소된다. 이를 가역적 연산이라고 한다. 하지만 0의 경우에는 이러한 법칙이 성립하지 않는다. 0을 곱하면 그 연산은 되돌릴 수 없다. 0을 곱하면 그 결과는 항상 0이고 나누기는 불가능하기 때문이다. 이 계산에서는 논리가 무너지고 역설이 더 커진다. 그 이유는 모두 0 때문이다.

0은 매우 까다로운 수 개념으로, 심적 및 신경생물학적 관점에서도 그렇다. 이 수는 왜 그렇게 특별할까? 어쨌든, 모든 수는 추상적이다. 가령 숫자 2는 쌍을 포함하는 모든 집합의 공통 속성이며, 숫자 3은 세 개의 쌍을 포함하는 모든 집합의 공통 속성인 식이다. 어떤 집합이든 뇌는 그것을 구성하는 원소의 경험적 특성을 추상화할 필요가 있으며, 이를 위해서는 인지 능력이 요구된다. 그러나 0을 추상화하기는 상당히 까다롭다. 최소한 양의 정수는 열거할 수 있는 실제 사물과 대응되기라도 한다. 따라서 우리는 먼저 적은 개수의 사물을 셈하는 방법을 배운 후 이러한 셈하기 절차를 적용함으로써 무한대의 양수를 파악할 수 있다.[1,2]

그러나 0의 경우는 완전히 다르다. 0은 공집합, 즉 '무'이며 거기에는 셀 수 있는 원소가 없다. 실제로 0은 셀 수 있는 대상의 부재로서 정의된다. 그럼에도 불구하고 0이 집합(비록 공집합이라 해도)이며 수 개념이란 사실을 이해하기 위해서는 극도의 추상적 사고가 필요하다. '없음'이 '있음'이 되고 '원소의 부재'가 심적 카테고리 즉 수학적 대상이 되어야 하는 것이다. 이를 위해서는 더 이상 현실 세계의 감각으로 경험할 수 없는 그 어떤 실체에 대해 사고할 수 있어야 한다.

이러한 심적 어려움을 반영하듯, 0은 인간 역사와 발달에서, 진화상에서 그리고 신경 처리에서도 상당히 뒤늦게 나타났다. 뒷부분에서 설명하겠지만 인류의 역사에서 0을 인식하고 그 가치를 알아차리기 전까지는 상당히 오랜 시간이 걸렸다.[3,4] 0을 받아들이기 어려워하는 현상은 개체발생적으로 아동이 0을 이해하는 데 상당히 오랜 시간이 걸리는 것에서도 나타난다. 동물계에서는 오직 발달된 인지 기능을 가진 종만이 수량 0의 아주 기초적인 개념을 간신히 이해하곤 한다. 마지막으로, 감각 자극('있음')을 처리할 수 있도록 진화한 뇌에서 공집합('없음')이 유의미한 부류로 받아들여지려면 인식하고 경험한 것을 넘어서는 추상화 과정이 필요하다. 원숭이에서의 신경세포 기록은 영장류의 뇌에서 이러한 일이 어떻게 일어나는지에 대한 첫 번째 단서를 제공한다.

인류사에서 '영'의 발견

인류 역사에서 수 0은 놀랄 만큼 최근에 등장했다. 그리 멀지 않은 과거 얼마 전까지만 해도 인류는 오직 양의 자연수밖에 몰랐다. 그때까지 '영'이란 단어, 기호 그리고 그 개념조차도 발견되지 않았다. 심지어 오늘날에도 0의 기원은 여전히 밝혀지지 않았다. 이는 부분적으로 처음에 0이 여러 가지 방식으로, 여러 다른 의미로 사용되었던 탓도 있다.

처음에 0은 숫자 표기에서 빈 자리를 지시하기 위한 기호로 사용되었다. 빈 자리는 오늘날에도 사용되는 특별한 숫자 표기 체계, 즉 '위치 표기 체계'('자릿값 체계'라고도 한다)에서 상당히 중요한 의미를 가진다. 위치 표기 체계는 무한수에 대한 보편 표기 체계다. 위치 표기 체계에서 1을 비롯해 그와 동일한 숫자는 그 위치에 따라 서로 다른 값을 가진다. 예컨대 10과 100에서 1이 의미하는 값은 그 위치에 따라 다르다.

자릿값 체계가 효과적이기 위해서는 양의 수가 부재함을 나타내는 기호가 필요하다. 바로 이런 목적으로 0이 최초로 사용되었다.[5] 어떤 자리가 비어 있음을 나타내는 기호가 없다면 자릿값 숫자 기록은 그 의미가 매우 불분명할 것이다. 예컨대 기원전 200년 무렵 중국에서는 10진법 체계로 수를 표시하여 계산을 수행하기 위해 집계판의 각 열에 막대기를 놓는 방식이 사용되었다. 각 열은 10진법의 차수를 나타낸다. 즉 가장 오른쪽의 첫 번째 열은 한 자리, 두 번째 열은 10자리, 세 번째 열은 100자리를 나타내는 식이다. 여기서는 공간을 비워 두는 것으로 0을 나타냈다.[6] 이러한 방식의 문제는 가령 '‖‖ ‖'은 31, 301, 심지어 310까지 어떤 수든 의미할 수 있다는 것이다. 이러한 애매함을 피하기 위해서는 빈 공간을 나타낼 또 다른 방법, 즉 빈 열을 의미하는 기호를 마련하는 것이 필수적이다. "이 특정 위치에는 아무 숫자도 없다"라고 알리기 위해서는 0이 있어야 하는 것이다. 자리 차지자(플레이스홀더)로서 0의 발견은 따라서 자릿수 표기 체계의 발명과도 얽혀 있다.

서구의 숫자 표기 체계는 원래 자릿값에 의존하지 않았으므로 0을 필요로 하지 않았다. 고대 이집트, 그리스 및 로마에서는 특정한 숫자값은 그것만의 전용 기호로 표시되었다. 예를 들어 로마의 수체계에서는 3까지의 단위는 그에 상응하는 I의 개수로 표시하며 5는 V로, 10은 X로, 50은 L로, 100은 C로, 500은 D로, 100만은 M으로 나타낸다. 이러한 체계에서는 단순히 이러한 기호들을 하나씩 덧붙임으로써 큰 수를 나타낼 수 있으므로 0을 필요로 하지 않는다. 하지만 이처럼 복잡한 체계에서는 계산을 제대로 수행할 수 없다. 수학은 0 없이는 나아갈 수 없었다.

0이 위치 표기에서 빈 열을 나타내는 기호로 처음 사용된 것은 대략 기원전 400년경 고대 메소포타미아 문명의 바빌로니아에서다.[7] 바빌로니아인들은 60진법 체계에서 플레이스홀더로 두 개의 사선형 쐐기를 사용했다(그림 14.1A).[8] 얼마 뒤, 그리스인들이 플레

A 바빌로니아 숫자

영

$1 \times 60 + 4 = 64$ $1 \times 60 \times 60 + 0 \times 60 + 4 = 3604$

B 마야 숫자

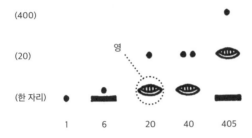

(400)

영

(20)

(한 자리)

1   6   20   40   405

C 인도 괄리오르 명문

그림 14.1 '영'의 기호. (A)바빌로니아의 60진법 숫자 체계. 왼쪽에서 오른쪽으로 읽는다. 60진법 위치 표기 체계에서 새로운 자릿값은 60부터 시작한다. 가령 64란 숫자는(왼쪽) 왼쪽에 쐐기 하나(1개의 육십), 오른쪽에 쐐기 4개(4개의 하나)로 적는다. 이때 바빌로니아인들은 빈 공간을 나타내기 위한 기호로 비스듬한 이중 쐐기를 윗부분에 추가했다. 예컨대 오른쪽 그림의 숫자에서는 두 번째 자리가 비어 있으므로, 이 수는 60진법으로 3604를 나타낸다. (B)마야인의 20진법 자릿값 체계. 아래에서 위로 읽는다. 따라서 19보다 큰 수는 20의 거듭제곱을 사용해 수직적 자릿값 형식으로 적는다. (C)인도 괄리오르(Gwalior)에서 9세기에 작성된 명문(銘文). 그림 가운데에 숫자 270이 보인다. 사진 출처: 알렉스 벨로스Alex Bellos.

이스홀더로 동그라미(○)를 사용했는데, 바빌로니아 문명의 영향을 바탕으로 한 것으로 보인다.[9] 서기가 시작될 즈음 고대 마야 문명은 바빌로니아와는 독립적으로 0을 발견했다. 이들은 20진법 자릿값 체계에서 조개 모양의 기호를 사용해 0을 표시했다[10] (그림 14.1B). 이제서야 처음으로 '없음', 즉 자릿값 표기 체계에서 숫자의 부재가 빈 플레이스홀더라는 유의미한 범주로 인식되고 기호로 표시되기 시작한 것이다. 이제 0은 이러한 표기 체계에서 없어서는 안 될 요소가 되었다. 여기서 짚고 가야 할 점은, 바빌로니아인과 마야인들이 발명한 이들 '0'의 기호들은 그 자체로 숫자값을 가지지는 않았다는 점이다. 따라서 이러한 기호들을 0의 '개념' 또는 '수' 0의 표상으로 해석할 수 없다.[11]

하지만 일단 표기 체계에서 빈 자리를 나타내기 위한 기호가 생긴 이후, 이 기호가 공집합을 나타낸다는 사실을 깨닫기까지는 얼마 걸리지 않았다. 0이 공집합을 나타낸다는 것을 이해하는 일은 중요하다. 바로 이런 때만 0이 정량적 의미를 가질 수 있기 때문이다. 0은 비어 있는 집합이며, 원소가 하나만 있는 집합과 인접한다. 이제 이 기호는 심적 숫자선의 일부로서 '영'을 나타낸다. 이러한 발견이 정확히 언제 이루어졌는지는 결정하기 어렵다. 그러나 이 발견이 인류사에서 인지적 전환점을 이룬 것은 분명하다. 집합이 비어 있을 때도 여전히 양을 가진다는 것을 이해할 수 있어야 하기 때문이다.

일단 0에 정량적 의미가 부여되면 그것은 실제 수학적 개념, 즉 수 '영'이 된다. 7세기 무렵 인도에서 처음으로 0이 수의 기본 개념과 관련되기 시작했다. 0이 수로 처음 사용된 최초의 문자 기록은 인도의 수학자 브라마굽타의 문헌에서 나왔다.[12] 브라마굽타는 산스크리트 운문으로 이루어진 저서《브라마스 푸타싯단타 *Brahmas-*

phutasiddhanta》(628년)에서 처음으로 0을 사용한 연산법칙을 서술했다. 여기서 그는 분명히 0을 수 기호로 사용했다. 예를 들어, 브라마굽타는 "수에 0을 더하거나 빼도 그 수는 변하지 않는다"라고 서술하고 있다.[13] 심지어 나눗셈에 대해서도 언급한다. 하지만 당시 그는 0의 나눗셈을 제대로 이해하지 못했고, 따라서 "0을 0으로 나누면 0"이라고 잘못 주장했다.[14]

인도의 가장 오래된 수학 문헌 중 하나인 이른바 바크샬리 Bakhshali 필사본에도 진정한 수로서 0을 사용한 계산이 등장한다. 최근 방사성탄소연대추정에 따르면 이 필사본은 대략 서기 300년, 700년, 900년의 세 가지 시기 동안 유래된 자작나무 껍질 면으로 구성되어 있다. 산술에 대한 이론은 가장 최근에 작성된 부분인 900년경 부분에 기록되어 있었다.[15]

오늘날 우리가 아는 숫자 '0'은 서기 876년 괄리오르(인도 중부)의 한 사원 벽에 새겨진 명문에서 처음으로 나타난다.[16] 여기 새겨진 작은 동그라미는 사원이 기부받은 화원의 규모를 나타내기 위한 것이다(그림 14.1C). 기쁘게도, 최초의 '0'은 그처럼 평화로운 목적을 위해 사용된 것이다. 이제 0은 보잘것없는 공집합이 아니라 산술 연산을 가능하게 하는 복소수 이론과 조합 기호 체계의 한 부분을 이루는 어엿한 수가 되었다. 이러한 발견에 경탄하며 마이크 호크니Mike Hockney는 다음과 같이 썼다.

> 인도인은 0을 받아들이면서 수학에 혁명을 일으켰다. 0은 인도의 가장 위대한 업적이며 인류사에서 가장 위대한 도약 중 하나다.[17]

0은 산스크리트어로 '순야*sunya*(비어 있는)'라고 불린다. 인도와 유럽을 이어주는 역할을 했던 아랍에 0이 알려진 것은 대략 9세기 즈음으로, 이들은 인도의 이름 '순야'를 문자 그대로 번역해 'as-sifr'(빈 것)라고 썼다. 유럽에서는 서기 1200년 무렵, 이탈리아의 수학자 피보나치(일명 피사의 레오나르도)가 북아프리카를 여행하면서 0을 비롯해 1부터 9까지의 인도-아라비아 숫자와 10진법 자릿값 체계를 가져오면서 처음으로 0이 알려졌다. 이때 유럽은 수체계를 받아들이며 그 기호와 함께 0의 아라비아 이름도 도입했다. 이윽고 13세기가 되면 이 이름은 라틴어 형태인 *cifra* 및 *cephirum*으로 바뀐다. 그 후 이 라틴어 단어는 관용구로서 사용되기 시작한다. 이탈리아에서 *cephirum*은 *zero*로 바뀌었으며 이 단어는 현대 프랑스어와 영어에서도 그대로 유지된다. *cifra*는 14세기 프랑스에서 *chiffre*가 되었고 이후 독일에서는 *Ziffer*가 되었다(두 단어 모두 '숫자'를 의미한다―옮긴이).

0은 유럽에 도래한 이후 중세시대 사상가들의 마음에 상당한 혼란과 불안을 일으켰다. 처음에 신학자나 철학자, 수학자는 0을 사용하기 꺼렸다. '없음'이란 혼돈이고, 신이 세상을 창조하기 전 상태다. 고대 그리스어 χάος(chaos: 혼돈)는 원래 '커다란 공극空隙'을 의미하는 말로, κόσμος(kósmos) 즉 '세계 질서'에 반하는 완전한 무질서 상태를 나타낸다. 이 세계가 기어이 벗어난 '없음'의 상태를 취급하고 싶어하지 않은 것은 어쩌면 당연했다. 따라서 이 불가사의한 0에 대한 상징은 비밀 기호로 사용되기도 했다. 영단어 'decipher'(해독하다)를 비롯해 여러 언어에 존재하는 '비밀을 풀다'라는 의미의 단어에서 이러한 용법의 흔적을 찾아볼 수 있다. 오늘날에는 이러한 비이성적인 두려움을 상상하기 어렵지만 중세시대에 전 유럽에서 교회가 교육을 담당했다는 사실을 기억해야 한다. 따라서 교회의 교리는 수학을 비롯한 모든 수련 과정에 침투했다. 15세기 후반까지도 0은 *umbre et encombre* 즉 '음침하고 거추장스러운 것'으로 여겨졌다. 0의 독일어 이름인 *Null*도 0이 *nulla figura* 즉 '실재하는' 수가 아니라는 개념에서 유래한 것이다.[18]

그러나 특히 상인들은 사업을 운영하는 데 자릿값 표기 시스템과 0이 얼마나 효과적인지 금방 알아차렸다. 재밌는 것은 1299년 피렌체에서 모든 아라비아 숫자와 함께 0의 사용이 일시적으로 금지되었다. 이 새로운 숫자가 사기를 조장한다는 이유에서였다. 왜 그런지는 쉽게 알 수 있다. 회계장부의 항목 뒤에 0을 덧붙이면 돈이 10배, 심지어 100배까지 더 많아 보일 수 있기 때문이다. 이처럼 기록이 위조될 수 있다는 우려는 오늘날까지도 남아 있어, 우리는 수표에 금액을 쓸 때 숫자가 아니라 수효 단어를 쓴다. 또한 0으로 인해 음수로 향하는 문이 열리면서 이제 대출과 부채는 미증유의 타당성을 획득했다.

결국에는 0의 매력이 승리했다. 그 자체는 아무것도 없지만 이 수는 자릿값 표기 체계에 마법 같은 변화를 일으킨다.《신기한 수학나라의 알렉스*Alex's Adventures in Numberland*》[19]의 저자 알렉스 벨로스Alex Bellos가 근사하게 묘사했듯이,

> 0을 포함한 아라비아 숫자들이 도래한 후 르네상스는 진정으로 빛나기 시작했다. 그전까지 흑백이었던 산수의 세계는 바로 이때부터 갑자기 화려한 총천연색상으로 갈아입었다.[20]

수학자들만이 아니라 예술가들도 0의 마법에 완전히 사로잡혔다. 예를 들어, 위대한 작가 윌리엄 셰익스피어(1564~1616)는 '무'라는 개념에 크게 매료되었으며, 그의 작품에서 0은 중요한 역할을 하곤 했다. 희곡《리어왕》한 작품만 봐도 '없음nothing'이라는 단어가 서로 다른 문맥에서 대략 40회 정도 등장한다. 리어왕이 자신

의 왕국을 세 딸에게 나누어주기로 결심했을 때 '없음'으로부터 비극이 시작된다. 아버지를 가장 사랑한 막내딸 코델리아는 자신의 사랑을 표현할 단어를 찾지 못한다("제 애정은 제 혀보다 더 무겁습니다").[21]

> 리어왕: 너는 네 언니들보다 네 몫을 더 풍부히 받아내기 위해 무슨 말을 할 수 있느냐? 말해보거라.
>
> 코델리아: 사랑하는 아버지, 아무것도 없습니다.
>
> 리어왕: 아무것도 없다고?
>
> 코델리아: 네, 아무것도 없습니다.
>
> 리어왕: 어째서인가? 무에서는 아무것도 나오지 않을 것이다. 다시 말해보거라.
>
> 《리어왕》 1막 1장)

셰익스피어의 시대에는 수로서의 '무'라는 개념이 새로운 숫자 표기 체계에 포함되어 이탈리아에서 영국으로 조금씩 확산되는 중이었다.[22] 윌리엄 셰익스피어는 16세기 후반 영국에서 아동 시기에 로버트 레코드Robert Recorde의 《산수의 기초 The Ground of Artes》(1543)를 통해 0에 대해 학습한 첫 세대에 속했다.[23,24] 셰익스피어는 자릿값 체계에서 각 숫자가 차리하는 '자리'의 산술적 의미 또한 이 표준적인 산술 교과서로부터 알게 되었으며 0의 자릿값 개념을 희곡에 사용하기도 했다.[25] 예를 들어 《겨울 이야기》에서 폴릭세네스가 설명하듯이,

그리하여, (알맞은 자리에 써넣은)
영cipher처럼

한 번의 '고맙소'로 그 앞의 '고맙소'를
수천 번 되풀이하오.

(《겨울 이야기》 1막 2장)

셰익스피어는 아라비아 숫자 '0'을 은유적으로 사용한 최초의 시인으로 추측된다. 그는 0을 플레이스홀더로만이 아니라 정량적 의미로 '아무것도 없는 것'을 지시하는 기호로서도 사용했다. 《리어왕》에서 '광대'는 0을 완전히 버림받고 완패한 상태의 기표로 사용한다.

이제 그대는 수치가 없는 0이라네. 이제 나는 그대보다 낫다네. 나는 광대지. 그대는 아무것도 아니야.　　　(《리어왕》 1막 4장)

여기서 리어왕은 수의 값을 증가시킬 수 없는, 단순히 아무런 양도 없는("수치가 없는") 외떨어진 '영'으로 비유된다.

셰익스피어와 같은 시인들이 수에서 영감을 얻은 것처럼 수학자들 또한 0이 수학식에서 행하는 역할을 통해 이 수의 아름다움을 발견했다. 그러한 식 중 가장 놀라운 수학식은 스위스의 수학자이자 물리학자인 레온하르트 오일러Leonhard Euler(1707~1783)의 이름을 딴 오일러의 항등식이다.

$$e^{i\pi}+1=0$$

오일러의 항등식은 보통 수학에서 가장 아름다운 공식으로 불리곤 한다. 스탠퍼드대학교의 영국 수학자인 키스 데블린Keith Devlin이 썼듯이,

사랑의 가장 깊은 정수를 포착해내는 셰익스피어의 소네트처럼, 단순히 피부 깊이를 넘어서 인간 본연의 아름다움을 이끌어내는 명화처럼, 오일러의 항등식은 존재의 가장 깊은 본질에 도달한다.[26]

미국의 이론물리학자 리처드 파인만Richard Feynman(1918~1988)은 오일러 항등식을 "보석"으로, "전체 수학에서 거의 전율을 일으키는 가장 놀라운 식"이라고 불렀다.[27] 수학자들이 이토록 깊게 탄복하는 이유는 이 식이 수학의 가장 기본적인 개념들—오일러의 수 e, 허수 단위 i, 상수 π, 1, 0—을 오직 한 번씩만 사용해 단 하나의 식으로 표현하고 있기 때문이다. 마이크 호크니는 오일러의 항등식을 "신의 방정식"이라고 칭했다.[28] 그는 책 서문에서 이 식을 이렇게 찬양했다.

만일 창조주라는 것이 존재한다면 그는 아마도 수학자일 것이며, '신의 방정식'은 그가 세상을 일으키기 위해 사용한 식…… 모든 것을 지배하는 유일한 식, 그것들을 찾기 위한 유일한 식. 어둠으로부터 그 모든 것을 이끌어내기 위한 유일한 식일 것이다.

우리는 0이나 위치 표기 체계를 들으면 보통 서양에 널리 퍼져 있는 10진법을 떠올린다. 그러나 10진법은 단지 문화적 관례일 뿐이며, 다른 진법 체계 또한 동일하게 중요하다. 고대 바빌로니아의 60진법은 주로 천문학 분야에서 비교적 최근까지 계속 사용되었다. 현재에도 우리는 60진법을 사용해 각도(도, 분, 초)나 시간(시, 분, 초)을 측정한다.[29]

하지만 일반적으로 최후의 만능학자로 여겨지는 독일의 수학자 고트프리트 빌헬름 라이프니츠가 1679년에 고안한 현대 2진법 체계가 없다면 지금 우리의 기술 세계는 전혀 상상할 수 없을 것이다.[30] 2진법 체계에서 모든 수치는 오직 두 가지 상징만을 사용해 표현된다. 바로 0과 1이다. 2진수binary digit 또는 비트bit는 이러한 두 수 중 오직 하나만 가질 수 있다. 2진 체계의 장점은 전자공학에서 쉽게 구현할 수 있다는 점이다. 디지털 전자회로는 '높음' 또는 '낮음', 아니면 그저 단순히 '1과 0'이라는 두 가지 전압 상태만 채택한다. 따라서 2진 체계는 모든 현대 컴퓨터와 디지털 기기의 핵심에 놓여 있다. 프로그램 작동이 가능한 세계 최초의 컴퓨터 Z1은 2진 전기 구동 기계식 컴퓨터로서, 독일의 엔지니어 콘라트 추제Konrad Zuse(1910~1995)가 1936년에 설계하고 1938년에 제작했다. 그 이후 수십 년에 걸친 기술 혁신으로 인해 지금 우리는 문자 그대로 0과 1에 둘러싸여 있다.

아동에서 0 개념의 발달

인류 문명이 0을 받아들이기까지 상당히 오래 미적거렸듯이, 발달기 아동도 0을 이해하기까지 다소 시간이 걸린다. 양의 정수는 생애 초기에 이미 완전히 이해한다. 앞에서 보았듯이 신생아와 영아는 집합의 항목 개수를 표상하고 계산 과정을 재연하는 인형극에서 기본적인 덧셈과 뺄셈을 해결할 수 있는 것으로 확인되었다. 그러나 놀랍게도 8개월 된 영아는 1−1=1과 0+1=1의 차이를 구별하지 못한다.[31] 이러한 결과는 영아들이 비록 항목의 결핍을 이해할 수 있더라도 양이 없는 수량은 인식하지 못하는 것으로 해석할 수 있다.[32] 흥미롭게도 5세 즈음의 발달기 아동은 인류사에서 보아온 것과 동일한 단계를 거친다. 즉 처음에는 0을 '있음'에 대비되는 '없음'으로 인식하다가 그 후에는 공집합으로 인식한 뒤 결국에는 수

로 인식하는 것이다.[33]

아동은 3세 무렵부터 시작해 '없음'이 사물로 구성되는 다른 모든 범주들과는 다른 어떤 유의미한 범주가 될 수 있음을 이해하게 된다. 아동에게 특정 개수의 큐브를 주고 하나씩 빼앗아가면서 가능할 때까지 거꾸로 세도록 하는 셈하기 과제를 시키면, 마지막 큐브가 없어지고 난 후의 상태가 '없음' '공' 또는 '영'이라는 것을 이해한다. 여기서 0은 결핍 또는 부재의 기호가 된다. 하지만 0은 아직 다른 작은 정수들에 대한 정량적 지식에 통합되지 않았다. 예를 들어 아동에게 "영이랑 일 중에 뭐가 더 작죠?"라고 물으면 아이들은 보통 "일"이 더 작다고 대답한다.[34] 아이들에게 쿠키를 나누어 주고, 포스트잇 노트에 쿠키가 몇 개인지 적도록 한 뒤 나중에 뭐라고 적었는지 물어본 연구에서도 마찬가지의 대답이 보고되었다.[35] 흥미롭게도 아이들은 '0'을 나타내야 할 경우 보통 포스트잇 노트에 아무것도 적지 않고 남겨두곤 했다. 왜 노트를 빈칸으로 남겨두었는지 물었을 때 아이들은 주로 "쿠키가 없다는 뜻이예요" 또는 "쿠키가 없어서요"라고 답했다. 마치 위치 표기 체계에서 빈 자리로 빈 열을 나타낸 것과 마찬가지로, 빈 노트는 부재를 나타내는 도상적 표상의 역할을 한다.

아동이 다음으로 해결해야 할 과제는 0이 수량이라는 것을 이해하고 다른 양의 정수와 함께 숫자 연속선 위에 놓일 수 있는 개념으로 이해하는 것이다. 수효 단어와 숫자를 활용한 과제를 수행해보면 아동들은 대략 6세 정도가 되면 일련의 (음수가 아닌) 정수 중 가장 작은 수가 0임을 깨닫는다는 것을 알 수 있다.[36] 그러나 이때 아이들은 언어로 수를 세는 것 그 자체를 부담스러워하는 경우가 많으므로, 어쩌면 이 아이들은 실제로 0을 이해하지 못하는 것이 아니라 전반적인 상징 숫자 과제 그 자체를 처리하는 데 곤란을 겪고 있는 건지도 모른다. 어쩌면 더 어린 연령의 아동이라도 상징을 사용할 필요가 없다면 공집합을 양이 없는 수량으로 이해할 수 있을지 모른다. 펜실베이니아대학교의 더스틴 메릿Dustin Merritt과 엘리자베스 브래넌은 바로 이 질문에 답하기 위해 좀 더 직접적인 비언어적 수량 순서 맞추기 검사를 고안했다.[37] 이들은 4세 연령의 아동에 대한 검사를 수행하기 위해 화면에 점의 개수로 수량을 나타내는 방법을 마련했다. 이 수량 순서 맞추기 과제에서 아이들은 터치스크린에 나타난 두 개의 수량 중 양적으로 더 적은 것을 선택해 손가락으로 터치해야 한다(그림 14.2A 및 14.2B). 메릿과 브래넌은 이전 연구를 바탕으로 예상했던 것과 같이 아이들이 공집합이 포함된 쌍의 순서를 맞추는 과제보다 셀 수 있는 수량의 순서를 맞추는 과제를 더 정확히 수행한다는 사실을 발견했다. 이 연구에서는 또한 아이들이 공집합에 대한 기본적 이해를 갖추고 있다는 증거도 확인되었다. 연구자들은 아동이 공집합을 수 이외의 범주가 아니라 정량적 자극으로서 받아들이는지 파악하기 위해 수치 거리 효과를 이용했다. 만약 아이들이 공집합을 셀 수 있는 수량과 관련해 양적인 의미를 지니는 개념으로 파악한다면, 이들은 가장 작은 수 1과 공집합을 구별하는 일을 가장 어려워할 것이다. 다시 말해, 아이들은 공집합을 다른 집합보다 원소가 하나밖에 없는 집합과 더 자주 혼동할 것이다. 그리고 실제로 관찰된 결과도 이와 같았다. 셀 수 있는 수량을 차례대로 정렬할 줄 아는 아이들은 실제로 공집합에 대해 수치 거리 효과를 보였다(그림 14.2C). 이는 아동들이 대략 4세 연령이 되면 그들의 심적 숫자선에 '없음'이란 비정량적 표상을 공집합으로서 포함시키기 시작한다는 것을 의미한다.

이후 아동은 6세에서 9세 사이에 수의 하나로서의 0 개념을 획득한다. 이 시기 동안 간단한 대수 규칙의 옳고 그름을 판단하는 과

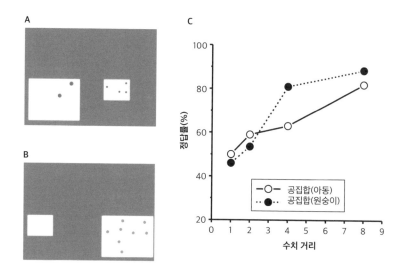

그림 14.2 저연령 아동과 원숭이의 공집합 표상. (A)표준 실험에서 아동과 원숭이는 터치스크린에서 수(흰색 바탕의 점 집합)가 적은 것부터 선택하여 오름차순으로 정렬하는 방법을 학습한다. 위의 예제 그림의 경우, 시험 참가자들은 먼저 점 2개(왼쪽)를 선택한 후 그다음 점 4개(오른쪽)를 선택해야 한다. (B)아무런 항목도 포함하지 않는 집합을 검사에 포함시켜 공집합 검사를 시행했다. 이때도 시험 참가자들은 화면을 오름차순으로 터치해야 한다. (C)4세 연령 아동과 붉은털원숭이 2마리의 공집합에 대한 식별 정확도는 1, 2, 4, 8의 수치 거리 함수로 나타난다. 예를 들어, 거리 1에서의 정확도는 공집합과 수량 1 사이의 식별 능력을 나타내며, 거리 2에서의 정확도는 공집합과 수량 2 사이의 식별 능력을 나타내는 식이다(출처: Merritt et al., 2013).

제를 시행했을 때 이러한 규칙에 0이 포함된 경우 과거보다 정확성이 더 향상된다(예를 들어 "어떤 수에 0을 더하면 그 결과는 원래의 수와 같다"). 일반적으로 7세가 되면 아동은 세 개의 일반 규칙, 즉 0<n, n+0=n, n−0=n을 이해하기 시작한다. 0을 포함하는 이러한 규칙을 정당화하고 합리화하는 능력 또한 극적으로 향상된다. 미시간 대학교의 헨리 웰먼Henry Wellman과 케빈 밀러Kevin Miller는 초등학교 저학년 아동들이 간단한 대수 법칙을 일부 이해하며, 이러한 법칙에 대한 추론을 강화하는 데 0이 특별한 위치를 차지한다고 결론지었다.[38]

결론적으로, 0의 의미를 학습하기란 아이들에겐 다소 어려운 작업이다. 성인에게도 0이 특별한 수로 남아 있는 것을 생각하면 그리 놀라운 일은 아니다. 정신물리학 실험에 따르면 0의 표상은 다른 양의 정수에 적용되는 원리가 아닌 다른 원리에 바탕을 두는 것으로 나타났다. 예를 들어, 성인이 1부터 99까지 읽는 데 걸리는 시간은 수의 크기와 함께 로그함수적으로 증가하지만 0을 읽는 데는 로그함수에서 예상되는 것보다 더 긴 시간이 걸린다.[39] 동등성 판단 과제에서도 0은 일반적인 짝수로 판단되지 않으며 심적 숫자선의 한 부분으로 탐색되지 않는 것으로 나타났다.[40,41] 교육 전문가조차도 특별히 더 나을 건 없었다. 초등학교 교사를 대상으로 0에 대한 이해를 검사해본 결과, 이들 또한 0이 수인지 아닌지 혼동했으며 0을 이용하는 계산에서 일정한 오류 패턴을 보여주었다.[42] 성인에게조차 0은 다른 정수에 비해 특별한 지위를 차지하는 것이 분명해 보인다.

동물에게도 0과 유사한 개념이 있다

동물도 0과 같은 개념을 가지고 있을까? 물론 그렇다. 하지만 좀 더 가까이서 면밀히 들여다볼 필요는 있다. 아동들이 0을 이해하는 과정에서 어떠한 발달적 단계를 거치는지 구분하는 것이 중요했던 것처럼 동물에서도 0의 전구체 유형을 분류할 필요가 있다. 어린이들이 0을 공집합에서 원소가 없음을 나타내는 개념임을 이해하려면 일단 '없음'이 '있음'과 반대되는 행동적 개념이라는 것을 이해할 필요가 있다.

실제로 동물도 자극의 '있음'과 '없음'을 보고하도록 훈련시킬 수 있다. 예를 들어 붉은털원숭이는 두 개의 버튼 중 하나를 눌러 가벼운 접촉이 있었는지 여부를 표시하거나,[43] 희미한 시각적 자극의 존재 유무를 알리도록 학습할 수 있다.[44] 이를 볼 때, 동물도 '없음'을 단순히 자극의 부재로서만이 아니라 행동적으로 관련되는 범주로 표상할 수 있음이 분명하다.

그렇다면 동물들도 '없음'에 공집합으로서 양적인 의미를 부여할 수 있을까? 많은 선행 연구를 볼 때 결론은 그리 명확하지 않은 것 같다. 보통 동물들은 집합 크기와 시각적 또는 청각적 라벨을 연결시키는 훈련을 받는다. 이때 '상징적' 수 처리를 모방하기 위해 "아무것도 없음"이란 기호도 포함시켰다. 앞서 언급한 아이린 페퍼버그의 연구에서 아프리카회색앵무 알렉스는 인간 발화음을 사용하여 대상들 간에 동질적/이질적 관계가 있는지 유무를 보고하기도 했다.[45] 예를 들어, 두 개의 똑같은 대상을 제시한 후 "차이점이 있니?"라고 물으면 알렉스는 "없어none"라고 올바로 대답했다.[46] 하지만 후속 연구에서 두 개의 텅 빈 컵 안에 사물이 몇 개 감춰져 있는지 물어봤을 때 알렉스는 올바로 대답하지 못했다.[47] 아마도 알렉스가 "없어"라고 답했을 때 의미했던 바는 대상 그 자체의 부재가 아니라 대상의 속성이 부재하다는 것이었을지도 모른다. 어쩌면 단순히 차이점을 찾지 못했다고 말하려는 것이었을 수도 있다. 수치거리 효과에 대한 보고는 없는 관계로, 알렉스의 응답에 정량적 의미를 부여하기는 아직 이르다.

비인간 영장류에 대해서도 아직 충분한 자료가 확보되지 않았으며, 마찬가지로 원숭이와 유인원에 대해 특정 시각적 기호와 집합을 연결시키도록 훈련시킨 연구에서도 유사한 해석적 한계가 나타났다. 콜럼버스에 있는 오하이오주립대학교의 새라 보이센Sarah Boysen은 암컷 침팬지 한 마리에 대해 0 기호와 빈 쟁반을 대응시키도록 학습시켰다.[48] 이 침팬지는 또한 한 쌍의 수량 기호가 제시되었을 때 두 기호의 합을 나타내는 기호를 고를 수도 있었다. 예컨대, 0+2를 보여주면 침팬지는 2를 선택했다. 여기서 생각해봐야 할 점은, 이 침팬지는 '없음'을 나타내는 0 기호를 단순히 없는 셈 침으로써 이 과제에 성공했을 수도 있다는 점이다. 따라서 이 침팬지가 0 기호를 정량적 방식으로 해석하도록 학습했는지의 여부는 아직 완전히 해명되지 않았다. 또 다른 연구에서는 다람쥐원숭이를 훈련시켜 숫자 0, 1, 3, 5, 7, 9의 모든 가능한 쌍 중에서 선택을 하면 보상으로 더 많은 땅콩을 주었다.[49] 이때 원숭이는 두 숫자 기호 쌍 중에서 항상 합계가 더 큰 쌍을 선택했다(예: 1+3 대 0+5). 원숭이가 이 과제에서 성공할 수 있었던 이유에 대한 가장 쉬운 해석은 원숭이들이 쾌락 가치를 얻기 위해 더 많은 양의 보상과 연관된 기호를 선택했다는 것이다. 보상의 양을 식별하는 일과 서로 다른 수량을 선택하는 일은 결코 동일하지 않다. 하지만 원숭이가 정말로 이 과제에서 수학적 연산을 수행한 것이라고 해도 원숭이에게 0 기호는 양 없는 수량이라기보다는 '없음'을 의미할 가능성이 더 높다.

어쩌면 양 없는 수량을 이해할지도 모를 또 다른 후보 동물로 일본 교토대학교의 마쓰자와 데쓰로가 연구한 유명한 암컷 침팬지 '아이'가 있다. 8장에서 보였듯이, 아이는 수량뿐만 아니라 수량과 연관된 기호를 식별하도록 학습되었다.[50] 아이는 컴퓨터에 의해 제어되는 설정을 이용해 기호와 점의 개수를 일치시킬 수도 있었다.[51] 마지막으로, 아이는 점이 들어 있지 않은 빈 사각형을 0 기호와 능숙하게 일치시킬 수 있었다. 그렇다면 아이는 0의 수량 개념을 학습하고 관련된 수량 과제에 이 개념을 즉시 적용할 수 있었던 걸까? 안타깝게도 그렇지 않다. 그 후 기호들을 오름차순으로 정렬하는 과제를 수행했을 때, 아이는 추가 훈련 없이는 대응 과제(기수의 영역)에서 사용한 0 기호의 개념을 서수 과제로 이전시키지 못했다.[52]

앞서 언급한 연구들로 볼 때, 동물들에게 0 유사 개념이 있는지에 대해서는 오직 제한된 결론만 내릴 수 있다. 첫째, 동물이 0 기호를 '양 없는 수량'보다는 '없음'과 연결시킬 가능성을 배제할 수 없다. 둘째, 항목의 부재를 임의적인 형태와 연결시키는 법을 학습한다고 해도 이를 새로운 영역에 적용하는 능력(예컨대 기수 영역에서 서수 영역으로)은 상당히 제한된다.

그러나 아동이 0 개념을 이해하는 데 가장 유용한 것으로 알려진 한 가지 행동 효과가 아직 동물에서는 검사되지 않았다. 바로 수치 거리 효과다. 아동에서와 마찬가지로 수치 거리 효과에 대한 근거를 통해 우리는 동물이 공집합을 심적 숫자선의 다른 수량과 함께 정량적으로 표상하는지 입증할 수 있을 것이다. 좀 더 정확히 말해, 동물은 공집합을 다른 큰 수에 비해 1과 더 자주 혼동해야 한다. 4세 연령의 아동에서 공집합에 대한 수치 거리 효과를 입증한 바 있는 엘리자베스 브래넌은 점 개수를 일치시키고 순서화하는 데 능숙한 붉은털원숭이에서도 동일한 효과가 나타남을 보였다.[53] 이 연구에서 원숭이들은 터치스크린에 나타나는 다양한 점 수량 쌍을 오름차순으로 터치하도록 훈련되었다. 예를 들어 원숭이는 먼저 점 2개로 이루어진 집합을 터치한 후 그다음에는 점 5개 집합을 터치해야 한다(그림 14.2A). 분명 원숭이들은 수량의 순서를 이해하고 있었다. 그렇다면 이들은 훈련을 시키지 않아도 자연적으로 공집합을 이 순서열의 가장 작은 수량으로 포함시키게 될까? 이를 알아보기 위해 원숭이에게 제시하는 순서쌍에 이따금씩 공집합도 포함시키는 전이 검사를 수행했다(그림 14.2B). 공집합을 포함한 수량 쌍에 대한 응답에는 보상을 임의적으로 제시함으로써 원숭이들이 학습을 통해 올바른 답을 깨우치지 않도록 했다. 하지만 이것은 쓸데없는 걱정으로 드러났다. 원숭이들은 즉시 공집합 자극을 가장 작은 수량으로 순서를 매길 수 있었기 때문이다. 이는 원숭이들이 '양 없는 수량'을 개념적으로 이해하고 있음을 시사한다(**그림 14.2C**). 또한 원숭이들은 수량의 순서를 이해하고 있는지 검사하는 서수 과제뿐만 아니라 그 수량의 기수값을 이해하는지 알아보는 수량 대응 과제에서도 공집합에 대한 수치 거리 효과를 보였다. 나는 내 박사과정 학생인 아라셀리 라미레스 카르데나스Araceli Ramirez-Cardenas와 함께 우리가 훈련시킨 붉은털원숭이도 공집합에 대해 수치 거리 효과를 보이는지 재현 실험을 실시했다. 우리는 신경생리학적 연구(이후에 논의할 것이다)에 대한 준비로 붉은털원숭이 두 마리가 0부터 4까지의 수량에 대해 지연된 시각적 수량 대응 과제를 수행하도록 훈련시켰다.[54] 그 결과, 두 마리 원숭이 모두 공집합을 다른 더 큰 수량에 비해 1과 잘못 대응시키는 일이 더 많았다. 일본 센다이에 있는 도호쿠대학교의 무시아케 하지메 연구팀은 붉은털원숭이가 시각적 점 배열에 대해 덧셈 또는 뺄셈을 수행할 때도 공집합에 대한 거리 효과가 관찰된다고 보고했다.[55] 이 연구에 대해서는 10장에서 이미 논의한 바 있다. 여기서 마카크원숭이들은 화면에 표시된 0개에서 4개까지의 사물의 수량을 판단한 뒤 두 번째 화면에서는 이들 사물을 더하거나 뺀 수량을 손 장치를 움직여 선택하도록 훈련을 받았다. 공집합에 대한 수치 거리 효과를 보인다는 징후로, 원숭이들은 목표 수량으로 1이 제시되었을 때 다른 수량에 비해 2나 0을 잘못 선택하는 일이 더 빈번했다.

우리는 생명의 나무에서 우리와 가장 가까운 사촌인 비인간 영장류 정도가 공집합의 개념을 이해하는 동물이지 않을까 기대하지만, 사실 꿀벌 또한 0의 개념적 전구체로서 공집합을 이해하는 영리한 동물 중 하나다. 이 책의 앞부분에서도 논의했듯이, 오스트레일리아 모내시대학교의 스칼렛 하워드와 에이드리언 G. 다이어는 꿀벌들이 '초과' 및 '미만' 규칙에 따라 수량에 순서를 매길 수 있음을 보였다.[56] 하지만 이때 이 곤충들이 '미만' 규칙을 연장함으로써 1의 바로 옆, 즉 심적 숫자선의 가장 왼쪽 끝에 공집합을 위치시킬 수도 있다는 것은 언급하지 않았다. 3장에서 벌들이 더 적은 수량의 대상이 제시된 화면으로 향할 경우 보상을 줌으로써 '미만' 규칙을 훈련시킨 것을 기억할 것이다. 이 벌들은 하나에서 네 개까지의 대상이 표시되는 과제에 숙달되도록 학습되었다. 놀랍게도 이 벌들은 간혹 대상이 아무것도 주어지지 않은 화면(즉 공집합)이 제시될 때도, 보상 없이도 자연스럽게 빈 화면 쪽으로 향했다. 즉 벌들은 공집합이 원소가 하나, 둘 또는 그 이상인 집합보다 수적으로 더 작다는 것을 이해하는 것이다. 후속 실험에서 이러한 행동이 수량 추정과 관련이 있으며 학습의 결과가 아님이 확인되었다. 더 놀라운 것은, 제시된 두 수량의 차이가 클수록 벌들의 수행 정확도도 증가한다는 것이다. 벌들은 공집합이 1보다 작은지 판단하는 것은 어려워했지만 비교 수량이 0에 비해 더 커질수록 성과도 점진적으로 개선되었다. 즉 벌들은 공집합에 대해 수량 식별의 지표라고 할 수 있는 수치 거리 효과를 보인다. 따라서 이러한 일련의 실험은 벌들이 공집합을 양적 개념으로 이해하고 있음을 입증한다.

종합해볼 때, 이제까지 언급한 연구들은 동물 또한 여러 범위의 수량이 주어졌을 때 공집합을 다른 수치들과 관련 있는 수량으로 판단할 수 있다는 명확한 근거를 제공한다. 앞으로 다른 동물 종도 이러한 공집합 표상을 가지는지에 대한 연구가 더 많이 진행될 것으로 생각된다. 언젠가 동물들이 공집합 표상마저 초월해 정수론을 만족시키는 표상에 도달할 수 있으리라고 기대할 수도 있을까? 이를 위해서는 동물이 0을 조합 체계의 한 부분인 실수 기호로서 이해할 수 있어야 한다. 내 견해를 말하자면, 동물이 마치 우리 인간들이 그러한 것처럼 실수나 언어 상징을 이해한다는 근거는 없다. 이러한 논리에 따라, 수 0은 아마도 인간만의 고유한 개념으로 남을 것이다. 하지만 실망할 필요는 없다. 오히려 우리가 어렸을 때 제일 먼저 이해해야 하는 공집합의 가장 근본적이고 원초적인 개념이 이미 동물들에게도 있다는 것을 확인한 것만으로도 흥미로운 일이다. 따라서 우리는 원숭이로부터 0 개념의 근간이나 전구체를 조사해볼 수 있다. 이 장의 다음 부분에서는 이처럼 까다로운 개념인 '없음' 그리고 공집합을 뇌 속의 뉴런은 어떻게 처리하는지 간단하게 알아볼 것이다.

'없음'과 공집합은 뇌에서 어떻게 표상될까?

지금까지는 0과 유사한 개념의 행동적 표상에 대해서만 논의했다. 그렇다면 뇌는 이러한 개념을 어떻게 처리할까? '없음', 공집합, 또는 수 0을 표상하는 것은 뇌에게도 분명 어려운 작업일 것이다. 오히려 뇌와 감각 뉴런은 항상 무언가─장애물, 천적, 짝─를 표상하도록 진화했다. 이 모든 것들은 우리 뇌에 의해 감지되고 처리될 수 있도록 감각 에너지를 발산함으로써 우리에게 인지될 수 있다. 마찬가지로, 우리는 사물의 집합 또한 그것을 구성하는 자극 에너지를 통해 인지할 수 있다. 자극 에너지가 없으면 뉴런은 활동하지 않으며 정지 상태에 머문다.

그러나 인지적으로 발달된 동물은 자극의 부재 또한 행동과 관련된 유의미한 상황이라고 학습할 수 있다. 감각 자극의 부재 또한 요소들 사이의 공통 속성을 기반으로 학습하는 다른 범주의 개념과 마찬가지로 유의미한 범주의 개념이 될 수 있으며, 따라서 뉴런에 의해 암호화될 수 있다. 실제로 내 박사과정 학생 카타리나 메르

텐과 나는 전두연합피질에 있는 뉴런에서 자극의 부재가 능동적으로 표상된다는 근거를 찾았다.[57] 또한 우리는 '없음'이 행동 수준에서도 중요한 범주임을 확인하기 위해 붉은털원숭이를 훈련시켜 자극의 존재 및 부재 모두를 보고하도록 했다(그림 14.3A). 이를 위해 우리는 간단한 탐지 과제를 수행했다. 전체 시험 중 절반에서는 모니터에 시각적 섬광 자극이 제시되지만 다른 절반에서는 아무런 자극도 제시되지 않는다. 자극의 강도는 다양하게 변화시켰으며 가장 강도가 낮은 섬광은 거의 보이지 않을 정도였다. 이는 원숭이들에게 어려운 과제였으며, 자극이 있었는지 없었는지 확신하지 못하는 경우가 많았다. 하지만 바로 이것이 우리가 바라던 바였다. 뉴런이 감지하기 어려울 만큼 감각 자극이 충분히 낮다면 원숭이는 자극이 있었는지 없었는지 '결정'을 내려야 했기 때문이다. 즉 원숭이는 이 희미한 자극을 보았는지 그렇지 않은지를 주관적으로 판단해야 했고, 결과적으로 동일한 물리적 에너지를 가진 희미한 자극에 대해 실험마다 각기 다른 응답을 하곤 했다. 자극이 있었는지 없었는지의 판단은 원숭이의 내적 상태에 달려 있었으므로, 이를 통해 우리는 뉴런이 (이 실험에서는 동일한) 자극 에너지에 대해 어떻게 '존재'와 '부재' 범주를 암호화하는지 조사할 수 있었다. 원숭이들은 그들의 결정에 어떻게 반응해야 하는지에 대한 규칙 단서가 제시되기 전까지 일단 3초간 기다려야 했다. 대기 시간 동안 원숭이들은 자신의 결정을 기억하고 있어야 하는데, 그 결정을 어떻게 보고해야 되는지는 아직 알 수 없었다. 이를 통해 우리는 부재 또는 존재 자극에 대한 결정을 운동 준비 과정으로부터 분리할 수 있었다.

원숭이가 이 과제를 수행하는 동안 PFC의 활성을 기록했으며, 그 결과 원숭이가 자극에 대한 결정을 보고하기 전에 이 결정을 기호화하는 두 그룹의 뉴런을 발견했다. 한 그룹의 뉴런은 이후

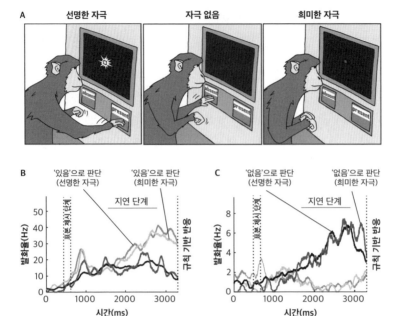

그림 14.3 뇌에서는 '있음'과 '없음'이 표상된다. (A)행동 과제에서 원숭이는 두드러진 시각 자극이 가해졌을 때(왼쪽) 이를 보았는지 또는 아무 자극도 없을 때(가운데) 그러한 자극을 보지 못했는지 보고해야 했다. 거의 알아챌 수 없을 정도로 희미한 자극이 주어지면(오른쪽) 원숭이는 확신을 갖지 못한 채 때에 따라 '있음' 또는 '없음'으로 보고했다. (B,C)원숭이가 과제를 수행하는 중 전전두피질의 뉴런은 자극의 존재 유무에 대한 결정을 신호화한다. 원숭이가 '자극이 있다'고 결정을 내린 후 그 결정을 보고 하라는 메시지가 표시되기 전까지 대기하는 동안에는 (B)의 뉴런이 좀 더 높은 활성 전위를 발화한다. 강도가 높은 자극과 희미한 자극 조건에서 발화율이 동일하게 높은 것을 볼 때, 이 뉴런은 자극 강도가 아니라 원숭이의 주관적 판단을 암호화한다는 것을 알 수 있다. (C)의 뉴런 또한 '있음 또는 없음'에 대한 원숭이의 주관적 판단을 표상한다. 하지만 이 뉴런들은 원숭이가 화면에 나타난 자극이 없다고 판단할 때 발화율이 더 높다(B, C의 출처: Merten and Nieder, 2012).

원숭이가 자극을 보았다고 보고할 때마다 발화율이 증가했다(그림 14.3B). '존재' 자극 에너지에 반응하는 뉴런이 이러한 반응을 보일 것으로 예상할 수 있다. 촉감에 반응하는 원숭이들도 전두엽에서 유사한 반응이 보고되었다.[58]

두 번째 뉴런 집합은 놀랍게도 원숭이가 자극을 보지 '않았다'

고 결정할 때 발화율이 증가했으며 자극이 있다고 판단할 때는 활성을 보이지 않았다.[59](그림 14.3C) 이러한 결과는 전혀 예상치 못했지만, 뉴런 반응은 원숭이의 주관적 보고와 상당히 높은 상관관계를 보였다. 원숭이가 희미한 자극을 감지하는 데 실패한 실험을 분석한 결과, 반응이 결정되기 전에도 이들 뉴런의 활성으로부터 원숭이의 판단을 예측할 수 있음이 확인되었다. 특히 '자극 없음' 결정의 활성 부호화는 시각 반응이 아니며, 원숭이가 자극을 보았는지 결정하는 지연 단계 동안 일어난다. 이러한 현상에 대한 최선의 설명은 감각 단계 후 인지 처리 단계 동안 뇌에서 자극-부재 신호가 일어난다는 것이다. 여기서 새로 알 수 있는 사실은, 행동과 관련된 '자극 없음' 결정을 암호화하는 것은 휴지 상태의 뉴런 반응이 아니라는 것이다. 오히려 뇌는 자극의 부재를 '자극 없음' 활성 표상으로서 범주적으로 해석하며 그 결과로 인해 발화율이 증가하는 것으로 보인다. 다시 말해, '없음'은 뇌에서 유의미한 상태로서 활성화된다.

물론 이런 종류의 활성은 정량적 의미에 대해서는 아무것도 말해주지 않는다. 양적 표상의 특징으로서 뉴런은 단지 '자극 없음'을 표상하는 것을 넘어 연속된 수량의 최저치로서 공집합을 신호화할 수 있어야 한다. 이에 따라 나는 내 박사과정 학생 아라셀리 라미레스 카르데나스와 함께 공집합을 수량으로 취급하는 것으로 알려진 원숭이의 뇌 활성을 기록했다. 앞서 언급한 연구에서도 등장한 이 원숭이는 수치 거리 효과를 토대로 볼 때 공집합을 양적 개념으로 받아들인다.[60] 앞장에서도 설명했듯이, PFC 및 영장류의 VIP 영역의 수 뉴런(그림 7.2)은 선호하는 수량에 가장 큰 활성을 보이도록 조정되어 있으며 선호 수량과의 차이가 커질수록 활성도 점진적으로 감소하는 거리 효과를 보인다. 우리가 추론했듯이, 이 원숭이가 공

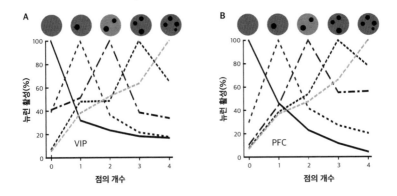

그림 14.4 **전두 및 두정 연합피질의 수 뉴런들은 0의 양을 표상한다.** 복측 두정내 영역(A) 및 전전두 피질(B)에는 1에서 4까지의 셀 수 있는 수량을 선호하는 뉴런 외에도 0 즉 공집합에 맞춰져 있는 뉴런 또한 존재한다. 이들 뉴런이 선호하는 수량은 0 수량이다. 복측 두정내 영역의 공집합 뉴런들은 범주적 으로 반응하는 것과 달리(A), 전전두피질의 공집합 뉴런들은 수치 거리 효과의 특징을 보이며 반응한 다(B)(출처: Ramirez-Cardenas et al., 2016).

집합을 양 없는 수량으로 여기는 것을 볼 때, 어쩌면 원숭이의 뉴런 중 일부는 0에도 맞춰져 있을지 모른다. 실제로 우리는 셀 수 있는 수량에 맞춰진 다른 뉴런들처럼 일부 단일 뉴런 집합은 공집합에 맞춰져 있다는 사실을 발견했다. 즉 이 뉴런들은 0 값의 정량적 의 미를 표상한다.

그러나 이러한 뉴런이 공집합을 암호화하는 방식은 두정엽의 VIP와 전두엽의 PFC에서 흥미로운 차이를 보였다. 피질의 수 네트 워크에 입력값이 전해지면 VIP의 뉴런은 공집합에 대해서는 강한 발화율을 보이지만 다른 모든 셀 수 있는 수량에 대해서는 그렇지 않았다. 즉 이 뉴런들은 공집합을 다른 모든 수량과는 다른 범주로 암호화하는 것이다(그림 14.4A). VIP 뉴런에서 공집합은 연속 수량의 한 부분이 아니며, 다른 모든 셀 수 있는 수량과는 차이가 있는, 단 순히 '없음'을 의미할 뿐이다.

더 고차적인 피질 영역으로 가보면, PFC 뉴런 또한 공집합에 맞춰져 있음을 알 수 있다. 하지만 이들 뉴런은 1 이상의 다른 수량과 유사한 방식으로 0 수량을 표상했다. 다시 말해, PFC 뉴런은 수치 거리 효과를 보였다. 앞에서도 언급했지만 수치 거리 효과는 공집합이 다른 셀 수 있는 수량과 함께 연속적으로 숫자선을 이룬다는 것을 나타낸다(그림 14.4B). 또한 전전두 뉴런은 자극의 종류와는 관계없이 공집합을 추상적으로 표상했다. PFC의 수 뉴런의 활성은 VIP와 비교해 공집합 실험에서 올바른 행동 결과를 보여줄지 오답을 낼지를 더 잘 예측했다.

이러한 연구 결과는 VIP에서 PFC까지 처리에 피질 위계가 있음을 시사한다. VIP는 단순히 '있음'으로부터 '없음'을 구분할 뿐인 반면, 피질 통합 센터의 가장 상부에 위치한 PFC 쪽으로 갈수록 공집합은 시각적 속성으로부터 점차 분리되어 연속 수량의 한 부분으로 자리잡는다. 흥미롭게도 뇌에서의 이러한 내부 연속 처리 과정은 앞에서 논의한 문화적 및 개체발달적 진행 과정과 거의 일치한다. 셀 수 있는 대상의 부재('없음')는 VIP와 같이 낮은 계층 영역에서 표상된 후 PFC와 같은 고차원 위계 영역에서 추상적인 수량 범주('0')로 변환되는 것이다.

자극-부재와 공집합을 표상하기 위해서는 '사건 없음'의 감각을 내적으로 생성된 범주적 활성으로 변환시켜야 한다. 이러한 과정을 일으키는 생리학적 메커니즘을 이해하기는 특히 까다로울 것이다. 셀 수 있는 수량은 우리 뇌에서 자연적으로 표상되지만, 자극 없음과 0 수량을 부호화하기 위해서는 명시적인 훈련이 필요하기 때문이다. 0과 유사한 개념의 표상은 행동적으로 관련된 범주로서 시행착오에 따른 강화 학습을 바탕으로 시간에 걸쳐 발달할 필요가 있다. 행동에 대한 피드백이 주어지면 도파민 시스템으로부터

$$e^{i\pi} + 1 = 0$$

수학적 표상
수로서의 0

양적 표상
양으로서의 0

범주적 표상
'있음'에 대비되는 '없음'으로서의 0

감각 표상
자극의 부재로서의 0

진행 단계(문명, 개체발생, 계통발생, 신경학적)

그림 14.5　인류 문명, 개체발생, 계통발생 및 신경생리학에서 나타나는 4단계의 0 유사 개념. 가장 원시적인 단계(가장 아래)에서 감각기관은 빛과 같은 자극의 존재를 받아들인다. 자극이 없을 경우 감각기관은 비활성 휴지 상태에 머문다. 그다음 단계에서 '없음'은 자극의 부재를 판단하는 원숭이에서 볼 수 있었던 것과 같이 행동적으로 관련된 범주로 인식된다. 이윽고 양적 표상 단계에 이르면 원소가 없는 집합은 공집합으로 인식된다. 마지막으로 0은 수론과 수학에서 사용되는 수 0이 된다. 예를 들어, 오일러의 항등식에서 0은 덧셈에 대한 항등원으로 기능한다. 고차원의 표상은 그 이전의, 저차원 표상을 포괄한다. 즉 수로서의 0 개념을 이해하려면 먼저 공집합의 양적 개념을 이해해야 하며, 또한 이를 위해서는 추상적 범주로서 '없음'을 이해하고 있어야 한다(출처: Nieder, 2016).

보상–예측 오류 신호가 발생해 보상 의존적 가소성을 조절할 수 있다.[61,62] 강화 학습은 두정 뉴런과 전두 뉴런 간의 기능적 연결 또는 연합피질 영역의 순환 연결을 정교화함으로써 뉴런 선택성을 보조하고 작업기억 부호화가 지속되도록 할 수 있다.[63,64]

뉴욕대학교의 타티아나 엔겔Tatiana Engel과 샤오징 왕Xiao-Jing Wang은 강화 학습에서 범주 선택성이 어떻게 발생할 수 있는지를 보여주는 연결망 모델을 고안했다.[65] 이 모델에 따르면 시험별 발화율 변동과 적절한 행동 선택에 따른 보상 사이에는 약하지만 체계적인 상관관계가 성립됨으로써 뉴런이 점차 범주–선택성을 가지도록 이끌었다. 이 모델의 한 가지 흥미로운 특징은, 학습에 성공하기 위해서 뉴런의 초기 조율은 필요하지 않다는 것이다. 비선택적인 뉴런이라도 행동 선택과 관련된 신경학적 변동을 보이는 한, 특정 범주에 맞춰지도록 조정될 수 있다. 따라서 시험 대상자가 보상을 받기 위해 자극의 부재 또는 공집합에 적절히 반응하도록 학습하는 동안 원래는 아무것에도 조율돼 있지 않던 뉴런들이 이러한 메커니즘을 통해 공집합에 조율되는 것이다.

여기서 설명한 신경학적 가설은 수 0 개념에 도달하기 위한 인지적 및 신경학적 과정에 대한 것이다. 이번 장에서 지금까지 보아온 인류사, 발달심리학과 동물 인지 그리고 신경생리학 연구들에 따르면 0의 출현은 네 단계에 걸쳐 이루어지는 것으로 보인다(그림 14.5). 최초이자 가장 원시적 단계에서 자극의 부재('없음')는 구체적인 특징이 없는 (심적/신경학적) 휴지 상태에 대응된다. 두 번째 단계에서 자극의 부재는 유의미한 행동 범주로 이해되지만 그 표상은 여전히 양적 의미를 결여하고 있다. 세 번째 단계에서 드디어 '없음'은 양적 의미를 획득하며 심적 숫자선의 맨 끝에 위치하는 공집합으로 표상된다. 마지막으로, 이 표상은 수 '0'으로 확장되어 계산과 수학에 사용되는 조합 숫자 상징체계의 한 부분이 된다.

인지 능력이 뉴런의 작용에서 비롯된다는 점을 고려할 때, 0의 개념에 도달하기 위한 인류의 역사적이고 개체발생적인 여정에는—최소한 부분적으로, 사회문화적 요인과 함께—뇌가 감각의 세계를 뒤로 하고 결코 경험할 수 없는 개념에 대해 숙고하기 시작하면서 직면하게 된 신경생물학적 도전이 반영되어 있다. 마이크 호크니도 썼듯이,

> 수학자들이 관찰 가능한 '감각적' 실재에 수학을 맞추려 하면 수학은 뒷걸음쳤고, 경험적 실재를 완전히 무시할 때면 수학은 한 걸음 성큼 앞으로 내디뎠다.[66]

경험적 실재로부터 벗어난 마음과 그 뉴런들, 이것이 바로 0의 개념에 대한 모든 것이다. 0 개념은 원래 감각적 대상과 사건을 표상하도록 진화한 우리의 뇌가 어떻게 경험적 속성으로부터 멀어져 결국 극도의 추상적 사고에 이르게 되었는지 보여준다. 바로 이런 이유로, 0은 우리의 마음과 뇌가 경험적 토대에서 벗어나 새로운 지적 수준에 이르기까지 그 여정에 대해 무수히 많은 이야기를 들려준다.

나가는 말

수학 능력의 두뇌 메커니즘과 그 진화적 경로에 대한 새로운 사실을 발견하는 것만큼 인간의 탐구심에 지적인 흥미를 불러일으키는 일도 없을 것이다. 지난 수십 년 동안 우리는 우리 인간과 동물의 뇌가 어떻게 수를 이해하게 되었는지 더 완전한 그림을 얻기 위해 애써왔고 그 결과 여러 값진 통찰을 얻을 수 있었다. 향후에 우리가 시도할 새로운 연구들 또한 모두 이러한 통찰을 초석으로 삼게 될 것이다.

신경과학적 지식이 유익하게 사용될 수 있는 영역 중 하나는 낮은 수리 능력 문제다. 수를 이해하고 처리하는 능력은 우리 삶에서 필수적인 부분이다. 발달적 계산장애의 결과든 혹은 후천적 계산불능증으로 인해서든 수 이해 능력이 떨어질 경우 본인의 재정 상태를 확인하는 일에서부터 약의 복용량을 측정하는 일까지 일상적인 활동의 많은 부분이 영향을 받는다. 앞에서도 설명했듯이, 낮은 수리 능력은 문해력이 낮은 경우보다 한 개인의 삶에 더 큰 장애로 작용하는 것으로 보인다. 즉 낮은 수리 능력 문제는 단지 개인적인 장애를 넘어 한 사회의 경제적 성과의 문제이기도 하다. 신경과학적 지식을 바탕으로 진단 도구를 개선하고 교육적 및 의료적 개입이 취해질 경우 개인과 사회에 모두 유익하게 작용할 수 있다. 물론, 최근 몇 년간 계산장애 아동을 돕기 위한 교육적 개입을 개선하기 위해 여러 가지 시도가 이루어졌다. 그러나 아직 획기적인 개선은 이루어지지 않았다. 현재는 근사적인 비상징적 산술을 이용한 훈련으로 어린 아동의 수학 능력을 효과적으로 향상시킬 수 있을 것으로 기대되고 있지만 이 희망찬 바람은 아직 검증을 거치지는 않았다. 아울러 많은 교육학적 개입 프로그램이 태블릿 이용에 초점을 두고 있다. 여기서도, 컴퓨터를 이용한 개입이 정말로 전통적 방식보다 더 효과적인지는 미래에 밝혀질 것으로 보인다.

신경과학 연구가 영향을 줄 수 있는 또 다른 분야는 의학이다. 오늘날, 이미 수 기술에 대한 연구는 신경외과의가 계산 및 산술에 필수적인 뇌 영역을 찾고 보존하는 데 큰 기여를 하고 있다. 그러나 뇌 손상으로 발생한 계산 능력 장애를 보상할 수 있는 방법은 아직 찾지 못했다. 안타깝게도, 영향을 받은 영역의 뉴런은 이미 죽고 나면 다시 자라지 않는다. 그리고 뇌에서 제한적인 가소성 변화가 일어나 셈하기 능력이 보존되지 않는다면 이 능력은 영원히 사라진다. 따라서 신경과학자들은 엔지니어 및 컴퓨터 과학자들과 협력해 기계 즉 뇌-컴퓨터 인터페이스brain-machine interfaces(BMI)를 이용해 이러한 상실을 보상할 방법을 찾고자 한다. BMI는 일종의 신경보철 장치를 이용해 운동 또는 감각 기능의 상실을 (일부) 회복하는 것을 목표로 하는 기법이다. 그러한 기술은 아직 걸음마 단계이며 주로 제한된 치료 환경에서만 사용되지만, BMI의 성능이 향상되어 더 널리 적용할 수 있고 접근성도 높아지면 미래에는 새로운 변화를 기대할 수 있을 것이다. BMI를 인지 기능에 활용하려는 시도가 이미 행해지고 있다. 아마도 미래에는 BMI와 다른 치료법을 사용하여 상실된 셈하기 능력을 회복하는 것도 가능해질지 모른다.

수리 능력의 영역에서 우리가 도달할 수 있는 가장 이상적인 해법이 무엇이든 상관없이, 한 가지는 확실하다. 이러한 해법이 확고한 과학적 질문에서 비롯된 것이 아니라면 그중 어느 것도 목표 지향적이지 않고 따라서 결실도 맺지 못하리라는 것이다. 수리 능력에 대한 연구는 서로 다른 생물학적 분야의 지속적인 노력을 바탕으로 현재에도 계속 이어지고 있다. 나 또한 그러한 연구에 동참한 연구자 중 한 명으로서, 산술과 계산이라는 이 멋진 영역에서 미래에 어떤 새로운 사실이 밝혀질지 큰 기대를 품고 있다.

감사의 말

새천년의 전환기에 접어들며 수가 뇌에서 뉴런에 의해 표상되는 방식에 대한 연구는 획기적인 발전을 이루었다. 내가 박사학위를 받고 앞으로 과학 분야에서의 진로를 어떻게 이어갈지 고민하던 무렵인 1998년에 저명한 학술지인 《사이언스》에 엘리자베스 브래넌과 허버트 테라스의 원숭이의 행동에 관한 중요한 연구가 발표되었다. 이들은 유례가 없을 정도로 통제된 실험을 통해 붉은털원숭이가 수량 개념을 이해할 수 있다는 것을 보여주었다. 원숭이가 수를 다룰 줄 안다면 그것은 원숭이의 뇌에 수리 능력이 있기 때문이지 그밖에 다른 방식으로는 설명할 수 없다. 뇌가 어떻게 수리 능력을 가질 수 있는지 알아내는 것은 내게 연구할 가치가 있는 진정한 과학의 변경으로 보였다.

그래서 나는 미국 매사추세츠주 케임브리지에 있는 매사추세츠공과대학의 얼 K. 밀러 교수를 만나기 위해 그의 연구실을 방문했다. 당시 밀러는 MIT에 조교수로 임용된 지 3년 만에 전임교수가 된, 영장류 인지신경과학 분야의 떠오르는 신성이었다. 그는 당시 가장 효율적인 최신식 과학 장비로 꾸민 새로운 실험실에서 그의 전문지식에 이끌려 모여든 우수한 학생들과 팀을 꾸려 연구를 수행하고 있었다. 운 좋게도 나는 원숭이가 수량 개념을 이해하는 데 뉴런이 어떤 역할을 하는지를 밀러의 실험실에서 연구할 수 있도록 초대를 받았다.

그렇게 2000년, 당시 신혼이었던 나는 아내와 함께 독일에서 미국으로 이주했다. 나는 "마카크원숭이의 전전두피질에서 수량의 전前언어적 표상"에 대한 연구로 독일연구재단에서 연구비를 지원받았다. 그러나 당시 나는 박사후연구원으로 보낸 이 몇 년의 시간이 이후 나의 연구 경력에서 얼마나 중요한 영향력을 끼칠지 전혀 알지 못했다. 확실히, 미국에서 보낸 풍부한 수확의 시간이 없었다면 이 책은 존재하지 않았을 것이다.

내가 과학자로서 계속 진로를 이어갈 수 있도록 도움을 준 많은 이에게 감사를 전한다. 누구보다도 내게 생물학과 신경과학에 대한 지식을 전수해준 나의 지도교수이자 스승들인 게오르크 M. 클룸프Georg M. Klump, 헤르만 바그너Hermann Wagner 그리고 얼 K. 밀러에게 가장 큰 감사를 드린다. 특히 내가 원숭이들의 수 개념에 대한 연구 프로그램을 시작할 수 있도록 귀중한 지지를 보내준 얼에게 특별한 감사를 전한다. 그보다 더 훌륭한 조언자와 연구실을 바랄 수 없을 것이다. 얼의 연구실에서 만난 많은 동료들에게도 감사의 마음을 전한다. 그들은 각자 새로운 연구팀을 이끌며 놀라운 성과를 내고 있다. 그들을 만난 것은 내겐 큰 행운이었다.

페터 티르Peter Thier의 도움이 없었다면 나는 튀빙겐에 원숭이 실험실을 차릴 수 없었을 것이다. 페터는 내게 큰 아량을 베풀어 그의 지식과 연구 시설을 공유했다. 이 기간 동안 우베 일그Uwe Ilg가 보내준 실질적인 지원은 그 값어치를 말할 수 없을 정도다. 물론 실험실이 있다고 해서 새로운 데이터가 그냥 생겨나는 것은 아니다. 동료들의 고된 작업과 헌신도 있어야 한다. 운 좋게도 나는 수많은 우수한 학생들을 만나 수학하는 뇌를 탐구하는 수년간의 여정을 함께할 수 있었다. 학생들의 중요한 기여가 없었다면 수 뉴런에 대한 신경생리학적 데이터 중 대부분은 처음부터 존재하지도 않았을 것이다.

지난 20년 동안 '수 연구계'에서 만난 수많은 동료들과 친구들, 특히 스타니슬라스 드앤에게 감사를 전한다. 수리 능력과 단일 세포의 상관관계에 대한 그의 지속적인 관심과 열정은 내게 언제나 큰 통찰과 영감을 주었다. 내가 여러 해에 걸쳐 비인간 영장류의 신경생리학적 데이터를 수집한 후, 플로리안 모르만은 내게 인간의 뇌에서 단일 세포의 활성을 기록하기 위한 고유한 기법을 전수해주었는데 이 자리를 빌려 큰 감사를 전한다. 어떤 의미에서 나의 연구 기획은 그의 도움으로 수집한 인간 데이터 덕분에 완전해질 수 있었다.

인간 프론티어 과학 프로그램, 독일연구재단, 폴크스바겐 재단, 독일 연방 교육연구부 등의 자금 지원이 없었다면 나는 어떤 연구도 시작할 수 없었을 것이다.

미카엘 리아핀Michael Liapin에게도 감사를 전한다. 이 책을 쓰기까지 그의 면밀한 조사로부터 큰 도움을 받았다. MIT 출판사의 편집자로서 내게 아낌없는 지원과 신뢰를 보여준 로버트 V. 프라이어 Robert V. Prior에게도 감사를 표한다.

마지막으로 그러나 앞에서 언급한 분들 못지않게 중요한, 이 책을 쓰는 동안 전적인 지지를 보내준 내 가족, 아내 바르벨과 우리 아이들 클라우디우스, 필리프, 베라에게 무한한 감사를 전한다.

독일 튀빙겐에서

A. N.

1장

1.   Davis, P., Hersh, R., & Marchisotto, E. A. (2012). *The mathematical experience* (study ed.). Boston, MA: Birkhäuser.

2.   Livio, M. (2010). *Is God a mathematician?* New York, NY: Simon & Schuster.

3.   Davis, Hersh, & Marchisotto, *The mathematical experience.*

4.   Hardy, G. H. (1940). *A mathematician's apology.* Cambridge, UK: Cambridge University Press.

5.   Kasner, E., Newman, J. R. (1940). *Mathematics and the imagination.* New York, NY: Simon and Schuster.

6.   Davis, Hersh, & Marchisotto, *The mathematical experience.*

7.   Davis, Hersh, & Marchisotto, *The mathematical experience.*

8.   Euclid. (2002). *Euclid's elements: All thirteen books complete in one volume* (T. Heath, trans.). Santa Fe, NM: Green Lion Press.

9.   Berkeley, G. (1956). Letter to Molyneux [1709]. In A. Luce & T. Jessop (Eds.), *The works of George Berkeley, Bishop of Cloyne*, Vol. 8. London, UK: Nelson.

10.   Cantor, G. (1955). *Contributions to the founding of the theory of transfinite numbers* [1895], transl. P. Jourdain. New York, NY: Dover Publications.

11.   Giaquinto, M. (2015). Philosophy of number. In R. Cohen Kadosh & A. Dowker (Eds.), *The Oxford handbook of numerical cognition.* Oxford, UK: Oxford University Press.

12.   Locke, J. (1690). *An essay concerning humane understanding.* London, UK: Thomas Bassett.

13. Barrow, J. D. (2011). *The book of universes.* London, UK: Random House.

14. Gödel, K. (1947). "What is Cantor's continuum problem?" *Am. Math. Mon., 54,* 515–525. Revised and expanded version in: P. Benacerraf & H. Putnam (Eds.). (1964). *Philosophy of mathematics* (pp. 470–485). Englewood Cliffs, NJ: Prentice-Hall.

15. Dantzig, T. (1930). *Number—The language of science.* New York, NY: Free Press.

16. Dehaene, S. (2011). *The number sense* (2nd ed.). Oxford, UK: Oxford University Press.

17. Spelke, E. S., & Kinzler, K. D. (2007). Core knowledge. *Dev. Sci., 10,* 89–96.

18. Quine, W. V. O. (1969). Epistemology naturalized. In W. V. O. Quine, *Ontologi- cal relativity and other essays* (pp. 69–90). New York, NY: Columbia University Press.

19. Campbell, D. T. (1974). Evolutionary epistemology. In P. A. Schilpp (Ed.), *The philosophy of Karl R. Popper* (pp. 412–463). LaSalle, IL: Open Court.

20. Thomson, P. (1995). Evolutionary epistemology and scientific realism. *J. Soc. Evol. Syst., 18,* 165–191.

21. Vollmer, G. (2003). *Wieso können wir die Welt erkennen?* Neue Beiträge zur Wissenschaftstheorie. Stuttgart, Germany: S. Hirzel.

22. Simpson, G. G. (1963). Biology and the nature of science. *Science, 139,* 81–88.

23. Ruse, M. (1989). The view from somewhere: A critical defence of evolutionary epistemology. In K. Hahlweg & C. A. Hooker (Eds.), *Issues in evolutionary epistemology* (pp. 185–228). Albany, NY: State University of New York Press.

2장

1. Fuson, K. C., & Hall, J. W. (1983). The acquisition of early number word meanings: A conceptual analysis and review. In H. P. Ginsburg (Ed.), *The development of mathematical thinking* (pp. 49–107). New York, NY: Academic Press.

2. Wiese, H. (2003). *Numbers, language, and the human mind.* Cambridge, UK: Cambridge University Press.

3. Trick, L. M., & Pylyshyn, Z. W. (1994). Why are small and large numbers enumerated differently—a limited-capacity preattentive stage in vision. *Psy. Rev., 101,* 80–102.

4. Treisman, A. (1992). Perceiving and reperceiving objects. *Am. Psychol., 47,* 862–875.

5. Pylyshyn, Z. W. (2001). Visual indexes, preconceptual objects, and situated vision. *Cognition, 80,* 127–158.

6. Kaufman, E. L., Lord M. W., Reese T. W., & Volkmann, J. (1949). The discrimina-

tion of visual number. *Am. J. Psychol., 62,* 498–525.

7.   Mandler, G., & Shebo, B. J. (1982). Subitizing: An analysis of its component processes. *J. Exp. Psychol. Gen., 111,* 1–22.

8.   Trick, L. M., & Pylyshyn, Z. W. (1993). What enumeration studies can show us about spatial attention: Evidence for limited capacity preattentive processing. *J. Exp. Psychol. Hum. Percept. Perform., 19,* 331–351.

9.   Simon, T. J. (1997). Reconceptualizing the origins of number knowledge: A "nonnumerical" account. *Cogn. Dev., 12,* 349–372.

10.   Palmeri, T. J. (1997). Exemplar similarity and the development of automaticity. *J. Exp. Psychol. Learn. Mem. Cogn., 23,* 324–354.

11.   Lassaline, M. E., & Logan, G. D. (1993). Memory-based automaticity in the discrimination of visual numerosity. *J. Exp. Psychol. Learn. Mem. Cogn., 19,* 561–581.

12.   Wolters, G., Vankempen, H., & Wijlhuizen, G. J. (1987). Quantification of small numbers of dots—Subitizing or pattern recognition. *Am. J. Psychol., 100,* 225–237.

13.   Logan, G. D., & Zbrodoff, N. J. (2003). Subitizing and similarity: Toward a pattern-matching theory of enumeration. *Psychon. Bull. Rev., 10,* 676–682.

14.   Weber, E. H. (1850). Der Tastsinn und das Gemeingefühl. In R. Wagner (Ed.), *Handwörterbuch der Physiologie,* Vol. 3, Part 2 (pp. 481–588). Braunschweig, Germany: Vieweg Verlag.

15.   Moyer, R. S., & Landauer, T. K. (1967). Time required for judgements of numerical inequality. *Nature, 215,* 1519–1520.

16.   Dehaene, S. (1992). Varieties of numerical abilities. *Cognition, 44,* 1–42.

17.   Jordan, K. E., & Brannon, E. M. (2006). Weber's Law influences numerical representations in rhesus macaques (*Macaca mulatta*). *Anim. Cogn., 9,* 159–172.

18.   Merten, K., & Nieder, A. (2009). Compressed scaling of abstract numerosity representations in adult humans and monkeys. *J. Cogn. Neurosci., 21,* 333–346.

19.   Ditz, H. M., & Nieder, A. (2016). Numerosity representations in crows obey the Weber–Fechner law. *Proc. Biol. Sci., 283,* 20160083.

20.   Burr, D. C., Anobile, G., & Arrighi, R. (2017). Psychophysical evidence for the number sense. *Philos. Trans. R. Soc. Lond., B, Biol. Sci., 373*(1740), 20170045.

21.   Dantzig, T. (1930). *Number—The language of science.* New York, NY: Free Press.

22.   Dehaene, S. (2011). *The number sense* (2nd ed.). Oxford, UK: Oxford University Press.

23.   Gallistel, C. R., & Gelman, R. (2000). Non-verbal numerical cognition: From reals to integers. *Trends Cogn. Sci., 4,* 59–65.

3장

1.   Urry, L. A., Cain, M. L., Wasserman, S. A., Minorsky, P. V., & Reece, J. B. (2017). *Campbell biology* (11th ed.). London, UK: Pearson.

2.   Wray, G. A. (2015). Molecular clocks and the early evolution of metazoan ner- vous systems. *Philos. Trans. R. Soc. Lond., B, Biol. Sci., 370,* 1684.

3.   Fox, D. (2016). What sparked the Cambrian explosion? *Nature, 530,* 268–270.

4.   Sperling, E. A., Frieder, C. A., Raman, A. V., Girguis, P. R., Levin, L. A., & Knoll, A. H. (2013). Oxygen, ecology, and the Cambrian radiation of animals. *Proc. Natl. Acad. Sci. U.S.A., 110,* 13446–13451.

5.   Darwin, C. (1859). *On the origin of species by means of natural selection, or the preservation of favoured races in the struggle for life.* London, UK: John Murray.

6.   Pfungst, O. (1911). *Clever Hans (The horse of Mr. von Osten): A contribution to experimental animal and human psychology.* New York, NY: Henry Holt and Company.

7.   Uller, C., & Lewis, J. (2009). Horses (*Equus caballus*) select the greater of two quantities in small numerical contrasts. *Anim. Cogn., 12,* 733–738.

8.   Hassenstein, B. (1974). Otto Koehler—his life and his work. *Z. Tierpsychol., 35,* 449–464.

9.   Koehler, O. (1941). Vom Erlernen unbenannter Anzahlen bei Vögeln. *Naturwissenschaften, 29,* 201–218.

10.   Koehler, O. (1951). The ability of birds to "count." *Bull. Anim. Behav., 9,* 41–45.

11.   Koehler, The ability of birds to "count."

12.   Davis, H., & Perusse, R. (1988). Numerical competence in animals: Definitional issues, current evidence, and a new research agenda. *Behav. Brain. Sci., 11,* 561–615.

13.   Agrillo, C., & Bisazza, A. (2014). Spontaneous versus trained numerical abilities. A comparison between the two main tools to study numerical competence in non- human animals. *J. Neurosci. Methods, 234,* 82–91.

14.   Leibovich, T., Katzin, N., Harel, M., & Henik, A. (2016). From "sense of number" to "sense of magnitude"—The role of continuous magnitudes in numerical cogni- tion. *Behav. Brain. Sci., 40,* 1–62.

15.   Agrillo & Bisazza, Spontaneous versus trained numerical abilities.

16.   Agrillo, C., Miletto Petrazzini, M. E., & Bisazza, A. (2017). Numerical abilities in fish: A methodological review. *Behav. Processes, 141*(2), 161–171.

17.   Hager, M. C., & Helfman, G. S. (1991). Safety in numbers: Shoal size choice by minnows under predatory threat. *Behav. Ecol. Sociobiol., 29,* 271–276.

18.   Agrillo, C., Dadda, M., Serena, G., & Bisazza, A. (2009). Use of number by fish. *PLoS ONE, 4*(3), e4786.

19.   Agrillo, C., Piffer, L., & Bisazza, A. (2010). Large number discrimination by mosquitofish. *PLoS ONE, 5*(12), e15232.

20.   Agrillo, C., Miletto Petrazzini, M. E., Piffer, L., Dadda, M., & Bisazza, A. (2012). A new training procedure for studying discrimination learning in fish. *Behav. Brain Res., 230*, 343–348.

21.   Bisazza, A., Tagliapietra, C., Bertolucci, C., Foa, A., & Agrillo, C. (2014). Non-visual numerical discrimination in a blind cavefish (*Phreatichthys andruzzii*). *J. Exp. Biol., 217*, 1902–1909.

22.   Uller, C., Jaeger, R., Guidry, G., & Martin, C. (2003). Salamanders (*Plethodon cinereus*) go for more: Rudiments of number in an amphibian. *Anim. Cogn., 6*, 105–112.

23.   Krusche, P., Uller, C., & Dicke, U. (2010). Quantity discrimination in salaman- ders. *J. Exp. Biol., 213*, 1822–1828.

24.   Stancher, G., Rugani, R., Regolin, L., & Vallortigara, G. (2015). Numerical discrimination by frogs (*Bombina orientalis*). *Anim. Cogn., 18*, 219–229.

25.   Miletto Petrazzini, M. E., Fraccaroli, I., Gariboldi, F., Agrillo, C., Bisazza, A., Bertolucci, C., & Foà, A. (2017). Quantitative abilities in a reptile (*Podarcis sicula*). *Biol. Lett., 13*(4), 20160899.

26.   Miletto Petrazzini, M. E., Bertolucci, C., & Foà, A. (2018). Quantity discrimina- tion in trained lizards (*Podarcis sicula*). *Front. Psychol., 9*, 274.

27.   Dyke, G., & Kaiser, G. (2011). *Living dinosaurs: The evolutionary history of modern birds.* Oxford, UK: Wiley-Blackwell.

28.   Lyon, B. E. (2003). Egg recognition and counting reduce costs of avian conspe- cific brood parasitism. *Nature, 422*, 495–499.

29.   White, D. J., Ho, L., & Freed-Brown, G. (2009). Counting chicks before they hatch: Female cowbirds can time readiness of a host nest for parasitism. *Psychol. Sci., 20*, 1140–1145.

30.   Hunt, S., Low, J., & Burns, K. C. (2008). Adaptive numerical competency in a food-hoarding songbird. *Proc. R. Soc. B Biol. Sci., 275*, 2373–2379.

31.   Garland, A., Low, J., & Burns, K. C. (2012). Large quantity discrimination by North Island robins (*Petroica longipes*). *Anim. Cogn., 15*, 1129–1140.

32.   Bogale, B. A., Aoyama, M., & Sugita, S. (2014). Spontaneous discrimination of food quantities in the jungle crow, *Corvus macrorhynchos. Anim. Behav., 94*, 73–78.

33.   Ujfalussy, D., Miklósi, A., Bugnyar, T., & Kotrschal, K. (2013). Role of mental representations in quantity judgments by jackdaws (*Corvus monedula*). *J. Comp. Psychol., 128*, 11–20.

34. Templeton, C. N., Greene, E., & Davis, K. (2005). Allometry of alarm calls: Black-capped chickadees encode information about predator size. *Science, 308*, 1934–1937.

35. Pepperberg, I. M. (2010). Evidence for conceptual quantitative abilities in the African grey parrot: Labeling of cardinal sets. *Ethology, 75*, 37–61.

36. Xia, L., Emmerton, J., Siemann, M., & Delius, J. D. (2001). Pigeons (*Columba livia*) learn to link numerosities with symbols. *J. Comp. Psychol., 115*, 83.

37. Smirnova, A. A., Lazareva, O. F., & Zorina, Z. A. (2000). Use of number by crows: Investigation by matching and oddity learning. *J. Exp. Anal. Behav., 73*, 163–176.

38. Bogale, B. A., Kamata, N., Mioko, K., & Sugita, S. (2011). Quantity discrimina- tion in jungle crows, *Corvus macrorhynchos. Anim. Behav., 82*, 635–641.

39. Ditz, H. M., & Nieder, A. (2016). Numerosity representations in crows obey the Weber–Fechner law. *Proc. Biol. Sci., 283*(1827), 20160083.

40. Scarf, D., Hayne, H., & Colombo, M. (2011). Pigeons on par with primates in numerical competence. *Science, 334*, 1664.

41. Rugani, R., Regolin, L., & Vallortigara, G. (2008). Discrimination of small numerosities in young chicks. *J. Exp. Psychol. Anim. Behav. Process., 34*, 388–399.

42. Rugani, R., Fontanari, L., Simoni, E., Regolin, L., & Vallortigara G. (2009). Arithmetic in newborn chicks. *Proc. Biol. Sci., 276*, 2451–2460.

43. Vallortigara, G. (2012). Core knowledge of object, number, and geometry: A comparative and neural approach. *Cogn. Neuropsychol., 29*, 213–236.

44. Hublin, J. J., Ben-Ncer, A., Bailey, S. E., Freidline, S. E., Neubauer, S., Skinner, M. M., Bergmann, I., Le Cabec, A., Benazzi, S., Harvati, K., & Gunz, P. (2017). New fos- sils from Jebel Irhoud, Morocco, and the pan-African origin of *Homo sapiens. Nature, 546*, 289–292.

45. Schlebusch, C. M., Malmström, H., Günther, T., Sjödin, P., Coutinho, A., Edlund, H., Munters, A. R., Vicente, M., Steyn, M., Soodyall, H., Lombard, M., & Jakobsson, M. (2017). Southern African ancient genomes estimate modern human divergence to 350,000 to 260,000 years ago. *Science, 358*, 652–655.

46. West, R. E., & Young, R. J. (2002). Do domestic dogs show any evidence of being able to count? *Anim. Cogn., 5*, 183–186.

47. Pisa, P. E., & Agrillo, C. (2009). Quantity discrimination in felines: A preliminary investigation of the domestic cat (*Felis silvestris catus*). *J. Ethology, 27*, 289–293.

48. Vonk, J., & Beran, M. J. (2012). Bears "count" too: Quantity estimation and comparison in black bears (*Ursus americanus*). *Anim. Behav., 84*, 231–238.

49. McComb, K., Packer, C., & Pusey, A. (1994). Roaring and numerical assessment in contests between groups of female lions, *Panthera leo. Anim. Behav., 47*, 379–387.

50. Benson-Amram, S., Heinen, K., Dryer, S. L., & Holekamp, K. E. (2011). Numeri-

cal assessment and individual call discrimination by wild spotted hyaenas, *Crocuta crocuta*. *Anim. Behav., 82,* 743–752.

51.   Abramson, J. Z., Hernandez-Lloreda, V., Call, J., & Colmenares, F. (2011). Relative quantity judgments in South American sea lions (*Otaria flavescens*). *Anim. Cogn., 14,* 695–706.

52.   Davis, H. (1984). Discrimination of the number 3 by a raccoon (*Procyon lotor*). *Anim. Learn Behav., 12,* 409–413.

53.   Kilian, A., Yaman, S., von Fersen, L., & Güntürkün, O. (2003). A bottlenose dolphin discriminates visual stimuli differing in numerosity. *Learn. Behav., 31,* 133–142.

54.   Jaakkola, K., Fellner, W., Erb, L., Rodriguez, M., & Guarino, E. (2005). Understanding of the concept of numerically "less" by bottlenose dolphins (*Tursiops truncatus*). *J. Comp. Psychol., 119,* 296–303.

55.   Abramson, J. Z., Hernández-Lloreda, V., Call, J., & Colmenares, F. (2013). Relative quantity judgments in the beluga whale (*Delphinapterus leucas*) and the bottle- nose dolphin (*Tursiops truncatus*). *Behav. Processes, 96,* 11–19.

56.   Uller, C., & Lewis, J. (2009). Horses (*Equus caballus*) select the greater of two quantities in small numerical contrasts. *Anim. Cogn., 12,* 733–738.

57.   Perdue, B. M., Talbot, C. F., Stone, A. M., & Beran, M. J. (2012). Putting the elephant back in the herd: Elephant relative quantity judgments match those of other species. *Anim. Cogn., 15,* 955–861.

58.   Fernandes, D. M., & Church, R. M. (1982). Discrimination of the number of sequential events. *Anim. Learn. Behav., 10,* 171–176.

59.   Davis, H., & Albert, M. (1986). Numerical discrimination by rats using sequen- tial auditory stimuli. *Anim. Learn. Behav., 14,* 57–59.

60.   Mechner, F. (1958). Probability relations within response sequences under ratio reinforcement. *J. Exp. Anal. Behav., 1,* 109–121.

61.   Lewis, K. P., Jaffe, S., & Brannon, E. M. (2005). Analog number representations in mongoose lemurs (*Eulemur mongoz*): Evidence from a search task. *Anim. Cogn., 8,* 247–252.

62.   Thomas, R. K., & Chase, L. (1980). Relative numerousness judgments by squirrel monkeys. *Bull. Psychon. Soc., 16,* 79–82.

63.   Judge, P. G., Evans, T. A., & Vyas, D. K. (2005). Ordinal representation of numeric quantities by brown capuchin monkeys (*Cebus apella*). *J. Exp. Psychol. Anim. Behav. Process, 31,* 79–94.

64.   Beran, M. J., Evans, T. A., Leighty, K. A., Harris, E. H., & Rice, D. (2008). Summation and quantity judgments of sequentially presented sets by capuchin monkeys (*Cebus apella*). *Am. J. Primatol., 70,* 191–194.

65.   Hicks, L. H. (1956). An analysis of number-concept formation in the rhesus mon-

key. *J. Comp. Physiol. Psychol.*, 49, 212–218.

66.   Brannon, E. M., & Terrace, H. S. (2000). Representation of the numerosities 1–9 by rhesus macaques (*Macaca mulatta*). *J. Exp. Psychol. Anim. Behav. Process*, 26, 31–49.

67.   Beran, M. J. (2007). Rhesus monkeys (*Macaca mulatta*) enumerate sequentially presented sets of items using analog numerical representations. *J. Exp. Psychol. Anim. Behav. Process*, 33, 42–54.

68.   Smith, B. R., Piel, A. K., & Candland, D. K. (2003). Numerity of a socially housed hamadryas baboon (*Papio hamadryas*) and a socially housed squirrel monkey (*Saimiri sciureus*). *J. Comp. Psychol.*, 117, 217–225.

69.   Anderson, U. S., Stoinski, T. S., Bloomsmith, M. A., & Maple, T. L. (2007). Relative numerousness judgment and summation in young, middle-aged, and older adult orangutans (*Pongo pygmaeus abelii* and *Pongo pygmaeus pygmaeus*). *J. Comp. Psychol.*, 121, 1–11.

70.   Anderson, U. S., Stoinski, T. S., Bloomsmith, M. A., Marr, M. J., Smith, A. D., & Maple, T. L. (2005). Relative numerousness judgment and summation in young and old Western lowland gorillas. *J. Comp. Psychol.*, 119, 285–295.

71.   Beran, M. J. (2001). Summation and numerousness judgments of sequentially presented sets of items by chimpanzees (*Pan troglodytes*). *J. Comp. Psychol.*, 115, 181–191.

72.   Beran, M. J., & Beran, M. M. (2004). Chimpanzees remember the results of one-by-one addition of food items to sets over extended time periods. *Psychol. Sci.*, 15, 94–99.

73.   Penn, D. C., Holyoak, K. J., & Povinelli, D. J. (2008). Darwin's mistake: explain- ing the discontinuity between human and non-human minds. *Behav. Brain Sci.*, 31, 109–130;

74.   Nelson, X. J., & Jackson, R. R. (2012). The role of numerical competence in a specialized predatory strategy of an araneophagic spider. *Anim. Cogn.*, 15, 699–710.

75.   Rodríguez, R. L., Briceño, R. D., Briceño-Aguilar, E., & Höbel, G. (2015). *Nephila clavipes* spiders (Araneae: Nephilidae) keep track of captured prey counts: Testing for a sense of numerosity in an orb-weaver. *Anim. Cogn.*, 18, 307–314.

76.   Karban, R., Black, C. A., & Weinbaum, S. A. (2000). How 17-year cicadas keep track of time. *Ecol. Lett.*, 3, 253–256.

77.   Carazo, P., Font, E., Forteza-Behrendt, E., & Desfilis, E. (2009). Quantity dis- crimination in *Tenebrio molitor*: Evidence of numerosity discrimination in an inver- tebrate? *Anim. Cogn.*, 12, 463–470.

78.   Reznikova, Z., & Ryabko, B. (1996). Transmission of information regarding the quantitative characteristics of an object in ants. *Neurosci. Behav. Physiol.*, 26, 397–405.

79.   Wittlinger, M., Wehner, R., & Wolf, H. (2006). The ant odometer: Stepping on stilts and stumps. *Science*, 312, 1965–1967.

80.   Chittka, L., & Geiger, K. (1995). Can honeybees count landmarks? *Anim. Behav.*, 49, 159–164.

440

81. Dacke, M., & Srinivasan, M. V. (2008). Evidence for counting in insects. *Anim. Cogn., 11*, 683–689.

82. Gross, H. J., Pahl, M., Si, A., Zhu, H., Tautz, J., & Zhang, S. (2009). Number-based visual generalisation in the honeybee. *PLoS ONE, 4*, e4263.

83. Howard, S. R., Avarguès-Weber, A., Garcia, J. E., Greentree, A. D., & Dyer, A. G. (2018). Numerical ordering of zero in honey bees. *Science, 360*, 1124–1126.

84. Zhang, S. W., Bock, F., Si, A., Tautz, J., & Srinivasan, M. V. (2005). Visual working memory in decision making by honey bees. *Proc. Natl. Acad. Sci. U.S.A., 102*, 5250–5255.

85. Giurfa, M., Zhang, S., Jenett, A., Menzel, R., & Srinivasan, M. V. (2001). The concepts of "sameness" and "difference" in an insect. *Nature, 410*, 930–933.

86. Loukola, O. J., Perry, C. J., Coscos, L., & Chittka, L. (2017). Bumblebees show cognitive flexibility by improving on an observed complex behavior. *Science, 355*, 833–836.

87. Mechner, F. (1958). Probability relations within response sequences under ratio reinforcement. *J. Exp. Anal. Behav., 1*, 109–121.

88. Brannon, E. M.,Terrace, H. S. (1998). Ordering of the numerosities 1 to 9 by monkeys. *Science, 282*, 746–749.

89. Brannon, E. M., & Terrace, H. S. (2000). Representation of the numerosities 1–9 by rhesus macaques (*Macaca mulatta*). *J. Exp. Psychol. Anim. Behav. Process., 26*, 31–49.

90. Fechner, G. T. (1860). *Elemente der Psychophysik*, Vol. 2. Leipzig, Germany: Breitkopf & Härtel.

91. Nieder, A., & Miller, E. K. (2003). Coding of cognitive magnitude: Compressed scaling of numerical information in the primate prefrontal cortex. *Neuron, 37*, 149–157.

92. Nieder, A., & Miller, E. K. (2004). Analog numerical representations in rhesus monkeys: Evidence for parallel processing. *J. Cogn. Neurosci., 16*, 889–901.

93. Merten, K., & Nieder, A. (2009). Compressed scaling of abstract numerosity representations in adult humans and monkeys. *J. Cogn. Neurosci., 21*, 333–346.

94. Merten & Nieder. Compressed scaling of abstract numerosity representations.

95. Merten & Nieder. Compressed scaling of abstract numerosity representations.

96. Nieder, A., Diester, I., & Tudusciuc, O. (2006). Temporal and spatial enumera- tion processes in the primate parietal cortex. *Science, 313*, 1431–1435.

97. Jordan, K. E., Maclean, E. L., & Brannon, E. M. (2008). Monkeys match and tally quantities across senses. *Cognition, 108*, 617–625.

98. Nieder, A. (2012). Supramodal numerosity selectivity of neurons in primate prefrontal and posterior parietal cortices. *Proc. Natl. Acad. Sci. U.S.A., 109*, 11860–11865.

99. Scarf, D., Hayne, H., & Colombo, M. (2011). Pigeons on par with primates in nu-

merical competence. *Science, 334,* 1664.

100. Smirnova, Lazareva, & Zorina. Use of number by crows.

101. Ujfalussy, D., Miklósi, A., Bugnyar, T., & Kotrschal, K. (2013). Role of mental representations in quantity judgments by jackdaws (*Corvus monedula*). *J. Comp. Psy- chol., 128,* 11–20.

102. Bogale, B. A., Aoyama, M., & Sugita, S. (2014). Spontaneous discrimination of food quantities in the jungle crow, *Corvus macrorhynchos. Anim. Behav., 94,* 73–78.

103. Tornick, J. K., Callahan, E. S., & Gibson, B. M. (2015). An investigation of quantity discrimination in Clark's nutcrackers (*Nucifraga columbiana*). *J. Comp. Psy- chol., 129,* 17–25.

104. Ditz, H. M., & Nieder, A. (2015). Neurons selective to the number of visual items in the corvid songbird endbrain. *Proc. Natl. Acad. Sci. U.S.A., 112,* 7827–7832.

105. Ditz & Nieder. Numerosity representations in crows obey the Weber–Fechner law.

106. Cantlon, J. F., & Brannon, E. M. (2006). Shared system for ordering small and large numbers in monkeys and humans. *Psychol. Sci., 17,* 401–406.

107. Beran, M. J. (2007). Rhesus monkeys (*Macaca mulatta*) enumerate large and small sequentially presented sets of items using analog numerical representations. *J. Exp. Psychol. Anim. Behav. Proc., 33,* 42–54.

108. Barnard, A. M., Hughes, K. D., Gerhardt, R. R., DiVincenti, L., Jr., Bovee, J. M., & Cantlon, J. F. (2013). Inherently analog quantity representations in olive baboons (*Papio anubis*). *Front. Psychol., 4*(253).

109. Rugani, R., Regolin, L., & Vallortigara, G. (2013). One, two, three, four, or is there something more? Numerical discrimination in day-old domestic chicks. *Anim. Cogn., 16,* 557–564.

110. Ditz & Nieder. Numerosity representations in crows obey the Weber–Fechner law.

111. Hauser, M. D., Carey, S., & Hauser, L. B. (2000). Spontaneous number repre- sentation in semifree-ranging rhesus monkeys. *Proc. R. Soc. Lond. B Biol. Sci., 267,* 829–833.

112. Bonanni, R., Natoli, E., Cafazzo, S., & Valsecchi, P. (2011). Free-ranging dogs assess the quantity of opponents in intergroup conflicts. *Anim. Cogn., 14,* 103–115.

113. Hunt, S., Low, J., & Burns, C. K. (2008). Adaptive numerical competency in a food-hoarding songbird. *Proc. R. Soc. Lond. B Biol. Sci., 10,* 1098–1103.

114. Agrillo, C., Dadda, M., Serena, G., & Bisazza, A. (2008). Do fish count? Spontaneous discrimination of quantity in female mosquitofish. *Anim. Cogn., 11,* 495–503.

115. Van Oeffelen, M. P., & Vos, P. G. (1982). A probabilistic model for the discrimi- nation of visual number. *Percept. Psychophys., 32,* 163–170.

116. Vetter, P., Butterworth, B., & Bahrami, B. (2008). Modulating attentional load

affects numerosity estimation: Evidence against a pre-attentive subitizing mecha- nism. *PLoS ONE, 3,* e3269.

117.   Gallistel, C. R., & Gelman, R. (1992). Preverbal and verbal counting and com- puta- tion. *Cognition, 44,* 43–74.

118.   Mandler, G., & Shebo, B. J. (1982). Subitizing: An analysis of its component pro- cesses. *J. Exp. Psychol., 111,* 1–22.

4장

1.   Waters, C. M., & Bassler, B. L. (2005). Quorum sensing: Cell-to-cell communica- tion in bacteria. *Annu. Rev. Cell Dev. Biol., 21,* 319–346.

2.   Cronin, A. L. (2014). Ratio-dependent quantity discrimination in quorum sens- ing ants. *Anim. Cogn., 17,* 1261–1268.

3.   Chittka, L., & Geiger, K. (1995). Can honeybees count landmarks? *Anim. Behav., 49,* 159–164.

4.   Dacke, M., & Srinivasan, M. V (2008). Evidence for counting in insects. *Anim. Cogn., 11,* 683–689.

5.   Krebs, J. R., Ryan, J. C., & Charnov, E. L. (1974). Hunting by expectation or optimal foraging? *Anim. Behav., 22,* 953–964.

6.   Uller, C., Jaeger, R., Guidry, G., & Martin, C. (2003). Salamanders (*Plethodon cinere- us*) go for more: Rudiments of number in an amphibian. *Anim. Cogn., 6,* 105–112.

7.   Krusche, P., Uller, C., & Dicke, U. (2010). Quantity discrimination in salaman- ders. *J. Exp. Biol., 21,* 1822–1828.

8.   Stancher, G., Rugani, R., Regolin, L., & Vallortigara, G. (2015). Numerical dis- crimination by frogs (*Bombina orientalis*). *Anim. Cogn., 18,* 219–229.

9.   Panteleeva, S., Reznikova, Z., & Vygonyailova, O. (2013). Quantity judgments in the context of risk/reward decision making in striped field mice: First "count," then hunt. *Front. Psychol., 4,* 53.

10.   Nelson, X. J., & Jackson, R. R. (2012). The role of numerical competence in a spe- cialized predatory strategy of an araneophagic spider. *Anim. Cogn., 15,* 699–710.

11.   MacNulty, D. R., Tallian, A., Stahler, D. R., & Smith, D. W. (2014). Influence of group size on the success of wolves hunting bison. *PLoS ONE, 9,* e112884.

12.   Hager, M. C., & Helfman, G. S. (1991). Safety in numbers: Shoal size choice by min- nows under predatory threat. *Behav. Ecol. Sociobiol., 29,* 271–276.

13.   Buckingham, J. N., Wong, B. B. M., & Rosenthal, G. G. (2007). Shoaling deci- sions

in female swordtails: How do fish gauge group size? *Behaviour, 144,* 1333– 1346.

14. Mehlis, M., Thünken, T., Bakker, T. C. M., & Frommen, J. G. (2015). Quantification acuity in spontaneous shoaling decisions of three-spined sticklebacks. *Anim. Cogn., 18,* 1125–1131.

15. Foster, W. A., & Treherne, J. E. (1981). Evidence for the dilution effect in the selfish herd from dish predation on a marine insect. *Nature, 293,* 466–467.

16. Landeau, L., & Terborgh, J. (1986). Oddity and the confusino effect in preda- tion. Animal *Behaviour, 34,* 1372–1380.

17. Pulliam, H. R. (1973). On the advantages of flocking. *J. Theor. Biol., 38,* 419–422.

18. Templeton, C. N., Greene, E., & Davis, K. (2005). Allometry of alarm calls: Black-capped chickadees encode information about predator size. *Science, 308,* 1934–1937.

19. McComb, K., Packer, C. & Pusey, A. (1994). Roaring and numerical assessment in contests between groups of female lions, *Panthera leo. Anim. Behav., 47,* 379–387.

20. Wilson, M. L., Hauser, M. D., & Wrangham, R. W. (2001). Does participation in intergroup conflict depend on numerical assessment, range location, or rank for wild chimpanzees? *Anim. Behav., 61,* 1203–1216.

21. Wilson, M. L., Britton, N. F., & Franks, N. R. (2002). Chimpanzees and the mathematics of battle. *Proc. Biol. Sci., 269,* 1107–1112.

22. Benson-Amram, S., Heinen, K., & Dryer, S. L., et al. (2011). Numerical assess- ment and individual call discrimination by wild spotted hyaenas, *Crocuta crocuta. Anim. Behav., 82,* 743–752.

23. Carazo, P., Font, E., Forteza-Behrendt, E., & Desfilis, E. (2009). Quantity dis- crimination in *Tenebrio molitor:* Evidence of numerosity discrimination in an invertebrate? *Anim. Cogn., 12,* 463–470.

24. Carazo, P., Fernández-Perea, R., & Font, E. (2012). Quantity estimation based on numerical cues in the mealworm beetle (*Tenebrio molitor*). *Front. Psychol., 3,* 502.

25. Shifferman, E. M. (2012). It's all in your head: The role of quantity estimation in sperm competition. *Proc. Biol. Sci., 279,* 833–840.

26. Bonilla, M. M., Zeh, D. W., White, A. M., & Zeh, J. A. (2011). Discriminating males and unpredictable females: Males bias sperm allocation in favor of virgin females. *Ethology, 117,* 740–748.

27. Lyon, B. E. (2003). Egg recognition and counting reduce costs of avian conspe- cific brood parasitism. *Nature, 422,* 495–499.

28. White, D. J., Ho, L., & Freed-Brown, G. (2009). Counting chicks before they hatch: Female cowbirds can time readiness of a host nest for parasitism. *Psychol. Sci., 20,* 1140–1145.

29. Hoover, J. P., & Robinson, S. K. (2007). Retaliatory mafia behavior by a parasitic cowbird favors host acceptance of parasitic eggs. *Proc. Natl. Acad. Sci. U.S.A., 104*, 4479–4483.

5장

1. Starkey, P., & Cooper, R. G., Jr. (1980). Perception of numbers by human infants. *Science, 210*, 1033–1035.

2. Izard, V., Sann, C., Spelke, E. S., & Streri, A. (2009). Newborn infants perceive abstract numbers. *Proc. Natl. Acad. Sci. U.S.A., 106*, 10382–10385.

3. Xu, F., & Spelke, E. S. (2000). Large number discrimination in 6-month-old infants. *Cognition, 74*, B1–B11.

4. Xu, F. (2003). Numerosity discrimination in infants: Evidence for two systems of representations. *Cognition, 89*, B15–B25.

5. Lipton, J. S., & Spelke, E. S. (2003). Origins of number sense. Large-number discrimination in human infants. *Psychol. Sci., 14*, 396–401.

6. Wood, J. N., & Spelke, E. S. (2005). Infants' enumeration of actions: Numerical discrimination and its signature limits. *Dev. Sci., 8*, 173–181.

7. Xu & Spelke. Large number discrimination in 6-month-old infants.

8. Xu, F., & Arriaga, R. I. (2007). Number discrimination in 10-month-old infants. *Br. J. Dev. Psychol., 25*, 103–108.

9. Halberda, J., Mazzocco, M. M. M., & Feigenson, L. (2008). Individual differences in nonverbal number acuity correlate with maths achievement. *Nature, 455*, 665– 668.

10. Carey, S. (2001). Cognitive foundations of arithmetic: Evolution and ontogen- esis. *Mind Lang., 16*, 37–55.

11. Feigenson, L., Dehaene, S., & Spelke, E. (2004). Core systems of number. *Trends Cogn. Sci., 8*, 307–314.

12. Starkey & Cooper. Perception of numbers by human infants.

13. Feigenson, L., Carey, S., & Hauser, M. (2002). The representations underlying infants' choice of more: Object-files versus analog magnitudes. *Psychol. Sci., 13*, 150–156.

14. Feigenson, L., & Carey, S. (2003). Tracking individuals via object-files: Evidence from infants' manual search. *Dev. Sci., 6*, 568–584.

15. Pylyshyn, Z. W. (2003). *Seeing and visualizing: It's not what you think.* Cambridge, MA: MIT Press.

16.   Sathian, K., Simon, T. J., Peterson, S., Patel, G. A., Hoffman, J. M., & Grafton, S. T. (1999). Neural evidence linking visual object enumeration and attention. *J. Cogn. Neurosci., 11*, 36–51.

17.   Piazza, M., Mechelli, A., Butterworth, B., & Price, C. J. Are subitizing and counting implemented as separate or functionally overlapping processes? *Neuroimage, 15*, 435–446.

18.   Szkudlarek, E., & Brannon, E. M. (2017). Does the approximate number system serve as a foundation for symbolic mathematics? *Lang. Learn. Dev., 13*, 171– 190.

19.   Gordon, P. (2004). Numerical cognition without words: Evidence from Amazo- nia. *Science, 306*, 496–499.

20.   Frank, M. C., Everett, D. L., Fedorenko, E., & Gibson, E. (2008). Number as a cognitive technology: Evidence from Pirahã language and cognition. *Cognition, 108*, 819–824.

21.   Pica, P., Lemer, C., Izard, V., & Dehaene, S. (2004). Exact and approximate arithmetic in an Amazonian indigene group. *Science, 306*, 499–503.

22.   Merten, K., & Nieder, A. (2009). Compressed scaling of abstract numerosity representations in adult humans and monkeys. *J. Cogn. Neurosci., 21*, 333–346.

23.   Whalen, J., Gallistel C. R., & Gelman, R. (1999). Nonverbal counting in humans: The psychophysics of number representations. *Psychol. Sci., 10*, 130–137.

24.   Cordes, S., Gelman, R., Gallistel, C. R., & Whalen, J. Variability signatures distinguish verbal from nonverbal counting for both large and small numbers. *Psychon. Bull. Rev., 8*, 698–707 (2001).

25.   Barth, H., Kanwisher, N., & Spelke, E. (2003). The construction of large number representations in adults. *Cognition, 86*, 201–221.

26.   Dehaene, S., Izard, V., Spelke, E., & Pica, P. (2008). Log or linear? Distinct intuitions of the number scale in Western and Amazonian indigene cultures. *Science, 320*, 1217–1220.

27.   Siegler, R. S., & Booth, J. L. (2004). Development of numerical estimation in young children. *Child Dev., 75*, 428–444.

6장

1.   Azevedo, F. A., Carvalho, L. R., Grinberg, L. T., Farfel, J. M., Ferretti, R. E., Leite, R. E., Jacob Filho, W., Lent, R., & Herculano-Houzel, S. (2009). Equal numbers of neuronal and nonneuronal cells make the human brain an isometrically scaled-up primate brain. *J. Comp. Neurol., 513*, 532–54110.

2.   Broca, M. P. (1861). Remarques sur le siége de la faculté du langage articulé, suiv-

ies d'une observation d'aphemie (Perte de la Parole). *Bull. Mem. Soc. Anat. Paris, 36,* 330–357.

3.   Finger, S. (1994). *Origins of neuroscience: A history of explorations into brain function.* Oxford, UK: Oxford University Press.

4.   Fritsch, G., & Hitzig, E. (1870). Über die elektrische Erregbarkeit des Grosshirns. *Arch. Anat. Physiol. Wissen., 37,* 300–332.

5.   Ferrier, D. (1876). *The functions of the brain.* London, UK: Smith, Elder and Company.

6.   Brodmann, K. (1909). *Vergleichende Lokalisationslehre der Großhirnrinde in ihren Prinzipien dargestellt auf Grund des Zellenbaues.* Leipzig, Germany: Johann Ambrosius Barth Verlag.

7.   Hitzig, E. (1874). *Untersuchungen über das Gehirn. Abhandlungen physiologischen und pathologischen Inhalts.* Berlin, Germany: Hirschwald.

8.   Ferrier. *The functions of the brain.*

9.   Bianchi, L. (1895). The functions of the frontal lobes. *Brain, 18,* 497–522.

10.   Flechsig, P. (1896). *Gehirn und Seele.* Leipzig, Germany: Verlag von Veit & Comp.

11.   Flechsig, P. (1927). *Meine myelogenetische Hirnlehre.* Berlin, Germany: Springer.

12.   Guillery, R. W. (2005). Is postnatal neocortical maturation hierarchical? *Trends Neurosci., 28,* 512–517.

13.   Flechsig. *Gehirn und Seele.*

14.   Flechsig. *Meine myelogenetische Hirnlehre.*

15.   Van Essen, D. C., & Dierker, D. L. (2007). Surface-based and probabilistic atlases of primate cerebral cortex. *Neuron, 56,* 209–225.

16.   Donahue, C. J., Glasser, M. F., Preuss, T. M., Rilling, J. K., & Van Essen, D. C. (2018). Quantitative assessment of prefrontal cortex in humans relative to non- human primates. *Proc. Natl. Acad. Sci. U.S.A., 115,* E5183–E5192.

17.   Clarke, D. L., Boutros, N. N., & Mendez, M. F. (2010). *The brain and behavior: An introduction to behavioral neuroanatomy.* Cambridge, UK: Cambridge University Press.

18.   Wise, S. P., Boussaoud, D., Johnson, P. B., & Caminiti, R. (1997). Premotor and parietal cortex: Corticocortical connectivity and combinatorial computations. *Annu. Rev. Neurosci., 20,* 25–42.

19.   Blakemore, S.-J. (2008). The social brain in adolescence. *Nat. Rev. Neurosci., 9,* 267–276.

20.   Fuster, J. M. (2008). *The prefrontal cortex* (4th ed.). New York, NY: Academic Press.

21.   Baddeley, A. (1992). Working memory. *Science, 255,* 556–559.

22.   Miller, E. K., & Cohen, J. D. (2001). An integrative theory of prefrontal cortex function. *Annu. Rev. Neurosci., 24,* 167–202.

23.   Rorden, C., & Karnath, H. O. (2004). Using human brain lesions to infer func- tion: A relic from a past era in the fMRI age? *Nat. Rev. Neurosci., 5,* 813–819.

24.   Lewandowsky, M., & Stadelmann, E. (1908). Über einen bemerkenswerten Fall von Hirnblutung und über Rechenstörungen bei Herderkrankung des Gehirns. *Z. Psychol. Neurol., 11,* 249–265.

25.   Peritz, G. (1918). Zur Pathopsychologie des Rechnens. *Dtsch. Z. Nervenheilkd, 61,* 234–340.

26.   Henschen, S. E. (1919). Über Sprach-, Musik- und Rechenmechanismen und ihre Lokalisation im Gorßhirn. *Z. Gesamte Neurol. Psychiatr., 52,* 273–198.

27.   Henschen, S. E. (1925). Clinical and anatomical contributions on brain pathol- ogy. *Arch. Neurol. Psychiatry, 13,* 226–249.

28.   Goldstein, K. (1948). *Language and language disturbances.* New York, NY: Grune & Stratton, p. 133.

29.   Lemer, C., Dehaene, S., Spelke, E., & Cohen, L. (2003). Approximate quantities and exact number words: Dissociable systems. *Neuropsychologia, 41,* 1942–1958.

30.   Ashkenazi, S., Henik, A., Ifergane, G., & Shelef, I. (2008). Basic numerical proc- essing in left intraparietal sulcus (IPS) acalculia. *Cortex, 44,* 439–448.

31.   Delazer, M., Karner, E., Zamarian, L., Donnemiller, E., & Benke, T. (2006). Number processing in posterior cortical atrophy—A neuropsycholgical case study. *Neuropsychologia, 44,* 36–51.

32.   Koss, S., Clark, R., Vesely, L., Weinstein, J., Powers, C., Richmond, L., Farag, C., Gross, R., Liang, T. W., & Grossman, M. (2010). Numerosity impairment in cortico- basal syndrome. *Neuropsychology, 24,* 476–492.

33.   Roland, P. E., & Friberg, L. (1985). Localization of cortical areas activated by think- ing. *J. Neurophysiol., 53,* 1219–1243.

34.   Ogawa, S., Tank, D. W., Menon, R., Ellermann, J. M., Kim, S. G., Merkle, H., & Ugurbil, K. (1992). Intrinsic signal changes accompanying sensory stimulation: Functional brain mapping with magnetic resonance imaging. *Proc. Natl. Acad. Sci. U.S.A., 89,* 5951–5955.

35.   Kwong, K. K., Belliveau, J. W., Chesler, D. A., Goldberg, I. E., Weisskoff, R. M., Poncelet, B. P., Kennedy, D. N., Hoppel, B. E., Cohen, M. S., & Turner, R., et al. (1992). Dynamic magnetic resonance imaging of human brain activity during pri- mary sensory stimulation. *Proc. Natl. Acad. Sci. U.S.A., 89,* 5675–5679.

36.   Logothetis, N. K. (2008). What we can do and what we cannot do with fMRI. *Na-*

ture, *453*, 869–878.

37.　Piazza, M., Izard, V., Pinel, P., Le Bihan, D., & Dehaene, S. (2004). Tuning curves for approximate numerosity in the human intraparietal sulcus. *Neuron, 44*, 547–555.

38.　Krekelberg, B., Boynton, G. M. & van Wezel, R. J. (2006). Adaptation: From single cells to BOLD signals. *Trends Neurosci., 29*, 250–256.

39.　Jacob, S. N., & Nieder, A. (2009). Tuning to non-symbolic proportions in the human frontoparietal cortex. *Eur. J. Neurosci., 30*, 1432–1442.

40.　Demeyere, N., Rotshtein, P., & Humphreys, G. W. (2014). Common and dis- sociated mechanisms for estimating large and small dot arrays: Value-specific fMRI adaptation. *Hum. Brain Mapp., 35*, 3988–4001.

41.　Ansari, D., & Dhital, B. (2006). Age-related changes in the activation of the intraparietal sulcus during nonsymbolic magnitude processing: An event-related functional magnetic resonance imaging study. *J. Cogn. Neurosci., 18*, 1820–1828.

42.　Castelli, F., Glaser, D. E., & Butterworth, B. (2006). Discrete and analogue quantity processing in the parietal lobe: A functional MRI study. *Proc. Natl. Acad. Sci. U.S.A., 103*, 4693–4698.

43.　Roggeman, C., Santens, S., Fias, W., & Verguts, T. (2011). Stages of nonsym- bolic number processing in occipitoparietal cortex disentangled by fMRI adaptation. *J. Neurosci., 31*, 7168–7173.

44.　Santens, S., Roggeman, C., Fias, W., & Verguts, T. (2010). Number processing pathways in human parietal cortex. *Cereb. Cortex, 20*, 77–88.

45.　Eger, E., Michel, V., Thirion, B., Amadon, A., Dehaene, S., & Kleinschmidt, A. (2009). Deciphering cortical number coding from human brain activity patterns. *Curr. Biol., 19*, 1608–1615.

46.　Eger, E., Pinel, P., Dehaene, S., & Kleinschmidt, A. (2015). Spatially invariant coding of numerical information in functionally defined subregions of human parietal cortex. *Cereb. Cortex, 25*, 1319–1329.

47.　Harvey, B. M., Klein, B. P., Petridou, N., & Dumoulin, S. O. (2013). Topographic representation of numerosity in the human parietal cortex. *Science, 341*, 1123–1126.

48.　Santens, Roggeman, Fias, & Verguts. Number processing pathways in human parietal cortex.

49.　Dormal, V., Andres, M., Dormal, G., & Pesenti, M. (2010). Mode-dependent and mode-independent representations of numerosity in the right intraparietal sulcus. *Neuroimage, 52*, 1677–1686.

50.　Kansaku, K., Johnson, A., Grillon, M. L., Garraux, G., Sadato, N., & Hallett, M. (2006). Neural correlates of counting of sequential sensory and motor events in the human brain. *Neuroimage, 31*, 649–660.

51. Damarla, S. R., Cherkassky, V. L., & Just, M. A. (2016). Modality-independent representations of small quantities based on brain activation patterns. *Hum. Brain Mapp., 37,* 1296–1307.

7장

1. Gazzaniga, M. S., Ivry, R. B., & Mangun, G. R. (2014). *Cognitive neuroscience: The biology of the mind* (4th ed). New York, NY: W. W. Norton.

2. Barlow, H. (1995). The neuron doctrine in perception. In M. S. Gazzaniga (Ed.), *The cognitive neurosciences* (pp. 415–435). Cambridge, MA: MIT Press.

3. DeCharms, R. C., & Zador, A. (2000). Neural representation and the cortical code. *Annu. Rev. Neurosci., 23,* 613–647.

4. Tsao, D. Y., Freiwald, W. A., Tootell, R. B., & Livingstone, M. S. (2006). A cortical region consisting entirely of face-selective cells. *Science, 311,* 670–674.

5. Nieder, A., Freedman, D. J., & Miller, E. K. (2002). Representation of the quantity of visual items in the primate prefrontal cortex. *Science, 297,* 1708–1711.

6. Nieder, A., & Miller, E. K. (2004). A parieto-frontal network for visual numerical information in the monkey. *Proc. Natl. Acad. Sci. U.S.A., 101,* 7457–7462.

7. Okuyama, S., Kuki, T., & Mushiake, H. (2015). Representation of the numerosity "zero" in the parietal cortex of the monkey. *Sci. Rep., 5,* 10059.

8. Quintana, J., Fuster, J. M., & Yajeya, J. (1989). Effects of cooling parietal cortex on prefrontal units in delay tasks. *Brain Res., 503,* 100–110.

9. Chafee, M. V., & Goldman-Rakic, P. S. (2000). Inactivation of parietal and prefrontal cortex reveals interdependence of neural activity during memory-guided saccades. *J. Neurophysiol., 83,* 1550–1566.

10. Duhamel, J. R., Colby, C. L., & Goldberg, M. E. (1998). Ventral intraparietal area of the macaque: Congruent visual and somatic response properties. *J. Neurophysiol., 79,* 126–136.

11. Colby, C. L., & Goldberg, M. E. (1999). Space and attention in parietal cortex. *Annu. Rev. Neurosci., 22,* 319–349.

12. Onoe, H., Komori, M., Onoe, K., Takechi, H., Tsukada, H., & Watanabe, Y. (2001). Cortical networks recruited for time perception: A monkey positron emis- sion tomography (PET) study. *Neuroimage, 13,* 37–45.

13. Janssen, P., & Shadlen, M. N. (2005). A representation of the hazard rate of elapsed time in macaque area LIP. *Nat. Neurosci., 8,* 234–241.

14.   Tudusciuc, O., & Nieder, A. (2007). Neuronal population coding of continuous and discrete quantity in the primate posterior parietal cortex. *Proc. Natl. Acad. Sci. U.S.A., 104*, 14513–14518.

15.   Walsh, V. (2003). A theory of magnitude: Common cortical metrics of time, space and quantity. *Trends Cogn. Sci., 7*, 483–488.

16.   Bueti, D., & Walsh, V. (2009). The parietal cortex and the representation of time, space, number and other magnitudes. *Philos. Trans. R. Soc. Lond. B. Biol. Sci., 364*, 1831–1840.

17.   Rusconi, E., Walsh, V., & Butterworth, B. (2005). Dexterity with numbers: rTMS over left angular gyrus disrupts finger gnosis and number processing. *Neuropsycholo- gia, 43*, 1609–1624.

18.   Sawamura, H., Shima, K., & Tanji, J. (2002). Numerical representation for action in the parietal cortex of the monkey. *Nature, 415*, 918–922.

19.   Thompson, R. F., Mayers, K. S., Robertson, R. T., & Patterson, C. J. (1970). Number coding in association cortex of the cat. *Science, 168*, 271–273.

20.   Nieder, A., & Miller, E. K. (2003). Coding of cognitive magnitude: Compressed scaling of numerical information in the primate prefrontal cortex. *Neuron, 37*, 149–157.

21.   Merten, K., & Nieder, A. (2009). Compressed scaling of abstract numerosity representations in adult humans and monkeys. *J. Cogn. Neurosci., 21*, 333–346.

22.   Nieder & Miller, Coding of cognitive magnitude.

23.   Nieder, A., & Merten, K. (2007). A labeled-line code for small and large numer- osities in the monkey prefrontal cortex. *J. Neurosci., 27*, 5986–5993.

24.   Pouget, A., Dayan, P., & Zemel, R. (2000). Information processing with population codes. *Nat. Rev. Neurosci., 1*, 125–132.

25.   Tudusciuc, O., & Nieder, A. (2007). Neuronal population coding of continuous and discrete quantity in the primate posterior parietal cortex. *Proc. Natl. Acad. Sci. U.S.A., 104*, 14513–14518.

26.   Piazza, M., Izard, V., Pinel, P., Le Bihan, D., & Dehaene, S. (2004). Tuning curves for approximate numerosity in the human intraparietal sulcus. *Neuron, 44*, 547–555.

27.   Jacob, S. N., & Nieder, A. (2009). Tuning to non-symbolic proportions in the human frontoparietal cortex. *Eur. J. Neurosci., 30*, 1432–1442.

28.   Kersey, A. J., & Cantlon, J. F. (2017). Neural Tuning to Numerosity Relates to Perceptual Tuning in 3–6-Year-Old Children. *J. Neurosci., 37*, 512–522.

29.   Nieder, A. (2013). Coding of abstract quantity by "number neurons" of the pri- mate brain. *J. Comp. Physiol. A Neuroethol. Sens. Neural Behav. Physiol., 199*, 1–16.

30.   Tudusciuc & Nieder. Neuronal population coding of continuous and discrete quantity.

31.   Sawamura, H., Shima, K., & Tanji J. (2010). Deficits in action selection based on numerical information after inactivation of the posterior parietal cortex in mon- keys. *J. Neurophysiol., 104*, 902–910.

32.   Nieder, A., Diester, I., & Tudusciuc, O. (2006). Temporal and spatial enumera- tion processes in the primate parietal cortex. *Science, 313*, 1431–1435.

33.   Nieder, A. (2012). Supramodal numerosity selectivity of neurons in primate prefrontal and posterior parietal cortices. *Proc. Natl. Acad. Sci. U.S.A., 109*, 11860– 11865.

34.   Piazza, M., Mechelli, A., Price, C. J. & Butterworth, B. (2006). Exact and approximate judgements of visual and auditory numerosity: An fMRI study. *Brain Res., 1106*, 177–188.

35.   Eger, E., Sterzer, P., Russ, M. O., Giraud, A. L. & Kleinschmidt A. (2003). A supramodal number representation in human intraparietal cortex. *Neuron, 37*, 719–725.

36.   Dehaene, S., & Cohen, L. (1995). Towards an anatomical and functional model of number processing. *Math. Cogn., 1*, 83–120.

37.   Kumar, S., & Hedges, S. B. (1998). A molecular timescale for vertebrate evolu- tion. *Nature, 392*, 917–920.

38.   Hedges, S. B. (2002). The origin and evolution of model organisms. *Nat. Rev. Genet., 3*, 838–849.

39.   Nieder, A. (2016). The neuronal code for number. *Nat. Rev. Neurosci., 17*, 366–382.

40.   Olkowicz, S., Kocourek, M., Lučan, R. K., Porteš, M., Fitch, W. T., Herculano-Houzel, S., & Němec, P. (2016). Birds have primate-like numbers of neurons in the forebrain. *Proc. Natl. Acad. Sci. U.S.A., 113*, 7255–7260.

41.   Karten, H. J. (2015). Vertebrate brains and evolutionary connectomics: On the origins of the mammalian "neocortex." *Philos. Trans. R. Soc. Lond. B. Biol. Sci., 370*(1684), 20150060.

42.   Dugas-Ford, J., & Ragsdale, C. W. (2015). Levels of homology and the problem of neocortex. *Annu. Rev. Neurosci., 38*, 351–368.

43.   Jarvis, E. D., Güntürkün, O., Bruce, L., Csillag, A., & Karten, H., et al. (2005). Avian Brain Nomenclature Consortium. Avian brains and a new understanding of vertebrate brain evolution. *Nat. Rev. Neurosci., 6*, 151–159.

44.   Butler, A. B., Reiner, A., & Karten, H. J. (2011). Evolution of the amniote pallium and the origins of mammalian neocortex. *Ann. N. Y. Acad. Sci., 1225*, 14–27.

45.   Puelles, L., Kuwana, E., Puelles, E., Bulfone, A., Shimamura, K., Keleher, J., Smiga, S., & Rubenstein, J. L. (2000). Pallial and subpallial derivatives in the embry- onic chick and mouse telencephalon, traced by the expression of the genes Dlx-2, Emx-1, Nkx-2.1, Pax-6, and Tbr-1. *J. Comp. Neurol., 424*, 409–438.

46.   Reiner, A., Perkel, D. J., Bruce, L. L., Butler, A. B., & Csillag, A., et al. (2004). Avian

Brain Nomenclature Forum. Revised nomenclature for avian telencephalon and some related brainstem nuclei. *J. Comp. Neurol., 473,* 377–414.

47.　Güntürkün, O., & Bugnyar, T. (2016). Cognition without cortex. *Trends Cogn. Sci., 20,* 291–303.

48.　Divac, I., & Mogensen, J. (1985). The prefrontal "cortex" in the pigeon cate- chol-amine histofluorescence. *Neuroscience, 15,* 677–682.

49.　Güntürkün, O. (2005). The avian "prefrontal cortex" and cognition. *Curr. Opin. Neurobiol., 15,* 686–693.

50.　Nieder, A. (2017). Inside the corvid brain—probing the physiology of cognition in crows. *Curr. Opin. Behav. Sci., 16,* 8–14.

51.　Schnupp, J. W., & Carr, C. E. (2009). On hearing with more than one ear: Les- sons from evolution. *Nat. Neurosci., 12,* 692–697.

52.　Ditz, H. M., & Nieder, A. (2016). Numerosity representations in crows obey the Weber–Fechner law. *Proc. Biol. Sci., 283,* 20160083.

53.　Ditz, H. M., & Nieder, A. (2015). Neurons selective to the number of visual items in the corvid songbird endbrain. *Proc. Natl. Acad. Sci. U.S.A., 112,* 7827–7832.

54.　Kutter, E. F., Bostroem, J., Elger, C. E., Mormann, F., & Nieder, A. (2018). Number neurons in the human brain. *Neuron, 100,* 753-761.

55.　Menon, V. (2016). Memory and cognitive control circuits in mathematical cog- nition and learning. *Prog. Brain Res., 227,* 159–186.

56.　Goldman-Rakic, P. S., Selemon, L. D., & Schwartz, M. L. (1984). Dual pathways connecting the dorsolateral prefrontal cortex with the hippocampal formation and para-hippocampal cortex in the rhesus monkey. *Neuroscience, 12,* 719–743.

57.　De Smedt, B., Holloway, I. D., & Ansari, D. (2011). Effects of problem size and arithmetic operation on brain activation during calculation in children with varying levels of arithmetical fluency. *Neuroimage, 57,* 771–781.

58.　Supekar, K., Swigart, A. G., Tenison, C., Jolles, D. D., Rosenberg-Lee, M., Fuchs, L., & Menon, V. (2013). Neural predictors of individual differences in response to math tutoring in primary-grade school children. *Proc. Natl. Acad. Sci. U.S.A., 110,* 8230–8235.

59.　Qin, S., Cho, S., Chen, T., Rosenberg-Lee, M., Geary, D. C., & Menon, V. (2014). Hippocampal-neocortical functional reorganization underlies children's cognitive devel-opment. *Nat. Neurosci., 17,* 1263–1269.

60.　Kutter, Bostroem, Elger, Mormann, & Nieder. Number neurons in the human brain.

61.　Aminoff, E. M., Kveraga, K., & Bar, M. (2013). The role of the parahippocampal cortex in cognition. *Trends Cogn. Sci., 17,* 379–390.

62.   Kreiman, G., Koch, C., & Fried, I. (2000). Category-specific visual responses of single neurons in the human medial temporal lobe. *Nat. Neurosci., 3,* 946–953.

63.   Mormann, F., Kornblith, S., Cerf, M., Ison, M. J., Kraskov, A., Tran, M., Knieling, S., Quian Quiroga, R., Koch, C., & Fried, I. (2017). Scene-selective coding by single neurons in the human parahippocampal cortex. *Proc. Natl. Acad. Sci. U.S.A., 114,* 1153–1158.

64.   Mukamel, R., Ekstrom, A. D., Kaplan, J., Iacoboni, M., & Fried, I. (2010). Single-neuron responses in humans during execution and observation of actions. *Curr. Biol., 20,* 750–756.

65.   Suzuki, W. A. (2009). Comparative analysis of the cortical afferents, intrinsic projections and interconnections of the parahippocampal region in monkeys and rats. In M. S. Gazzaniga (Ed.), *The cognitive neurosciences* (4th ed.) (pp. 659–674). Cambridge, MA: MIT Press.

66.   Buckley, P. B., & Gillman, C. B. (1974). Comparisons of digits and dot patterns. *J. Exp. Psychol., 103,* 1131–1136.

67.   Freedman, D. J., Riesenhuber, M., Poggio, T., & Miller, E. K. (2001). Categori- cal representation of visual stimuli in the primate prefrontal cortex. *Science, 291,* 312–316.

68.   Roy, J. E., Riesenhuber, M., Poggio, T., & Miller, E. K. (2010). Prefrontal cortex activity during flexible categorization. *J. Neurosci., 30,* 8519–8528.

69.   Viswanathan, P., & Nieder, A. (2013). Neuronal correlates of a visual "sense of number" in primate parietal and prefrontal cortices. *Proc. Natl. Acad. Sci. U.S.A., 110,* 11187–11192.

70.   Viswanathan, P., & Nieder, A. (2015). Differential impact of behavioral rel- evance on quantity coding in primate frontal and parietal neurons. *Curr. Biol., 25,* 1259–1269.

71.   Park, J., DeWind, N. K., Woldorff, M. G., & Brannon, E. M. (2016). Rapid and Direct Encoding of Numerosity in the Visual Stream. *Cereb. Cortex, 26,* 748–763.

72.   Leibovich, T., Vogel, S. E., Henik, A., & Ansari D. (2016). Asymmetric processing of numerical and nonnumerical magnitudes in the brain: An fMRI study. *J. Cogn. Neurosci., 28,* 166–176.

73.   Wagener, L., Loconsole, M., Ditz, H. M., & Nieder, A. (2018). Neurons in the end-brain of numerically naive crows spontaneously encode visual numerosity. *Curr. Biol., 28,* 1090–1094.

74.   Burr, D., & Ross, J. (2008). A visual sense of number. *Curr. Biol., 18,* 425–428.

75.   Ross, J., & Burr, D. C. (2010). Vision senses number directly. *J. Vis., 10,* 10.1–10.8.

76.   Castaldi, E., Aagten-Murphy, D., Tosetti, M., Burr, D., & Morrone, M. C. (2016). Effects of adaptation on numerosity decoding in the human brain. *Neuroimage, 143,* 364–377.

77.   Arrighi, R., Togoli, I., & Burr, D. C. (2014). A generalized sense of number. *Proc.*

Biol. Sci., 281(1797).

78.   Anobile, G., Arrighi, R., Togoli, I., & Burr, D. C. (2016). A shared numerical representation for action and perception. *eLife, 5,* e16161.

79.   Danzig, T. (1930). *Number: The language of science.* New York, NY: Free Press.

80.   Meck, W. H., & Church, R. M. (1983). A mode control model of counting and timing processes. *J. Exp. Psychol. An. Behav. Proc., 9,* 320–334.

81.   Dehaene, S., & Changeux, J. P. (1993). Development of elementary numerical abilities: A neural model. *J. Cogn. Neurosci., 5,* 390–407.

82.   Verguts, T., & Fias, W. (2004). Representation of number in animals and humans: A neural model. *J. Cogn. Neurosci., 16,* 1493–1504.

83.   Roitman, J. D., Brannon, E. M., & Platt, M. L. (2007). Monotonic coding of numerosity in macaque lateral intraparietal area. *PLoS Biol., 8,* e208.

84.   Nieder, A. (2017). Evolution of cognitive and neural solutions enabling numerosity judgements: Lessons from primates and corvids. *Philos. Trans. R. Soc. Lond. B. Biol. Sci., 373*(1740).

85.   Viswanathan & Nieder. Neuronal correlates of a visual "sense of number."

86.   Wagener, Loconsole, Ditz, & Nieder. Neurons in the endbrain of numerically naive crows.

87.   Stoianov, I., & Zorzi, M. (2012). Emergence of a "visual number sense" in hierarchical generative models. *Nat. Neurosci., 15,* 194–196.

88.   Yamins, D. L., & DiCarlo, J. J. (2016). Using goal-driven deep learning models to understand sensory cortex. *Nat. Neurosci., 19,* 356–365.

89.   Nasr, K., Viswanathan, P., & Nieder A. (2019). Number detectors spontaneously emerge in a deep neural network designed for visual object recognition. *Sci. Adv., 5,* eaav7903.

90.   Fuster, J. M., & Alexander, G. E. (1971). Neuron activity related to short-term memory. *Science, 173,* 652–654.

91.   Miller, E. K. (2013). The "working" of working memory. *Dialogues Clin. Neuro- sci., 15,* 411–418.

92.   Shadlen, M. N., & Gold, J. I. (2004). The neurophysiology of decision-making as a window on cognition. In M. S. Gazzaniga (Ed.), *The cognitive neurosciences* (3rd ed.) (pp. 1229–1241). Cambridge, MA: MIT Press.

93.   Selemon, L. D., & Goldman-Rakic, P. S. (1988). Common cortical and subcorti- cal targets of the dorsolateral prefrontal and posterior parietal cortices in the rhesus monkey: Evidence for a distributed neural network subserving spatially guided behavior. *J. Neurosci., 8,* 4049–4068.

94.   Grieve, K. L., Acuña, C., & Cudeiro, J. (2000). The primate pulvinar nuclei: Vision and action. *Trends Neurosci., 23*, 35–39.

95.   Goldman-Rakic, P. S. (1988). Topography of cognition: Parallel distributed networks in primate association cortex. *Annu. Rev. Neurosci., 11*, 137–156.

96.   Dehaene, S., & Changeux, J. P. (2011). Experimental and theoretical approaches to conscious processing. *Neuron, 70*, 200–227.

97.   Nieder, Diester, & Tudusciuc. Temporal and spatial enumeration processes in the primate parietal cortex.

98.   Nieder. Supramodal numerosity selectivity of neurons in primate prefrontal and posterior parietal cortices.

99.   MacLeod, C. M. (2007). The concept of inhibition in cognition. In D. S. Gorfein & C. M. MacLeod (Eds.), *Inhibition in cognition* (pp. 3–23). Washington, DC: Ameri- can Psychological Association.

100.   Jacob, S. N., & Nieder, A. (2014). Complementary roles for primate frontal and parietal cortex in guarding working memory from distractor stimuli. *Neuron, 83*, 226–237.

101.   Postle, B. R. (2006). Working memory as an emergent property of the mind and brain. *Neuroscience, 139*, 23–38.

102.   Lara, A. H., & Wallis, J. D. (2015). The role of prefrontal cortex in working memory: A mini review. *Front. Syst. Neurosci., 9*, 173.

103.   Malmo, R. B. (1942). Interference factors in delayed response in monkeys after removal of frontal lobes. *J. Neurophysiol., 5*, 295–308.

104.   Chao, L. L., & Knight, R. T. (1998). Contribution of human prefrontal cortex to delay performance. *J. Cogn. Neurosci., 10*, 167–177.

105.   Menon. Memory and cognitive control circuits in mathematical cognition and learning.

106.   Corbetta, M., & Shulman, G. (2002). Control of goal-directed and stimulus- driven attention in the brain. *Nat. Rev. Neurosci., 3*, 201–215.

107.   Bressler, S. L., & Menon, V. (2010). Large-scale brain networks in cognition: Emerging methods and principles. *Trends Cogn. Sci., 14*, 277–290.

108.   Raichle, M. E., Macleod, A. M., Snyder, A. Z., Powers, W. J., Gusnard, D. A., & Shulman, G. L. (2001). A default mode of brain function. *Proc. Natl. Acad. Sci. U.S.A., 98*, 676–682.

109.   Rivera, S. M., Reiss, A. L., Eckert, M. A., & Menon, V. (2005). Developmental changes in mental arithmetic: Evidence for increased functional specialization in the left inferior parietal cortex. *Cereb. Cortex, 15*, 1779–1790.

8장

1.　Powell, A., Shennan, S., & Thomas, M. G. (2009). Late Pleistocene demography and the appearance of modern human behavior. *Science, 324,* 1298–1301.

2.　Barton, R. N. E., & d'Errico, F. (2012). North African origins of symbolically mediated behaviour and the Aterian. In S. Elias (Ed.), *Origins of human innovation and creativity developments in quaternary science,* Vol. 16 (pp. 23–34). Amsterdam, the Netherlands: Elsevier.

3.　Neubauer, S., Hublin, J. J., & Gunz, P. (2018). The evolution of modern human brain shape. *Sci. Adv., 4,* eaao5961.

4.　Klein, R. G. (2000). Archeology and the evolution of human behavior. *Evol. Anthropol., 9,* 17–36.

5.　Abramiuk, M. A. (2012). *The foundations of cognitive archaeology.* Cambridge, MA: MIT Press.

6.　Malafouris, L. (2013). *How things shape the mind: A theory of material engagement.* Cambridge, MA: MIT Press.

7.　Malafouris. *How things shape the mind.*

8.　Overmann, K. A. (2013). Material scaffolds in number and time. *Camb. Archaeol. J., 23,* 19–39.

9.　Peirce, C. (1955). *Philosophical writings of Peirce.* J. Buchler (Ed.). New York, NY: Dover.

10.　Deacon, T. (1997). *The symbolic species: The co-evolution of language and the human brain.* London: Norton.

11.　Deacon, T. W. (1996). Prefrontal cortex and symbol learning: Why a brain capable of language evolved only once. In B. M. Velichkovsky & D. M. Rumbaugh (Eds.), *Communicating meaning: The evolution and development of language* (pp. 103– 138). Hillsdale, NJ: Erlbaum.

12.　Wiese, H. (2003). *Numbers, language, and the human mind.* Cambridge, UK: Cambridge Univ. Press.

13.　Flegg, G. (1983). *Numbers: Their history and meaning.* New York, NY: Schocken Books.

14.　d'Errico, F., Backwell, L., Villa, P., Degano, I., Lucejko, J. J., Bamford, M. K., Higham, T. F. G., Colombini, M. P., & Beaumont, P. B. (2012). Early evidence of San material culture represented by organic artifacts from Border Cave, South Africa. *Proc. Natl. Acad. Sci. U.S.A., 109,* 13214–13219.

15.　Saxe, G. B. (2014). *Cultural development of mathematical ideas: Papua New Guinea studies.* New York, NY: Cambridge University Press.

16.   Saxe, G. B. (1981). Body parts as numerals: A developmental analysis of numeration among the Oksapmin in Papua New Guinea. *Child Dev., 52,* 306–316.

17.   Menninger, K. (1969). *Number words and number symbols.* Cambridge, MA: MIT Press

18.   Flegg, G. (1989). *Numbers through the ages.* London, UK: Macmillan.

19.   Wiese, H. (2007). The co-evolution of number concepts and counting words. *Lingua, 117,* 758–772.

20.   Chrisomalis, S. (2010). *Numerical notation—A comparative history.* Cambridge, UK: Cambridge University Press.

21.   Butterworth, B. (1999). *The mathematical brain.* London, UK: Macmillan.

22.   Eccles, P. J. (2007). *An introduction to mathematical reasoning: Lectures on numbers, sets, and functions.* New York, NY: Cambridge University Press.

23.   Wiese, H. (2003). Iconic and non-iconic stages in number development: The role of language. *Trends Cogn. Sci., 7,* 385–390.

24.   Fayol, M., Barrouillet, P., & Marinthe, C. (1998). Predicting arithmetical achievement from neuropsychological performance: A longitudinal study. *Cognition, 68,* 63–70.

25.   Andres, M., Michaux, N., & Pesenti, M. (2012). Common substrate for mental arithmetic and finger representation in the parietal cortex. *Neuroimage, 62,* 1520– 1528.

26.   Gerstmann, J. (1940). Syndrome of finger agnosia, disorientation for right and left, agraphia, and acalculia. *Arch Neurol Psychiatry, 44,* 398–408.

27.   Butterworth. *The mathematical brain.*

28.   Fuson, K. C. (1992). Relationships between counting and cardinality from age 2 to age 8. In J. Bideaud, C. Meljac, & J.-P. Fischer (Eds.), *Pathways to number: Children's developing numerical abilities* (pp. 127–149). Hillsdale, NJ: Erlbaum.

29.   Terrace, H. S., Son, L. K., & Brannon, E. M. (2003). Serial expertise of rhesus macaques. *Psychol. Sci., 14,* 66–73.

30.   Gelman, R., & Gallistel, C. R. (1978). *The child's understanding of number.* Cambridge, MA: Harvard University Press.

31.   Wynn, K. (1990). Children's understanding of counting. *Cognition, 36,* 155– 193.

32.   Carey, S. (2009). *The origin of concepts.* Oxford, UK: Oxford University Press.

33.   Núñez, R. E. (2017). Is there really an evolved capacity for number? *Trends Cogn. Sci., 21,* 409–424.

34.   Cheney, D. L., & Seyfarth, R. M. (1990). *How monkeys see the world. Inside the mind of another species.* Chicago, IL: University of Chicago Press.

35. Templeton, C. N., Greene, E., & Davis, K. (2005). Allometry of alarm calls: Black-capped chickadees encode information about predator size. *Science, 308*, 1934–1937.

36. Pepperberg, I. M. (1987). Evidence for conceptual quantitative abilities in the African grey parrot: Labeling of cardinal sets. *Ethology, 75*, 37–61.

37. Pepperberg, I. M. (1994). Numerical competence in an African grey parrot (*Psittacus erithacus*). *J. Comp. Psychol., 108*, 36–44.

38. Xia, L., Emmerton, J., Siemann, M., & Delius, J. D. (2001). Pigeons (*Columba livia*) learn to link numerosities with symbols. *J. Comp. Psychol., 115*, 83–91.

39. Diester, I., & Nieder, A. (2010). Numerical values leave a semantic imprint on associated signs in monkeys. *J. Cogn. Neurosci., 22*, 174–183.

40. Xia, L., Siemann, M., & Delius J. D. (2000). Matching of numerical symbols with number of responses by pigeons. *Anim. Cogn., 3*, 35–43.

41. Beran, M. J., & Rumbaugh, D. M. (2001). "Constructive" enumeration by chimpanzees (*Pan troglodytes*) on a computerized task. *Anim. Cogn., 4*, 81–89.

42. Pepperberg. Evidence for conceptual quantitative abilities in the African parrot.

43. Boysen, S. T., & Bernston, G. G. (1989). Numerical competence in a chimpan- zee. *J. Comp. Psychol., 103*, 23–31.

44. Matsuzawa, T. (1985). Use of numbers by a chimpanzee. *Nature, 315*, 57–59.

45. Carey. *The origin of concepts.*

46. Hauser, M. D., Chomsky, N., & Fitch, W. T. (2002). The faculty of language: What is it, who has it, and how did it evolve? *Science, 298*, 1554–1555.

9장

1. Cipolotti, L., Butterworth, B., & Denes, G. (1991). A specific deficit for numbers in a case of dense acalculia. *Brain, 114*, 2619–2637.

2. Cipolotti, Butterworth, & Denes. A specific deficit for numbers in a case of dense acalculia.

3. Cipolotti, Butterworth, & Denes. A specific deficit for numbers in a case of dense acalculia.

4. Henschen, S. E. (1925). Clinical and anatomical contributions on brain pathol- ogy. *Arch. Neurol. Psychiatry, 13*, 226–249.

5. Berger, H. (1929). Ueber das Elektroenkephalogramm des Menschen. *Arch. Psychiatr. Nervenkr., 87*, 527–570.

6.   Berger, H (1926). Über Rechenstörungen bei Herderkrankungen des Großhirns. *Arch. Psychiatr. Nervenkr., 78*, 238–263.

7.   Kahn, H. J., & Whitaker H. A. (1991). Acalculia: A historical review of localization. Brain and *Cognition, 17*, 102–115.

8.   Goldstein, K. (1948). *Language and language disturbances.* New York, NY: Grune & Stratton, p. 133.

9.   Hécaen, H., Angelergues, R., & Houillier, S. (1961). Les variétés cliniques des acalculies au cours des lésions rétrorolandique: Approche statistique du problème. *Rev. Neurol. (Paris), 105*, 85–103.

10.   Dehaene, S., Piazza, M., Pinel, P., & Cohen, L. (2003). Three parietal circuits for number processing. *Cogn. Neuropsychol., 20*, 487–506.

11.   Ansari, D. (2008). Effects of development and enculturation on number repre- sentation in the human brain. *Nat. Rev. Neurosci., 9*, 278–291.

12.   Arsalidou, M., & Taylor, M. J. (2011). Is 2 + 2 = 4? Meta-analyses of brain areas needed for numbers and calculations. *Neuroimage, 54*, 2382–2393.

13.   Notebaert, K., Nelis, S., & Reynvoet, B. (2011). The magnitude representation of small and large symbolic numbers in the left and right hemisphere: an event-related fMRI study. *J. Cogn. Neurosci., 3*, 622–630.

14.   Notebaert, Nelis, & Reynvoet. The magnitude representation of small and large symbolic numbers.

15.   Holloway, I. D., Battista, C., Vogel, S. E., & Ansari, D. (201 3) Semantic and perceptual processing of number symbols: Evidence from a cross-linguistic fMRI adaptation study. *J. Cogn. Neurosci., 25*, 388–400.

16.   Jacob, S. N., & Nieder, A. (2009). Notation-independent representation of fractions in the human parietal cortex. *J. Neurosci., 29*, 4652–4657.

17.   Piazza, M., Pinel, P., Le Bihan, D., & Dehaene, S. (2007). A magnitude code common to numerosities and number symbols in human intraparietal cortex. *Neuron, 53*, 293–305.

18.   Cohen Kadosh, R., Cohen Kadosh, K., Kaas, A., Henik, A., & Goebel, R. (2007). Notation-dependent and -independent representations of numbers in the parietal lobes. *Neuron, 53*, 307–314.

19.   Arsalidou & Taylor. Is 2 + 2 = 4?

20.   Eger, E., Sterzer, P., Russ, M. C., Giraud, A.-L., & Kleinschmidt, A. (2003). A supramodal number representation in human intraparietal cortex. *Neuron, 37*, 719–725.

21.   Nieder, A. (2009). Prefrontal cortex and the evolution of symbolic reference. *Curr. Opin. Neurobiol., 19*, 99–108.

22.   Diester, I., & Nieder, A. (2007). Semantic associations between signs and numerical categories in the prefrontal cortex. *PLoS Biol., 5,* e294.

23.   Kaufmann, L., Koppelstaetter, F., Siedentopf, C., Haala, I., & Haberlandt, E., Zimmerhackl, L. B., Felber, S., & Ischebeck, A. (2006). Neural correlates of the number-size interference task in children. *Neuroreport, 17,* 587–591.

24.   Cantlon, J. F., Libertus, M. E., Pinel, P., Dehaene, S., Brannon, E. M., & Pelphrey, K. A. (2009). The neural development of an abstract concept of number. *J. Cogn. Neurosci., 21,* 2217–2229.

25.   Ansari, D., Garcia, N., Lucas, E., Hamon, K., & Dhital, B. (2005). Neural correlates of symbolic number processing in children and adults. *Neuroreport, 16,* 1769–1773.

26.   Rivera, S. M., Reiss, A. L., Eckert, M. A., & Menon, V. (2005). Developmental changes in mental arithmetic: Evidence for increased functional specialization in the left inferior parietal cortex. *Cereb. Cortex, 15,* 1779–1790.

27.   Miller, E. K., & Cohen, J. D. (2001). An integrative theory of prefrontal cortex function. *Annu. Rev. Neurosci., 24,* 167–202.

28.   Tanaka, K. (1996). Inferotemporal cortex and object vision. *Annu. Rev. Neurosci., 19,* 109–139.

29.   Nieder, A., & Miller, E. K. (2004). A parieto-frontal network for visual numerical information in the monkey. *Proc. Natl. Acad. Sci. U.S.A., 101,* 7457–7462.

30.   Rainer, G., Rao, S. C., & Miller, E. K. (1999). Prospective coding for objects in primate prefrontal cortex. *J. Neurosci., 19,* 5493–5505.

31.   Fuster, J. M., Bodner, M., & Kroger, J. K. (2000). Cross-modal and cross-temporal association in neurons of frontal cortex. *Nature, 405,* 347–351.

32.   Tomita, H., Ohbayashi, M., Nakahara, K., Hasegawa, I., & Miyashita, Y. (1999). Top-down signal from prefrontal cortex in executive control of memory retrieval. *Nature, 401,* 699–703.

33.   Rivera, Reiss, Eckert, & Menon. Developmental changes in mental arithmetic.

34.   Kutter, E. F., Bostroem, J. Elger, C. E., Mormann, F., & Nieder, A. (2018). Number neurons in the human brain. *Neuron, 100,* 753-761.

35.   Buckley, P. B., & Gillman, C. B. (1974). Comparisons of digits and dot patterns. *J. Exp. Psychol., 103,* 1131–1136.

36.   Verguts, T., & Fias, W. (2004). Representation of number in animals and humans: A neural model. *J. Cogn. Neurosci., 16,* 1493–1504.

37.   Szkudlarek, E., & Brannon, E. M. (2017). Does the approximate number system serve as a foundation for symbolic mathematics? *Lang. Learn. Dev., 13,* 171–190.

38.   Dehaene, Piazza, Pinel, & Cohen. Three parietal circuits for number processing.

39. Allison, T., McCarthy, G., Nobre, A., Puce, A., & Belger, A. (1994). Human extrastriate visual cortex and the perception of faces, words, numbers, and colors. *Cereb. Cortex, 4,* 544–554.

40. Martin, A. (2007). The representation of object concepts in the brain. *Annu. Rev. Psychol., 58,* 25–45.

41. Dehaene, S., & Cohen, L. (2011). The unique role of the visual word form area in reading. *Trends Cogn. Sci., 15,* 254–262.

42. Starrfelt, R., & Behrmann, M. (2011). Number reading in pure alexia: A review. *Neuropsychologia, 49,* 2283–2298.

43. Roux, F. E., Lubrano, V., Lauwers-Cances, V., Giussani, C., & Démonet, J. F. (2008). Cortical areas involved in Arabic number reading. *Neurology, 70,* 210–217.

44. Shum, J., Hermes, D., Foster, B. L., Dastjerdi, M., Rangarajan, V., Winawer, J., Miller, K. J., & Parvizi, J. (2013). A brain area for visual numerals. *J. Neurosci., 33,* 6709–6715.

45. Freiwald, W. A., & Tsao, D. Y. (2010). Functional compartmentalization and viewpoint generalization within the macaque face-processing system. *Science, 330,* 845–851.

46. Pinsk, M. A., DeSimone, K., Moore, T., Gross, C. G., & Kastner, S. (2005). Representations of faces and body parts in macaque temporal cortex: A functional MRI study. *Proc. Natl. Acad. Sci. U.S.A., 102,* 6996–7001.

47. Abboud, S., Maidenbaum, S., Dehaene, S., & Amedi, A. (2015). A number-form area in the blind. *Nat. Commun., 6,* 6026.

48. Abboud, Maidenbaum, Dehaene, & Amedi, A number-form area in the blind.

49. Dehaene, S., & Cohen, L. (2007). Cultural recycling of cortical maps. *Neuron, 56,* 384–398.

50. Reich, L., Szwed, M., Cohen, L., & Amedi, A. (2011). A ventral visual stream reading center independent of visual experience. *Curr. Biol., 21,* 363–368.

51. Amalric, M., & Dehaene S. (2016). Origins of the brain networks for advanced mathematics in expert mathematicians. *Proc. Natl. Acad. Sci. U.S.A., 113,* 4909–4917.

52. Dehaene-Lambertz, G., Monzalvo, K., & Dehaene S. (2018). The emergence of the visual word form: Longitudinal evolution of category-specific ventral visual areas during reading acquisition. *PLoS Biol., 16,* e2004103.

53. Srihasam, K., Mandeville, J. B., Morocz, I. A., Sullivan, K. J., & Livingstone, M. S. (2012). Behavioral and anatomical consequences of early versus late symbol training in macaques. *Neuron, 73,* 608–619.

54. Srihasam, K., Vincent, J. L., & Livingstone, M. S. (2014). Novel domain formation reveals proto-architecture in inferotemporal cortex. *Nat. Neurosci., 17,* 1776–1783.

10장

1.   Pica, P., Lemer, C., Izard, V., & Dehaene, S. (2004). Exact and approximate arithmetic in an Amazonian indigene group. *Science, 306,* 499–503.

2.   Wynn, K. (1992). Addition and subtraction by human infants. *Nature, 358,* 749–750.

3.   McCrink, K., & Wynn, K. (2004). Large-number addition and subtraction by 9-month-old infants. *Psychol. Sci., 15,* 776–781.

4.   Flombaum, J. I., Junge, J. A., & Hauser, M. D. (2005). Rhesus monkeys (*Macaca mulatta*) spontaneously compute addition operations over large numbers. *Cognition, 97,* 315–325.

5.   Cantlon, J. F., & Brannon, E. M. (2007). Basic math in monkeys and college students. *PLoS Biol., 5,* e328.

6.   Okuyama, S., Iwata, J., Tanji, J., & Mushiake, H. (2013). Goal-oriented, flexible use of numerical operations by monkeys. *Anim. Cogn., 16,* 509–518.

7.   Cantlon, J. F., Merritt, D. J., & Brannon, E. M. (2016). Monkeys display classic signatures of human symbolic arithmetic. *Anim. Cogn., 19,* 405–415.

8.   Wilson, M. L., Hauser, M. D., & Wrangham, R. W. (2001). Does participation in intergroup conflict depend on numerical assessment, range location, or rank for wild chimpanzees? *Anim. Behav., 61,* 1203–1216.

9.   Bongard, S., & Nieder, A. (2010). Basic mathematical rules are encoded by pri- mate prefrontal cortex neurons. *Proc. Natl. Acad. Sci. U.S.A., 107,* 2277–2282.

10.   Vallentin, D., Bongard, S., & Nieder A. (2012). Numerical rule coding in the prefrontal, premotor, and posterior parietal cortices of macaques. *J. Neurosci., 32,* 6621–6630.

11.   Eiselt, A. K., & Nieder, A. (2013). Representation of abstract quantitative rules applied to spatial and numerical magnitudes in primate prefrontal cortex. *J. Neuro- sci., 33,* 7526–7534.

12.   Dehaene, S., & Changeux, J. P. (1991). The Wisconsin card sorting test: Theo- retical analysis and modeling in a neuronal network. *Cereb. Cortex, 1,* 62–79.

13.   Seamans, J. K., & Yang, C. R. (2004). The principal features and mechanisms of dopamine modulation in the prefrontal cortex. *Prog. Neurobiol., 74,* 1–58.

14.   Jacob, S. N., Ott, T., & Nieder, A. (2013). Dopamine regulates two classes of primate prefrontal neurons that represent sensory signals. *J. Neurosci., 33,* 13724–13734.

15.   Ott, T., & Nieder A. (2019). Dopamine and cognitive control in prefrontal cortex. Trends in Cognitive Sciences (in press).

16.   Ott, T., Jacob, S. N., & Nieder A. (2014). Dopamine receptors differentially enhance rule coding in primate prefrontal cortex neurons. *Neuron, 84,* 1317–1328.

17.	Miller, E. K. (2013). The "working" of working memory. *Dialogues Clin. Neuro- sci.,* *15,* 411–418.

18.	Fuster, J. (2008). *The prefrontal cortex* (4th ed). London, UK: Elsevier.

19.	Miller, E., & Cohen, J. (2001). An integrative theory of prefrontal cortex func- tion. *Annu. Rev. Neurosci., 24,* 167–202.

20.	Luria, A. R. (1966). *Higher cortical functions in man.* London, UK: Tavistock.

21.	Shallice, T. Evans, M. E. (1978). The involvement of the frontal lobes in cogni- tive estimation. *Cortex, 14,* 294–303.

22.	Smith, M. L., & Milner, B. (1984). Differential effects of frontal-lobe lesions on cognitive estimation and spatial memory. *Neuropsychologia, 22,* 697–705.

23.	Della Sala, S., MacPherson, S. E., Phillips, L. H., Sacco, L., & Spinnler, H. (2004). The role of semantic knowledge on the cognitive estimation task—Evidence from Alzheimer s disease and healthy adult aging. *J. Neurol., 251,* 156–164.

24.	Revkin, S. K., Piazza, M., Izard, V., Zamarian, L., Karner, E., & Delazer, M. (2008). Verbal numerosity estimation deficit in the context of spared semantic represen- tation of numbers: A neuropsychological study of a patient with frontal lesions. *Neuropsychologia, 46,* 2463–2475.

25.	Domahs, F., Benke, T., & Delazer, M. (2011). A case of "task-switching acalcu- lia." *Neurocase, 17,* 24–40.

26.	Roland, P. E., Friberg, L (1985). Localization of cortical areas activated by think- ing. *J. Neurophysiol., 53,* 1219–1243.

27.	Dehaene, S., Tzourio, N., Frak, V., Raynaud, L., Cohen, L., Mehler, J., & Mazoyer, B. (1996). Cerebral activations during number multiplication and comparison: A PET study. *Neuropsychologia, 34,* 1097–1106.

28.	Sakurai, Y., Momose, T., Iwata, M., Sasaki, Y., & Kanazawa, I. (1996). Activation of prefrontal and posterior superior temporal areas in visual calculation. *J. Neurol. Sci., 139,* 89–94.

29.	Burbaud, P., Degreze, P., Lafon, P., Franconi, J. M., Bouligand, B., Bioulac, B., Caille, J. M., & Allard, M. (1995). Lateralization of prefrontal activation during inter- nal mental calculation: a functional magnetic resonance imaging study. *J. Neuro- physiol., 74,* 2194–2200.

30.	Rueckert, L., Lange, N., Partiot, A., Appollonio, I., Litvan, I., Le Bihan, D., & Grafman, J. (1996). Visualizing cortical activation during mental calculation with func- tional MRI. *Neuroimage, 3,* 97–103.

31.	Chochon, F., Cohen, L., van de Moortele, P. F., & Dehaene, S. (1999). Differen- tial contributions of the left and right inferior parietal lobules to number processing. *J. Cogn. Neurosci., 11,* 617–630.

32.   Dehaene, S., Spelke, E., Pinel, P., Stanescu, R., & Tsivkin, S. (1999). Sources of mathematical thinking: Behavioral and brain-imaging evidence. *Science, 284,* 970–974.

33.   Gruber, O., Indefrey, P., Steinmetz, H., & Kleinschmidt, A. (2001). Dissociating neural correlates of cognitive components in mental calculation. *Cereb. Cortex, 11,* 350–359.

34.   Arsalidou, M., & Taylor, M. J. (2011). Is 2 + 2 = 4? Meta-analyses of brain areas needed for numbers and calculations. *Neuroimage, 54,* 2382–2393.

35.   Dehaene, S., & Cohen, L. (1995). Towards an anatomical and functional model of number processing. *Math. Cogn., 1,* 83–120.

36.   Nuerk, H.-C., Weger, U., & Willmes, K. (2001). Decade breaks in the mental number line? Putting the tens and units back in different bins. *Cognition, 82,* B25–B33.

37.   Chochon, Cohen, van de Moortele, & Dehaene. Differential contributions of the left and right inferior parietal lobules to number processing.

38.   Shum, J., Hermes, D., Foster, B. L., Dastjerdi, M., Rangarajan, V., Winawer, J., Miller, K. J., & Parvizi, J. (2013). A brain area for visual numerals. *J. Neurosci., 33,* 6709–6715.

39.   Anderson, S. W., Damasio, A. R., & Damasio, H. (1990). Troubled letters but not numbers. *Brain, 113,* 749–766.

40.   Cipolotti, L. (1995). Multiple routes for reading words, why not numbers? Evidence from a case of Arabic numeral dyslexia. *Cogn. Neuropsychol., 12,* 313–342.

41.   Arsalidou & Taylor. Is 2+2=4?

42.   Campbell, J. I. D., & Xue, Q. (2001). Cognitive arithmetic across cultures. *J. Exp. Psychol., 130,* 299–315.

43.   Grabner, R. H., Ansari, D., Koschutnig, K., Reishofer, G., Ebner, F., & Neuper, C. (2009). To retrieve or to calculate? Left angular gyrus mediates the retrieval of arithmetic facts during problem solving. *Neuropsychologia, 47,* 604–608.

44.   Singer, H. D., & Low, A. A. (1933). Acalculia: A clinical study. *Arch Neurol Psy- chiatry, 29,* 467–498.

45.   Dagenbach, D., & McCloskey, M. (1992). The organization of arithmetic facts in memory: Evidence from a brain-damaged patient. *Brain Cogn., 20,* 345–366.

46.   McNeil, J. E., & Warrington, E. K. (1994). A dissociation between addition and subtraction with written calculation. *Neuropsychologia, 32,* 717–728.

47.   Presenti, M., Seron, X., & Van Der Linden, M. (1994). Selective impairment as evidence for mental organisation of arithmetical facts: BB, A case of preserved subtraction? *Cortex, 30,* 661–671.

48.   Van Harskamp, N. J., & Cipolotti, L. (2001). Selective impairment for addition, sub-

traction and multiplication. Implications for the organisation of arithmetical facts. *Cortex*, *37*, 363–388.

49.   Benson, F., & Weir, W. S. (1972). Acalculia: Acquired anarithmetria. *Cortex*, *8*, 465–472.

50.   Delazer, M., & Benke, T. (1997). Arithmetic facts without meaning. *Cortex*, *33*, 697–710.

51.   Lee, K. M. (2000). Cortical areas differentially involved in multiplication and subtraction: A functional magnetic resonance imaging study and correlation with a case of selective acalculia. *Ann. Neurol.*, *48*, 657–661.

52.   Lampl, Y., Eshel, Y., Gilad, R., & Sarova-Pinhas, I. (1994). Selective acalculia with sparing of the subtraction process in a patient with left parietotemporal haem- orrhage. *Neurology*, *44*, 1759–1761.

53.   Dehaene, S., & Cohen, L. (1997). Cerebral pathways for calculation: Double dissociation between rote verbal and quantitative knowledge of arithmetic. *Cortex*, *33*, 219–250.

54.   Baldo, J. V., & Dronkers, N. F. (2007). Neural correlates of arithmetic and language comprehension: A common substrate? *Neuropsychologia*, *45*, 229–235.

55.   Selimbeyoglu, A., & Parvizi, J. (2010). Electrical stimulation of the human brain: Perceptual and behavioral phenomena reported in the old and new literature. *Front. Hum. Neurosci.*, *4*, 46.

56.   Penfield, W., & Boldrey, E. (1937). Somatic motor and sensory representation in the cerebral cortex of man as studied by electrical stimulation. *Brain*, *60*, 389–443.

57.   Penfield, W., & Jasper, H. H. (1954). *Epilepsy and the Functional Anatomy of the Human Brain.* London, UK: J. & A. Churchill.

58.   Duffau, H., Denvil, D., Lopes, M., Gasparini, F., Cohen, L., Capelle, L., & Van Effenterre, R. (2002). Intraoperative mapping of the cortical areas involved in multiplication and subtraction: An electrostimulation study in a patient with a left parietal glioma. *J. Neurol. Neurosurg. Psychiatry*, *73*, 733–738.

59.   Pu, S., Li, Y. N., Wu, C. X., Wang, Y. Z., Zhou, X. L., & Jiang, T. (2011). Cortical areas involved in numerical processing: An intraoperative electrostimulation study. *Stereotact. Funct. Neurosurg.*, *89*, 42–47.

60.   Duffau, Denvil, Lopes, Gasparini, Cohen, Capelle, & Van Effenterre. Intraoperative-mapping of the cortical areas involved in multiplication and subtraction.

61.   Whalen, J., McCloskey, M., Lesser, R. P., & Gordon, B. (1997). Localizing arithmetic processes in the brain: Evidence from a transient deficit during cortical stimulation. *J. Cogn. Neurosci.*, *9*, 409–417.

62.   Pu, Li, Wu, Wang, Zhou, & Jiang. Cortical areas involved in numerical processing.

63.   Kurimoto, M., Asahi, T., Shibata, T., Takahashi, C., Nagai, S., Hayashi, N., Matsui,

M., & Endo, S. (2006). Safe removal of glioblastoma near the angular gyrus by awake surgery preserving calculation ability. *Neurol. Med. Chir. (Tokyo), 46,* 46–50.

64.   Arsalidou & Taylor. Is 2 + 2 = 4?

65.   Göbel, S. M., Rushworth, M. F., & Walsh, V. (2006). Inferior parietal rTMS affects performance in an addition task. *Cortex, 42,* 774–781.

66.   Salillas, E., Semenza, C., Basso, D., Vecchi, T., & Siegal, M. (2012). Single pulse TMS induced disruption to right and left parietal cortex on addition and multiplica- tion. *Neuroimage, 59,* 3159–3165.

67.   Andres, M., Pelgrims, B., Michaux, N., Olivier, E., & Pesenti, M. (2011). Role of distinct parietal areas in arithmetic: An fMRI-guided TMS study. *Neuroimage, 54,* 3048–3056.

68.   Yu, X., Chen, C., Pu, S., Wu, C., Li, Y., Jiang, T., & Zhou, X. (2011). Dissocia- tion of subtraction and multiplication in the right parietal cortex: Evidence from intraoperative cortical electrostimulation. *Neuropsychologia, 49,* 2889–2895.

69.   Della Puppa, A., De Pellegrin, S., d'Avella, E., Gioffrè, G., Munari, M., Saladini. M., Salillas, E., Scienza, R., & Semenza, C. (2013). Right parietal cortex and calcula- tion processing: Intraoperative functional mapping of multiplication and addition in patients affected by a brain tumor. *J. Neurosurg., 119,* 1107–1111.

70.   Della Puppa, A., De Pellegrin, S., Rossetto, M., Rustemi, O., Saladini, M., Munari. M., & Scienza, R. (2015). Intraoperative functional mapping of calculation in pari- etal surgery. New insights and clinical implications. *Acta Neurochir. (Wien), 157,* 971–977.

71.   Gelman, R., & Butterworth, B. (2005). Number and language: How are they related? *Trends Cogn. Sci., 9,* 6–10.

72.   Dahmen, W., Hartje, W., Büssing, A., & Sturm, W. (1982). Disorders of calcu- lation in aphasic patients—spatial and verbal components. *Neuropsychologia, 20,* 145–153.

73.   Delazer, M., Girelli, L., Semenza, C., & Denes, G. (1999). Numerical skills and apha- sia. *J. Int. Neuropsychol. Soc., 5,* 213–221.

74.   Henschen, S. E. (1925). Clinical and anatomical contributions on brain pathol- ogy. *Arch. Neurol. Psychiatry, 13,* 226–249.

75.   Rossor, M. N., Warrington, E. K., & Cipolotti, L. (1995). The isolation of calcula- tion skills. *J. Neurol., 242,* 78–81.

76.   Rossor, Warrington, & Cipolotti. The isolation of calculation skills.

77.   Butterworth, B., Cappelletti, M., & Kopelman, M. (2001). Category specificity in reading and writing: The case of number words. *Nat. Neurosci., 4,* 784–786.

78.   Cappelletti, M., Butterworth, B., & Kopelman, M. (2001). Spared numerical abilities in a case of semantic dementia. *Neuropsychologia, 39,* 1224–1239.

79.   Varley, R. A., Klessinger, N. J., Romanowski, C. A., & Siegal, M. (2005). Agram-

matic but numerate. *Proc. Natl. Acad. Sci. U.S.A., 102,* 3519–3524.

80.   Cappelletti, M., Butterworth, B., & Kopelman, M. (2012). Numeracy skills in patients with degenerative disorders and focal brain lesions: A neuropsychological investigation. *Neuropsychology, 26,* 1–19.

81.   Rath, D., Domahs, F., Dressel, K., Claros-Salinas, D., Klein, E., Willmes, K., & Krinzinger, H. (2015). Patterns of linguistic and numerical performance in aphasia. *Behav. Brain Funct., 11,* 2.

82.   Luchelli, F., & De Renzi, E. (1993). Primary dyscalculia after a medial frontal lesion of the left hemisphere. *J. Neurol. Neurosurg. Psychiatry, 56,* 304–307.

83.   Warrington, E. K. (1982). The fractionation of arithmetical skills: A single study. *Q. J. Exp. Psychol, 34,* 31–51.

84.   Anderson, S. W., Damasio, A. R., & Damasio, H. (1990). Troubled letters but not numbers. Domain specific cognitive impairments following focal damage in frontal cortex. *Brain, 113,* 749–766.

85.   Luchelli & De Renzi. Primary dyscalculia after a medial frontal lesion of the left hemisphere.

86.   Dehaene & Cohen. Cerebral pathways for calculation.

87.   Varley, R. A., Klessinger, N. J., Romanowski, C. A., & Siegal, M. (2005). Agrammatic but numerate. *Proc. Natl. Acad. Sci. U.S.A., 102,* 3519–3524.

88.   Varley, Klessinger, Romanowski, & Siegal. Agrammatic but numerate.

89.   Baldo & Dronkers. Neural correlates of arithmetic and language comprehension.

90.   Dronkers, N. F., Wilkins, D. P., Van Valin, R. D. Jr, Redfern, B. B., & Jaeger, J. J. (2004). Lesion analysis of the brain areas involved in language comprehension. *Cognition, 92,* 145–177.

91.   Klessinger, N., Szczerbinski, M., & Varley, R. (2007). Algebra in a man with severe aphasia. *Neuropsychologia, 45,* 1642–1648.

92.   Roux, F. E., Boukhatem, L., Draper, L., Sacko, O., & Démonet, J. F. (2009). Cortical calculation localization using electrostimulation. *J. Neurosurg., 110,* 1291–1299.

93.   Fedorenko, E., & Varley, R. (2016). Language and thought are not the same thing: Evidence from neuroimaging and neurological patients. *Ann. N. Y. Acad. Sci., 1369,* 132–153.

94.   Wagner, R. (1860). *Vorstudien zu einer wissenschaftlichen Morphologie und Physi- ologie des menschlichen Gehirns als Seelenorgan / 1: Über die typischen Verschiedenheiten der Windungen der Hemisphären und über die Lehre vom Hirngewicht, mit besonderer Rücksicht auf die Hirnbildung intelligenter Männer.* Göttingen, Germany: Dieterich.

95.   Finger, S. (2001). *Origins of neuroscience. A history of explorations into brain func- tion.*

Oxford, UK: Oxford University Press.

96. Wagner. *Vorstudien zu einer wissenschaftlichen Morphologie und Physiologie des menschlichen Gehirns als Seelenorgan.*

97. Broca, P. (1861). Sur le volume et la forme du cerveau suivant les individus et les races. *Bull. Soc. d'Anthrop. (Paris), 2,* 139–204.

98. Spitzka, E. A. (1907). A study of the brains of six eminent scientists and scholars belonging to the American anthropometric society, together with a description of the skull of Professor E. D. Cope. *Trans. Am. Philos. Soc., 21*(4), 175–308.

99. Spitzka, E. A. (1907). A study of the brains of six eminent scientists and scholars.

100. Mall, F. P. (1909). On several anatomical characters of the human brain, said to vary according to race and sex, with especial reference to the weight of the frontal lobe. *Am. J. Anat., 9,* 1–32.

101. Schweizer, R., Wittmann, A., & Frahm, J. (2014). A rare anatomical variation newly identifies the brains of C. F. Gauss and C. H. Fuchs in a collection at the University of Gottingen. *Brain, 137,* e269.

102. Bodanis, D. (2000). *E = mc2: A biography of the world's most famous equation.* New York, NY: Walker.

103. Paterniti, M. (2000). *Driving Mr. Albert: A trip across America with Einstein's brain.* New York, NY: Dial Press.

104. Burrell, B. D. (2015). Genius in a jar. *Scientific American, 313,* 83–87.

105. Paterniti. *Driving Mr. Albert.*

106. Diamond, M. C., Scheibel, A. B., Murphy, G. M., & Harvey, T. (1985). On the brain of a scientist: Albert Einstein. *Exp. Neurol., 88,* 198–204.

107. Diamond, M. C., Scheibel, A. B., Murphy, G. M., & Harvey. On the brain of a scientist.

108. Anderson, B., & Harvey, T. (1996). Alterations in cortical thickness and neu- ronal density in the frontal cortex of Albert Einstein. *Neurosci. Lett., 210,* 161–164.

109. Witelson, S. F., Kigar, D. L., & Harvey T. (1999). The exceptional brain of Albert Einstein. *Lancet, 353,* 2149–2153.

110. Falk, D., Lepore, F. E., & Noe, A. (2013). The cerebral cortex of Albert Einstein: A description and preliminary analysis of unpublished photographs. *Brain, 136,* 1304–1327.

111. Men, W., Falk, D., Sun, T., Chen, W., Li, J., Yin, D., Zang, L., & Fan, M. (2014). The corpus callosum of Albert Einstein's brain: Another clue to his high intelligence? *Brain, 137,* e268.

112. Hines, T. (2014). Neuromythology of Einstein's brain. *Brain Cogn., 88,* 21–25.

113. Sextilliarden, Trillionen: Rüdiger Gamm hat nichts als Zahlen im Kopf. *Handels-blatt*, June 11, 2004. https://www.handelsblatt.com/archiv/sextilliarden-trillionen-ruediger-gamm-hat-nichts-als-zahlen-im-kopf/2341536.html?ticket=ST-632046-CAgpR-rES225zdOvzneYw-ap2.

114. Adam, D. (2000). He's a nurtural. *Nature*, December 28, 2000. doi:10.1038/news001228-5

115. Pesenti, M., Zago, L., Crivello, F., Mellet, E., Samson, D., Duroux, B., Seron, X., Mazoyer, B., & Tzourio-Mazoyer, N. (2001). Mental calculation in a prodigy is sustained by right prefrontal and medial temporal areas. *Nat. Neurosci., 4*, 103–107.

116. Amalric, M., & Dehaene, S. (2016). Origins of the brain networks for advanced mathematics in expert mathematicians. *Proc. Natl. Acad. Sci. U.S.A., 113*, 4909– 4917.

11장

1. Galton, F. (1880). Visualised numerals. *Nature, 21*, 252–256.

2. Seron, X., Pesenti, M., Noel, M. P., Deloche, G., & Cornet, J. A. (1992). Images of numbers, or "When 98 is upper left and 6 sky blue." *Cognition, 44*, 159–196.

3. Rickmeyer, K. (2001). "Die Zwölf liegt hinter der nächsten Kurve und die Sieben ist pinkrot": Zahlenraumbilder und bunte Zahlen. *J. Mathematik-Didaktik, 22*, 51–71.

4. Restle, F. (1970). Speed of adding and comparing numbers. *J. Exp. Psychol., 91*, 191–205.

5. Dehaene, S., Bossini, S., & Giraux, P. (1993). The mental representation of parity and number magnitude. *J. Exp. Psychol. Gen., 122*, 371–396.

6. Fischer, M. H., Castel, A. D., Dodd, M. D., & Pratt, J. (2003). Perceiving numbers causes spatial shifts of attention. *Nat. Neurosci., 6*, 555–556.

7. Zorzi, M., Priftis, K., & Umilta, C. (2002). Brain damage: Neglect disrupts the mental number line. *Nature, 417*, 138–139.

8. Vuilleumier, P., Ortigue, S., & Brugger, P. (2004). The number space and neglect. *Cortex, 40*, 399–410.

9. Shaki, S., & Fischer, M. H. (2008). Reading space into numbers: A crosslinguistic comparison of the SNARC effect. *Cognition, 108*, 590–599.

10. Dehaene, Bossini, & Giraux. The mental representation of parity and number magnitude.

11. de Hevia, M. D., Veggiotti, L., Streri, A., & Bonn, C. D. (2017). At Birth, Humans Associate "Few" with Left and "Many" with Right. *Curr. Biol., 27*, 3879–3884.e2.

12.　　Drucker, C. B., & Brannon, E. M. (2014). Rhesus monkeys (Macaca mulatta) map number onto space. *Cognition, 132*, 57–67.

13.　　Rugani, R., Vallortigara, G., Priftis, K., & Regolin, L. (2015). Animal cognition. Number-space mapping in the newborn chick resembles humans' mental number line. *Science, 347*, 534–536.

14.　　McCrink, K., Dehaene, S., & Dehaene-Lambertz, G. (2007). Moving along the number line: Operational momentum in nonsymbolic arithmetic. *Percept. Psycho- phys., 69*, 1324–1333.

15.　　McCrink, K., & Wynn, K. (2009). Operational momentum in large-number addi-tion and subtraction by 9-month-olds. *J. Exp. Child Psychol., 103*, 400–408.

16.　　McCrink, K., & Hubbard, T. (2017). Dividing Attention Increases Operational Mo-mentum. *J. Numer. Cogn., 3*, 230–245.

17.　　Kahneman, D. (2013). *Thinking, fast and slow.* New York, NY: Farrar, Straus, and Giroux.

18.　　Knops, A., Thirion, B., Hubbard, E. M., Michel, V., & Dehaene, S. (2009). Recruit-ment of an area involved in eye movements during mental arithmetic. *Science, 324*, 1583–1585.

19.　　Koenigs, M., Barbey, A. K., Postle, B. R., & Grafman, J. (2009). Superior parietal cortex is critical for the manipulation of information in working memory. *J. Neuro- sci., 29*, 14980–14986.

20.　　Knops, Thirion, Hubbard, Michel, & Dehaene. Recruitment of an area involved in eye movements during mental arithmetic.

21.　　Knops, Thirion, Hubbard, Michel, & Dehaene. Recruitment of an area involved in eye movements during mental arithmetic.

22.　　Colby, C. L., & Goldberg, M. E. (1999). Space and attention in parietal cortex. *Annu. Rev. Neurosci., 22*, 319–349.

23.　　Snyder, L. H., Batista, A. P., & Andersen, R. A. (2000). Intention-related activity in the posterior parietal cortex: A review. *Vision Res., 40*, 1433–1441.

24.　　Duhamel, J. R., Bremmer, F., Benhamed, S., & Graf, W. (1997). Spatial invari- ance of visual receptive fields in parietal cortex neurons. *Nature, 389*, 845–858.

25.　　Duhamel, J. R., Colby, C. L., & Goldberg, M. E. (1998). Ventral intraparietal area of the macaque: Congruent visual and somatic response properties. *J. Neurophysiol., 79*, 126–136.

26.　　Taira, M., Georgopolis, A. P., Murata, A., & Sakata, H. (1990). Parietal cortex neu-rons of the monkey related to the visual guidance of hand movement. *Exp. Brain Res., 79*, 155–166.

27.　　Murata, A., Gallese, V., Luppino, G., Kaseda, M., & Sakata, H. (2000). Selectivity for the shape, size, and orientation of objects for grasping in neurons of monkey parietal area AIP. *J. Neurophysiol., 83,* 2580–2601.

28.   Orban, G. A., Van Essen, D., & Vanduffel, W. (2004). Comparative mapping of higher visual areas in monkeys and humans. *Trends Cogn. Sci., 8,* 315–324.

29.   Simon, O., Mangin, J. F., Cohen, L., Le Bihan, D., & Dehaene, S. (2002). Topographical layout of hand, eye, calculation, and language-related areas in the human parietal lobe. *Neuron, 33,* 475–487.

30.   Culham, J. C., & Kanwisher, N. G. (2001). Neuroimaging of cognitive functions in human parietal cortex. *Curr. Opin. Neurobiol., 11,* 157–163.

31.   Hubbard, E. M., Piazza, M., Pinel, P., & Dehaene, S. (2005). Interactions between number and space in parietal cortex. *Nat. Rev. Neurosci., 6,* 435–448.

32.   Henik, A., & Tzelgov, J. (1982). Is three greater than five: The relation between physical and semantic size in comparison tasks. *Mem. Cognit., 10,* 389–395.

33.   Walsh, V. (2003). A theory of magnitude: Common cortical metrics of time, space and quantity. *Trends Cogn. Sci., 7,* 483–488.

34.   Bueti, D., & Walsh, V. (2009). The parietal cortex and the representation of time, space, number and other magnitudes. *Philos. Trans. R. Soc. Lond. B. Biol. Sci., 364*(1525), 1831–1840.

35.   Tudusciuc, O., & Nieder, A. (2009). Contributions of primate prefrontal and posterior parietal cortices to length and numerosity representation. *J. Neurophysiol., 101,* 2984–2994.

36.   Genovesio, A., Tsujimoto, S., & Wise, S. P. (2011). Prefrontal cortex activity during the discrimination of relative distance. *J. Neurosci., 31,* 3968–3980.

37.   Vallentin, D., & Nieder, A. (2008). Behavioural and prefrontal representation of spatial proportions in the monkey. *Curr. Biol., 18,* 1420–1425.

12장

1.   Frege, G. (1980). *The foundations of arithmetic: A logico-mathematical enquiry into the concept of number* (J. L. Austin, Trans). Evanston, IL: Northwestern University Press (Originallly published 1884).

2.   Gelman, R., & Gallistel, C. R. (1978). *The child's understanding of number.* Cambridge, MA: Harvard University Press.

3.   Carey, S. (2009). *The origin of concepts.* Oxford, UK: Oxford University Press.

4.   LeCorre, M., Brannon, E. M., Van de Walle, G. A., & Carey, S. (2006). Re-visiting

the competence/performance debate in the acquisition of the counting principles. *Cogn. Psychol., 52,* 130–169.

5.   Le Corre, M., & Carey, S. (2007). One, two, three, four, nothing more: An inves- tigation of the conceptual sources of the verbal counting principles. *Cognition, 105,* 395–438.

6.   Carey. *The origin of concepts.*

7.   Dedekind, R. (1901). Essays in the theory of numbers, 1. Continuity of irrational numbers, 2. The nature and meaning of numbers (W. W. Beman, Trans.). (Originally published in 1872 and 1888, respectively).

8.   Izard, V., Pica, P., Spelke, E. S., & Dehaene, S. (2008). Exact equality and succes- sor function: Two key concepts on the path towards understanding exact numbers. *Philos. Psychol., 21,* 491–505.

9.   Spelke, E. S., & Kinzler, K. D. (2007). Core knowledge. *Dev. Sci., 10,* 89–96.

10.   Piazza, M. (2010). Neurocognitive start-up tools for symbolic number represen- tations. *Trends Cogn. Sci., 14,* 542–551.

11.   Gallistel, C. R., & Gelman, R. (1992). Preverbal and verbal counting and compu- tation. *Cognition, 44,* 43–74.

12.   Huntley-Fenner, G. (2001). Children's understanding of number is similar to adults' and rats': Numerical estimation by 5–7-year olds. *Cognition, 78,* B27–B40.

13.   Lipton, J. S., & Spelke, E. (2005). Preschool children's mapping of number words to nonsymbolic numerosities. *Child Dev., 76,* 978–988.

14.   Carey. *The origin of concepts.*

15.   Hauser, M. D., Chomsky, N., & Fitch, W. T. (2002). The faculty of language: What is it, who has it, and how did it evolve? *Science, 298,* 1569–1579.

16.   Spelke, E. S. (2017). Core knowledge, language, and number. *Lang. Learn. Dev., 13,* 147–170.

17.   Moyer, R. S., & Landauer, T. K. (1967). Time required for judgements of numeri- cal inequality. *Nature, 215,* 1519–1520.

18.   Buckley P. B., & Gillman C. B. (1974). Comparisons of digits and dot patterns. *J. Exp. Psychol., 103,* 1131–1136.

19.   Dehaene, S., Dupoux, E., & Mehler, J. (1990). Is numerical comparison digital? An- alogical and symbolic effects in two-digit number comparison. *J. Exp. Psychol. Hum. Percept. Perform., 16,* 626–641.

20.   Koechlin, E., Naccache, N., Block, E., & Dehaene, S. (1999). Primed numbers: Ex- ploring the modularity of numerical representations with masked and unmasked priming. *J. Exp. Psychol. Hum. Percept. Perform., 25,* 1882–1905.

21.   Halberda, J., Mazzocco, M. M. M., & Feigenson, L. (2008). Individual differ- ences in non-verbal number acuity correlate with maths achievement. *Nature, 455*, 665–668.

22.   Wynn, K. (1992). Addition and subtraction by human infants. *Nature, 358*, 749–750.

23.   Gilmore, C. K., McCarthy, S. E., & Spelke, E. S. (2007). Symbolic arithmetic knowl- edge without instruction. *Nature, 447*, 589–591.

24.   Park, J., & Brannon, E. M. (2013). Training the approximate number system im- proves math proficiency. *Psychol. Sci., 24*, 2013–2019.

25.   Piazza, M., Pica, P., Izard, V., Spelke, E. S., & Dehaene, S. (2013). Education enhanc- es the acuity of the nonverbal approximate number system. *Psychol. Sci., 24*, 1037–1043.

26.   Piazza, Pica, Izard, Spelke, & Dehaene. Education enhances the acuity of the non- verbal approximate number system.

27.   Park & Brannon. Training the approximate number system improves math profi- ciency.

28.   Iuculano, T., Tang, J., Hall, C. W. B., & Butterworth, B. (2008). Core information processing deficits in developmental dyscalculia and low numeracy. *Dev. Sci., 11*, 669–680.

29.   Holloway, I. D., & Ansari, D. (2009). Mapping numerical magnitudes onto sym- bols: The numerical distance effect and individual differences in children's math- ematics achievement. *J. Exp. Child Psychol., 103*, 17–29.

30.   Sasanguie, D., Defever, E., Maertens, B., & Reynvoet, B. (2014). The approximate number system is not predictive for symbolic number processing in kindergarteners. *Q. J. Exp. Psychol., 67*, 271–280.

31.   Chen, Q., & Li, J. (2014). Association between individual differences in non- sym- bolic number acuity and math performance: A meta-analysis. *Acta Psychol. (Amst.), 148*, 163–172.

32.   Fazio, L. K., Bailey, D. H., Thompson, C. A., & Siegler, R. S. (2014). Relations of different types of numerical magnitude representations to each other and to math- emat- ics achievement. *J. Exp. Child Psychol., 123*, 53–72.

33.   Schneider, M., Beeres, K., Coban, L., Merz, S., Susan Schmidt, S., Stricker, J., & De Smedt, B. (2017). Associations of non-symbolic and symbolic numerical magnitude pro- cessing with mathematical competence: A meta-analysis. *Dev. Sci., 20*, e12372.

34.   Cantlon, J. F., Brannon, E. M., Carter, E. J., & Pelphrey, K. A. (2006). Functional imaging of numerical processing in adults and 4-y-old children. *PLoS Biol., 4*, e125.

35.   Hyde, D. C., Boas, D. A., Blair, C., & Carey, S. (2010). Near-infrared spectrosco- py shows right parietal specialization for number in pre-verbal infants. *Neuroimage, 53*, 647–652.

36.   Izard, V., Dehaene-Lambertz, G., & Dehaene, S. (2008). Distinct cerebral path- ways for object identity and number in human infants. *PLoS Biol., 6*, e11.

37.   Piazza, M., Izard, V., Pinel, P., Le Bihan, D., & Dehaene, S. (2004). Tuning curves for approximate numerosity in the human intraparietal sulcus. *Neuron, 44*, 547– 555.

38.   Kutter, E. F., Bostroem, J., Elger, C. E., Mormann, F., & Nieder, A. (2018). Number neurons in the human brain. *Neuron, 100*, 753–761.

39.   Nieder, A. (2016). The neuronal code for number. *Nat. Rev. Neurosci., 17*, 366–382.

40.   Kersey, A. J., & Cantlon, J. F. (2017). Neural Tuning to Numerosity Relates to Perceptual Tuning in 3–6-Year-Old Children. *J. Neurosci., 37*, 512–522.

41.   Kaufmann, L., Wood, G., Rubinsten, O., & Henik, A. (2011). Meta-analyses of developmental fMRI studies investigating typical and atypical trajectories of number processing and calculation. *Dev. Neuropsychol., 36*, 763–787.

42.   Butterworth, B. (2005). The development of arithmetical abilities. *J. Child Psychol. Psychiatry, 46*, 3–18.

43.   Kaufmann, L., Vogel, S. E., Wood, G., Kremser, C., Schocke, M., Zimmerhackl, L.-B., & Koten, J. W. (2008). A developmental fMRI study of nonsymbolic numerical and spatial processing. *Cortex, 44*, 376–385.

44.   Ansari, D., Garcia, N., Lucas, E., Hamon, K., & Dhital, B. (2005). Neural correlates of symbolic number processing in children and adults. *Neuroreport, 16*, 1769–1773.

45.   Kaufmann, Vogel, Wood, Kremser, Schocke, & Zimmerhackl. A developmental fMRI study of nonsymbolic numerical and spatial processing.

46.   Cantlon, J. F., Libertus, M. E., Pinel, P., Dehaene, S., Brannon, E. M., & Pelphrey, K. A. (2009). The neural development of an abstract concept of number. *J. Cogn. Neurosci., 21*, 2217–2229.

47.   Holloway, I. D., & Ansari, D. (2010). Developmental specialization in the right intraparietal sulcus for the abstract representation of numerical magnitude. *J. Cogn. Neurosci., 22*, 2627–2637.

48.   Rivera, S. M., Reis, A. L., Eckert, M. A., & Menon, V. (2005). Developmental changes in mental arithmetic: Evidence for increased functional specialization in the left inferior parietal cortex. *Cereb. Cortex, 15*, 1779–1790.

49.   Kucian, K., von Aster, M., Loenneker, T., Dietrich, T., & Martin, E. (2008). Development of neural networks for exact and approximate calculation: A fMRI study. *Dev. Neuropsychol., 33*, 447–473.

50.   De Smedt, B., Holloway, I. D., & Ansari, D. (2011). Effects of problem size and arithmetic operation on brain activation during calculation in children with varying levels of arithmetical fluency. *Neuroimage, 57*, 771–781.

51.   Supekar, K., Swigart, A. G., Tenison, C., Jolles, D. D., Rosenberg-Lee, M., Fuchs, L., & Menon, V. (2013). Neural predictors of individual differences in response to math tutoring in primary-grade school children. *Proc. Natl. Acad. Sci. U.S.A., 110*, 8230–8235.

52.   Qin, S., Cho, S., Chen, T., Rosenberg-Lee, M., Geary, D. C., & Menon, V. (2014). Hippocampal-neocortical functional reorganization underlies children's cognitive development. *Nat. Neurosci., 17*, 1263–1269.

53.   Menon, V. (2016). Memory and cognitive control circuits in mathematical cognition and learning. *Prog. Brain Res., 227*, 159–186.

54.   Kucian, von Aster, Loenneker, Dietrich, & Martin. Development of neural networks for exact and approximate calculation.

55.   Diester, I., & Nieder, A. (2007). Semantic associations between signs and numerical categories in the prefrontal cortex. *PLoS Biol., 5*, e294.

56.   Piazza, M., Pinel, P., Le Bihan, D., & Dehaene, S. (2007). A magnitude code common to numerosities and number symbols in human intraparietal cortex. *Neuron, 53*, 293–305.

57.   Holloway, I. D., Price, G. R., & Ansari, D. (2010). Common and segregated neural pathways for the processing of symbolic and nonsymbolic numerical magnitude: An fMRI study. *Neuroimage, 49*, 1006–1017.

58.   Arsalidou, M., & Taylor, M. J. (2011). Is 2 + 2 = 4? Meta-analyses of brain areas needed for numbers and calculations. *Neuroimage, 54*, 2382–2393.

59.   Eger, E., Michel, V., Thirion, B., Amadon, A., Dehaene, S., & Kleinschmidt, A. (2009). Deciphering cortical number coding from human brain activity patterns. *Curr. Biol., 19*, 1608–1615.

60.   Cappelletti, M., Barth, H., Fregni, F., Spelke, E. S., & Pascual-Leone, A. (2007). rTMS over the intraparietal sulcus disrupts numerosity processing. *Exp. Brain Res., 179*, 631–642.

61.   Lemer, C., Dehaene, S., Spelke, E., & Cohen, L. (2003). Approximate quantities and exact number words: Dissociable systems. *Neuropsychologia, 41*, 1942–1958.

62.   Ashkenazi, S., Henik, A., Ifergane, G., & Shelef, I. (2008). Basic numerical proc- essing in left intraparietal sulcus (IPS) acalculia. *Cortex, 44*, 439–448.

63.   Koss, S., Clark, R., Vesely, L., Weinstein, J., Powers, C., Richmond, L., Farag, C., Gross, R., Liang, T. W., & Grossman, M. (2010). Numerosity impairment in cortico- basal syndrome. *Neuropsychology, 24*, 476–492.

64.   Naccache, L., & Dehaene, S. (2001). The priming method: Imaging unconscious repetition priming reveals an abstract representation of number in the parietal lobes. *Cereb. Cortex, 11*, 966–974.

65.   Notebaert, K., Pesenti, M., & Reynvoet, B. (2010). The neural origin of the priming distance effect: Distance-dependent recovery of parietal activation using symbolic magnitudes. *Hum. Brain Mapp., 31*, 669–677.

66.   Cohen Kadosh, R., Cohen Kadosh, K., Kaas, A., Henik, A., & Goebel, R. (2007).

Notation-dependent and -independent representations of numbers in the parietal lobes. *Neuron, 53*, 307–314.

67.   Eger, E., Sterzer, P., Russ, M. C., Giraud, A.-L., & Kleinschmidt, A. (2003). A supra-modal number representation in human intraparietal cortex. *Neuron, 37*, 719–725.

68.   Piazza, M., Mechelli, A., Price, C. J., & Butterworth, B. (2006). Exact and approximate judgements of visual and auditory numerosity: An fMRI study. *Brain Res., 1106*, 177–188.

69.   Cavdaroglu, S., Katz, C., & Knops, A. (2015). Dissociating estimation from comparison and response eliminates parietal involvement in sequential numerosity perception. *Neuroimage, 116*, 135–148.

70.   Damarla, S. R., Cherkassky, V. L., & Just, M. A. (2016). Modality-independent representations of small quantities based on brain activation patterns. *Hum. Brain Mapp., 37*, 1296–1307.

71.   Cohen Kadosh, R., & Walsh, V. (2009). Numerical representation in the parietal lobes: Abstract or not abstract? *Behav. Brain Sci., 32*, 313–328.

72.   Cohen Kadosh & Walsh. Numerical representation in the parietal lobes.

73.   Nieder. The neuronal code for number.

74.   Kutter, Bostroem, Elger, Mormann, & Nieder. Number neurons in the human brain.

13장

1.   Butterworth, B. (2017). The implications for education of an innate numerosity-processing mechanism. *Philos. Trans. R. Soc. Lond. B. Biol. Sci., 373*(1740).

2.   Butterworth, B., & Kovas, Y. (2013). Understanding neurocognitive developmental disorders can improve education for all. *Science, 340*, 300–305.

3.   Shalev, R. S. (2007). Prevalence of developmental dyscalculia. In D. B. Berch & M. M. M. Mazzocco (Eds.), *Why is math so hard for some children? The nature and origins of mathematical learning difficulties and disabilities* (pp. 151–172). Baltimore, MD: Paul H. Brookes Publishing.

4.   Gabrieli, J. D. (2009). Dyslexia: A new synergy between education and cognitive neuroscience. *Science, 325*, 280–283.

5.   Beddington, J., Cooper, C. L., Field, J., Goswami, U., Huppert, F. A., Jenkins, R., Jones, H. S., Kirkwood, T. B., Sahakian, B. J., & Thomas, S. M. (2008). The mental wealth of nations. *Nature, 455*, 1057–1060.

6.   Parsons, S., & Bynner, J. (2005). *Does Numeracy Matter More?* London, UK: National Research and Development Centre for Adult Literacy and Numeracy, Insti- tute of Education.

7.   Butterworth, B., Varma, S., & Laurillard, D. (2011). Dyscalculia: From brain to education. *Science, 332,* 1049–1053.

8.   Gross-Tsur, V., Manor, O., & Shalev, R. S. (1996). Developmental dyscalculia: Prevalence and demographic features. *Dev. Med. Child Neurol., 38,* 25–33.

9.   Landerl, K., & Moll, K. (2010). Comorbidity of learning disorders: Prevalence and familial transmission. *J. Child. Psychol. Psychiatry, 51,* 287–294.

10.   Donlan, C. (2007). Mathematical development in children with specific lan- guage impairments. In D. B. Berch & M. M. M. Mazzocco (Eds.), *Why is math so hard for some children? The nature and origins of mathematical learning difficulties and disabilities* (pp. 151–172). Baltimore, MD: Paul H. Brookes Publishing.

11.   Monuteaux, M. C., Faraone, S. V., Herzig, K., Navsaria, N., & Biederman, J. (2005). ADHD and dyscalculia: Evidence for independent familial transmission. *J. Learn. Disabil., 38,* 86–93.

12.   Landerl, K., Bevan, A., & Butterworth, B. (2004). Developmental dyscalculia and basic numerical capacities: A study of 8–9-year-old students. *Cognition, 93,* 99–125.

13.   Cappelletti, M., Chamberlain, R., Freeman, E. D., Kanai, R., Butterworth, B., Price, C. J., & Rees, G. (2014). Commonalities for numerical and continuous quan- tity skills at temporo-parietal junction. *J. Cogn. Neurosci., 26,* 986–999.

14.   Landerl, Bevan, & Butterworth. Developmental dyscalculia and basic numerical capacities.

15.   Piazza, M., Facoetti, A., Trussardi, A. N., Berteletti, I., Conte, S., Lucangeli, D., Dehaene, S., & Zorzi, M. (2010). Developmental trajectory of number acuity reveals a severe impairment in developmental dyscalculia. *Cognition, 116,* 33–41.

16.   Piazza, Facoetti, Trussardi, Berteletti, Conte, Lucangeli, Dehaene, & Zorzi. Developmental trajectory of number acuity.

17.   Reeve, R., Reynolds, F., Humberstone, J., Butterworth, B. (2012). Stability and change in markers of core numerical competencies. *J. Exp. Psychol. Gen., 141,* 649–666.

18.   Gilmore, C. K., McCarthy, S. E., & Spelke, E. S. (2007). Symbolic arithmetic knowledge without instruction. *Nature, 447,* 589–591.

19.   Halberda, J., Mazzocco, M. M. M., & Feigenson, L. (2008). Individual differ- ences in non-verbal number acuity correlate with maths achievement. *Nature, 455,* 665–668.

20.   Lyons, I. M., Price, G. R., Vaessen, A., Blomert, L., & Ansari, D. (2014). Numeri- cal predictors of arithmetic success in grades 1–6. *Dev. Sci., 17,* 714–726.

21.   Chen, Q., & Li, J. (2014). Association between individual differences in non- sym-

bolic number acuity and math performance: A meta-analysis. *Acta Psychol. (Amst.), 148*, 163–172.

22.   Fazio, L. K., Bailey, D. H., Thompson, C. A., & Siegler, R. S. (2014). Relations of different types of numerical magnitude representations to each other and to math- emat- ics achievement. *J. Exp. Child Psychol., 123*, 53–72.

23.   Schneider, M., Beeres, K., Coban, L., Merz, S., Susan Schmidt, S., Stricker, J., & De Smedt, B. (2017). Associations of non-symbolic and symbolic numerical magni- tude pro- cessing with mathematical competence: A meta-analysis. *Dev. Sci., 20*(3), e12372.

24.   Li, Y., Hu, Y., Wang, Y., Weng, J., & Chen, F. (2013). Individual structural dif- ferences in left inferior parietal area are associated with schoolchildrens' arithmetic scores. *Front. Hum. Neurosci., 7*, 844.

25.   Price, G. R., Wilkey, E. D., Yeo, D. J., & Cutting, L. E. (2016). The relation be- tween 1st grade grey matter volume and 2nd grade math competence. *Neuroim- age, 124*, 232–237.

26.   Lubin, A., Rossi, S., Simon, G., Lanoë, C., Leroux, G., Poirel, N., Pineau, A., & Houdé, O. (2013). Numerical transcoding proficiency in 10-year-old schoolchildren is associated with gray matter inter-individual differences: A voxel-based morphom- etry study. *Front. Psychol., 4*, 197.

27.   Isaacs, E. B., Edmonds, C. J., Lucas, A., & Gadian, D. G. (2001). Calculation diffi- culties in children of very low birthweight: A neural correlate. *Brain, 124*, 1701–1707.

28.   Rotzer, S., Kucian, K., Martin, E., von Aster, M., Klaver, P., & Loenneker, T. (2008). Optimized voxel-based morphometry in children with developmental dyscalculia. *Neuro- image, 39*, 417–422.

29.   Ranpura, A., Isaacs, E., Edmonds, C., Rogers, M., Lanigan, J., Singhal, A., Clayden, J., Clark, C., & Butterworth, B. (2013). Developmental trajectories of grey and white matter in dyscalculia. *Trends Neurosci. Educ., 2*, 56–64.

30.   Le Bihan, D., Mangin, J. F., Poupon, C., Clark, C. A., Pappata, S., Molko, N., & Chabriat, H. (2001). Diffusion tensor imaging: Concepts and applications. *J. Magn. Reson. Imaging, 13*, 534–546.

31.   Rykhlevskaia, E., Uddin, L. Q., Kondos, L., & Menon, V. (2009). Neuroanatomi- cal correlates of developmental dyscalculia: Combined evidence from morphometry and tractography. *Front. Hum. Neurosci., 3*, 51.

32.   Landerl, Bevan, & Butterworth. Developmental dyscalculia and basic numerical ca- pacities.

33.   Butterworth, Varma, & Laurillard. Dyscalculia.

34.   Fias, W., Menon, V., & Szucs, D. (2014). Multiple components of developmental dyscalculia. *Trends Neurosci. Educ., 2*, 43–47.

35.   Kaufmann, L., Wood, G., Rubinsten, O., & Henik, A. (2011). Meta-analyses of developmental fMRI studies investigating typical and atypical trajectories of number processing and calculation. *Dev. Neuropsychol., 36,* 763–787.

36.   Price, G. R., Holloway, I., Räsänen, P., Vesterinen, M., & Ansari, D. (2007). Impaired parietal magnitude processing in developmental dyscalculia. *Curr. Biol., 17,* R1042–R1043.

37.   Menon, V. (2016). Working memory in children's math learning and its disruption in dyscalculia. *Curr. Opin. Behav. Sci., 10,* 125–132.

38.   Geary, D. C. (2013). Early foundations for mathematics learning and their relations to learning disabilities. *Curr. Dir. Psychol. Sci., 22,* 23–27.

39.   Fias, W., Menon, V., & Szucs, D. (2013). Multiple components of developmental dyscalculia. *Trends Neurosci. Educ., 2,* 43–47.

40.   Bull, R., & Lee, K. (2014). Executive functioning and mathematics achievement. *Child Dev. Perspect., 8,* 36–41.

41.   Rivera, S. M., Reiss, A. L., Eckert, M. A., & Menon, V. (2005). Developmental changes in mental arithmetic: Evidence for increased functional specialization in the left inferior parietal cortex. *Cereb. Cortex, 15,* 1779–1790.

42.   Rotzer, S., Loenneker, T., Kucian, K., Martin, E., Klaver, P., & von Aster, M. (2009). Dysfunctional neural network of spatial working memory contributes to developmental dyscalculia. *Neuropsychologia, 47,* 2859–2865.

43.   Szucs, D., Devine, A., Soltesz, F., Nobes, A., & Gabriel, F. (2013). Developmental dyscalculia is related to visuo-spatial memory and inhibition impairment. *Cortex, 49,* 2674–2688.

44.   Plomin, R., DeFries, J. C., Knopik, V. S., & Neiderhiser, J. M. (2012). *Behavioral genetics* (6th ed.). New York, NY: Macmillan.

45.   Izard, V., Sann, C., Spelke, E. S., & Streri, A. (2009). Newborn infants perceive abstract numbers. *Proc. Natl. Acad. Sci. U.S.A., 106,* 10382–10385.

46.   Kovas, Y., Haworth, C., Dale, P., & Plomin, R. (2007). The genetic and environmental origins of learning abilities and disabilities in the early school years. *Monogr. Soc. Res. Child Dev., 72,* 1–144.

47.   Alarcón, M., Defries, J., Gillis Light, J., & Pennington, B. (1997). A twin study of mathematics disability. *J. Learn. Disabil., 30,* 617–623.

48.   Kovas, Haworth, Dale, & Plomin. The genetic and environmental origins of learning abilities and disabilities.

49.   Kovas, Y., & Plomin, R. (2006). Generalist genes: Implications for the cognitive sciences. *Trends Cogn. Sci., 10,* 198–203.

50.   Kovas, Haworth, Dale, & Plomin. The genetic and environmental origins of learn-

ing abilities and disabilities.

51.   Kovas, Y., & Plomin, R. (2007). Learning abilities and disabilities: Generalist genes, specialist environments. *Curr. Dir. Psychol. Sci., 16*, 284–288.

52.   Tosto, M. G., Petrill, S. A., Halberda, J., Trzaskowski, M., Tikhomirova, T. N., Bogdanova, O. Y., Ly, R., Wilmer, J. B., Naiman, D. Q., Germine, L., Plomin, R., & Kovas, Y. (2014). Why do we differ in number sense? Evidence from a genetically sensitive investigation. *Intelligence, 43*, 35–46.

53.   Hettema, J. M., Annas, P., Neale, M. C., Kendler, K. S., & Fredrikson, M. (2003). A twin study of the genetics of fear conditioning. *AMA Arch. Gen. Psychiatry., 60*, 702–708.

54.   Lindberg, S. M., Hyde, J. S., Petersen, J. L., & Linn, M. C. (2010). New trends in gender and mathematics performance: A meta-analysis. *Psychol. Bull., 136*, 1123–1135.

55.   Kovas, Y., Haworth, C. M. A., Petrill, S. A., & Plomin, R. (2007). Mathematical ability of 10-year-old boys and girls. *J. Learn. Disabil., 40*, 554–567.

56.   Tosto, Petrill, Halberda, Trzaskowski, Tikhomirova, Bogdanova, Ly, Wilmer, Naiman, Germine, Plomin, & Kovas. Why do we differ in number sense?

57.   Bruandet, M., Molko, N., Cohen, L., & Dehaene, S. (2004). Cognitive characterization of dyscalculia in Turner syndrome. *Neuropsychologia, 42*, 288–298.

58.   Molko, N., Cachia, A., Riviere, D., Mangin, J. F., Bruandet, M., Le Bihan, D., Cohen, L., & Dehaene S. (2003). Functional and structural alterations of the intrapa- rietal sulcus in a developmental dyscalculia of genetic origin. *Neuron, 40*, 847–858.

59.   Molko, N., Cachia, A., Riviere, D., Mangin, J. F., Bruandet, M., LeBihan, D., Cohen, L., & Dehaene, S. (2004). Brain anatomy in Turner syndrome: Evidence for impaired social and spatial-numerical networks. *Cereb. Cortex, 14*, 840–850.

60.   Rivera, S. M., Menon, V., White, C. D., Glaser, B., & Reiss, A. L. (2002). Functional brain activation during arithmetic processing in females with fragile X syndrome is related to FMR1 protein expression. *Hum. Brain Mapp., 16*, 206–218.

61.   Kovas, Haworth, Dale, & Plomin. The genetic and environmental origins of learning abilities and disabilities.

62.   Kovas, Haworth, Dale, & Plomin. The genetic and environmental origins of learning abilities and disabilities.

63.   Räsänen, P., Salminen, J., Wilson, A. J., Aunio, P., & Dehaene, S. (2009). Computer-assisted intervention for children with low numeracy skills. *Cogn. Dev., 24*, 450–472.

64.   Iuculano, T., Rosenberg-Lee, M., Richardson, J., Tenison, C., Fuchs, L., Supekar, K., & Menon, V. (2015). Cognitive tutoring induces widespread neuroplasticity and remediates brain function in children with mathematical learning disabilities. *Nat. Commun., 6*, 8453.

14장

1.   Wiese, H. (2003). *Numbers, language, and the human mind.* Cambridge, UK: Cambridge University Press.

2.   Carey, S. (2009). *The origin of concepts.* Oxford, UK: Oxford University Press.

3.   Boyer, C. B. (1944). Zero: The symbol, the concept, the number. *Nat. Math. Mag., 18,* 323–330.

4.   Dantzig, T. (1930). *Number: The language of science.* New York, NY: Free Press.

5.   Eccles, P. J. (2007). *An introduction to mathematical reasoning: Lectures on numbers, sets, and functions.* Cambridge, UK: Cambridge University Press.

6.   Dantzig, *Number.*

7.   Ifrah, G. (2000). *Universal history of numbers: From prehistory to the invention of the computer.* Hoboken, NJ: John Wiley & Sons.

8.   Ifrah, G. (1985). *From one to zero: A universal history of numbers.* New York, NY: Viking.

9.   Boyer, Zero.

10.   Houston, S., Mazariegos, O. C., & Stuart, D. (Eds.). (2001). *The decipherment of ancient Maya writing.* Norman, OK: University of Oklahoma Press

11.   Ifrah. *Universal history of numbers.*

12.   Ifrah. *Universal history of numbers.*

13.   Colebrooke, H. T. (1817). *Algebra, with arithmetic and mensuration, from the Sanscrit of Brahmegupta and Bháscara* (p. 339). London: John Murray.

14.   Colebrooke, *Algebra.*

15.   Plofker, K., Keller, A., Hayashi, T., Montelle, C., & Wujastyk, D. (2017). *The Bakhshālī manuscript: A response to the Bodleian Library's radiocarbon dating. History of science in South Asia,* 5.1, 134–150.

16.   Menninger, K. (1969). *Number words and number symbols.* Cambridge, MA: MIT Press

17.   Hockney, M. (2012). *The god equation.* Miami, FL: Hyper Reality Books.

18.   Schimmel, A. (1993). *The mystery of numbers.* Oxford, UK: Oxford University Press

19.   Bellos, A. (2010). *Alex's adventures in numberland.* London, UK: Bloomsbury.

20.   Fry, H. (2016). We couldn't live without "zero"—but we once had to. BBC Future, 6 Dec 2016. (http://www.bbc.com/future/story/20161206-we-couldnt-live -without-zero-but-we-once-had-to)

21. Kaplan, R. (2000). *The nothing that is: A natural history of zero.* Oxford, UK: Oxford University Press.

22. Tammet, D. (2012). *Thinking in numbers: How maths illuminates our lives.* London, UK: Hodder & Stoughton.

23. Rotman, B. (1987). *Signifying nothing: The semiotics of zero.* London, UK: Macmillan Press

24. Recorde, R. (1543). *The grounde of artes.* London, UK: Reynold Wolff

25. Blank, P. (2006). *Shakespeare and the mismeasure of man.* Ithaca, NY: Cornell University Press.

26. Devlin, K. (2002). The most beautiful equation. *Wabash Magazine,* Winter/ Spring 2002.

27. Feynman, R., Leighton, R. B., & Sands, M. (1963). *The Feynman lectures on physics,* Vol. I (p. 22). Amsterdam, the Netherlands: Addison-Wesley Longman.

28. Hockney. *The god equation.*

29. Eccles, P. J. *An introduction to mathematical reasoning.*

30. Leibniz, G. (1679). *De progressione Dyadica.*

31. Wynn, K., & Chiang, W. C. (1998). Limits to infants' knowledge of objects: The case of magical appearance. *Psychol. Sci., 9,* 448–455.

32. Liszkowski, U., Schäfer, M., Carpenter, M., & Tomasello, M. (2009). Prelinguistic infants, but not chimpanzees, communicate about absent entities. *Psychol. Sci., 20,* 654–660.

33. Wellman, H. M., & Miller, K. F. (1986). Thinking about nothing: Development of concepts of zero. *Br. J. Dev. Psychol., 4,* 31–42.

34. Wellman & Miller. Thinking about nothing.

35. Bialystok, E., & Codd, J. (2000). Representing quantity beyond whole numbers: Some, none, and part. *Can. J. Exp. Psychol., 54,* 117–128.

36. Wellman & Miller. Thinking about nothing.

37. Merritt, D. J., & Brannon, E. M. (2013). Nothing to it: Precursors to a zero concept in preschoolers. *Behav. Process., 93,* 91–97.

38. Wellman & Miller. Thinking about nothing.

39. Brysbaert, M. (1995). Arabic number reading—On the nature of the numerical scale and the origin of phonological recoding. *J. Exp. Psychol. Gen., 124,* 434–452.

40. Fias, W. (2001). Two routes for the processing of verbal numbers: Evidence from the SNARC effect. *Psychol. Res., 12,* 415–423.

41. Nuerk, H.-C., Iversen, W., & Willmes, K. (2004). Notational modulation of the

SNARC and the MARC (linguistic markedness of response codes) effect. *Q. J. Exp. Psychol. Hum. Exp. Psychol., 57*, 835–863.

42.   Wheeler, M., & Feghali, I. (1983). Much ado about nothing: Preservice elemen- tary school teachers' concept of zero. *J. Res. Math. Educ., 14*, 147–155.

43.   De Lafuente, V., & Romo, R. (2005). Neuronal correlates of subjective sensory experience. *Nat. Neurosci., 8*, 1698–1703.

44.   Merten, K., & Nieder, A. (2012). Active encoding of decisions about stimulus absence in primate prefrontal cortex neurons. *Proc. Natl. Acad. Sci. U.S.A., 109*, 6289–6294.

45.   Pepperberg, I. M. (1988). Comprehension of "absence" by an African grey parrot: Learning with respect to questions of same/different. *J. Exp. Anal. Behav., 50*, 553–564.

46.   Pepperberg, I. M., & Gordon, J. D. (2005). Number comprehension by a grey parrot (*Psittacus erithacus*), including a zero-like concept. *J. Comp. Psychol., 119*, 197–209.

47.   Pepperberg, I. M. (2006). Grey parrot (*Psittacus erithacus*) numerical abilities: Addition and further experiments on a zero-like concept. *J. Comp. Psychol., 120*, 1–11.

48.   Boysen, S. T., & Berntson, G. G. (1989). Numerical competence in a chimpanzee (*Pan troglodytes*). *J. Comp. Psychol., 103*, 23–31.

49.   Olthof, A., Iden, C. M., & Roberts, W. A. (1997). Judgments of ordinality and summation of number symbols by squirrel monkeys (*Saimiri sciureus*). *J. Exp. Psychol. Anim. Behav. Proc., 23*, 325–339.

50.   Matsuzawa T. (1985). Use of numbers by a chimpanzee. *Nature, 315*, 57–59.

51.   Biro, D., & Matsuzawa, T. (2001). Use of numerical symbols by the chimpanzee (*Pan troglodytes*): Cardinals, ordinals, and the introduction of zero. *Anim. Cogn., 4*, 193–199.

52.   Biro, D., & Matsuzawa, T. (1999). Numerical ordering in a chimpanzee (*Pan troglodytes*): Planning, executing, and monitoring. *J. Comp. Psychol., 113*, 178–185.

53.   Merritt, D. J., Rugani, R., & Brannon, E. M. (2009). Empty sets as part of the numerical continuum: Conceptual precursors to the zero concept in rhesus monkeys. *J. Exp. Psychol. Gen., 138*, 258–269.

54.   Ramirez-Cardenas, A., Moskaleva, M., & Nieder, A. (2016). Neuronal representation of numerosity zero in the primate parieto-frontal number network. *Curr. Biol., 26*, 1285–1294.

55.   Okuyama, S., Iwata, J., Tanji, J., & Mushiake, H. (2013). Goal-oriented, flexible use of numerical operations by monkeys. *Anim. Cogn., 16*, 509–518.

56.   Howard, S. R., Avarguès-Weber, A., Garcia, J. E., Greentree, A. D., & Dyer, A. G. (2018). Numerical ordering of zero in honey bees. *Science, 360*, 1124–1126.

57.   Merten & Nieder. Active encoding of decisions about stimulus absence.

58.   De Lafuente, V., & Romo, R. (2006). Neural correlate of subjective sensory experience gradually builds up across cortical areas. *Proc. Natl. Acad. Sci. U.S.A.*, *103*, 14266–14271.

59.   Merten & Nieder. Active encoding of decisions about stimulus absence.

60.   Ramirez-Cardenas, Moskaleva, & Nieder. Neuronal representation of numerosity zero.

61.   Schultz, W., Dayan, P., & Montague, P. R. (1997). A neural substrate of predic- tion and reward. *Science*, 275, 1593–1599.

62.   Schultz, W. (2007). Multiple dopamine functions at different time courses. *Annu. Rev. Neurosci.*, *30*, 259–288.

63.   Law, C.-T., & Gold, J. I. (2009). Reinforcement learning can account for associative and perceptual learning on a visual-decision task. *Nat. Neurosci.*, *12*, 655–663.

64.   Rombouts, J., Bohte, S., & Roelfsema, P. (2012). Neurally plausible reinforcement learning of working memory tasks. *Adv. Neural Inf. Process. Syst.*, *25*, 1880–1888.

65.   Engel, T. A., Chaisangmongkon, W., Freedman, D. J., & Wang, X. J. (2015). Choice-correlated activity fluctuations underlie learning of neuronal category repre- sentation. *Nat. Commun.*, *6*, 6454.

66.   Hockney. *The god equation*.

찾아보기

옮긴이 | 박선진

서울대학교 응용화학부에서 학사 학위를 받고, 동 대학교 과학사 및 과학철학 협동 과정에서
심리 작용과 그 물리적 기반에 대한 연구로 석사 학위를 받았다. 과학 잡지 〈스켑틱〉 한국어판
의 편집장을 역임했다. 옮긴 책으로는 《휴먼 네트워크》, 《우리 인간의 아주 깊은 역사》, 《최소
한의 삶 최선의 삶》 등이 있다.

수학하는 뇌

초판 1쇄 발행   2022년 4월 1일
초판 2쇄 발행   2023년 5월 30일

지은이   안드레아스 니더
옮긴이   박선진
기획   김은수
책임편집   이기홍 권오현
디자인   김슬기

펴낸곳   (주)바다출판사
주소   서울시 종로구 자하문로 287 부암북센터
전화   02-322-3885(편집), 02-322-3575(마케팅)
팩스   02-322-3858
E-mail   badabooks@daum.net
홈페이지   www.badabooks.co.kr

ISBN   979-11-6689-080-2 93470